U0386831

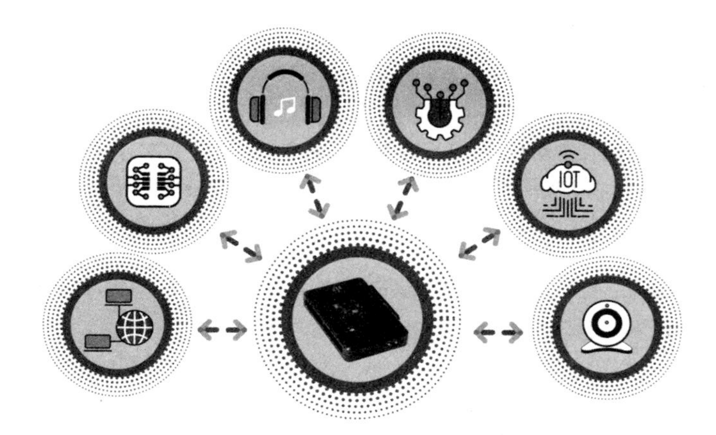

嵌入式系统应用开发

基于NI LabVIEW&myRIO的设计与实现

杨帆　张彩丽　刘晋东　李宁◎编著

清華大學出版社
北京

内 容 简 介

myRIO是NI公司针对嵌入式系统学习和创新应用出品的便携式开发平台，可以帮助工程技术人员实现嵌入式相关工程应用系统的快速创意开发。针对目前myRIO使用过程中资料匮乏、入门应用无从着手的问题，本书从LabVIEW图形化编程快速入门开始，全面细致地介绍myRIO硬件基本结构、应用配置与测试方法，在此基础上结合丰富的工程应用实例，将myRIO模拟信号采集与输出、数字信号采集与输出、UART通信及其扩展应用、WiFi无线局域网通信与物联网通信、SPI通信、I2C通信、声音信号采集与输出、图像采集与机器视觉等应用开发技术全景式展开，可以使读者在较短时间内系统地掌握myRIO嵌入式开发平台，具备快速开发、部署嵌入式应用系统的基本能力。

本书可作为高等院校电子信息类、自动化类、机电类专业的教材，也可作为相关培训机构的指导书，还可作为学生创新设计及相关工程技术人员的参考用书。

图书在版编目(CIP)数据

嵌入式系统应用开发：基于NI LabVIEW&myRIO的设计与实现/杨帆等编著. —北京：清华大学出版社，2023.7
(清华开发者书库)
ISBN 978-7-302-63240-5

Ⅰ. ①嵌… Ⅱ. ①杨… Ⅲ. ①微型计算机—系统设计 Ⅳ. ①TP360.21

中国国家版本馆CIP数据核字(2023)第060992号

责任编辑：崔 彤
封面设计：李召霞
责任校对：时翠兰
责任印制：宋 林

出版发行：清华大学出版社
网 址：http://www.tup.com.cn，http://www.wqbook.com
地 址：北京清华大学学研大厦A座 **邮 编**：100084
社 总 机：010-83470000 **邮 购**：010-62786544
投稿与读者服务：010-62776969，c-service@tup.tsinghua.edu.cn
质量反馈：010-62772015，zhiliang@tup.tsinghua.edu.cn
课件下载：http://www.tup.com.cn，010-83470236
印 装 者：三河市人民印务有限公司
经 销：全国新华书店
开 本：186mm×240mm **印 张**：20.75 **字 数**：467千字
版 次：2023年8月第1版 **印 次**：2023年8月第1次印刷
印 数：1～1500
定 价：79.90元

产品编号：098908-01

前言
PREFACE

嵌入式技术应用是一门实践性极强的技术，其内容丰富、综合性强，对于培养学生工程实践能力、问题分析和解决能力具有至关重要的作用。随着IT技术的快速发展，知识爆炸现象日益突出。嵌入式系统开发也从起初的以模拟、数字I/O端口数据采集为主逐渐扩展到声音、图像等不同类型信号的采集和处理，并不断融合物联网、机器视觉、人工智能等技术。这种变化使得嵌入式系统技术体系越来越庞大，技术复杂度空前提高，同时也导致学习者难以在短时间内快速掌握嵌入式系统开发方法，具备应用系统的设计与开发能力。

NI公司出品的myRIO是专门针对学生创新应用而推出的便携式嵌入式开发平台，具有易于上手使用、编程开发简单、板载资源丰富等显著特点，能够使开发者快速独立完成完整的嵌入式工程项目，特别适合测控、机电、机器人等领域的系统级应用设计和开发。myRIO接口类型极为丰富，涵盖8个单端模拟输入、2个差分模拟输入、4个单端模拟输出、2个对地参考模拟输出、40个数字I/O端口(支持PWM、正交编码输入)、1组音频输入输出、1个USB接口(可连接摄像头、U盘等)，可连接常用的各种类型传感器或者外围设备。此外，myRIO还提供了SPI、I2C、UART、WiFi等器件级通信端口和系统级通信端口，可以容易实现物联网相关技术应用。

得益于LabVIEW图形化开发语言，基于myRIO的嵌入式应用系统开发入门难度大幅降低，而且由于LabVIEW强大的数学、统计、通信、信号处理等工具支持，嵌入式系统开发过程中涉及的工程技术范围也空前扩大，可以使用的技术手段更加丰富，使得嵌入式开发人员可以在有限时间内迅速具备复杂工程系统设计与开发能力。

为了促进读者快速具备嵌入式应用系统开发能力，本书采用基本原理和应用案例相结合的编写方式，精心设计具有实用价值的嵌入式应用系统设计实例，所有实例既重视myRIO嵌入式开发基本技术的多种实现途径，又特意体现不同基本技术之间的相互渗透与融合。而且本书遵循解决工程问题的一般流程，将嵌入式应用开发分解为设计目标导向下的硬件连线设计、软件设计、完整的程序实现等工作阶段，引导读者模仿书中实例，系统、深入地学习基于的嵌入式应用系统开发的核心技术。

全书分为8章。

第1章为LabVIEW程序设计快速入门，简要介绍了程序设计语言LabVIEW的集成开发环境、主要数据类型、基本程序设计方法及典型设计模式。

第2章为myRIO嵌入式应用开发基础，全方位展示myRIO开发平台基本特点、软件配置方法、不同连接方式下的项目创建、功能测试及板载硬盘数据存储和程序独立部署运行等实用技术。

第3章为myRIO模拟信号采集与输出，介绍了myRIO中模拟I/O端口的引脚分布，模拟I/O操作函数节点及其使用流程，模拟信号采集及模拟信号输出相关应用的电路连接、程序实现。

第4章为myRIO数字信号采集与输出，介绍了myRIO中数字I/O端口的引脚分布，数字I/O操作函数节点及其使用流程，数字信号采集及数字信号输出相关应用的电路连接、程序实现。

第5章为myRIO系统级通信技术应用，介绍了myRIO中UART通信端口的引脚分布、UART通信相关函数节点及其使用流程，myRIO内置WiFi模块的配置和使用方法，WiFi通信相关函数节点及其使用流程，并结合实用案例介绍了相关通信程序设计方法。

第6章为myRIO器件级通信技术应用。介绍了SPI、I2C通信基本概念，myRIO中SPI、I2C通信端口的引脚分布情况，SPI、I2C通信相关函数节点及其使用流程，并结合实用案例分别介绍了SPI、I2C通信相关应用的电路连接，以及数据收发程序的实现方法。

第7章为myRIO声音信号采集与输出，介绍了声音信号采集基本原理，myRIO中的声音信号输入/输出端口分布情况，声音采集与声音输出相关函数节点及其使用流程，并结合实用案例介绍了声音信号采集与声音信号输出的程序实现方法。

第8章为myRIO图像采集与机器视觉，介绍了图像采集原理与机器视觉的基本概念，图像采集与机器视觉相关函数节点，并结合实例介绍了图像采集相关应用程序设计方法、几类典型机器视觉应用的程序设计方法。

本书由杨帆、张彩丽、刘晋东、李宁共同编写。张彩丽编写第1章和第2章，刘晋东编写第3章和第4章，杨帆编写第5章、第7章和第8章，李宁编写第6章，全书由杨帆统稿。在本书的编写过程中，学生王志强、马佳、汪湘涛、谢林睿等参与了部分资料收集整理和程序验证，并对全文进行初步校对。曾益慧创公司汪天阳、赵旭栋工程师在本书的编写过程中针对部分技术给予了耐心指导，在此一并表示诚挚的感谢！此外，本书得到了2019年教育部产教合作协同育人项目（编号：201901198034、201901107061）和陕西省科技厅社会发展项目（编号：2016SF-418）支持。

为了便于读者使用，本书提供全部范例的程序代码及关键技术的微视频，需要的读者可在清华大学出版社官网本书页面下载相关资源。本书内容涉及技术面较为宽广，由于作者学识所限，书中难免出现疏忽之处，恳请读者批评指正。

作　者

2023年7月于西安

视频目录

VIDEO CONTENTS

续表

视频名称	时长/分	视频二维码插入书中的位置
第31集 直流电机驱动与调速控制	16	4.2.3节的3节首
第32集 步进电机驱动与控制	9	4.2.3节的4节首
第33集 舵机驱动与控制	7	4.2.3节的5节首
第34集 UART自发自收通信程序设计	15	5.1.3节的1节首
第35集 myRIO采集数据的串口屏显示	19	5.1.3节的2节首
第36集 无线串口屏应用程序设计	13	5.1.3节的3节首
第37集 无线局域网中的TCP客户端程序设计	14	5.2.3节的1节首
第38集 无线局域网中的TCP服务器程序设计	7	5.2.3节的2节首
第39集 无线局域网中的UDP广播程序设计	6	5.2.3节的3节首
第40集 基于TCP的采集数据上报物联网平台	16	5.2.4节的1节首
第41集 基于UDP的采集数据上报物联网平台	15	5.2.4节的2节首
第42集 基于HTTP的采集数据上报物联网平台	22	5.2.4节的3节首
第43集 基于MQTT协议的采集数据上报物联网平台	21	5.2.4节的4节首
第44集 基于MQTT协议的物联网平台消息订阅	24	5.2.4节的5节首
第45集 基于SPI协议液晶显示程序设计	11	6.1.3节的1节首
第46集 基于SPI协议的传感器数据采集	9	6.1.3节的2节首
第47集 基于I2C协议液晶显示程序设计	9	6.2.3节的1节首
第48集 基于I2C协议的传感器数据采集	13	6.2.3节的2节首
第49集 音乐采集与波形显示	4	7.1.3节的1节首
第50集 音乐波形采集与频谱显示	9	7.1.3节的2节首
第51集 虚拟电子琴设计	5	7.2.3节的1节首
第52集 音频均衡器设计	8	7.2.3节的2节首
第53集 连续图像采集	5	8.1.3节的1节首
第54集 采集图像的文件存储	3	8.1.3节的2节首
第55集 采集图像上传至物联网云平台	7	8.1.3节的3节首
第56集 直线检测算法应用	8	8.2.3节的1节首
第57集 OCR技术应用	6	8.2.3节的2节首
第58集 模拟仪表读数识别技术应用	5	8.2.3节的3节首
第59集 基于颜色模式匹配的胶囊药丸计数	7	8.2.3节的4节首
第60集 基于粒子分类技术的零件识别	8	8.2.3节的5节首

目录

CONTENTS

第1章

LabVIEW 程序设计快速入门

主要内容

- LabVIEW 开发平台的起源、特点、使用方法；
- LabVIEW 应用程序编写的基本流程、调试方法；
- LabVIEW 中提供的典型数据类型及其应用方法；
- LabVIEW 中提供的典型程序结构及其应用方法；
- LabVIEW 中子 VI 创建及其调用方法；
- LabVIEW 中局部变量、全局变量的创建及应用；
- LabVIEW 中属性节点、功能节点的创建及应用；
- 几种典型设计模式的基本原理、程序结构组成及应用方法。

1.1 LabVIEW 开发平台简介

本节主要介绍图形化程序设计的基本特点、LabVIEW 产生的背景、LabVIEW2018 开发环境、LabVIEW 程序设计的基本方法、应用程序运行与调试的技巧。

1.1.1 图形化编程与 LabVIEW

1. 图形化编程与 G 语言

传统的程序设计语言如 C、Basic、Java、Python 等字符式编程语言，在进行软件开发时，编程者不仅要熟悉基本语法规则和应用技巧，而且需要熟悉程序设计语言相关功能库及其调用方法。在这类编程环境中设计程序，虽然可以最大限度地欣赏编程的抽象美，但是经常会因为语法规则不熟悉、库函数功能不清楚、应用技巧不掌握而难以快速高效开展工作。

图形化编程语言(Graphical Programming Language，G 语言)以可视化的程序设计方式，尽可能地利用工程技术人员所熟悉的专业术语和概念，以图标表示程序中的对象，以图标之间的连线表示对象间的数据流向，进行程序设计类似于绘制程序流程图，从根本上改变了传统的编程环境和编程方式。G 语言的出现使得程序设计过程变得更加直观、简便和易学易用，开发效率得到了巨大提升。据报道，一般编程者用 G 语言开发软件的工作效率比 C、Java 等字符式编程语言高 4～10 倍。

LabVIEW 是 G 语言的典型产品，其完整的名称为 Laboratory Virtual Instrument Engineering Workbench，即实验室虚拟仪器工程平台。LabVIEW 不仅具备一般字符式编程语言的基本功能，而且还提供强大的函数、仪器驱动等高级软件库支持，便于快速编写应用程序解决专业领域相关问题，尤其适合测试测量领域相关应用的快速开发。

2. NI 与 LabVIEW

美国国家仪器有限公司（National Instruments，NI）于 20 世纪 80 年代提出“软件就是仪器”的口号，开创了“虚拟仪器”的崭新概念。LabVIEW 正是 NI 公司针对虚拟仪器设计而推出的一种图形化开发平台。LabVIEW 集成 GPIB、VXI、RS-232 和 RS-485 协议的硬件及数据采集卡通信的全部功能，内置便于应用 TCP/IP、ActiveX 等软件标准的库函数，功能强大且应用方式灵活，可以快速建立虚拟仪器应用系统，能够帮助测试、控制、设计领域的工程师与科学家解决从原型开发到系统发布过程中遇到的种种挑战。

LabVIEW 一经诞生，就被工业界、学术界和研究实验室广泛接受，经过近半个世纪的发展与持续创新，LabVIEW 已经从最初单纯的仪器控制发展到包括数据采集、控制、通信、系统设计在内的各个领域，为科学家和工程师提供了高效、强大、开放的开发平台。目前 LabVIEW 的应用范围已经远远超出传统的测试测量行业范围，在航空航天、自动控制、计算机视觉、嵌入式、集成电路测试、射频通信、机器人等领域，也深受工程技术人员喜爱。

1.1.2 LabVIEW 2018 开发环境

使用 LabVIEW 之前，首先需要完成 LabVIEW 开发平台的安装。可借助 NI 公司发布的光盘安装，也可以通过 NI 公司网站下载、安装最新版本试用版。本书使用 LabVIEW 2018 中文专业版。

1. LabVIEW 操作界面

安装完毕 LabVIEW，单击 Windows 操作系统菜单中“开始→所有程序→NI LabVIEW 2018”，启动 LabVIEW（亦可通过桌面快捷方式启动 LabVIEW），首先出现如图 1-1 所示的启动界面。

LabVIEW 启动完成初始化后，显示如图 1-2 所示的欢迎界面。

在 LabVIEW 欢迎界面菜单栏中，选择“文件→新建 VI”，并在出现的窗口菜单栏中单击“窗口→左右两栏显示”，显示 LabVIEW 开发环境的操作界面，如图 1-3 所示。

界面左侧为 LabVIEW 程序前面板设计区域（类似于字符式程序设计中的程序界面设计环境），右侧为 LabVIEW 程序框图设计区域（类似于字符式程序设计中的程序代码设计环境）。前面板和程序框图虽然功能不同，但是却具有内容基本相同的菜单栏与工具栏，如图 1-4 所示。

篇幅所限，各菜单选项的功能请读者自行查阅 LabVIEW 帮助系统进一步了解。

图 1-1 LabVIEW 2018 启动界面

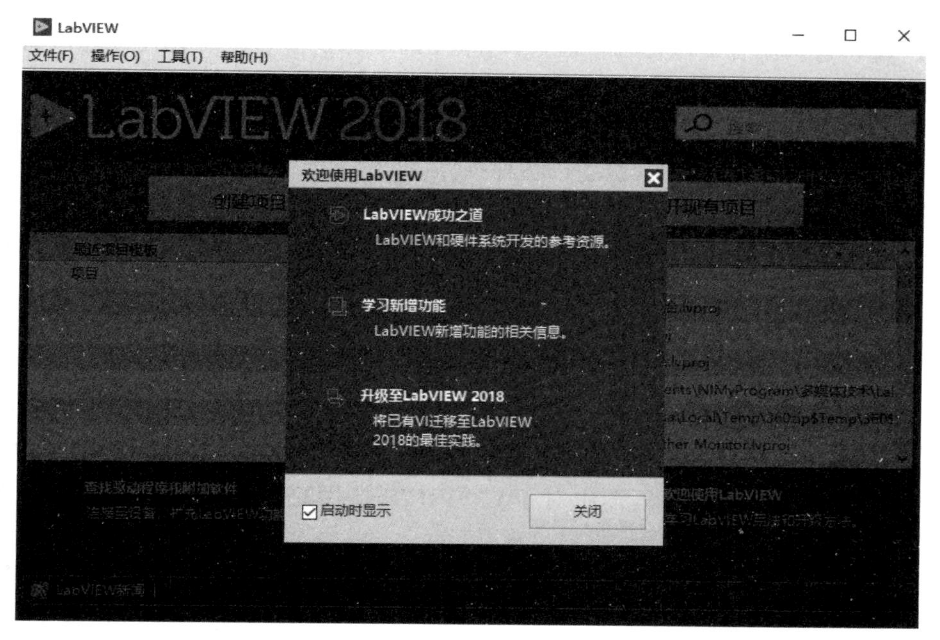

图 1-2 LabVIEW 2018 欢迎界面

图 1-3　LabVIEW 开发环境的操作界面

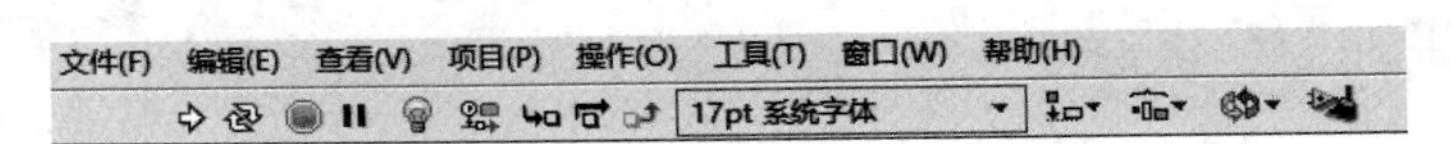

图 1-4　LabVIEW 2018 主要菜单与工具栏

2. LabVIEW 中的主要术语

LabVIEW 作为一种图形化编程语言，与常用的字符式编程语言有很大的不同。开始使用前必须熟悉以下几个专业术语。

(1) 前面板。前面板指的是 LabVIEW 提供的图形化程序界面，是人机交互的窗口，类似于传统仪器的操作面板。前面板中以各种控件、对象完成人机交互功能，包括输入和输出两类对象。

(2) 程序框图。程序框图类似于传统字符编程语言中的源代码，只不过 LabVIEW 中以图形化的形式呈现。程序框图由节点、端口、图框和连线构成。

(3) 图框。图框实际上是表征程序结构的图形化结构体，包括顺序结构图框、循环结构图框、条件结构图框、事件结构图框等。

(4) 连线。连线代表着程序中数据的流向，指的是数据或信号从宿主到目标的流经通道。

(5) 节点。节点是指程序框图中对于 LabVIEW 提供的函数、功能的调用。节点在程序框图中以对应功能、函数的图标形式出现。

(6) 端口。端口指的是程序设计中使用控件或者节点的输入参数或输出参数接线端子。

(7) 数据流。数据流是图形化语言中控制节点执行的一种机制。与传统的字符式编程语言顺序处理机制不同，数据流要求节点中可执行代码接收到全部必需的输入数据后才可以执行，否则将处于等待状态，而且当且仅当节点中的代码全部执行完毕，才会有数据流出节点。

3. LabVIEW 中的 3 个重要选板

针对程序设计频繁使用的编程对象，LabVIEW 提供了三类选项板，分别是控件选板、函数选板、工具选板。

1）控件选板

控件选板位于前面板，提供前面板设计中需要的各类对象。在前面板空白处右击，即可查看 LabVIEW 提供的控件选板，如图 1-5 所示。

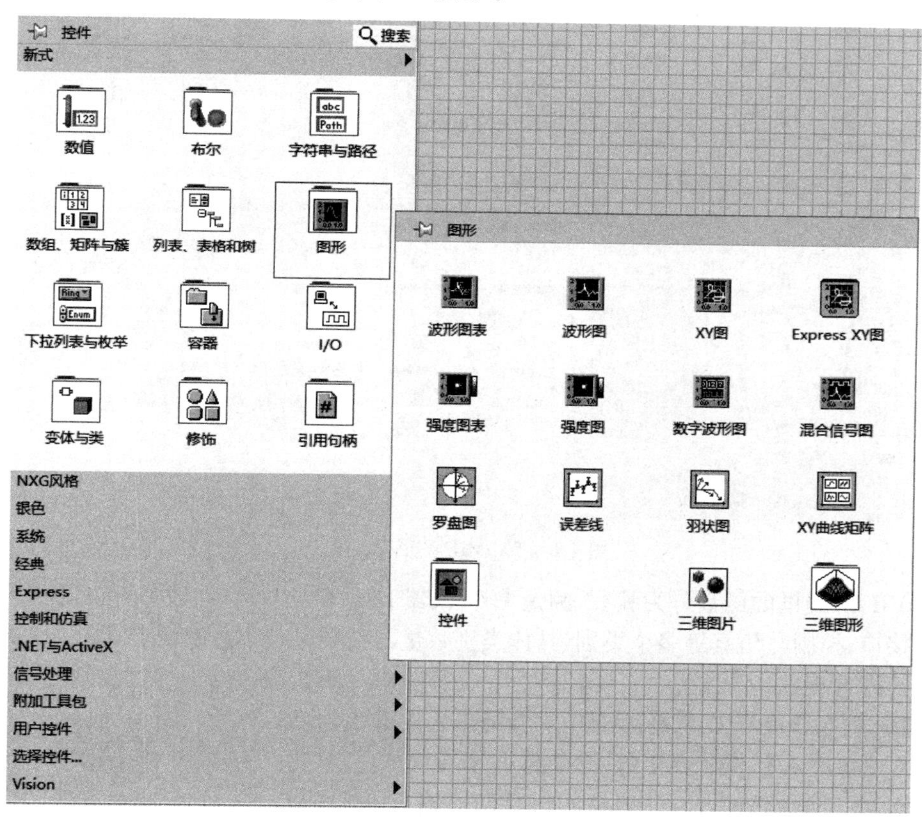

图 1-5　LabVIEW 控件选板

LabVIEW 提供的控件分为新式、NXG 风格、银色、系统、经典等多个类别（具体类别数量与安装过程中选配的工具包有关）。每个类别中都提供了若干子选板，每个子选板又包含多个控件或者子选板。

2）函数选板

函数选板位于程序框图，提供了程序设计中需要的各类函数节点和 VI（类似于字符编程语言中提供的函数）。右击程序框图空白处，即可查看 LabVIEW 提供的函数选板内容，如图 1-6 所示。

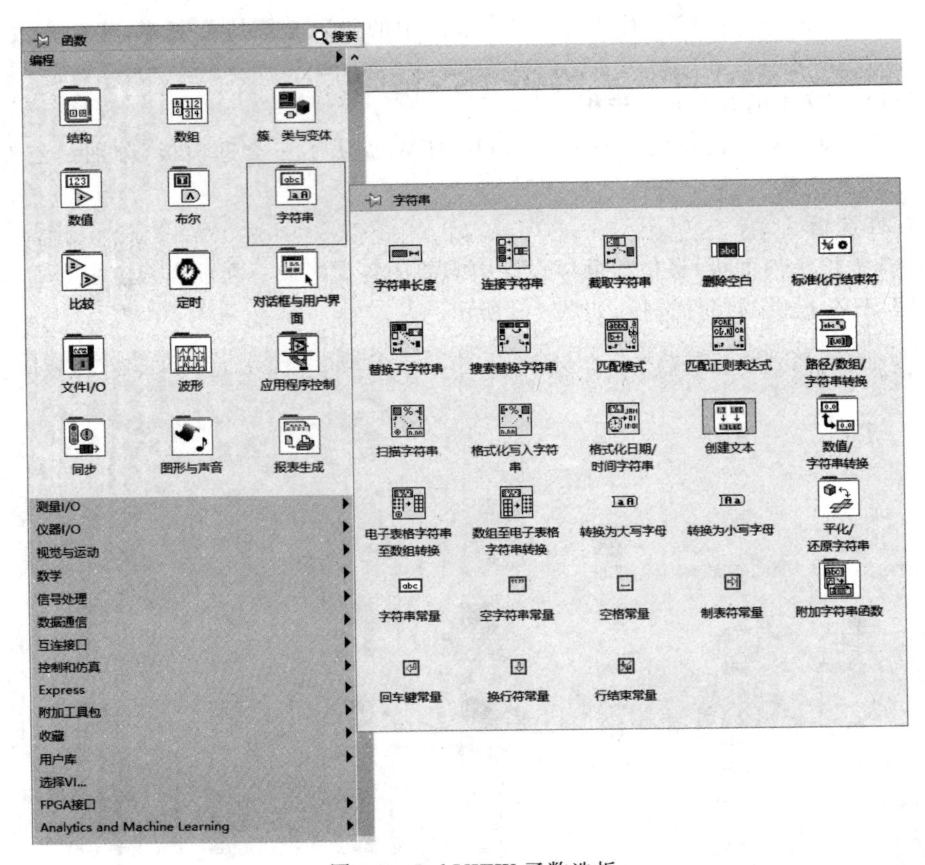

图 1-6　LabVIEW 函数选板

LabVIEW 提供的函数分为编程、测量 I/O、仪器 I/O、视觉与运动、数学、信号处理、数据通信、互联接口、控制与仿真等多个类别(具体类别数量与安装过程中选配的工具包有关)。

3）工具选板

工具选板是 LabVIEW 提供给开发者用于程序开发过程中创建 VI、修改 VI、调试 VI 等工作的一系列工具。单击 LabVIEW 主菜单栏“查看→工具选板”,即可查看 LabVIEW 提供的工具选板,如图 1-7 所示。

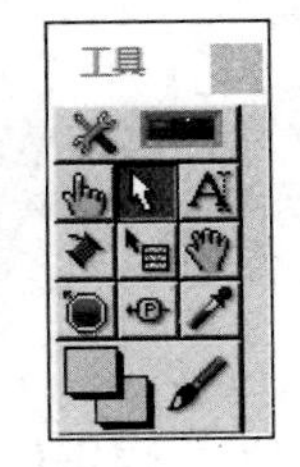

图 1-7　LabVIEW 工具选板

工具选板中各类工具的详细信息请查阅 LabVIEW 帮助获取。

1.1.3　LabVIEW 程序设计初步

简单 LabVIEW 程序的设计包括前面板设计、程序框图设计两个方面的内容。

前面板设计又称界面设计,主要进行程序运行的人机交互方式设计,需要构思程序运行界面布局、人机交互所需各类控件及其呈现方式,包括大小、位置、颜色等,进一步地,可根据需要设置控件的相关属性参数。

程序框图设计又称程序代码/功能设计。与字符式编程语言不同，LabVIEW 中程序设计是指将前面板中控件对应的数据，利用系统或者用户自定义的函数节点，按照特定的逻辑以连线的方式进行基于数据流的程序功能设计。

这里设计一个简单的 LabVIEW 程序，用以介绍 LabVIEW 程序设计基本流程。

设计目标为程序界面中用户输入字符串，并单击“确定”按钮，将输入的字符串进行反转并显示；用户单击“停止”按钮，结束程序运行。

为了实现上述目标，首先通过以下 4 个步骤完成前面板设计。

(1) 添加“字符串控件”(控件→新式→字符串与路径→字符串控件)，设置标签值为“字符串”，用以输入字符串。

(2) 添加“字符串显示控件”(控件→新式→字符串与路径→字符串显示控件)，设置标签值为“反转结果”，用以显示反转后的字符串。

(3) 添加布尔控件“确定”(控件→新式→布尔→确定按钮)，设置标签值为“确定按钮”，用以触发字符串反转功能。

(4) 添加布尔控件“停止”(控件→新式→布尔→停止按钮)，设置标签值为“停止按钮”，用以触发结束程序运行功能。

调整各个控件的大小、位置，最终程序前面板如图 1-8 所示。

图 1-8 程序前面板

然后按照如下 4 个步骤完成程序框图设计。

(1) 设计程序框图总体上为 2 帧顺序结构。第一帧完成程序初始化，第二帧借助 while 循环结构实现程序主功能。

(2) 在第一帧中，添加“空字符串常量”(函数→编程→字符串→空字符串常量)，创建控件“字符串”局部变量(前面板中右击该控件，选择“创建→局部变量”)，类似地，创建控件“反转结果”局部变量，并连线完成赋值操作。

(3) 添加 While 循环结构(函数→编程→结构→While 循环)，内嵌条件结构(函数→编程→结构→条件结构)。条件结构的分支选择器连接按钮控件“确定按钮”，条件结构“真”分支内，调用函数节点“反转字符串”(函数→编程→字符串→附加字符串函数→反转字符串)，函数节点输入端口连线控件“字符串”，函数节点输出端口连线控件“反转结果”。

(4) 按钮控件“停止”图标连线 While 循环结构条件端子，实现单击按钮结束程序运行的目的。

最终的程序框图设计结果如图 1-9 所示。

运行程序，输入字符串“123ABC”，单击“确定”按钮，程序执行结果如图 1-10 所示。

需要注意的是，本例中选用的函数节点“反转字符串”只能有效处理英文字符串，对于中文字符串无能为力，会出现乱码。

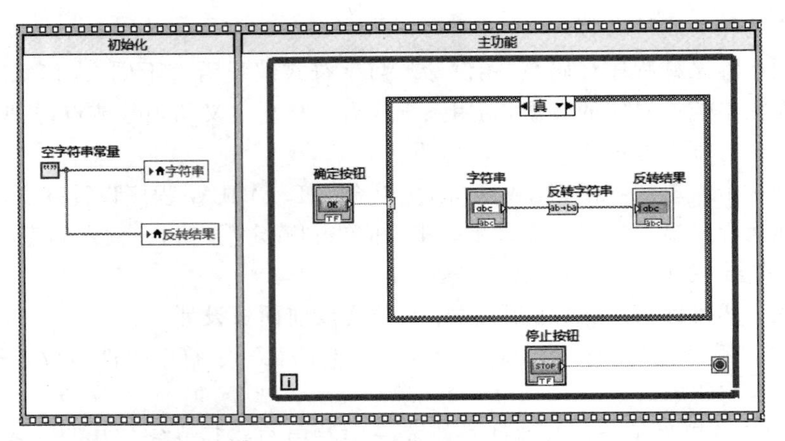

图 1-9　程序框图设计结果

图 1-10　程序执行结果

1.1.4　LabVIEW 程序运行与调试

1. LabVIEW 程序运行方式

如果程序编写过程中，图标 变为 ，说明程序中存在语法错误。单击 ，弹出错误列表对话框，如图 1-11 所示。

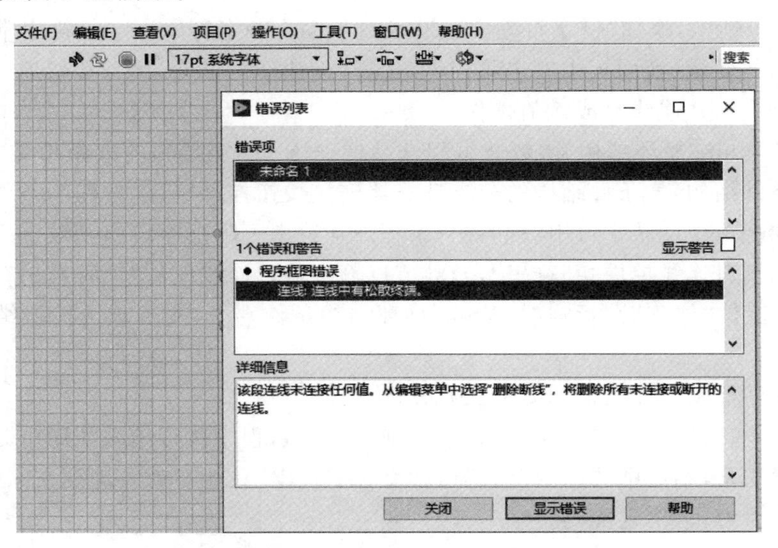

图 1-11　错误列表对话框

对话框中第一栏列举程序中出现错误的 VI 名称；第二栏列举程序中错误节点及错误原因；第三栏则给出详细错误原因及改正方法。单击“显示错误”按钮，则跳转至存在错误的程序框图，并高亮显示错误位置节点及其连线，如图 1-12 所示。

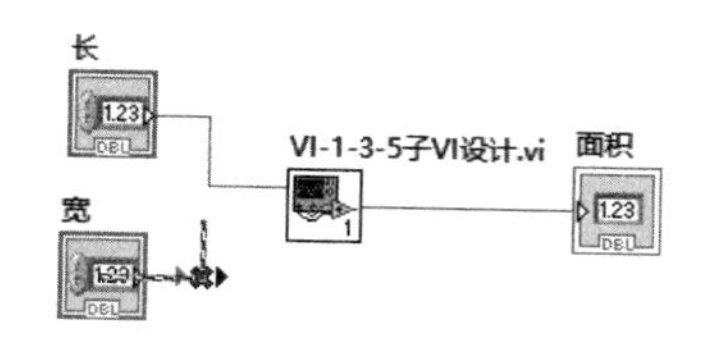

图 1-12　程序框图中错误位置显示

消除了语法错误才能运行 LabVIEW 应用程序。LabVIEW 程序的运行又分为运行(单次)、连续运行两种典型方式。

运行(单次)方式可通过单击 LabVIEW 工具栏图标实现。单次运行模式下，程序仅执行一次，执行过程中图标变为。

连续运行方式可通过单击 LabVIEW 工具栏图标实现。连续运行模式下，程序持续执行，工具栏图标变为。

2. LabVIEW 程序调试手段

还有一类错误，就是程序通过了编译，可以运行，但是运行结果并不符合预期。针对这类问题，LabVIEW 开发平台提供了高亮运行诊断、添加断点诊断及添加探针诊断 3 种调试手段，帮助开发人员查找程序中可能存在的问题。

1) 高亮运行诊断

程序框图中，单击 LabVIEW 工具栏图标，当该图标显示状态为时，程序正常运行，单击图标，当其变为时，表示程序以高亮方式运行。

高亮方式运行时，程序框图中，数据以高亮方式在节点及连线中间流动，开发者可以清晰地观察到数据流的产生、流向，进而判断程序是否存在错误。需要注意的是，选择高亮方式运行，程序运行速度会变得非常慢。

2) 添加断点诊断

断点的设置使得程序在执行中能够在某一指定位置暂停，以便观察运行的中间状态。右击程序框图中需要添加断点的位置，选择“断点→设置断点”，完成断点添加，如图 1-13 所示。

设置断点之后，程序框图断点位置处出现小红点，如图 1-14 所示。

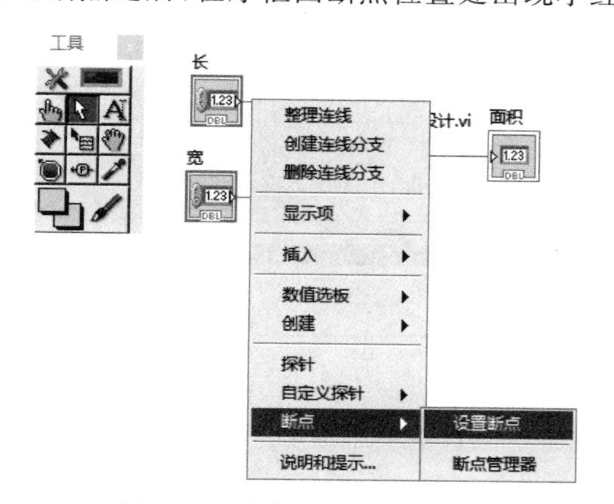

图 1-13　程序框图中添加断点

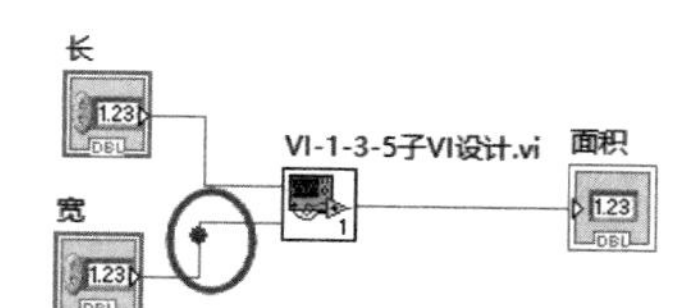

图 1-14　程序框图中断点

程序运行时，数据流经过断点后暂停执行，此时可以进一步观察程序执行的中间状态，以便诊断是否存在错误。

右击程序框图中断点位置，选择“断点→清除断点”或者“断点→禁用断点”，可以清除断点，如图 1-15 所示。

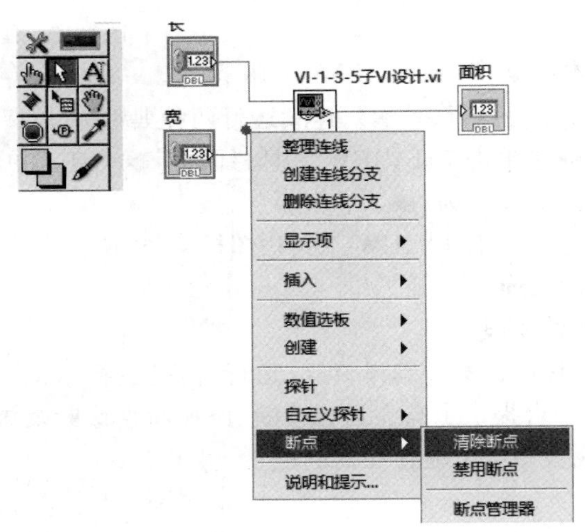

图 1-15 清除断点

3）添加探针诊断

探针能够使得程序在运行过程中，当数据流经过探针位置时会立即显示程序当前状态相关数据值。程序调试经常将断点和探针配合使用，以便精确掌握程序执行的中间状态，进而准确定位程序错误位置。

右击程序框图中需要观察运行中间状态值的位置（这里选择上例中断点位置），选择“探针”。运行程序，弹出探针观察器窗口，结果如图 1-16 所示。

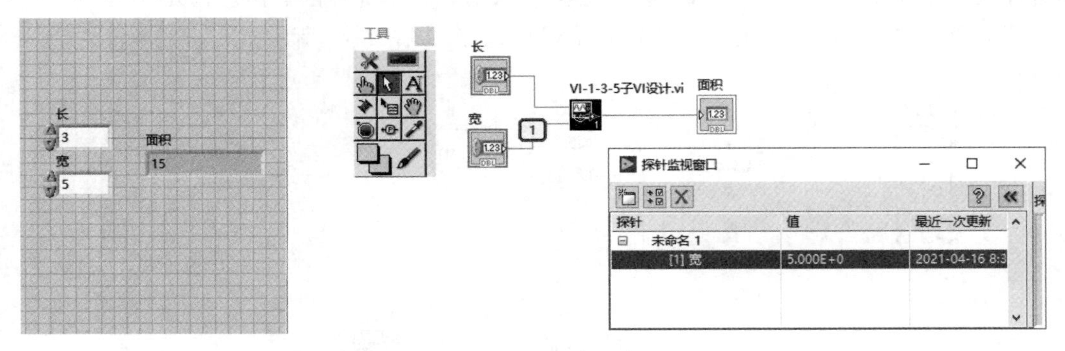

图 1-16 探针观察器窗口

可以看到，程序暂停在断点位置处，而且通过探针观察器可以看出，数据流取值与前面板中的输入一致。

1.2　LabVIEW 中的数据类型

LabVIEW 提供了丰富的数据类型支持，其基本数据类型包括数值型、字符串型、布尔型、枚举类型等。LabVIEW 还提供了复合类型(结构类型)，如数组、簇、波形数据等。与字符式编程语言不同，LabVIEW 中数据不是存放在已经声明的“变量”中，而是依托前面板的有关控件而存在。程序设计中可通过对控件进行设置，完成相关数据的赋值与类型设定。本节主要介绍 LabVIEW 提供的几种常用数据类型。

1.2.1　数值类型

LabVIEW 以整数、浮点数、复数等类型表示数值类型数据。前面板“控件→新式→数值”子选板中，提供了丰富多样的数值型控件，包括用于输入的控件和用于输出显示的控件，如图 1-17 所示。

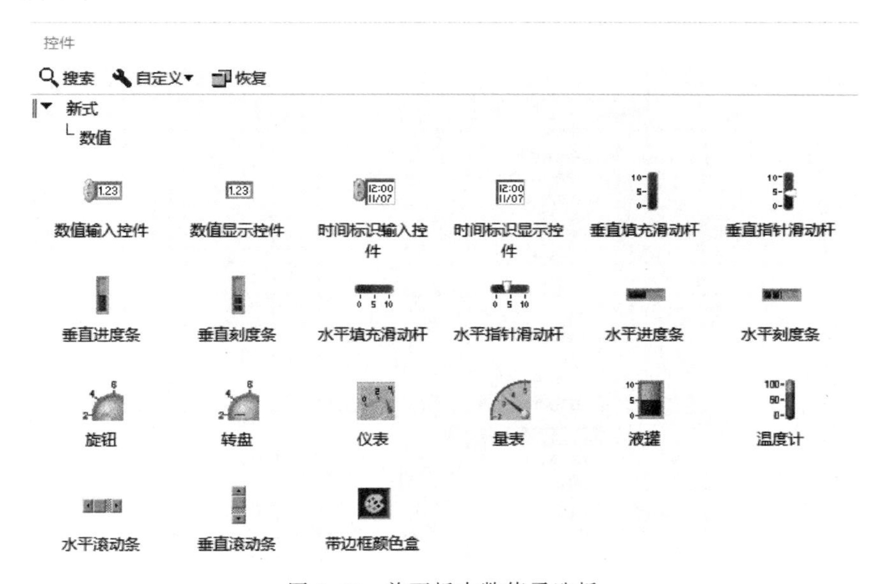

图 1-17　前面板中数值子选板

同样，前面板“控件→经典→数值”“控件→银色→数值”“控件→系统→数值”“控件→NXG 风格→数值”子选板中，都提供了数值型控件，它们之间并无本质不同，只是显示风格有所不同而已。

在程序框图中，按照“函数→编程→数值”或者“函数→数学→数值”的操作路径，可以打开数值类型数据相关函数子选板。该子选板提供了数据类型常用的基本运算功能、类型转换功能、典型数值常量及数值操作功能，如图 1-18 所示。

右击前面板中放置的数值控件，选择“表示法”，可以设置数据类型，如图 1-19 所示。

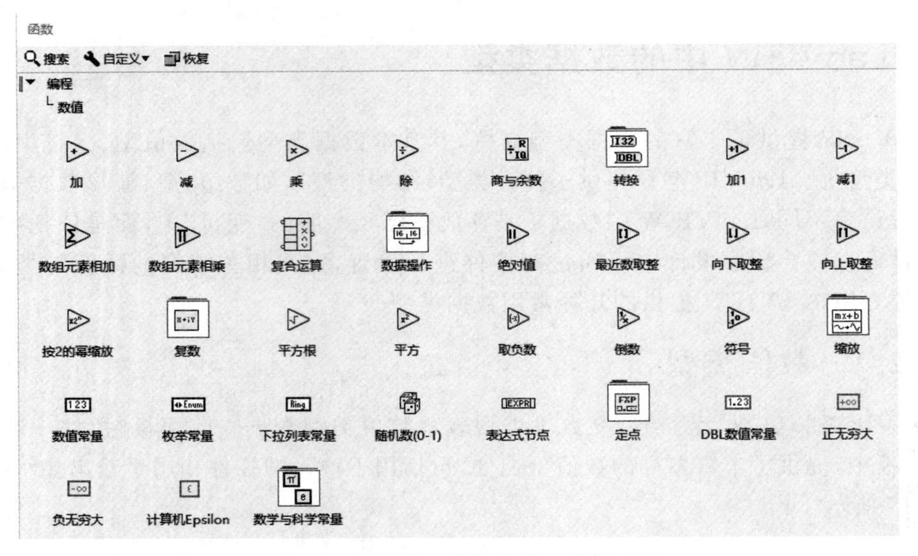

图 1-18　数值类型数据相关函数子选板

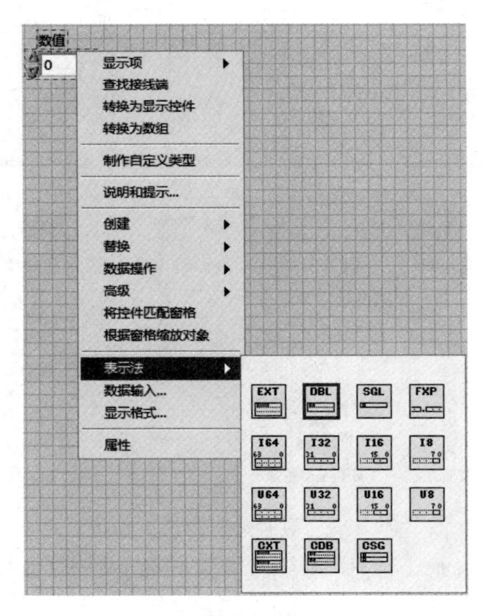

图 1-19　设置数值控件数据类型

1.2.2　布尔类型

布尔类型又称为逻辑型，常用来表示程序运行中的开/关、是/否等二值状态。布尔类型取值只能是“True”(真)或者“False”(假)两种。前面板“控件→新式→布尔”控件子选板中，可以查看各类输入型、输出型的布尔控件对象，如图 1-20 所示。

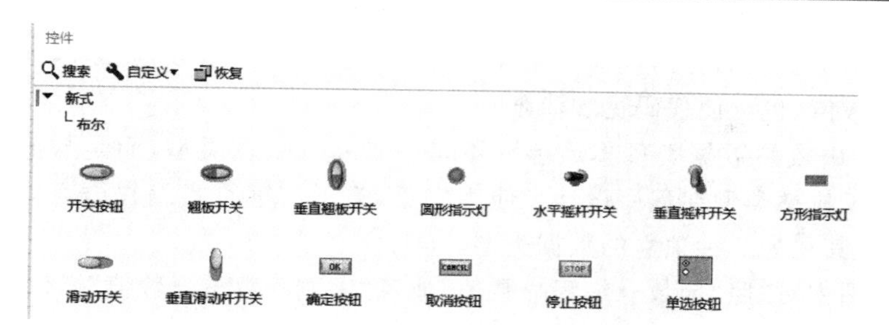

图 1-20 前面板中布尔控件子选板

如果布尔类型数据为输入类型，则前面板创建控件对象之后，右击控件，选择“属性”，在“操作”选项卡中可见布尔开关的 6 种控制特性选项列表。可以根据需要选择其中一项，设置布尔开关对应的机械动作，使其符合工业领域真实操作特性，如图 1-21 所示。

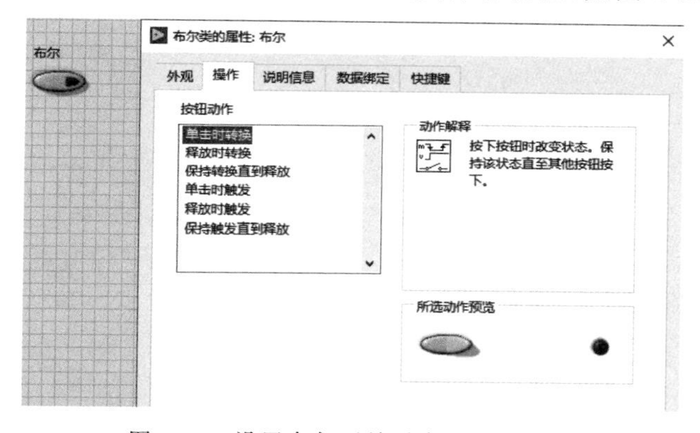

图 1-21 设置布尔开关对应的机械动作

在程序框图中，按照“函数→编程→布尔”操作路径，可以打开布尔类型数据相关的函数子选板，如图 1-22 所示。

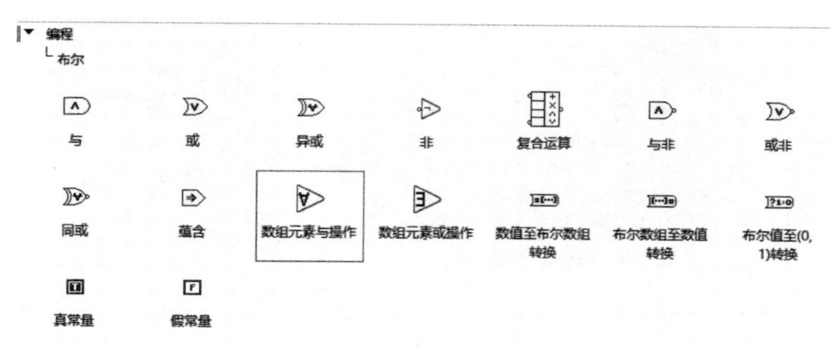

图 1-22 布尔类型数据相关的函数子选板

1.2.3 枚举类型

在实际问题中，有些变量的取值被限定在一个有限的范围内。例如，性别只有男女两种取值，红绿灯显示只有红灯、绿灯、黄灯 3 种有限状态。如果把这些量说明为整型、字符型或其他类型显然是不妥当的。而枚举数据提供的有限状态的离散数据集合,则可以有效地防止用户提供无效值,也可使代码更加清晰。

LabVIEW 中枚举数据类型本质上并不是一种基本数据类型,而是数值类型的一种集合表示法。由于枚举类型在程序设计中使用广泛,为了与字符式编程语言提供数据类型保持一致,这里将其视为一种独立的数据类型。

在程序框图中,按照"函数→编程→数值"或者"函数→数学→数值"操作路径,可以查看数值函数子选板中的枚举常量,如图 1-23 所示。

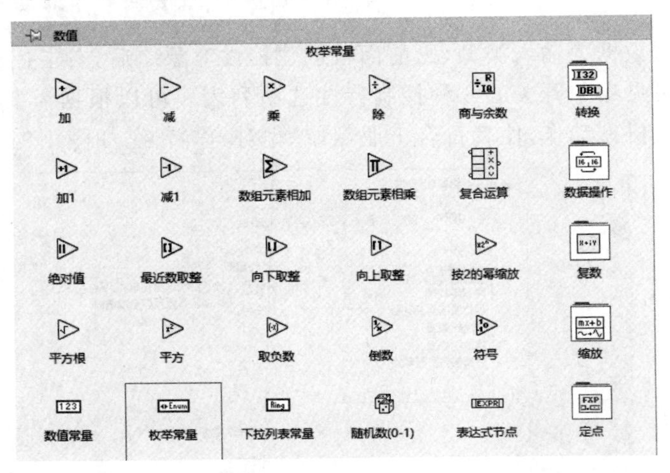

图 1-23　数值函数子选板中的枚举常量

右击程序框图中放置的枚举常量,选择"编辑项",进入枚举常量的数据项编辑对话框,包括数据元素插入、删除、排列等操作,如图 1-24 所示。

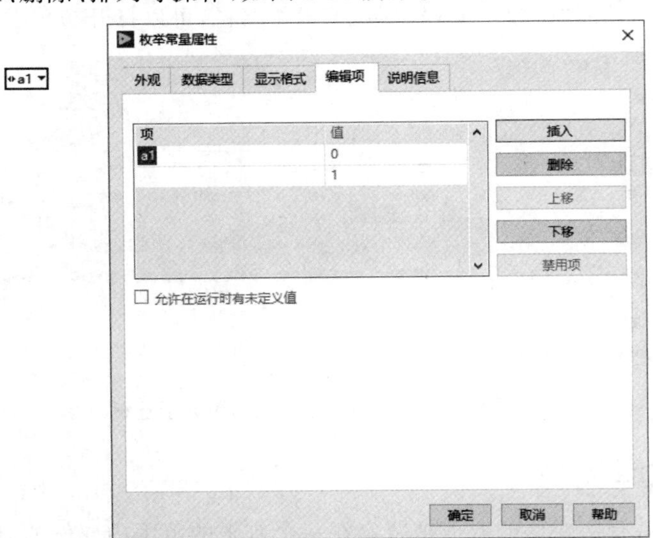

图 1-24　枚举常量的数据项编辑

1.2.4　字符串类型

字符串数据在 LabVIEW 应用程序开发中同样具有极其重要的地位和作用。首先是各类信息显示都与字符串数据类型具有千丝万缕的联系，更重要的是，在通信程序编写中，LabVIEW 更是比以往任何一种字符式编程语言都特殊——任何类型的数据，进行通信传输都需要先转换为字符串类型才能发送和接收。

在 LabVIEW 前面板中，按照“控件→新式→字符串与路径”操作路径，可以打开如图 1-25 所示的字符串控件子选板。

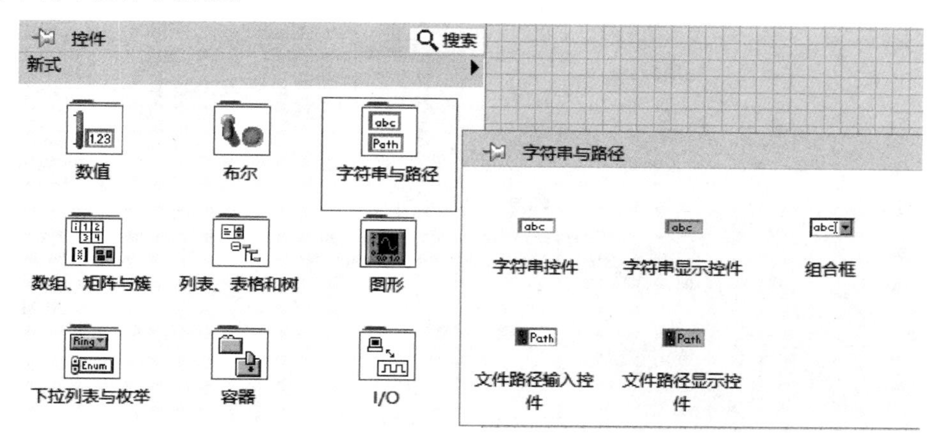

图 1-25　字符串控件子选板

在程序框图中，按照“函数→编程→字符串”操作路径，可以打开字符串函数子选板，如图 1-26 所示。

字符串函数子选板提供了应用程序开发中字符串相关的几乎全部常用功能。以下设计一个简单的字符串处理程序，用以说明字符串相关函数节点的使用方法。

程序将用户输入的两个字符串数据借助指定的间隔符号进行连接组合，然后再调用字符串函数子选板提供的函数节点将其拆分，还原为两个子字符串。

程序前面板放置 3 个字符串输入控件，分别命名为拟拼接的“字符串”“字符串 2”“拼接符号”；同时放置 3 个字符串显示控件，分别命名为“拼接结果”“拆分结果 1”“拆分结果 2”。

程序框图中调用函数“连接字符串”(函数→编程→字符串→连接字符串)，将两个输入的字符串及指定的拼接符号连接在一起，形成新的字符串。调用函数“匹配模式”(函数→编程→字符串→匹配模式)，将拼接结果字符串进行拆分并分别显示拆分结果。对应的字符串连接与拆分程序如图 1-27 所示。

运行程序，输入拟连接的两个字符串，设置分隔符，字符串连接与拆分程序运行结果如图 1-28 所示。

更多字符串相关函数节点的功能测试，请读者自行编写程序验证。

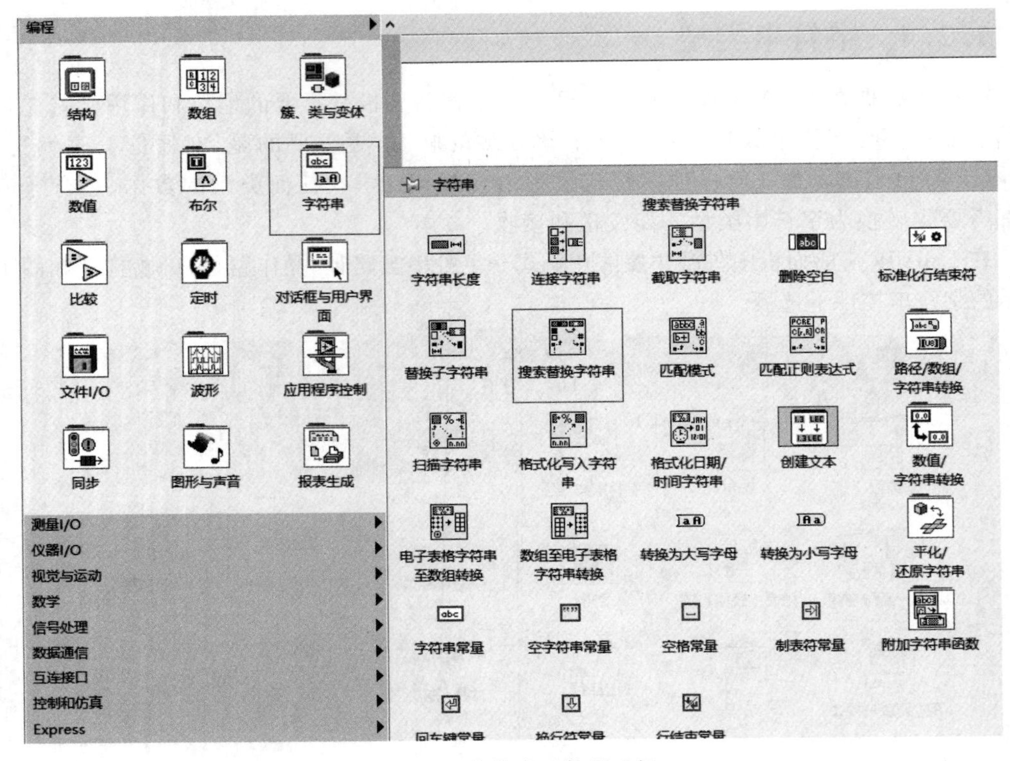

图 1-26 字符串函数子选板

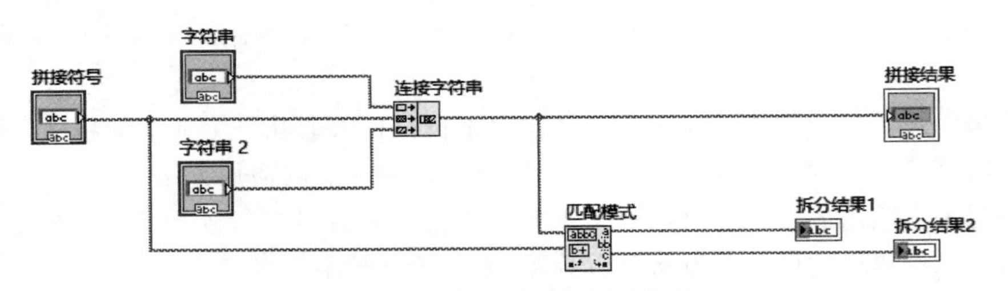

图 1-27 字符串连接与拆分程序

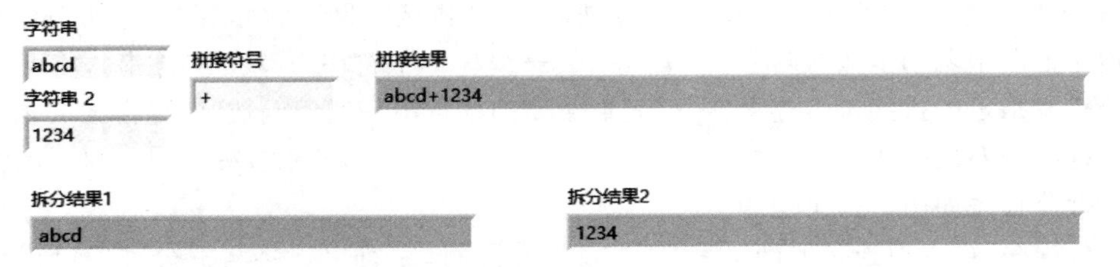

图 1-28 字符串连接与拆分程序运行结果

1.2.5 数组

数组是同一类数据元素的集合，这些数据元素可以是数值、布尔、字符串、波形等任何一种类型。LabVIEW 中的数组相比于字符式编程更加方便——不需要预先设置数组的长度，数组的数据类型由填入的数据元素决定，不需要专门指定。在内存允许的情况下，LabVIEW 中的数组每个维度可以存储 $2^{31}-1$ 个数据！

LabVIEW 中，数组由数据、数据类型、索引、数组框架四部分组成，其中数据类型隐含在数据之中——数组框架内填充的是什么类型的数据，对应的数组数据类型就是什么。

创建数组既可以在前面板中进行，又可在程序框图中完成。其中前面板中创建数组的基本步骤如下。

（1）创建数组框架。右击前面板，选择“控件→新式→数组、矩阵与簇→数组”，完成前面板中数组框架的创建，如图 1-29 所示。

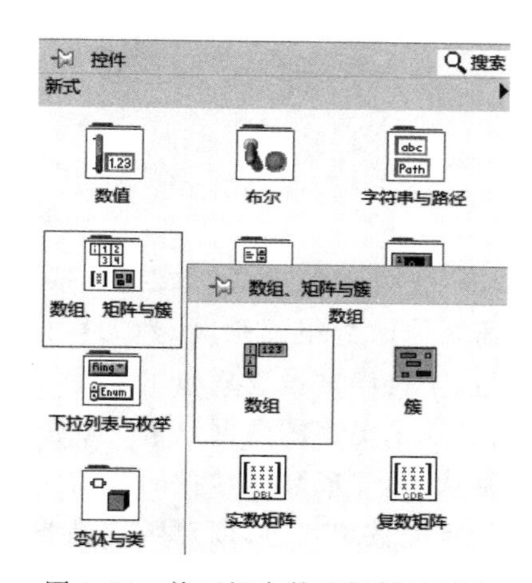

图 1-29 前面板中数组框架的创建

（2）确定数据元素及类型。根据程序设计需要，在前面板中的数组框架中，填充数值对象、字符串对象或者布尔对象，既可以是输入型对象，又可以是输出显示型对象。总之，数组框架放入什么类型对象，就创建什么类型的数组。

（3）设置数组维数。默认情况下，创建的数组为一维数组。如果需要增加数组维度，最简单的方式莫过于右击数组对象，在弹出快捷菜单中选择“增加维度”，即可将一维数组扩充为二维数组，重复操作，可以不断增加数组维度。

（4）进行数据初始化。创建的数组一般需要进行初始化赋值。未进行初始化的输入型数组控件，其元素背景都是灰色的，如图 1-30 所示。

数组初始化操作需要人为地指定数组每个数据元素的取值，初始化后的数组控件，其数据元素背景转变为白色，如图 1-31 所示。数组中未完成初始化部分，则继续保持灰色背景。

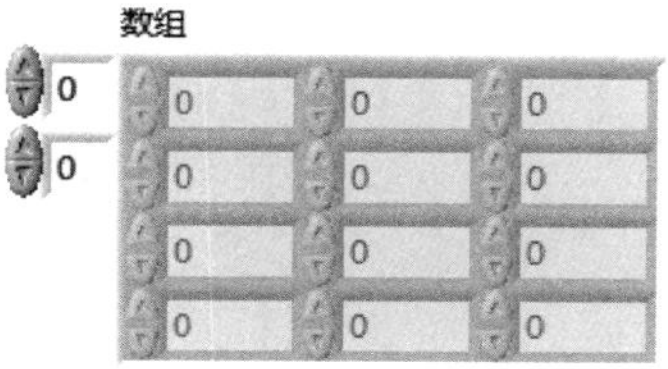

图 1-30 未进行初始化的数组控件

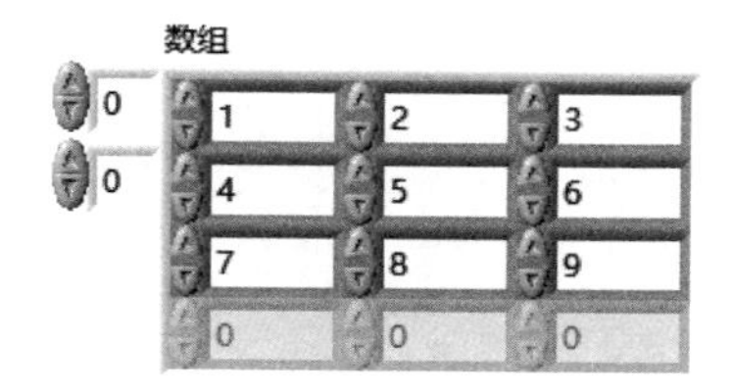

图 1-31 初始化后的数组控件

程序框图中也可以创建数组，但一般多用于创建数组常量，创建数组的基本步骤如下。

(1) 创建数组框架。右击程序框图空白处，选择“函数→编程→数组→数组常量”，将数组常量拖曳至程序框图，完成数组框架的创建，如图 1-32 所示。

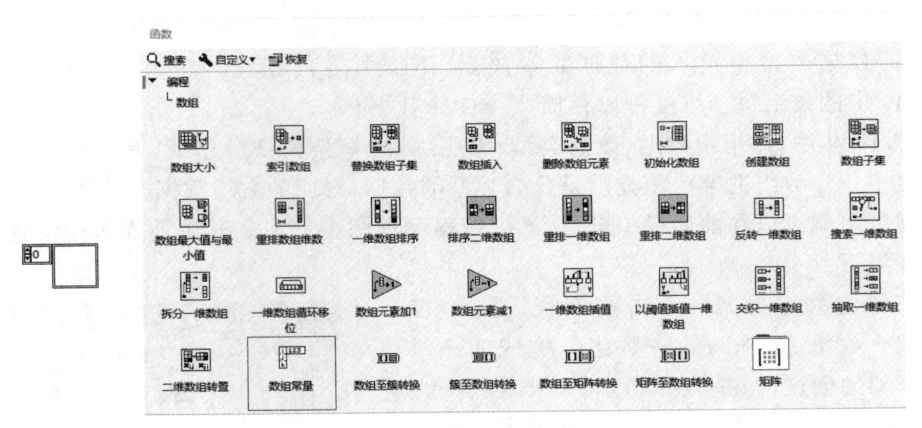

图 1-32 数组框架的创建

(2) 数组元素赋值。数组框架创建完成，可以首先根据需要修改数组的维度，然后可以让其框架内添加数值常量、字符串常量或者布尔常量，并可操作数组对象操作句柄，显示更多的数据元素。双击数组数据元素，可修改其默认值，完成数组常量的初始化赋值，如图 1-33 所示。

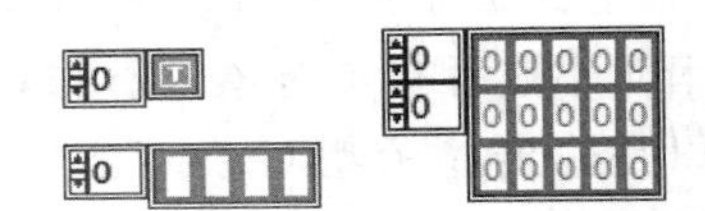

图 1-33 数组常量的初始化赋值

创建完数组，就可以对数组数据进行各种分析和处理。LabVIEW 提供的数组相关功能节点比较丰富。在程序框图中，右击并选择“函数→编程→数组”，可以打开数组函数子选板，如图 1-34 所示。

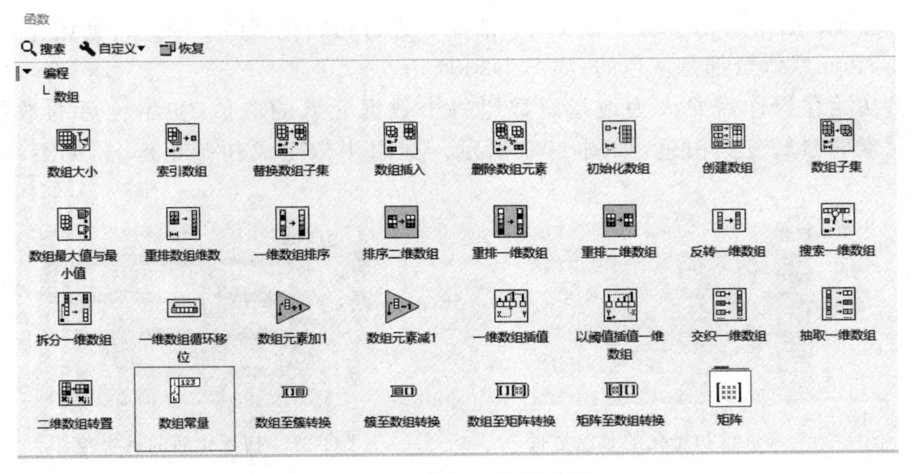

图 1-34 数组函数子选板

数组函数子选板提供了应用程序开发中数组、矩阵相关的几乎全部常用功能。以下设计一个简单程序，用以说明数组相关函数节点的使用。

程序将用户输入的数组数据进行排序，显示排序结果，同时统计输入数组数据中的最大值、最小值及最大值和最小值各自所在数组中的位置，并在程序前面板中显示统计结果。

程序前面板放置 1 个数值型数组输入控件用以确定数组数据元素取值，1 个数值型数组显示控件用以显示排序后的数组数据，两个数值显示控件分别用以显示数组中的最大值与最小值，两个整数类型数值显示控件分别用以显示最大值与最小值在数组中的索引。

在程序框图中调用函数“一维数组排序”(函数→编程→数组→一维数组排序)，将用户输入的数组数据元素进行排序，并输出排序结果；调用函数“数组最大值与最小值”(函数→编程→数组→数组最大值与最小值)，求取排序后的数组、数组中最大值取值及其在原数组中的索引、数组中最小值取值及其在原数组中的索引，并将上述求取结果进行显示。数组排序与最值获取程序实现如图 1-35 所示。

运行程序，输入数组数据元素，数组排序与最值获取程序运行结果如图 1-36 所示。

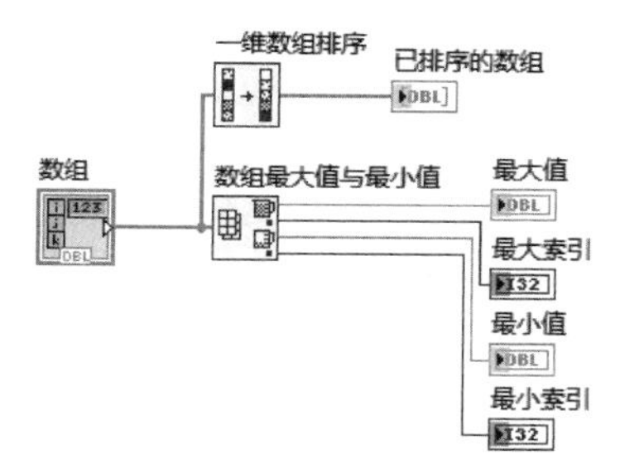

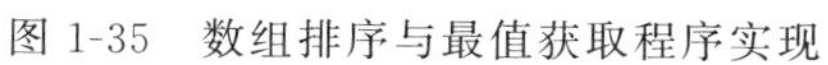
图 1-35　数组排序与最值获取程序实现

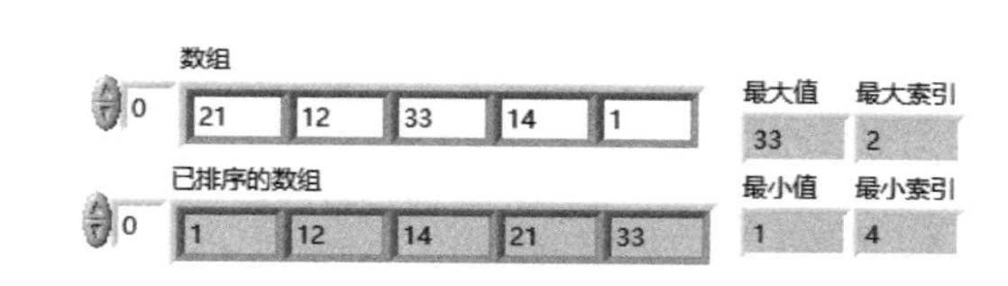

图 1-36　数组排序与最值获取程序运行结果

更多数组相关函数节点的功能测试，请读者自行编写程序验证。

1.2.6　簇数据

簇数据是由不同类型的数据元素组合而成的一种新的数据类型，这一点与 C 语言中的结构体相似。簇中的数据元素，其数据类型可以相同，也可以互不相同。

簇数据的创建与数组创建类似，也分为前面板中簇对象创建及程序框图中簇数据常量创建，其中前面板中簇数据对象创建分为以下几个步骤。

(1) 簇框架创建。右击程序框图空白处，选择“控件→新式→数组、矩阵与簇→簇”，将其拖曳至工作区域，完成簇数据框架创建，如图 1-37 所示。

(2) 簇数据成员添加。根据需要往簇框架中添加数值型控件、字符串控件、布尔控件、文件路径控件等，完成簇中数据元素的创建。需要注意的是，簇中数据元素要么统一为输入型控件，要么统一为输出显示型控件，不能输入输出混搭。典型簇数据样例如图 1-38 所示。

图 1-37　创建簇数据框架

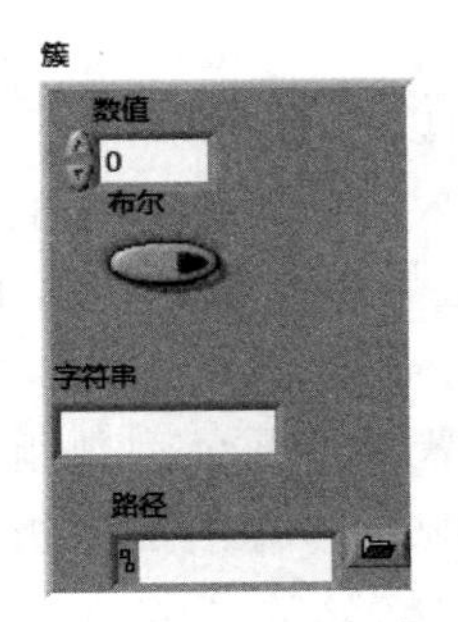

图 1-38　典型簇数据样例

右击簇数据对象，选择“自动调整大小→水平排列”，则水平排列的簇数据显示结果如图 1-39 所示。

同样，如果选择“自动调整大小→垂直排列”，则垂直排列的簇数据显示结果如图 1-40 所示。

图 1-39　水平排列的簇数据

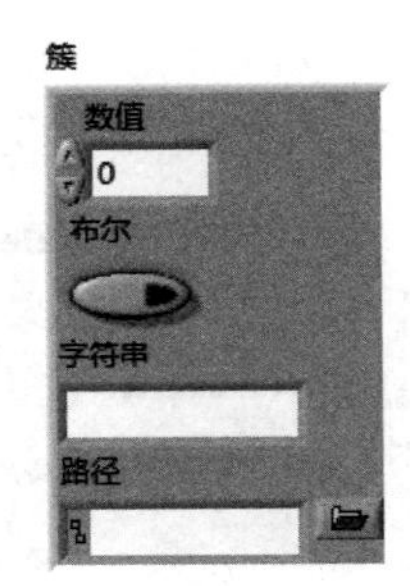

图 1-40　垂直排列的簇数据

在程序框图中，按照“函数→编程→簇、类与变体”的操作路径，可以打开簇数据函数子选板，如图 1-41 所示。

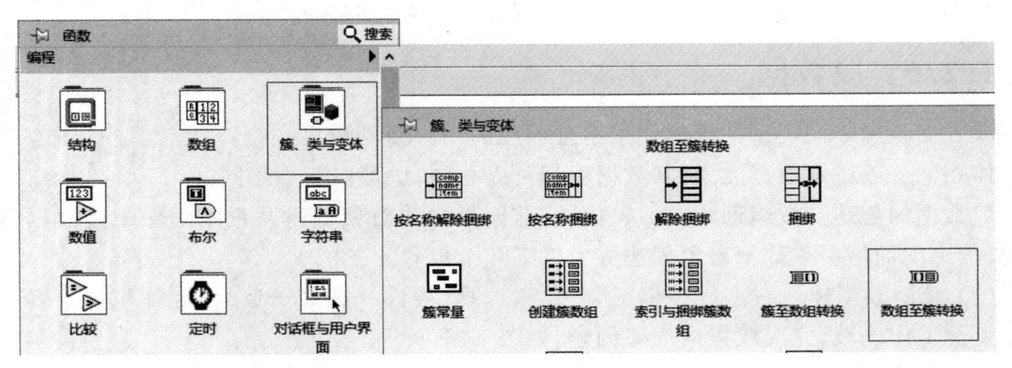

图 1-41　簇数据函数子选板

簇类型相关函数节点主要是捆绑生成簇数据及解除捆绑获取簇数据成员。以下设计一个简单的簇数据相关程序，用以说明相关函数节点的使用。

程序将数值型"转速"、布尔型"开关"、字符串型"状态"3个数据进行封装,形成簇数据并显示,同时,对于生成的簇数据进行解析,获取其数据成员并显示。

程序前面板放置数值输入控件"旋钮",布尔类型输入控件"水平摇杆开关",字符串输入控件,作为拟封装为簇数据的数据成员;同时放置1个数值显示控件,1个布尔显示控件"圆形显示灯",1个字符串显示控件,用以显示从簇数据中解析出的数据成员。

程序框图中调用函数"捆绑"(函数→编程→簇、类与变体→捆绑),将数值类型的转速数据、布尔类型的开关数据及用户输入的字符串封装为簇数据;调用函数"解除捆绑"(函数→编程→簇、类与变体→解除捆绑),获取簇中的每个数据成员并显示解析结果。对应的簇数据功能演示程序实现如图1-42所示。

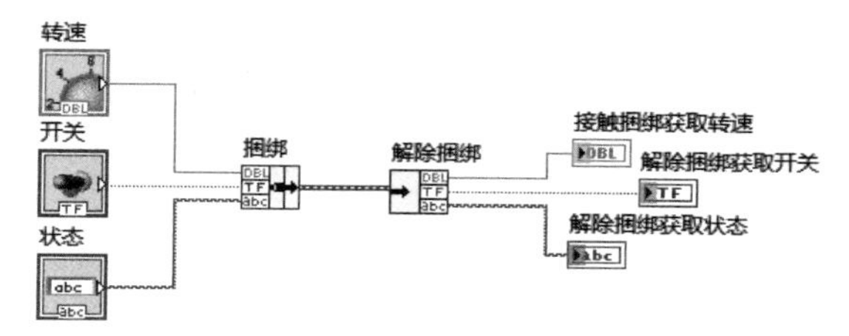

图1-42　簇数据功能演示程序实现

运行程序,操作前面板有关控件,簇数据功能演示程序执行结果如图1-43所示。

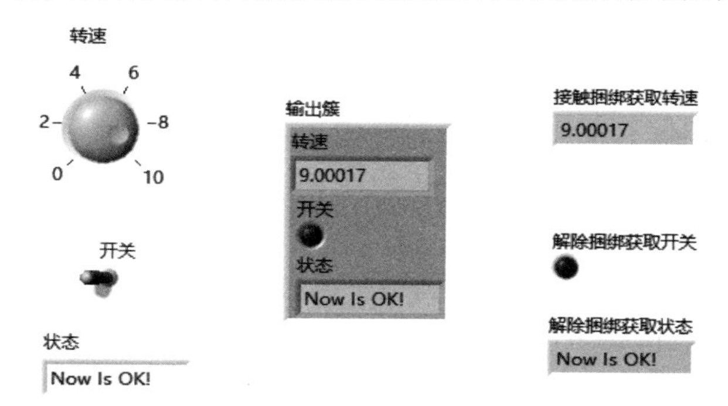

图1-43　簇数据功能演示程序执行结果

更多簇数据相关函数节点功能的测试,请读者自行编写程序验证。

1.2.7　波形数据

波形数据是LabVIEW提供给测试测量领域中的一种特殊的复合型数据类型,主要用于以时间序列方式显示测试测量数据的波形趋势图。这种数据类型类似于簇类型,将多个不同类型的数据组合在一起。不同的是,波形数据中,数据元素的类型和数量都是固定的。

波形数据中的数据元素包括起始时间t0,时间间隔dt,波形数据Y和属性attributes,其中波形数据可以是一个数组,也可以是一个数值。

右击程序框图空白处,选择"函数→编程→波形",可以打开波形函数子选板,如图 1-44 所示。

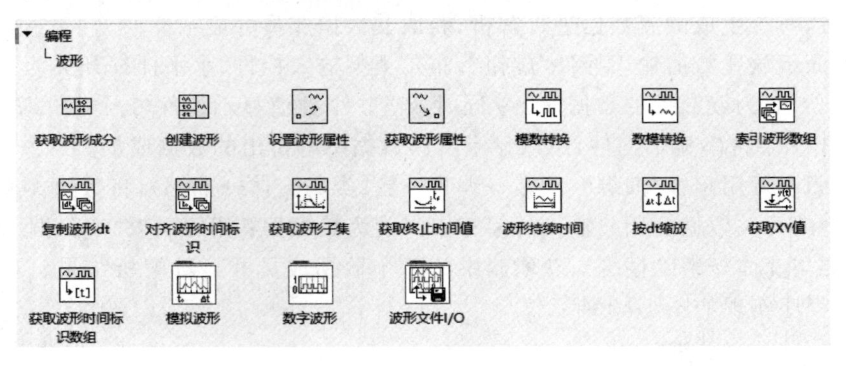

图 1-44　波形函数子选板

这里借助一个简单程序介绍"创建波形""获取波形成分""波形持续时间"等函数节点的使用方法。

在前面板中添加"波形图"控件(控件→新式→图形→波形图),并调整其大小和显示位置。

在程序框图中完成以下操作。

(1) 创建数值型数组常量,数组数据元素设置为 1,2,3,2,1,0。

(2) 调用函数节点"获取日期/时间(秒)"(函数→编程→定时→获取日期/时间(秒))。

(3) 调用数值常量(函数→编程→数值→数值常量),并设置取值为 10。

(4) 调用函数节点"创建波形"(函数→编程→波形→创建波形),拖曳该节点对象操作句柄显示出节点默认属性 attributes,单击默认属性 attributes,修改其分别为 Y、t0、dt,节点的输出端口"输出波形"连线波形图控件。

(5) 调用函数节点"获取波形成分"(函数→编程→波形→获取波形成分),拖曳该节点对象操作句柄,并单击默认属性 attributes,分别将其修改为 Y、t0、dt,右击各个成分的输出端口,选择"创建→显示控件",完成波形成分数据的显示。

(6) 调用函数节点"波形持续时间"(函数→编程→波形→波形持续时间),右击节点输出端口"持续时间",选择"创建→显示控件",完成波形持续时间的显示。

最终完成的波形函数功能验证程序实现如图 1-45 所示。

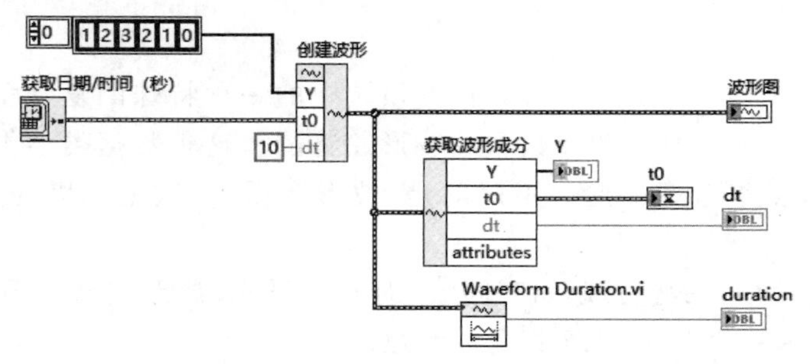

图 1-45　波形函数功能验证程序实现

前面板中，右击波形图控件，选择"忽略时间标识"(默认按照数组下标序号作为X轴坐标)，以便波形图控件能够按照波形数据的成员参数t0、dt自动生成波形图X坐标轴数据，波形图控件显示波形数据的设置方法如图1-46所示。

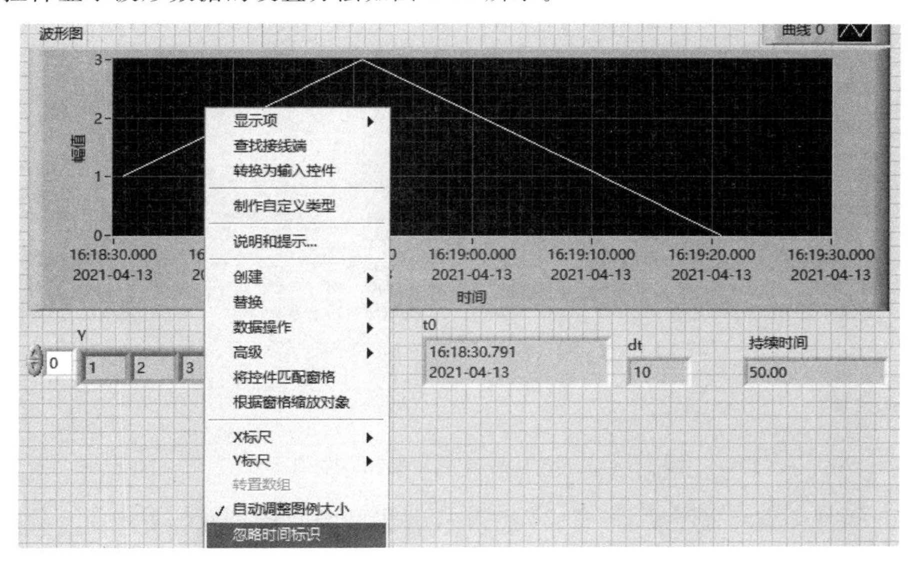

图1-46 波形图控件显示波形数据的设置方法

运行程序，波形图控件实现的波形数据如图1-47所示。

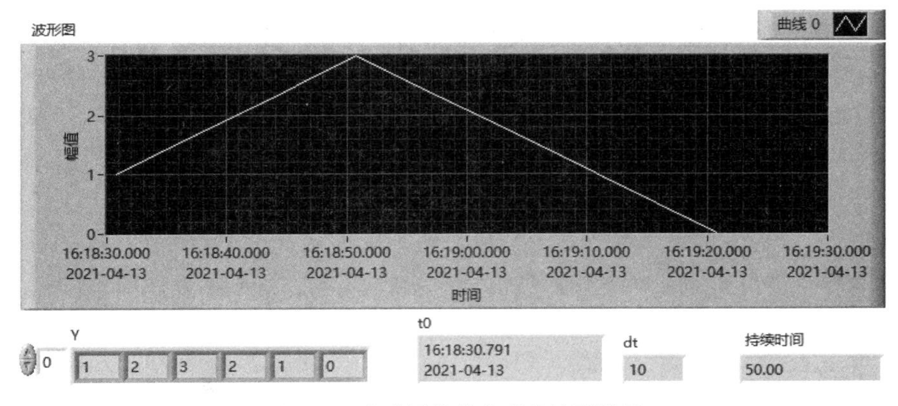

图1-47 波形图控件实现的波形数据

更多波形数据相关函数节点的功能测试，请读者自行编写程序验证。

1.3 LabVIEW程序设计基础

本节主要介绍LabVIEW中提供的几种基本程序结构、局部变量与全局变量、函数及具有面向对象编程特征的属性节点与功能节点。

微课视频

1.3.1 循环结构

1. For 循环

右击程序框图空白处，函数选板中选择“函数→编程→结构”，可以查看 LabVIEW 提供的包括 For 循环结构在内的全部程序结构及控制节点，如图 1-48 所示。

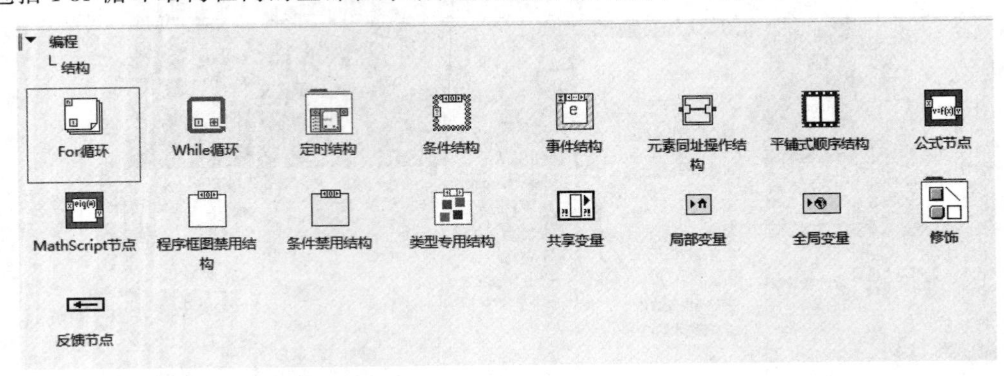

图 1-48　LabVIEW 中程序结构及控制节点

将 For 循环拖曳至程序框图，完成程序中 For 循环节点的创建。单击 For 循环结构，For 循环结构边框出现 8 个实心小方框的操作句柄。拖曳这些操作句柄可以对 For 循环结构的大小进行调整。

For 循环至少由循环体(节点框架)、计数接线端(i)、循环总数接线端(N)3 部分组成。其中 N 表示循环执行的总数，i 表示循环变量计数器，取值从 0 开始。如果期望观测 For 循环执行过程中循环计数器 i 取值的变化及取值范围，可在循环体内放置“等待”(函数→编程→定时→等待)函数节点，实现循环中的延时等待功能，对应的 For 循环结构使用示例如图 1-49 所示。

程序运行时，可以看到数值显示控件“数值”，取值从 0 开始，每间隔 1s 刷新一次，i 取值为 19 时程序退出。For 循环累计执行 20 次。

有时 For 循环在执行中并不一定一直执行到预定的次数结束，而是当满足某一特定条件时也允许退出，则可右击 For 循环边框，选择“条件接线端”，则带条件端子的 For 循环结构如图 1-50 所示。

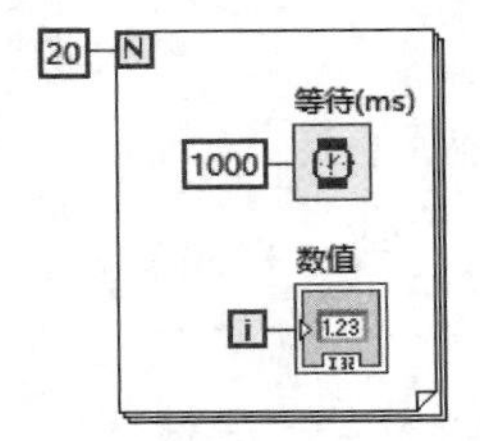

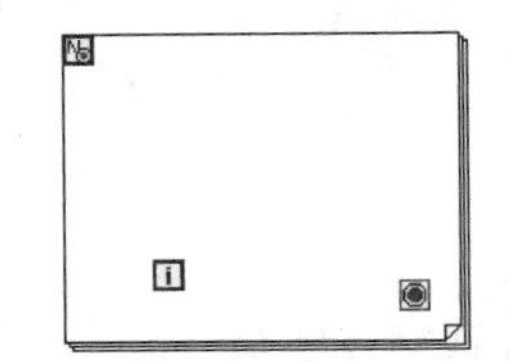

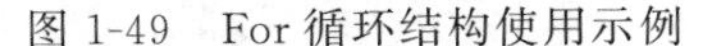

图 1-49　For 循环结构使用示例　　图 1-50　带条件端子的 For 循环结构

新增的图标为循环条件接线端，当接入布尔类型数据取值为 true 时，For 循环亦可结束，而无须等待完成 N 次循环。例如，利用 For 循环进行 1～100 的整数遍历时，如果当前访问整数既能被 3 整除又能被 7 整除，则退出 For 循环。可以使用带条件端子的 For 循环实现这一功能，如图 1-51 所示。

运行程序，可以观测到当遍历过程中整数取值为 21 时，满足预设条件，For 循环提前结束。可见添加了条件端子，For 循环可以进一步增强应用的灵活性。

2. While 循环

微课视频

While 循环是一种典型的条件循环，当满足某种条件时，循环执行或者结束。右击程序框图，选择“函数→编程→结构”，在对应的函数选板中可以查看到 LabVIEW 提供的 While 循环。

从循环实现的角度看，While 循环实际上就是带有条件端子且无须指定循环总数的 For 循环。While 循环结构形态如图 1-52 所示。

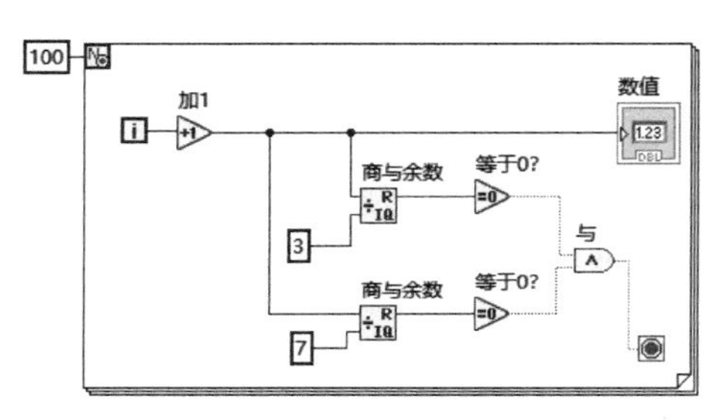

图 1-51　带条件端子的 For 循环使用示例

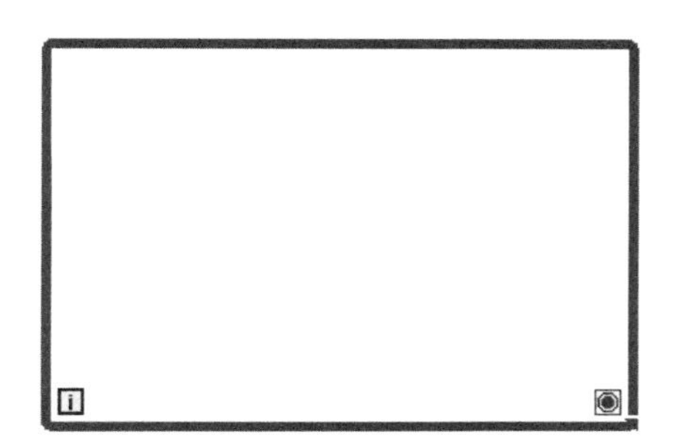
图 1-52　While 循环结构形态

While 循环有两个固定接线端子，一是循环计数器 i，二是循环条件接线端。计数器 i 从 0 开始计数；条件接线端为布尔量输入接线端，程序每次循环结束后都会检查该接线端，以便控制循环是否需要继续执行。

循环条件接线端有两种形态，默认情况如图 1-52 所示，属于“真(T)时停止”(Stop if True)。右击循环条件接线端，选择“真(T)时继续”，则 While 循环结构改变为如图 1-53 所示的条件端子“真(T)时继续”形态，此时，循环将一直执行，直至循环条件接线端接收到布尔量取值为 False。

一般而言，For 循环能够实现的功能，均可借助 While 循环实现。图 1-51 中基于 For 循环结构实现的功能可以改造为如图 1-54 所示的 While 循环结构实现。

图 1-53　条件端子“真(T)时继续”

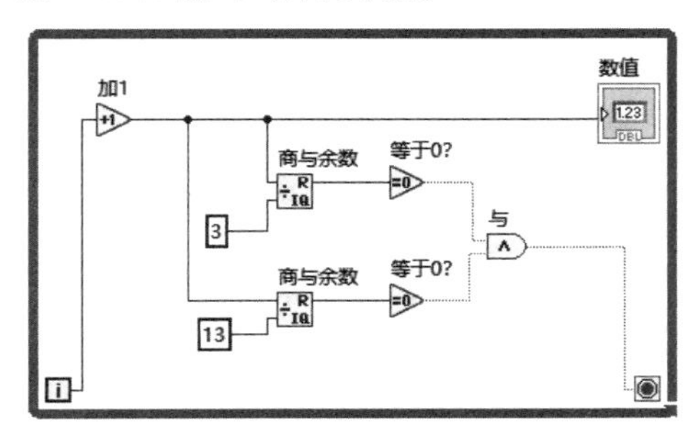

图 1-54　For 循环改造为 While 循环示例
(条件端子“真(T)时停止”)

注意：图 1-54 中 While 循环条件端子形态为“真(T)时停止”(Stop if True)。

当 While 循环条件端子为“真(T)时继续”时，同样功能的程序实现改造结果如图 1-55 所示。

3. 循环结构中的隧道与数据交换

LabVIEW 中针对所有结构提供了一种名为“数据通道”的数据交换机制(又称隧道)，分为输入和输出两种数据通道。任何结构只能通过数据通道实现结构内部和外部节点之间的数据交换。数据通道位于结构边框之上，其显示形式为小方框，颜色与其连接数据对象类型对应的系统颜色保持一致。比如，如果连接的是整数，则小方框为蓝色。

循环结构中数据通道小方框分为实心和空心两种，实心表示循环结构针对外部数据源非索引访问模式(禁用索引)，循环内部将外部数据一次性全部读入，然后根据需要处理。而空心小方框则表示循环结构针对外部数据源的索引访问模式(启用索引)，循环内部将根据循环计数器 i 取值，每次循环，读取外部数据源一个数据，直至读取完毕(For 循环中，如果数据通道启用自动索引，则不需要指定循环总数 N，外部数据源(一般为数组)访问完毕，循环结束)。

For 循环索引方式访问数组的程序框图如图 1-56 所示。访问完毕，For 循环结束。注意：这里 For 循环并未设置参数循环总数 N，而是借助自动索引限制循环的执行次数。

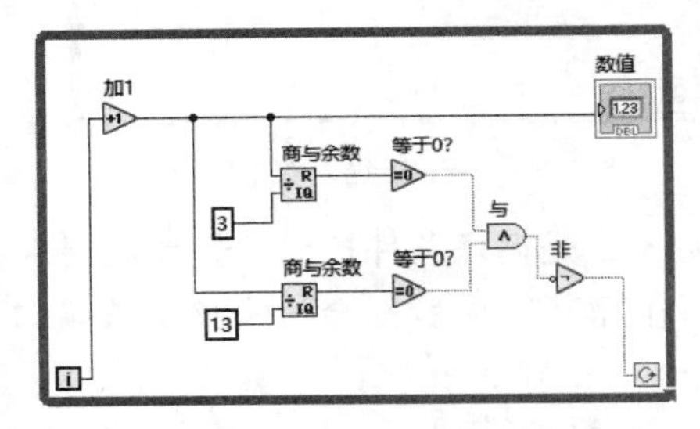

图 1-55 For 循环改造为 While 循环示例(条件端子“真(T)时继续”)

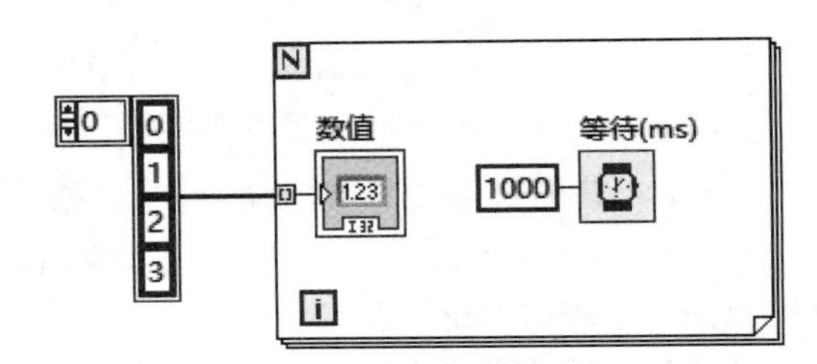

图 1-56 For 循环索引方式访问数组

类似地，输出数据通道可设置为“隧道模式→索引”或“隧道模式→最终值”。“隧道模式→最终值”状态下(实心)，只输出最后一次循环访问的数据，“隧道模式→索引”状态下(空心)，则将循环体内所有连接数据通道的数据合并生成数组。For 循环数据输出的最终值模式和索引模式程序示例如图 1-57 所示。

运行程序，最终值与索引模式输出的执行结果如图 1-58 所示。

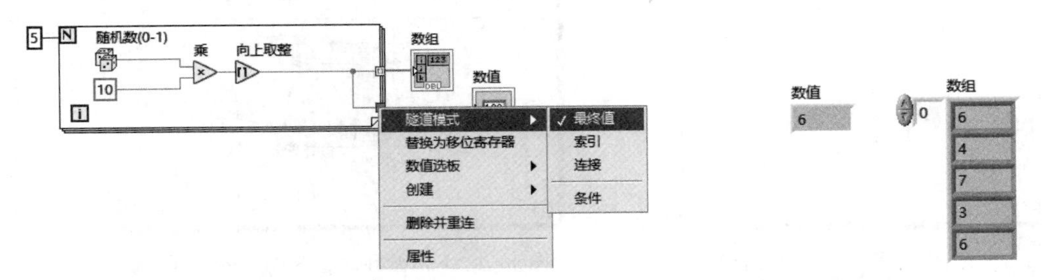

图 1-57 For 循环数据输出的最终值模式和索引模式

图 1-58 最终值与索引模式输出的执行结果

灵活运用数据通道中的索引模式，将会大大增强循环结构的应用性能，程序设计中应该给予足够的重视。

4. 循环结构中的移位寄存器

循环结构中还有一种极为重要的辅助性成员——移位寄存器。移位寄存器的主要功能就是将上一次循环的值传递至下一次循环，这一点在迭代算法设计中至关重要。循环结构中的移位寄存器一般成对出现，分别位于循环结构左右两侧边框。无论是For循环还是While循环，右击循环结构边框，选择“添加移位寄存器”，即可完成一对移位寄存器的添加。For循环中添加移位寄存器的过程如图1-59所示。

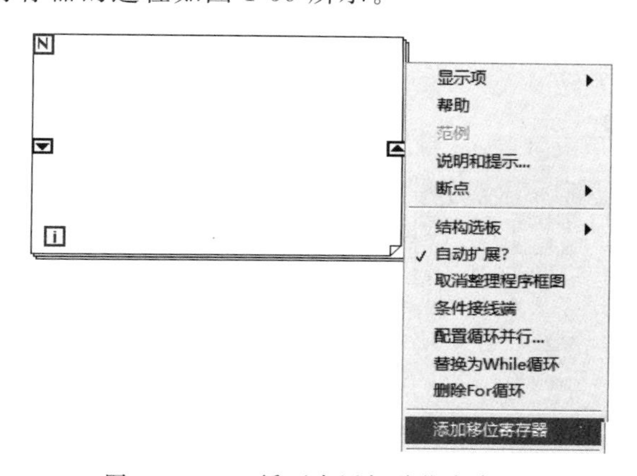

图1-59 For循环中添加移位寄存器

移位寄存器左侧一端为向下箭头，用于移位寄存器初始化赋值及存储循环的上一次执行时获得的相关数据取值。右侧一端为向上箭头，用于存储本次循环结束时相关数据的取值。移位寄存器可以传递任何类型的数据，但无论什么时候，左右两侧移位寄存器的取值应为同一种数据类型。

如果循环过程中需要访问多个数据的上一次循环结果，则可以在循环结构中添加多个移位寄存器，如图1-60所示。

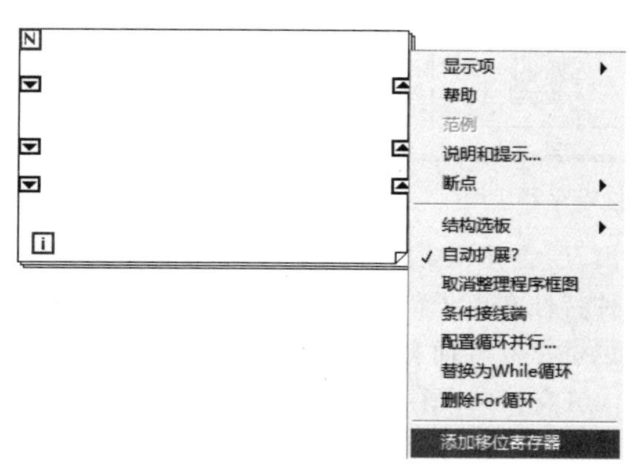

图1-60 循环结构中添加多个移位寄存器

如前所述，位于循环结构左侧的移位寄存器可以保存循环前1次执行的结果，这一点对于迭代算法处理至关重要。但是很多时候，还需要保存循环结构前2次、前3次甚至前n次执行结果。针对这种需求，LabVIEW提供了一种称为层叠移位寄存器的解决方案。右击循环结构左侧移位寄存器，在弹出的快捷菜单中选择"添加元素"，左侧移位寄存器下方出现新的移位寄存器，但是此时右侧并未成对出现对应的移位寄存器，这种仅在左侧出现的寄存器称为层叠移位寄存器。层叠移位寄存器从上至下依次保存循环执行过程中的前1次，前2次，…，前$n-1$次，前n次执行结果。循环结构中添加层叠移位寄存器方法如图1-61所示。

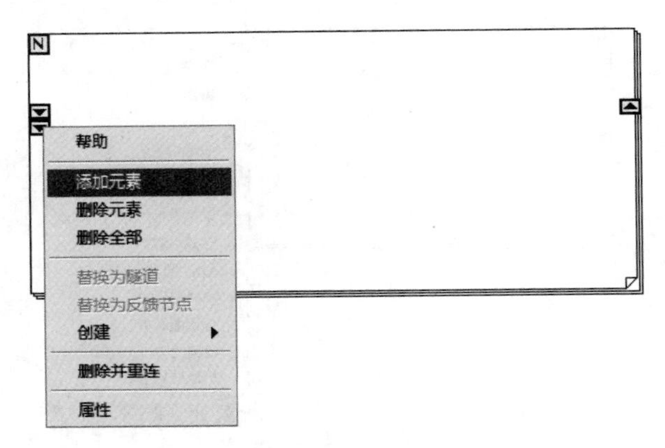

图1-61　循环结构中添加层叠移位寄存器方法

利用上述特性，设计程序实现循环中访问当前循环计数器取值、前1次循环计数器取值、前2次循环计数器取值，则基于层叠移位寄存器实现这一功能的程序框图如图1-62所示。

运行程序，层叠移位寄存器取值结果如图1-63所示。

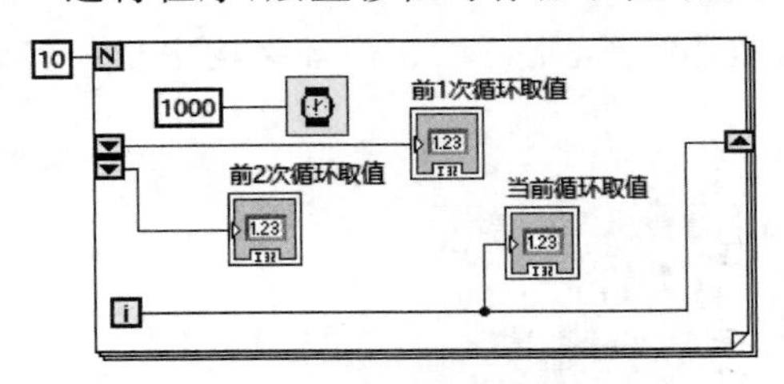

图1-62　层叠移位寄存器应用

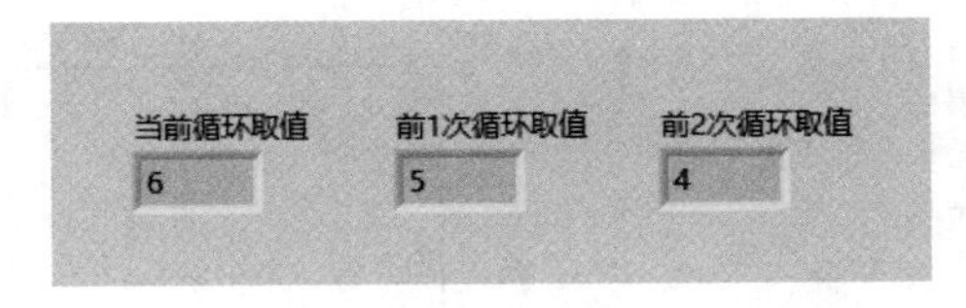

图1-63　层叠移位寄存器取值结果

从运行结果可以看出，层叠移位寄存器能够以极为简单的方式实现多次循环执行数据状态的保持和应用。这种特性在电子信息类应用开发中极为普遍。比如，典型的移动窗口滤波就可以借助层叠移位寄存器轻而易举实现，其程序框图如图1-64所示。

由图1-64可以看出，层叠移位寄存器设置了5个，即移动窗口宽度为5，每次循环取前5次循环采集的数据（随机数模拟数据采集）进行算术平均，作为滤波处理结果显示，运行程序，原始数据采集及移动窗口滤波处理结果如图1-65所示。

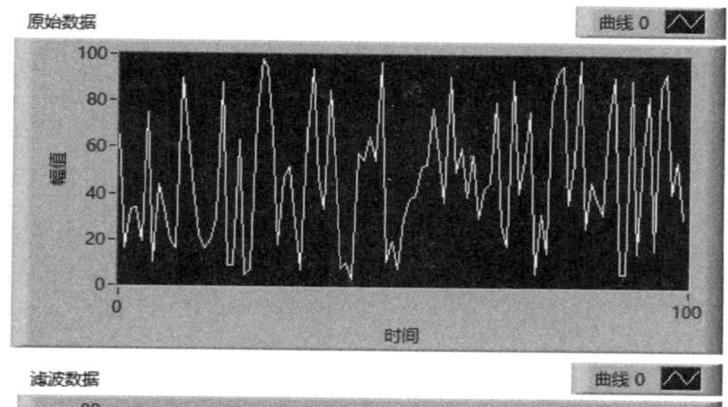

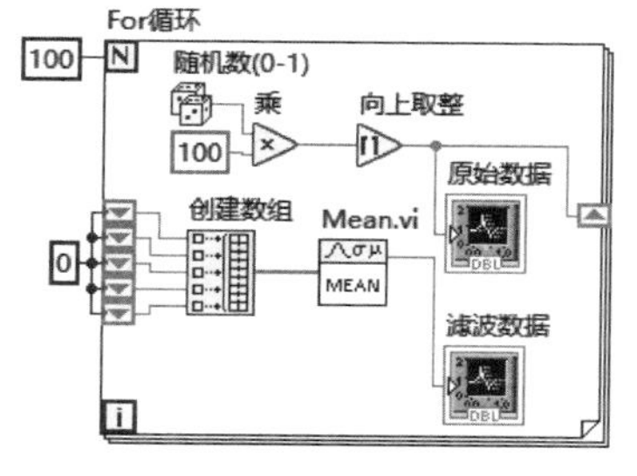

图 1-64　层叠移位寄存器实现移动窗口滤波

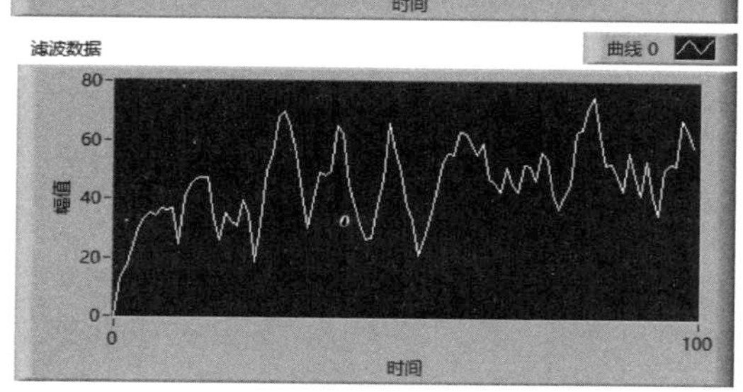

图 1-65　原始数据采集及移动窗口滤波处理结果

从运行结果可以看出，滤波后的曲线相比原始数据曲线，高频变化部分得到较大抑制，这恰恰体现了移动窗口滤波的低通频域特性。

1.3.2　定时循环

应用程序设计过程中经常会出现精确的时间控制相关要求。LabVIEW 中提供了如"等待""等待下一整数倍毫秒"等函数节点，这些函数节点都是以 ms 为计时单位，理论上定时精度可以达到 ms 级，但是由于 Windows 操作系统采用抢占式任务调度机制，系统有可能暂停应用程序的执行，程序运行过程中计时存在一定的误差，无法保证 ms 级定时精度要求。

LabVIEW 中针对高精度定时需求提供了一种全新的程序结构——定时循环。这种结构本来是用于实时系统和 FPGA 应用开发的，但是在 Windows 操作系统中也可以使用。其定时精度远远高于传统的"等待""等待下一整数倍毫秒"等函数节点。

右击程序框图，选择"函数→编程→结构→定时结构→定时循环"，即可查看函数选板中的定时循环，如图 1-66 所示。

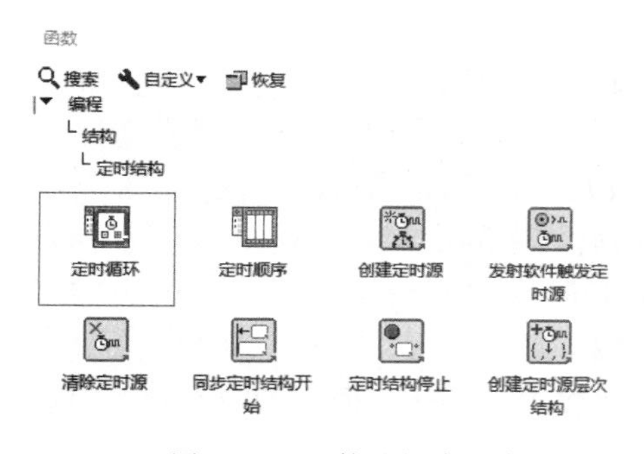

图 1-66　函数选板中的定时循环

定时循环与While循环类似，但是多了输入节点(结构框图左侧边框外部)、输出节点(结构框图右侧边框外部)及左数据节点(结构框图左侧边框内部)、右数据节点(结构框图右侧边框内部)，如图1-67所示。

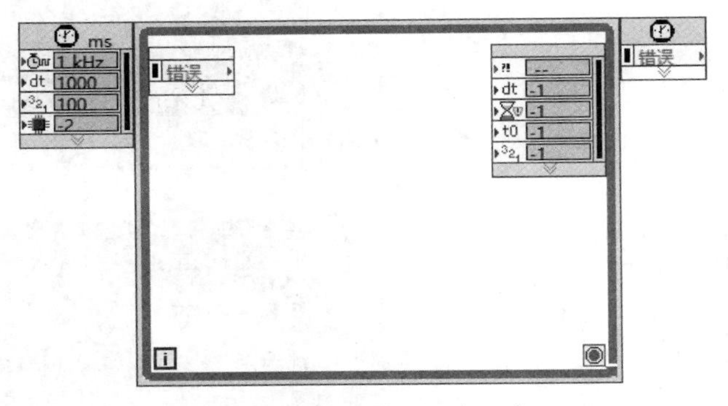

图1-67　定时循环基本组成

双击定时循环左侧输入节点，弹出配置定时循环对话框，如图1-68所示。

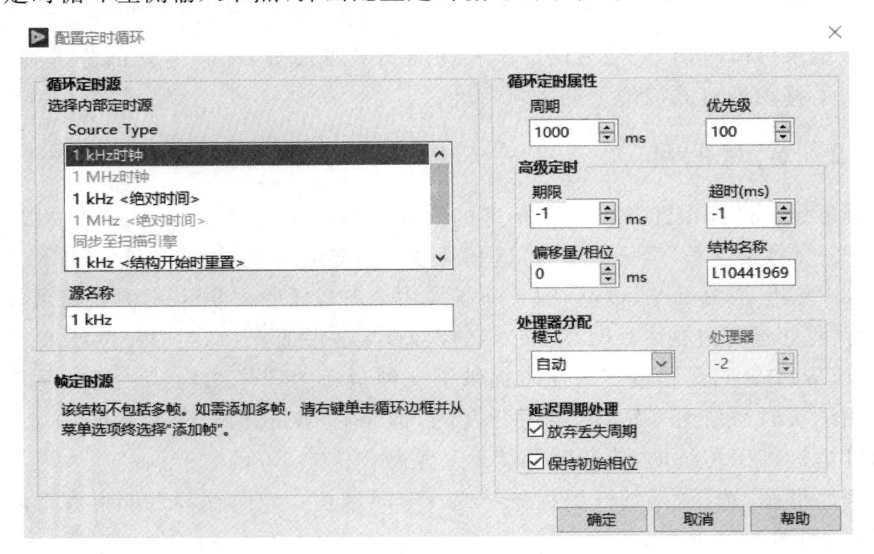

图1-68　配置定时循环对话框

定时循环结构输入参数配置中可以选择时钟源。Windows操作系统中只能选择1kHz时钟源。1MHz时钟源仅当定时循环结构所在应用程序部署于实时系统中时才可以选择。输入参数配置对话框中主要参数及其含义如下所示。

(1) 周期。设置定时循环的时间间隔。

(2) 优先级。默认值100，当同时存在多个定时循环时，优先级高的先运行。

(3) 期限。设定帧允许的最长时间。

(4) 超时。指定时间期限，当帧中代码运行时间超出设定值时，下一次循环输出报警。

(5) 偏移量。指定帧相对于循环开始运行的时间。

与 While 循环一样，定时循环中亦可使用移位寄存器。在如图 1-69 所示的定时循环程序框图中，按照 100ms 的时间间隔，借助移位寄存器实现了 0～100 的整数累加运算。

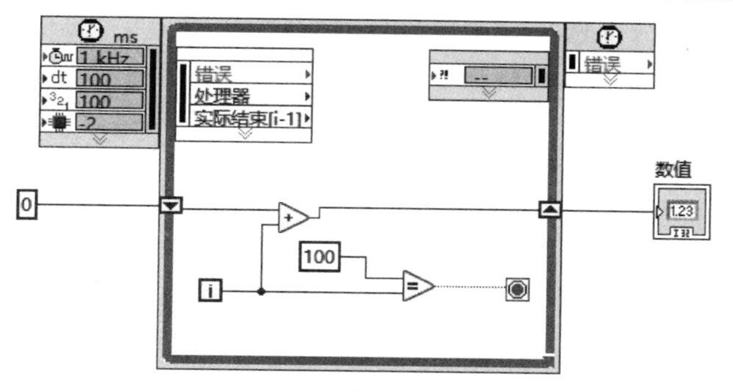

图 1-69　定时循环程序实例

1.3.3　条件结构

1. 基本条件结构

条件结构类似于字符编程语言中的 if else、switch 语句，使用条件结构意味着程序根据检测参数状态的不同，存在多条不同的执行路径。条件结构位于程序框图中"函数→编程→结构"子选板中，如图 1-70 所示。

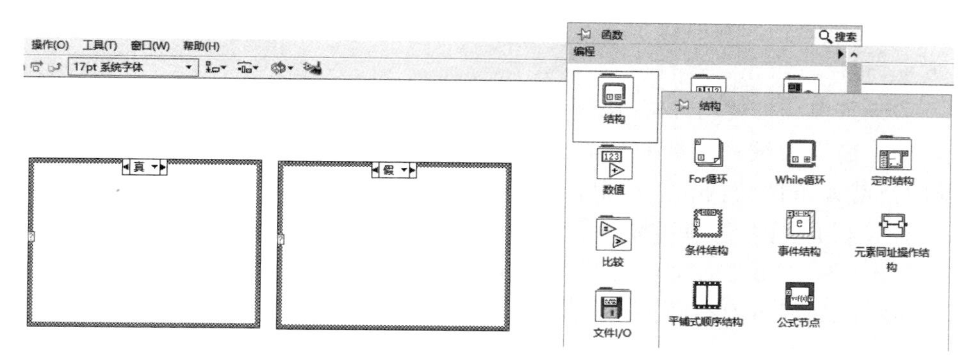

图 1-70　函数选板中的条件结构

条件结构由 3 部分组成。

(1) 条件结构框架。以矩形区域确定条件结构，默认包含"真"与"假"两个条件分支的子程序框架，以层叠方式显示。

(2) 分支选择器。位于条件结构左侧，以 ? 形式呈现，默认情况下接收布尔量输入，程序根据该布尔量取值确定执行路径。

(3) 选择器标签。位于条件结构上侧，用以标识当前条件下的程序框图。单击其中向下箭头，可以查看当前逻辑下全部可供选择的程序执行路径。

条件结构均以层叠方式出现，即使默认状态下只有"真"与"假"两个执行路径，也只能看见其中一条路径，如欲查看另外一条路径程序框图，单击"选择器标签"，重新设置条件分支，可查看对应条件分支下的程序框图。

条件结构中的分支选择器除了识别默认的布尔类型，还能识别整数、枚举、字符串等数据类型。当条件结构分支选择器连接整数输入时，选择器标签会自动显示 0、1 两项子程序框图，如需添加更多分支，可右击条件结构边框，选择“在后面添加分支”或“在前面添加分支”。

选择器标签取值可以是单个值，也可以是数值范围和取值列表。其中取值列表为逗号间隔的数值，取值范围使用“..”表示。比如，“10..20”表示 10～20 区间内的所有整数，且包括 10 和 20；而“..10”则表示小于或等于 10 的所有整数；“10..”表示大于或等于 10 的所有整数。

当条件结构分支选择器连接枚举类型数据时，可右击条件结构，选择“为每一个值添加分支”，则条件结构自动为每个枚举取值创建对应的子框图。

当条件结构分支选择器连接字符串类型数据时，则必须手动为每个可能的输入字符串建立对应的程序子框图，而且必须保证输入字符串和选择器标签页内容完全一致，否则程序编译将会出错。

特别需要注意的是，多分支的条件结构，当外部向条件结构输入数据时，每个分支子框图都可以使用这个通道的数据，每个通道内是否连线使用这个数据无关紧要。但是当向结构外部输出数据时，会在结构边框生成数据通道，每个分支程序子框图都需要和该数据通道连线，否则程序会报错。只有每个分支都连线数据通道，数据通道图标由空心小方框转变为实心小方框，程序方可正常运行。

为了验证条件结构使用方法，编写程序实现用户输入百分制考试成绩转换为五分制考试成绩功能。输入考试成绩借助数值输入控件实现，成绩转换借助条件结构完成。根据常识，分支结构将具有 5 个子框图，选择器标签分别为“..59”“60..69”“70..79”“80..89”“90..100”。程序实现的各个子框图如图 1-71～图 1-75 所示。

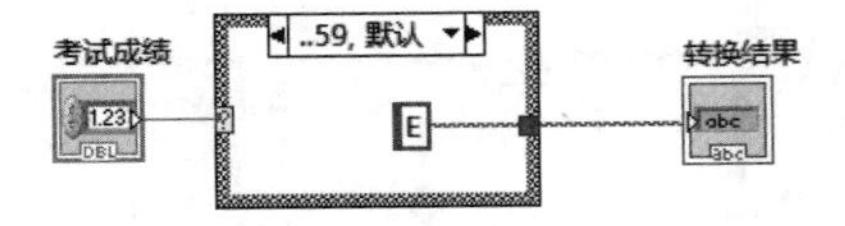

图 1-71　条件结构分支 1 子框图

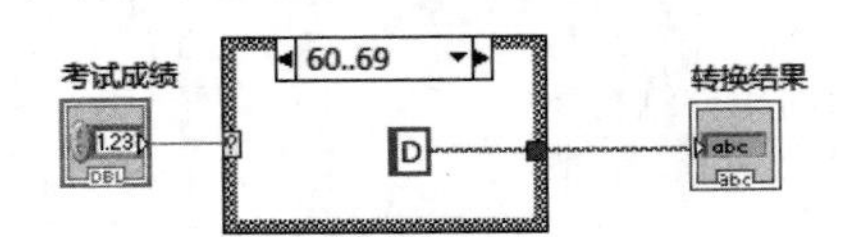

图 1-72　条件结构分支 2 子框图

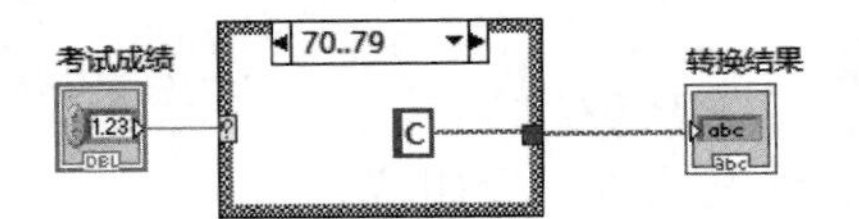

图 1-73　条件结构分支 3 子框图

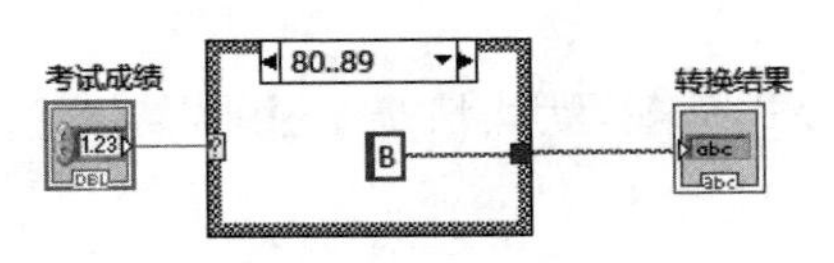

图 1-74　条件结构分支 4 子框图

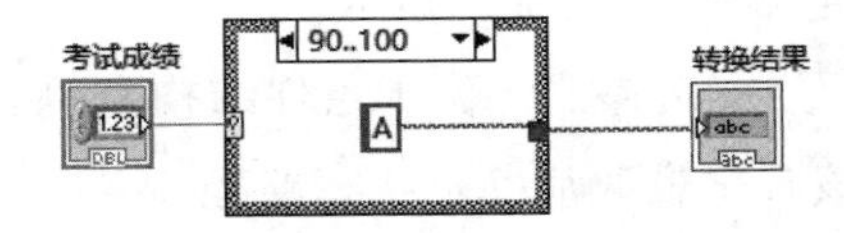

图 1-75　条件结构分支 5 子框图

2. 简易条件结构

条件结构中不同条件下的代码层叠显示，不便于整体性阅读和理解程序，在逻辑比较简单的应用场景下，可以放弃选择使用标准的条件结构，而使用函数“选择”（函数→编程→比较→选择）实现简易条件结构（类似于C语言中三元运算符表达式 y=a>b?c:d）。比较函数子选板中具有条件结构功能的“选择”节点如图1-76所示。

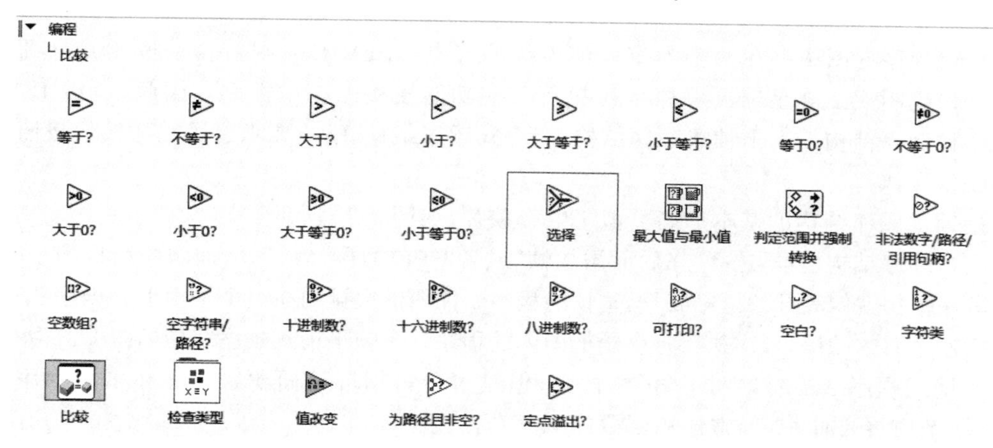

图1-76　具有条件结构功能的“选择”节点

“选择”节点的3个输入端口中，中间输入端口为布尔量，上方输入端口为布尔量取值为“真”（T）时期望的输出，下方输入端口为布尔量取值为“假”（F）时期望的输出。比如，通过摇杆开关“布尔”控制“量表”控件的背景色，设计程序框图如图1-77所示。

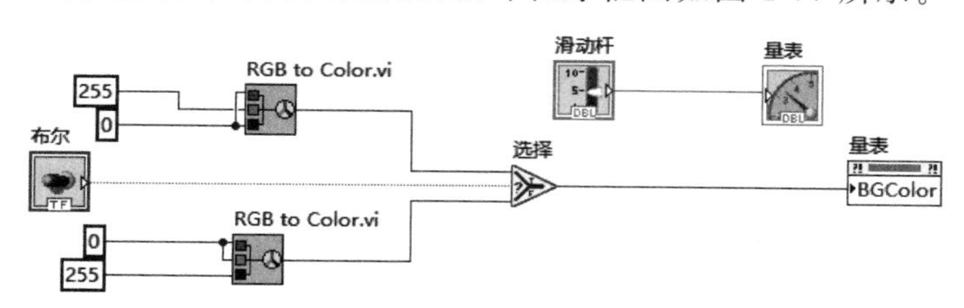

图1-77　选择函数节点验证程序框图

运行程序，当摇杆开关拨向右侧，输出值为T时，“选择”节点输出其上方输入端口连接的绿色颜色值，作为量表背景色属性取值，如图1-78所示。

当摇杆开关拨向左侧，输出值为F时，“选择”节点输出其下方输入端口连接的蓝色颜色值，作为量表背景色属性取值，如图1-79所示。

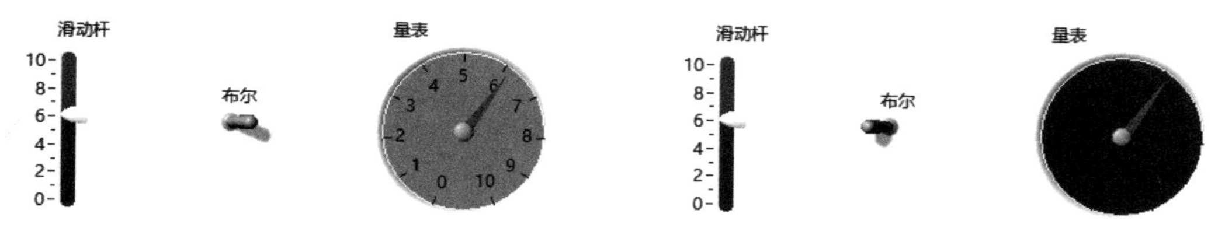

图1-78　条件为“真”时选择节点输出结果　　图1-79　条件为“假”时选择节点输出结果

显然这种简易条件结构程序代码更具有可读性，但不足的是仅适用于简单逻辑处理。

微课视频

1.3.4 顺序结构

1. 平铺式顺序结构与层叠式顺序结构

LabVIEW 应用程序执行路径依赖于程序框图中的节点及其数据连线限定的数据流方向。如果程序框图中存在两个没有任何连线的节点，LabVIEW 则会自动按照并行机制执行。这种机制无法满足需要顺序依次执行某些功能模块的技术需求。因此，LabVIEW 提供了 2 种顺序结构——平铺式顺序结构、层叠式顺序结构，强制要求有关功能模块按照指定的顺序依次执行。

平铺式顺序结构的基本形态类似于电影胶片，如图 1-80 所示。

右击顺序结构边框，选择“在后面添加帧”或者“在前面添加帧”，增加顺序结构的子框图。多帧顺序结构就像展开的电影胶片，每帧的程序子框图依次排列在一个平面上。程序执行时，按照由左至右的顺序，依次执行每个子框图内的程序。多帧平铺式顺序结构如图 1-81 所示。

平铺式顺序结构简单明了，可读性强，但是过于占用屏幕面积。当存在多帧顺序结构时，为了节省屏幕面积，经常使用层叠式顺序结构。

层叠式顺序结构将平铺式顺序结构中所有的子框图重叠在一起，每次只能看到一帧顺序结构子框图，执行时按照子框图的编号顺序来进行。平铺式顺序结构和层叠式顺序结构可以相互转换。右击平铺式顺序结构边框，在弹出的快捷菜单中选择“替换为层叠式顺序结构”，则可以改变顺序结构的形式。

平铺式顺序结构转换为层叠式顺序结构后，呈现出一个带有“选择器标签”的一帧结构，其中选择器标签中可以选择原顺序帧中的指定序号帧，如图 1-82 所示。

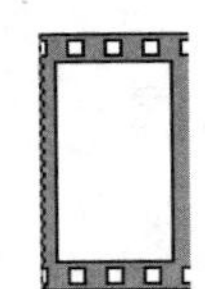

图 1-80 平铺式顺序结构的基本形态

图 1-81 多帧平铺式顺序结构

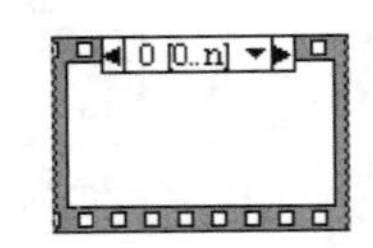

图 1-82 层叠式顺序结构

2. 帧间数据共享与局部变量创建

程序设计中经常需要不同帧之间共享数据。平铺式顺序结构很容易实现这一目标，通过不同帧间直接连线操作即可实现。但是层叠式顺序帧却必须借助“局部变量”才能实现这一目标。

在层叠式顺序结构中，选择某一帧，右击顺序结构边框，选择“添加顺序局部变量”，顺序结构边框出现小方框，表示顺序帧局部变量创建完毕，如图 1-83 所示。

小方框的颜色会根据所连接的数据类型发生变化，图 1-84 中在第 0 帧创建了局部变量，该局部变量所连接的数据值在后续的各个帧中都能访问到。一旦局部变量和数据连接，小方框内部会出现指向顺序结构外部的箭头，此时局部变量已经完成数据存储。

而其他各帧边框则会出现指向顺序结构内部的局部变量箭头，表示在这一帧中具有可读的局部变量，直接连线即可访问局部变量的取值，如图 1-85 所示。

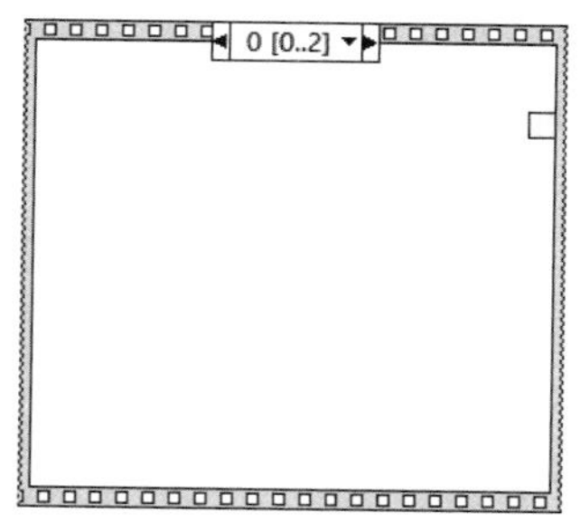

图 1-83 创建顺序帧局部变量

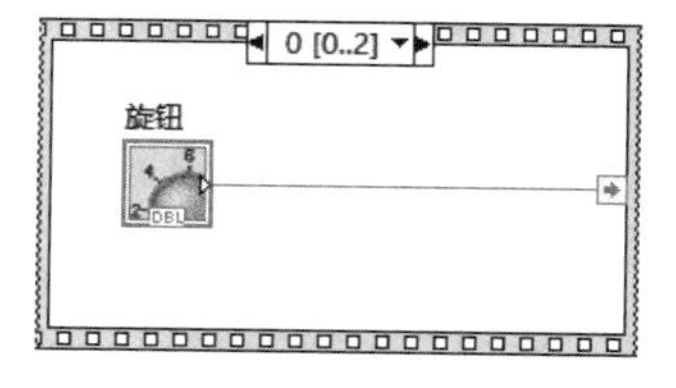

图 1-84 顺序帧局部变量赋值

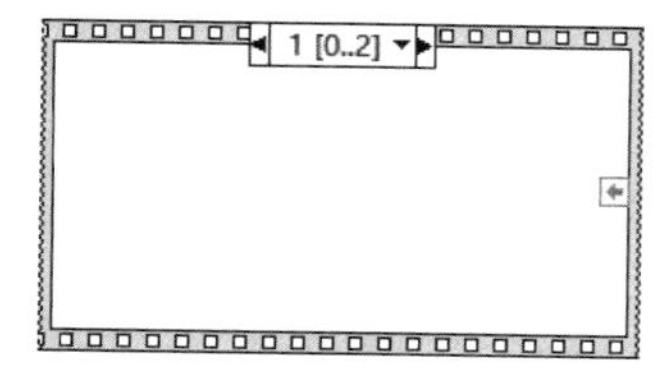

图 1-85 顺序帧局部变量读取

显然,层叠式顺序结构中的局部变量虽然也能够实现帧间数据共享,但是会导致程序可读性较差(多个数据需要共享时难以辨识),复杂程序编写中应该尽量避免。

3. 顺序结构应用实例

在新建的应用程序中创建层叠式顺序结构,使用顺序帧局部变量实现帧间数据共享。程序第 0 帧产生一个 0～100 区间内的随机整数,并读取系统时间作为程序开始时间;第 1 帧中产生随机整数,并与第 0 帧中的数据进行比较,如果相等,则进入第 2 帧,第 2 帧取系统时间作为程序结束时间,计算两个时间差,得出第 1 帧中两数相等所花费的时间。

具体实现过程如下:

(1) 前面板设计。右击程序框图,选择“控件→新式→数值→数值显示控件”,设置标签“时间差”,右击控件,选择“表示法→U32”,完成数据类型设置。

(2) 程序框图设计。创建 3 帧的层叠式顺序结构。选择第 0 帧,完成以下操作。

① 调用函数“时间计数器”(函数→编程→定时→时间计数器),获取系统当前时间,单位为毫秒(ms)。

② 调用函数“随机数”(函数→编程→数值→随机数),调用函数节点“数值常量”(函数→编程→数值→常量),赋值 1000,调用函数“乘”(函数→编程→数值→乘)实现随机数千倍放大功能,调用函数“向上取整”(函数→编程→数值→向上取整)实现乘法运算结果的整数化处理。

③ 创建顺序结构局部变量,连线节点“向上取整”输出。

④ 创建顺序结构局部变量,连线节点“时间计数器”输出。

对应的第 0 帧程序子框图如图 1-86 所示。

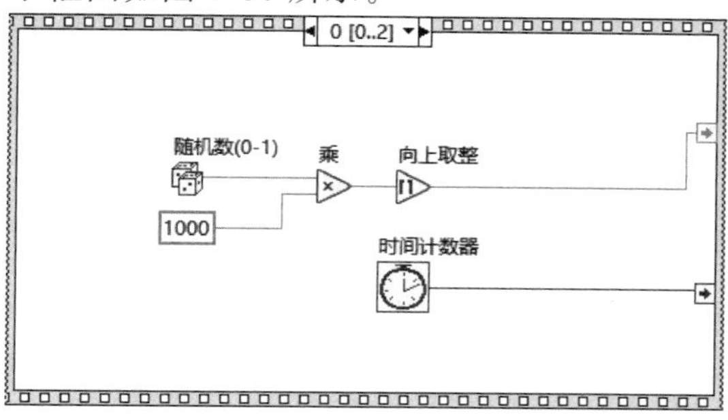

图 1-86 第 0 帧程序子框图

选择第 1 帧，创建 While 循环结构，并在循环结构内完成以下操作。

① 为了增强程序运行观测效果，调用函数“等待(ms)”(函数→编程→定时→等待)，设置等待时长为 1ms。

② 产生 0～1000 区间内的随机整数。

③ 读取顺序帧局部变量值，与第 0 帧中产生的随机数进行比较，如果相等则退出 While 循环结构的功能。

对应的第 1 帧程序子框图如图 1-87 所示。

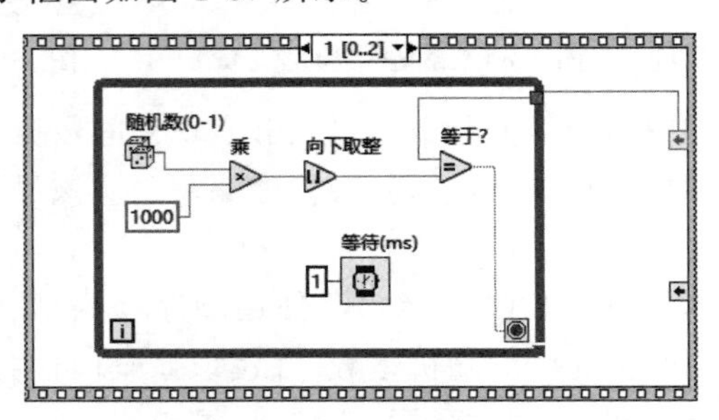

图 1-87　第 1 帧程序子框图

选择第 2 帧，完成以下操作。

① 调用函数“时间计数器”(函数→编程→定时→时间计数器)，获取系统当前时间，单位为毫秒(ms)。

② 调用函数“减”(函数→编程→数值→减)，被减数设置为函数“时间计数器”输出，减数设置为顺序结构局部变量(蓝色，第 0 帧获取的系统时间)读取结果。

对应的第 2 帧程序子框图如图 1-88 所示。

运行程序，层叠式顺序结构程序执行结果如图 1-89 所示。

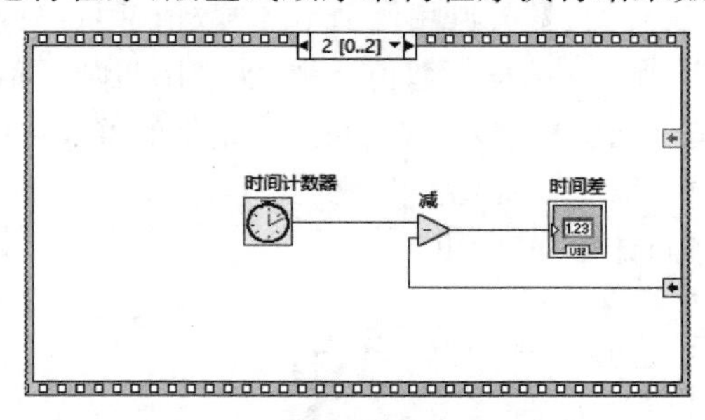

图 1-88　第 2 帧程序子框图

图 1-89　层叠式顺序结构程序执行结果

这意味着包括延时 1ms，第 1 帧以产生随机数的方式猜测第 0 帧中产生的数据，需要 2487ms(这一结果并非固定不变，也是随机的)。

1.3.5　事件结构

1. 事件结构的基本组成

事件结构主要用于通知应用程序发生了什么事件，并对这种事件进行响应。事件包括用户界面事件、外部 I/O 事件及编程生成事件。LabVIEW 中常用的是用户界面事件，典型事件包括鼠标操作事件、键盘操作事件等。

LabVIEW 中的事件结构位于"函数→编程→结构"子选板内，拖曳至程序框图中，其结构形态如图 1-90 所示。

从图 1-90 中可见，事件结构由事件超时接线端(❶)、事件选择器标签(❷)、事件数据处理节点(❸)三部分组成。其中，事件超时接线端用来设定超时时间，接入数据是以 ms 为单位的整数类型数据。事件选择器标签用于标识当前程序子框图所处理的事件名称。事件数据处理节点为当前处理事件提供事件源相关数据。

事件处理机制的程序设计是由事件决定程序的执行流程。当某一事件发生时，执行该事件对应的程序子框图。应用程序执行的任何一个时刻，有且仅有一个事件被响应，即最多只有一个事件处理程序子框图被执行。如未有事件发生，则事件结构程序会一直等待，直至某一事件发生。

为了连续响应事件，事件结构一般和 While 循环搭配使用，在 While 循环结构内部使用事件结构，以便程序能够及时、准确响应每个事件。如果没有 While 循环，事件结构只能响应第一个发生的事件，并且在处理完毕之后退出程序。因此，事件结构实际应用模式如图 1-91 所示。

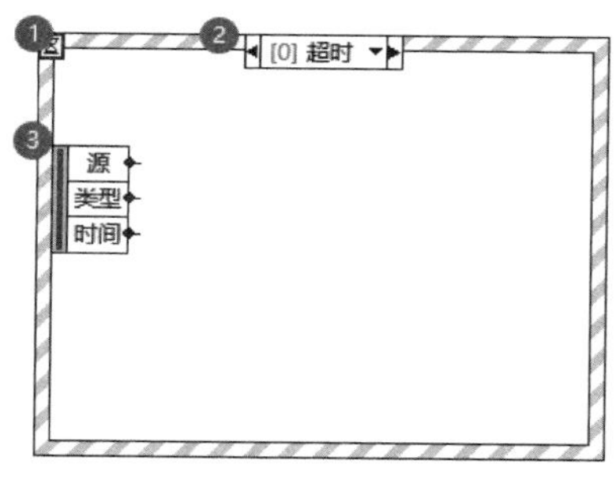

图 1-90　事件结构形态

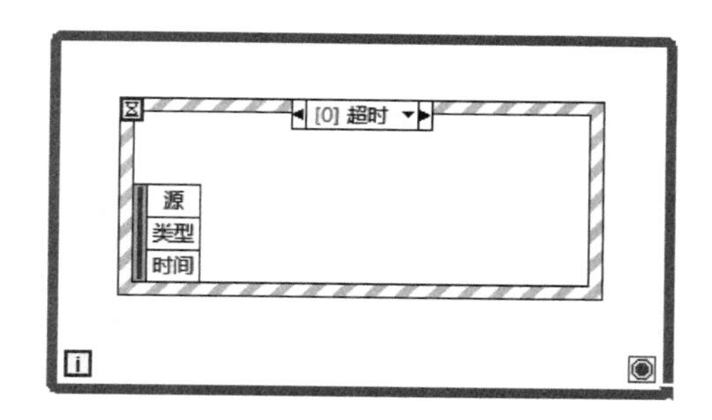

图 1-91　事件结构实际应用模式

2. 事件结构的创建与编辑

如前所述，LabVIEW 中最常用的事件处理就是用户界面事件。这里以用户界面的 2 个布尔控件"停止"按钮、"确定"按钮的事件处理为例，说明事件的创建和编辑。

右击如图 1-91 创建的事件结构边框，弹出菜单如图 1-92 所示。

选择"添加事件分支..."，弹出编辑事件操作界面，如图 1-93 所示。

编辑事件操作界面中主要包括事件说明符、事件源、事件三部分内容。

(1) 事件说明符。以列表形式显示事件结构需要处理的事件源及对应的事件类型，可以添加、删除事件结构需要处理的事件。

(2) 事件源。含有应用程序、本 VI、窗格、控件等触发事件的对象，其中控件下包含当前程序界面中创建的全部控件。

(3) 事件。以列表框的形式给出所有支持的事件种类及名称，如图 1-93 中针对选择的

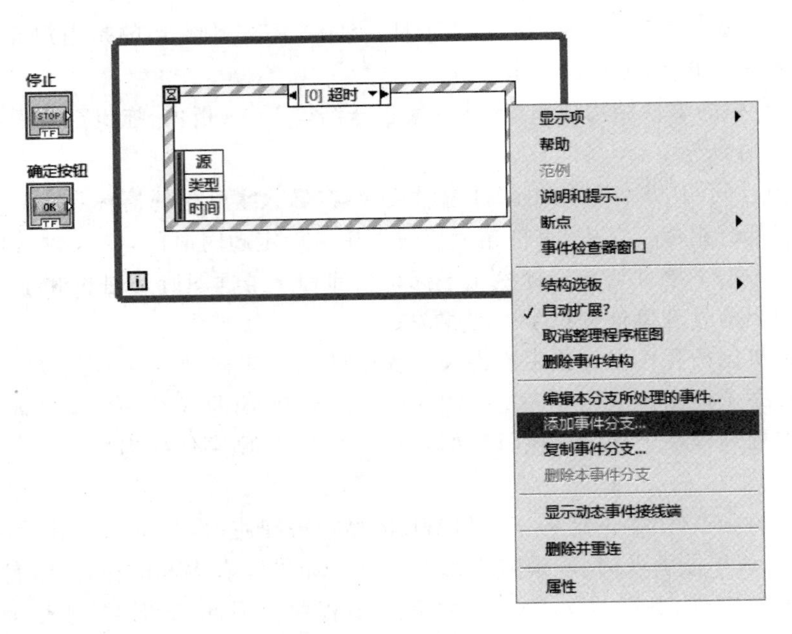

图 1-92　添加事件分支

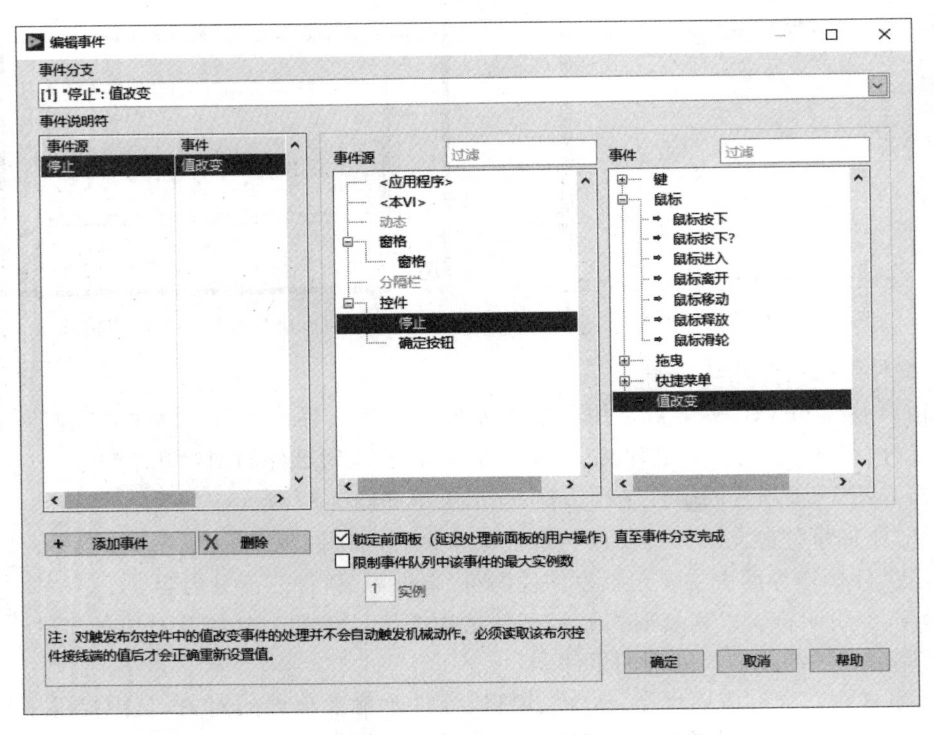

图 1-93　编辑事件对话框

控件“停止”，支持的事件包括“键”(键盘操作类事件)、“鼠标”(鼠标操作类事件)、“拖曳”(控件操纵类事件)、“快捷菜单”(控件交互操作类事件)、“值改变”(控件取值发生变化)，根据程序设计需要，选择其中一种事件即可。这里选择了“值改变”，意味着只要程序前面板中的按钮“停止”取值发生变化，程序就进入该事件处理子框图。

针对“停止”按钮如果选择了“值改变”事件，自动创建的事件处理程序子框图如图1-94所示。

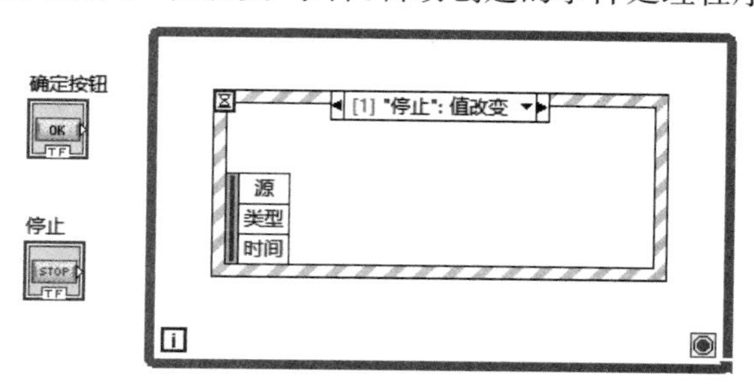

图1-94 自动创建的事件处理程序子框图

以同样方式，可以完成针对按钮“确定”的“值改变”事件创建。

如果这一过程中希望改变创建好的某一事件，在事件结构事件标签选择器中选择该事件，右击事件标签选择器，选择“编辑本分支所处理事件...”，重新进入事件编辑对话框，可以重新设置待处理的事件。

3. 事件结构应用实例

用户界面中提供两个按钮控件，一个为“确定”按钮控件，用户单击时弹出简单对话框；另一个为“停止”按钮控件，用户单击时退出程序。具体实现步骤如下。

(1) 前面板设计。前面板中完成以下操作。

① 右击前面板，选择“控件→新式→布尔→停止按钮”，创建“停止按钮”。

② 右击前面板，选择“控件→新式→布尔→确定按钮”，创建“确定按钮”。

(2) 程序框图设计。程序框图中完成以下操作。

① 右击程序框图，选择“函数→编程→结构→事件结构”，添加事件结构。

② 右击程序框图，选择“函数→编程→结构→While 循环”，添加 While 循环结构。

③ 右击事件结构标签选择器，选择“添加事件分支...”，按照前述方法，完成“停止按钮”的“值改变”事件添加；完成“确定按钮”的“值改变”事件添加。

“停止按钮”的“值改变”事件处理程序子框图如图1-95所示。

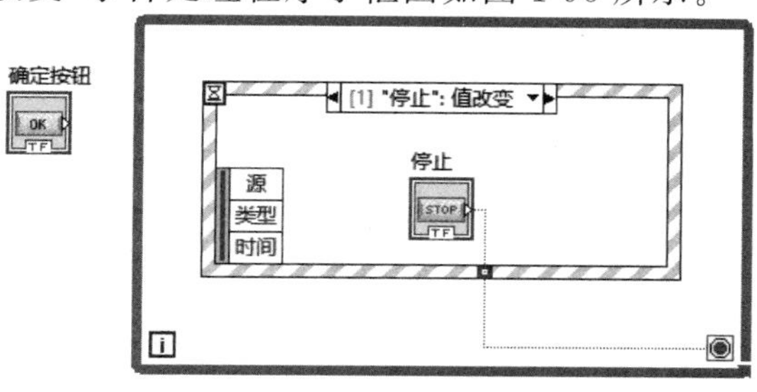

图1-95 “停止按钮”的“值改变”事件处理程序子框图

④ 在"确定按钮"的"值改变"事件处理程序子框图中，添加函数"单按钮对话框"（函数→编程→对话框与用户界面→单按钮对话框），配置"单按钮对话框"输入端口信息分别为"您单击了确定按钮"和"确定"。对应的"确定按钮"的"值改变"事件处理程序子框图如图 1-96 所示。

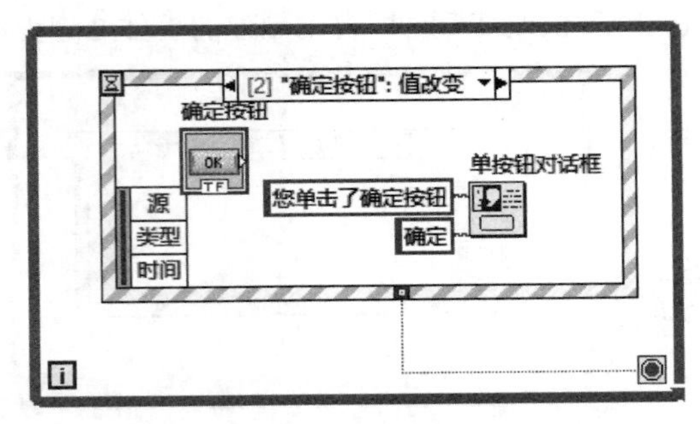

图 1-96 "确定按钮"的"值改变"事件处理程序子框图

运行程序，单击程序界面中"确定"按钮，事件结构程序执行结果如图 1-97 所示。

图 1-97 事件结构程序执行结果

单击程序界面中"停止"按钮，程序结束运行。

事件结构在事件未发生时，程序一直处于等待状态，这样一来 CPU 可以处理其他任务，事件发生时，又能得到及时响应和处理，类似于硬件系统开发中的中断处理。事件结构对提升程序执行效率具有重要意义。

1.3.6 子 VI 设计

子 VI 相当于字符式编程环境下的子程序，是实现代码复用、程序模块化的重要手段。对于 LabVIEW 这种图形化编程环境，子 VI 还有大幅度减小代码占用的屏幕面积、增强程序可读性的重要作用。

LabVIEW 中子 VI 的创建分为"创建 VI""编辑子 VI 图标""建立连线器端子"三大步骤。

(1) 创建 VI。如同普通 VI 编写，完成期望功能的前面板设计、程序框图设计，形成一个完整可运行的 VI。创建子 VI 的方法有二，一为创建新 VI 实现，二为提取现有代码部分内容封装为子 VI。这里以计算长方形面积为例(已知长方形的长和宽)，说明 VI 创建过程。

① LabVIEW 开发环境下，单击“文件→新建 VI”，新建一个空白 VI。

② 右击前面板，打开控件选板，选择“控件→新式→数值”，添加 2 个数值输入控件，1 个数值显示控件，调整大小及其显示位置，子 VI 前面板设计结果如图 1-98 所示。

③ 右击程序框图，打开函数选板，选择“函数→编程→数值→乘”，添加乘法计算节点，子 VI 程序连线如图 1-99 所示。

图 1-98　子 VI 前面板设计结果

图 1-99　子 VI 程序连线

④ 指定子 VI 程序文件存储的路径和名称，完成子 VI 文件存储。

(2) 编辑子 VI 图标。构建子 VI 独特的图标，这一步往往可以省略，只不过会导致子 VI 在程序框图中的可辨识度下降。

右击(或双击)VI 右上角图标，在弹出的快捷菜单中选择“编辑图标”，弹出如图 1-100 所示的“图标编辑器”对话框。使用该工具可以设计自定义的子 VI 图标，使得子 VI 在调用过程中具有更好的可辨识度。

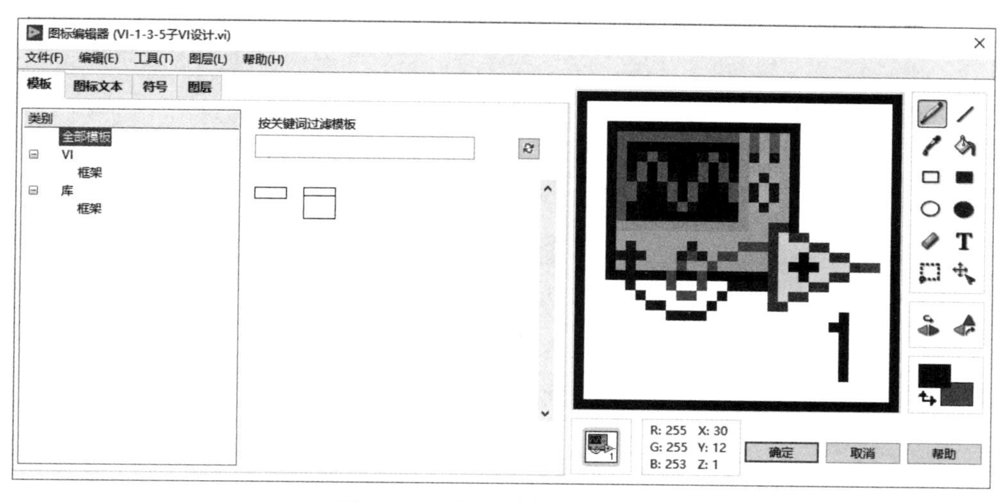

图 1-100　“图标编辑器”对话框

图标编辑器使用比较简单，这里不再赘述，读者可以自行探索。

(3) 建立连线器端子。定义子 VI 至关重要的一步是确定子 VI 输入输出端口数量，并将每个端口与前面板控件对象关联。右击 VI 右上角图标，在弹出的快捷菜单中选择“模式”，显示 LabVIEW 提供的接线端子模板。由于长方形面积计算属于 2 输入 1 输出类型的接线端子，所以选择如图 1-101 所示的连接器模板。

选择完成后，子 VI 连接端口设置结果如图 1-102 所示。

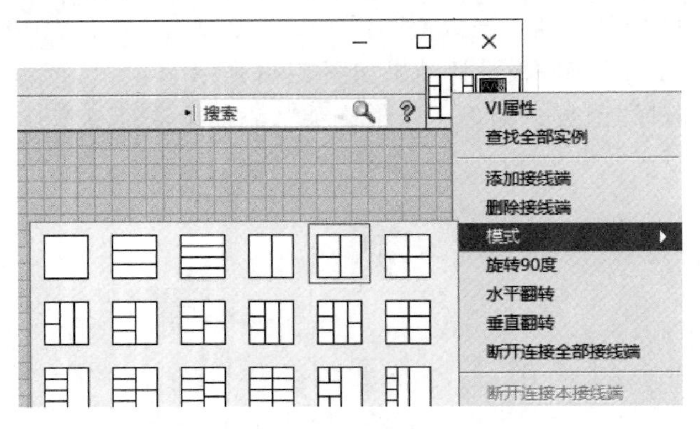

图 1-101 选择连接器模板

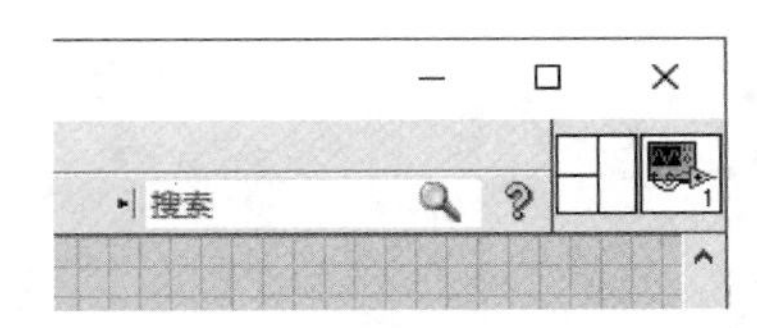

图 1-102 子 VI 连接端口设置结果

单击连接器连线端口，选择与该端口关联的前面板控件——建立起 2 个输入端口与前面板中数值输入控件(长和宽)之间的关联关系，然后建立连接器输出端口与前面板中数值显示控件之间的关联关系，用以表征长方形面积计算结果，子 VI 设计完成后的端口连接器和图标如图 1-103 所示。

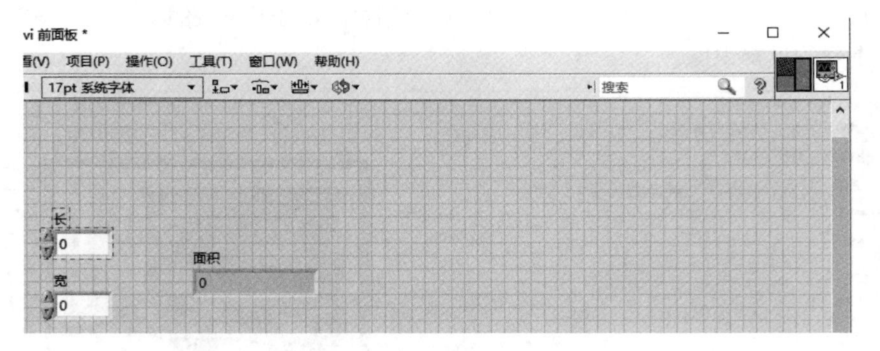

图 1-103 子 VI 设计完成后的端口连接器和图标

经过上述三个步骤，对子 VI 进行命名、保存才算是最终完成子 VI 的创建。在新建的 VI 中调用子 VI，方法比较简单。右击程序框图，选择“选择 VI...”，弹出子 VI 调用文件对话框如图 1-104 所示。

选择设计的子 VI，单击对话框中的“确定”按钮，完成计算长方形面积的子 VI 调用。新建的 VI 中创建 2 个数值输入控件，修改标签分别为“长”和“宽”，创建数值显示控件，修改标签为“面积”，与调用的子 VI 连线，程序框图如图 1-105 所示。

单击 LabVIEW 开发环境工具栏图标 ，选择连续运行。当输入长方形的长、宽参数后，调用子 VI 程序计算长方形面积，如图 1-106 所示。

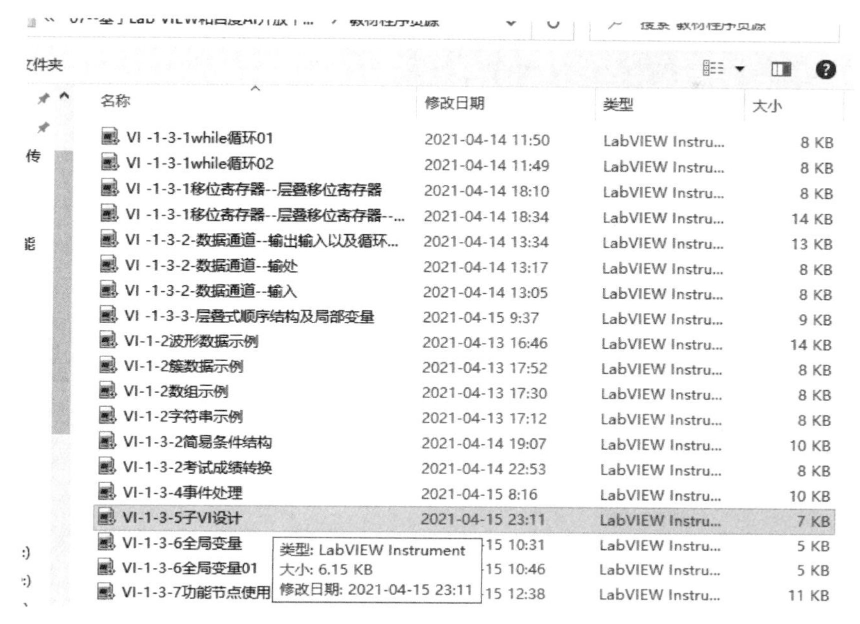

图 1-104 子 VI 调用文件对话框

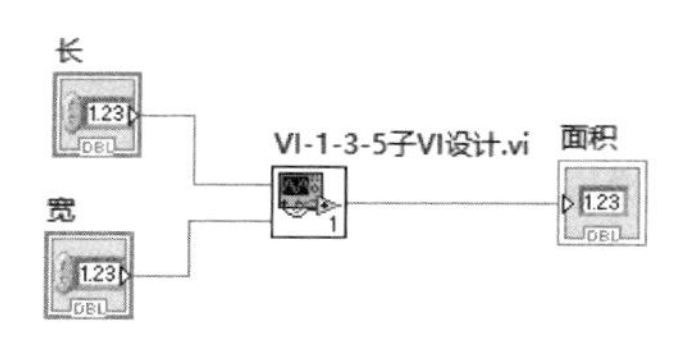

图 1-105 子 VI 调用程序框图

图 1-106 调用子 VI 程序计算长方形面积

1.3.7 局部变量与全局变量

微课视频

1. 局部变量的创建和使用

LabVIEW 中数据传输一般情况下都是通过连线方式实现，但是当需要在程序框图的多个位置访问同一个数据时，连线会变得相当困难。类似于字符编程中的局部变量，LabVIEW 也提供了局部变量，主要用于在一个 VI 内部传递数据。LabVIEW 中的局部变量分为写入型局部变量和读出型局部变量，两者之间可以相互转换。

创建局部变量的方法有两种。

（1）前面板中创建。右击前面板中的“旋钮”控件对象，在弹出的快捷菜单中选择“创建→局部变量”，即可完成前面板中局部变量的创建，如图 1-107 所示。

创建后，在程序框图中可见局部变量对应的图标 旋钮 。

局部变量有两种形态——写入型和读出型。默认状态下创建的局部变量是写入类型，可以为该局部变量进行赋值操作。如欲转换为读出，右击局部变量图标，在弹出的快捷菜单中选择“转换为读取”即可完成局部变量读写模式的转换，如图 1-108 所示。

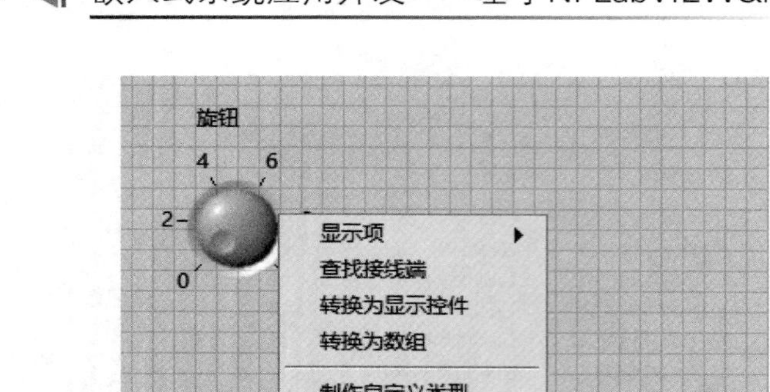
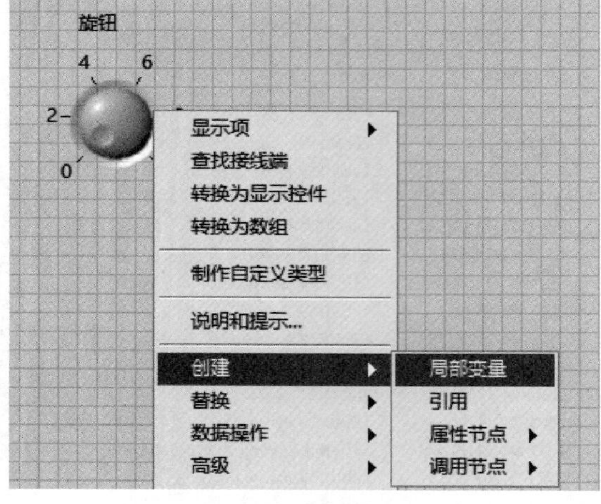

图 1-107　前面板中局部变量的创建

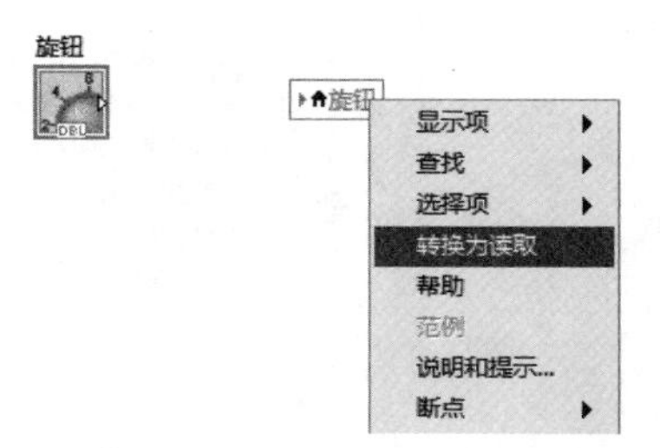

图 1-108　局部变量读写模式的转换

(2) 程序框图中创建。右击程序框图空白处,选择"函数→编程→结构→局部变量",单击局部变量,选择局部变量关联的前面板控件对象,完成程序框图中局部变量的创建,如图 1-109 所示。

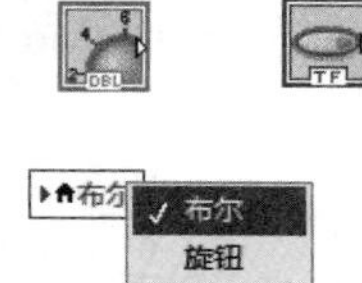

图 1-109　程序框图中局部变量的创建

2. 全局变量的创建和使用

局部变量与前面板的控件存在关联关系,用于同一个 VI 不同位置访问同一个控件,实现一个 VI 内部数据的共享。而全局变量则用于不同的程序之间数据共享。全局变量也是通过控件存放数据,但是全局变量存放数据的控件与调用的 VI 之间是相互独立的。

打开 LabVIEW,菜单栏单击"文件→新建",在弹出的对话框中选择"全局变量",LabVIEW 自动生成一个 VI,在自动生成 VI 的前面板中放置与需要传递数据相同类型的控件。如果全局变量拟实现数值类型数据的共享,则前面板中可放置数值类型控件,完成全局变量的创建,如图 1-110 所示。

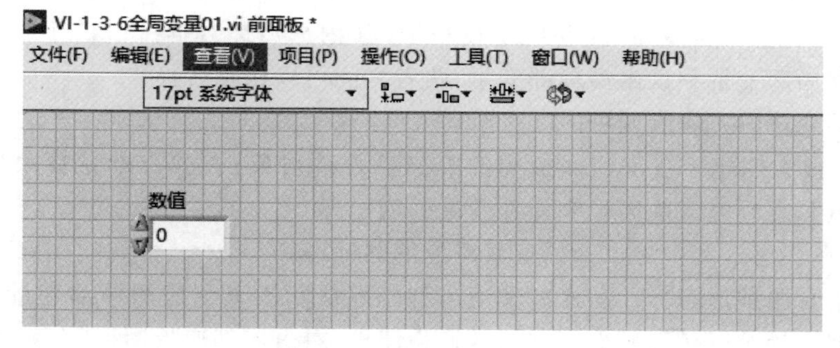

图 1-110　全局变量的创建

重新命名并保存全局变量 VI 文件，这里将全局变量 VI 命名为“VI-1-3-6 全局变量 01. vi”。新建 VI 中引用全局变量的方法与局部变量一致，从程序框图选择“函数-选择 VI...”，在文件对话框中选择上一步创建的全局变量文件，从而完成默认写入型全局变量的创建，如图 1-111 所示。

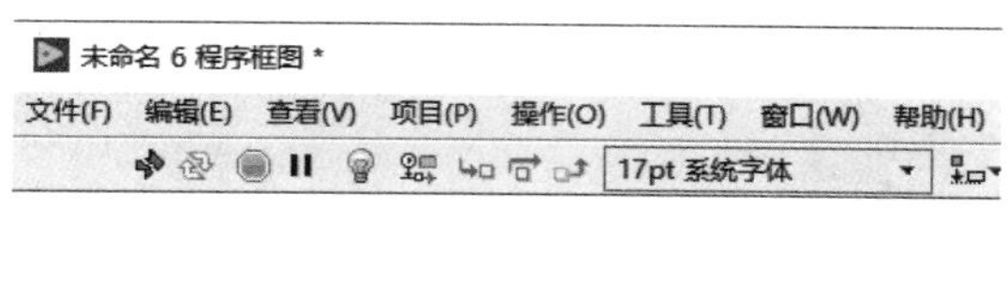

图 1-111　全局变量的引用

局部变量和全局变量的概念超越了 LabVIEW 数据流执行模型的基本思想，程序框图可能会因为局部变量和全局变量的应用而变得难以阅读，因此需谨慎使用。

1.3.8　属性节点与功能节点

1. 属性节点的创建和使用

LabVIEW 虽然是基于数据流的图形化编程环境，但是同时兼具面向对象程序设计特点。程序设计中 VI 自身、窗口及程序中使用的控件，都有一系列的属性状态可以操作，例如一个控件的背景颜色、尺寸大小、显示位置、是否可见等属性状态。这些与对象属性相关的数据，需要借助 LabVIEW 提供的“属性节点”访问。恰当地使用属性节点可以使操作界面更加美观，运行状态的可控性更强。

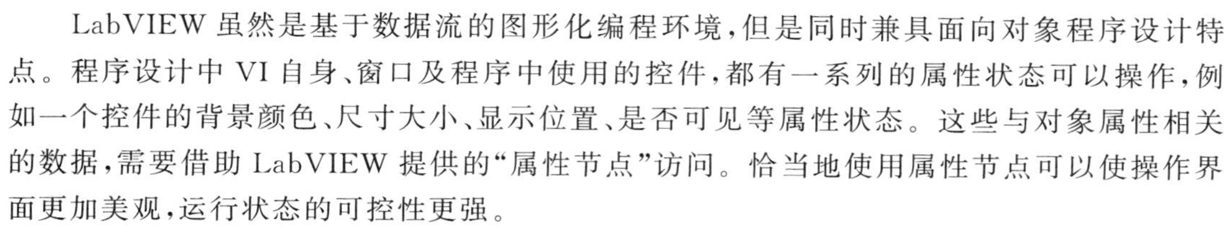

属性节点的创建方法有两种。

(1) 前面板中创建属性节点。假设前面板中选择拟访问其属性的控件“数值”，右击控件，在弹出的快捷菜单中选择“创建→属性节点”，在弹出的菜单中查看该控件可访问的全部属性，如图 1-112 所示。

根据程序设计需要选择对应的属性，即可完成在前面板中创建控件的属性节点。

(2) 程序框图中引用属性节点。在程序框图中右击选择的控件对象图标，选择“创建→引用”，创建一个控件的引用指针。右击程序框图，选择“函数→编程→应用程序控制→属性节点”，并连线控件引用指针，此时创建的属性节点中会根据其连接的控件引用指针自动列举部分属性。单击属性节点中“属性”，弹出全部可访问的属性列表，可根据程序设计需要进行选择，完成程序框图中属性节点的创建。

属性节点同样也存在“读出”“写入”两种状态。如需改变，可右击属性节点，选择“转换为写入”，完成属性节点读写模式的转换，如图 1-113 所示。

2. 功能节点的创建和使用

功能节点亦称“调用节点”。“调用节点”可以通过编程设置对控件对象提供的有关方法进行动态操作。“调用节点”位于程序框图“函数→编程→应用程序控制”子选板中，其在函数选板中的位置如图 1-114 所示。

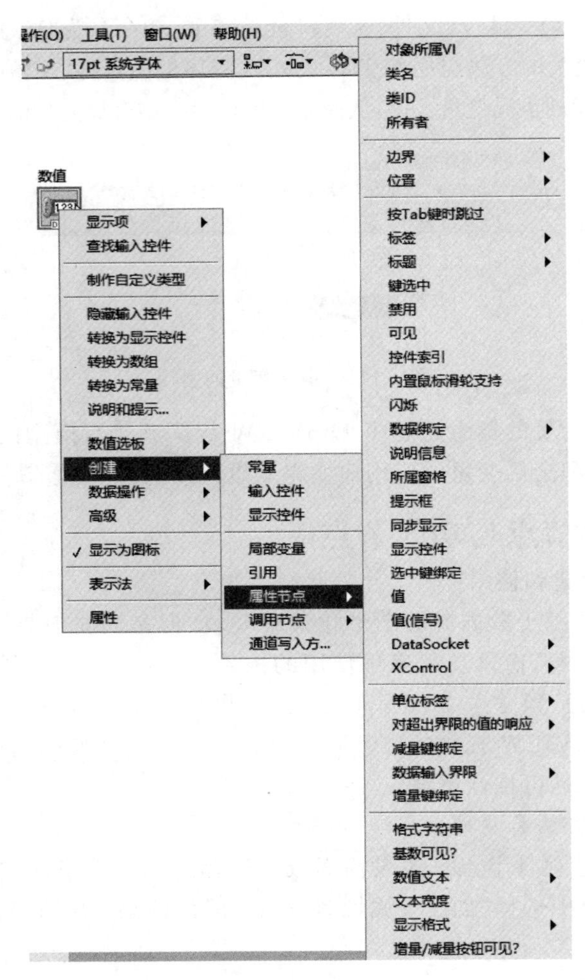

图 1-112　查看控件可访问的全部属性

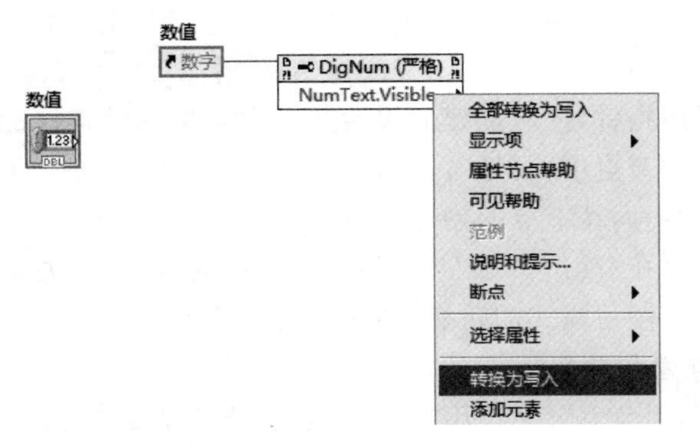

图 1-113　属性节点读写模式的转换

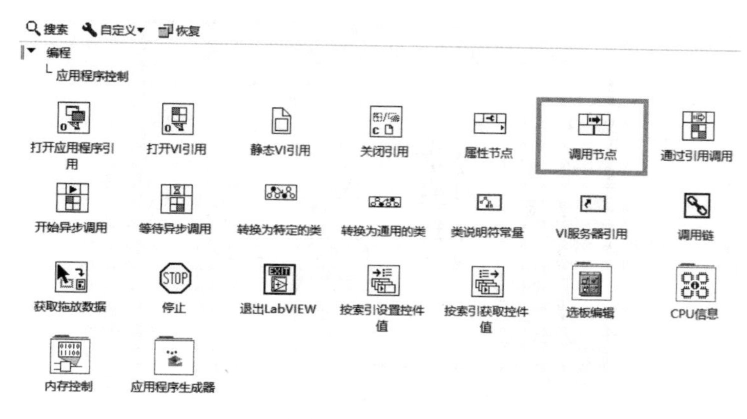

图 1-114　功能节点在函数选板中的位置

以下的 LabVIEW 程序通过实现对网页浏览器的操纵，说明 ActiveX 控件、功能节点等使用方法。

(1) 前面板中设计。前面板中完成以下操作。

① 右击前面板，选择“控件→. NET 与 ActiveX→网页浏览器”(默认标签名称为 WebBrowser)，将其拖曳至前面板。

② 右击前面板，选择“控件→新式→字符串与路径→字符串控件”，添加字符串控件，用以输入浏览网页的地址。

③ 右击前面板，选择“控件→新式→布尔→确定按钮”，添加“确定”按钮，用以触发浏览网页事件。

④ 右击前面板，选择“控件→新式→布尔→停止按钮”，添加“停止按钮”，用以触发结束程序运行事件。

(2) 程序框图设计。程序框图中完成以下操作。

① 添加 While 循环结构，While 循环结构内添加事件结构；事件结构中分别添加“确定”按钮与“停止”按钮的“值改变”事件处理子框图。

② 在“确定”按钮的“值改变”事件处理子框图内完成以下任务。

将 WebBrowser、“确定按钮”“字符串”拖曳至事件处理子框图。右击程序框图，选择“函数→编程→应用程序控制→调用节点”，创建功能节点(调用节点)，功能节点引用端口连线 ActiveX 控件 WebBrowser 的输出端口。

单击“调用节点”下方的方法列表框，选择 Navigate，完成对 ActiveX 控件 WebBrowser 提供的 Navigate 方法的调用设置。

控件“字符串”连线功能节点“URL”参数端口，实现对 ActiveX 控件 WebBrowser 访问的网页地址设置。

事件处理子框图中功能节点调用的程序框图如图 1-115 所示。

(3) 在“停止”按钮的“值改变”事件处理子框图内完成以下任务。

将按钮控件“停止”拖曳至程序子框图，控件输出通过事件结构数据通道连线 While 循环条件端子，完成“停止”按钮“值改变”事件处理子框图，如图 1-116 所示。

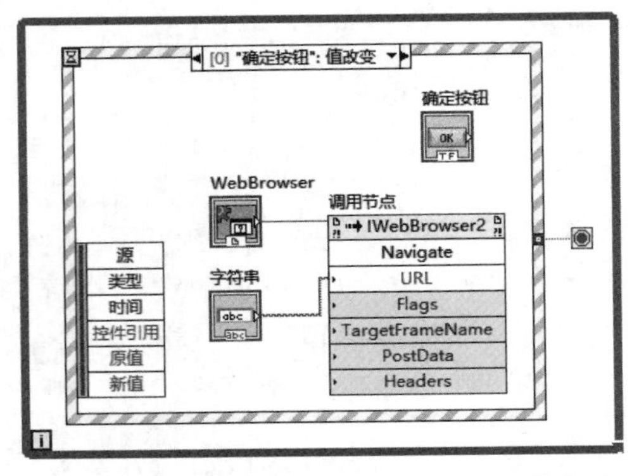

图 1-115 事件处理子框图中功能节点调用的程序框图

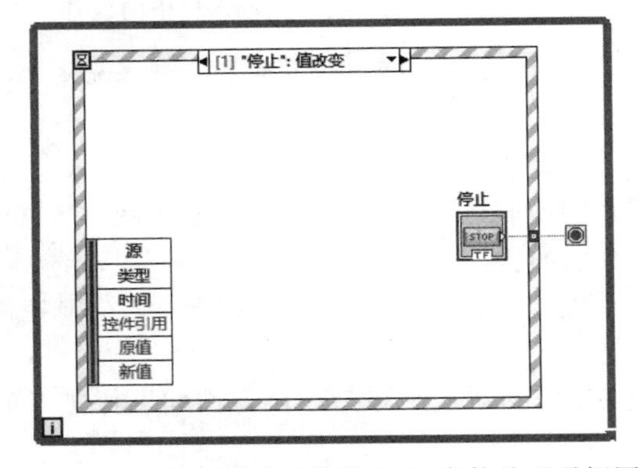

图 1-116 “停止”按钮的“值改变”事件处理子框图

运行程序,字符串输入控件中键入“www.sohu.com”,单击前面板中的“确定”按钮,ActiveX 控件 WebBrowser 通过功能节点调用的方式打开网页,如图 1-117 所示。

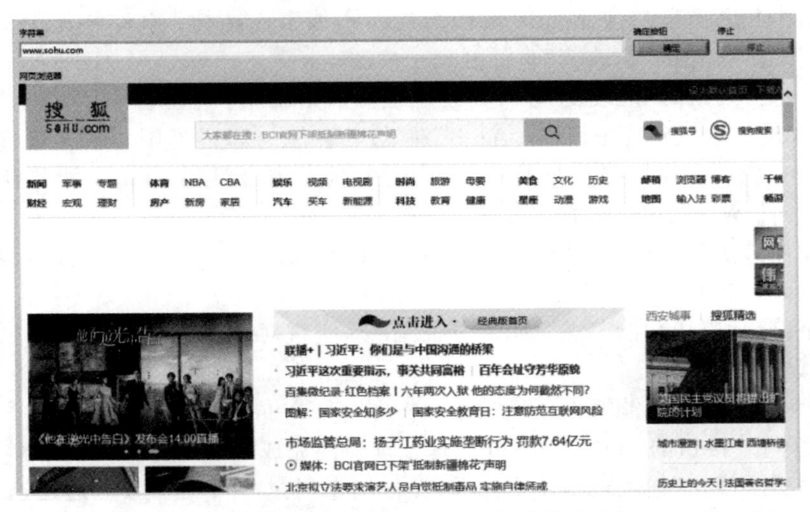

图 1-117 ActiveX 控件 WebBrowser 通过功能节点调用的方式打开网页

1.4　LabVIEW 应用程序典型设计模式

工程项目开发时，需要开发的软件往往功能比较丰富，多数情况下还具有多任务、并发执行或者任务之间存在比较复杂的时序逻辑关系等特点，仅仅依靠基本的程序结构知识往往无法可靠地完成这些复杂任务，导致经常出现程序虽然可以运行，但是无法"优雅"地结束运行。另外，图形化程序设计中还存在有限的计算机屏幕面积与复杂的程序功能之间难以调和的矛盾。如何在有限的程序设计工作区域内设计出可靠性高、稳定性好、可读性强的应用程序，是一个工程项目开发不得不考虑的严肃问题。

本节主要介绍项目开发实践中形成的多种成熟可靠的程序框架（设计模式）的基本原理、基本组成及其在程序设计中的典型应用。基于这些设计模式进行应用系统开发，可以在保证良好的程序设计风格的前提下极大地缩短开发周期，对于提高程序的可读性、可维护性具有重要的实践意义。

1.4.1　轮询设计模式

微课视频

1. 基本原理

轮询模式是 LabVIEW 早期常用的设计模式之一。在很多应用场景中，程序需要周期性地监测、判断相关控件取值、部分代码或子程序执行结果的变化，并根据变化进行相应的处理。轮询模式就是针对这一类需求，提供了一种成熟、可靠的程序设计框架。

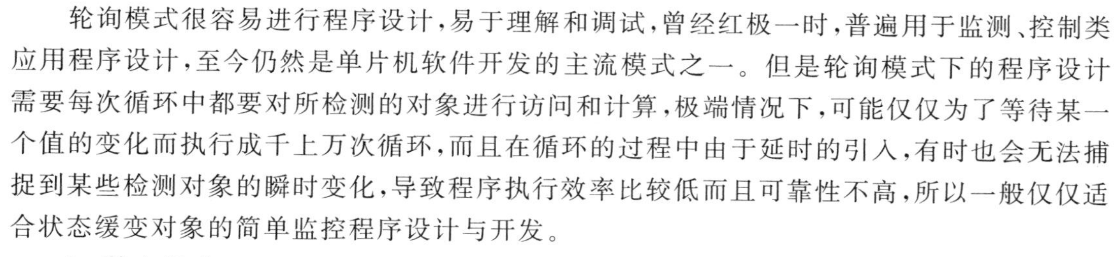

轮询模式很容易进行程序设计，易于理解和调试，曾经红极一时，普遍用于监测、控制类应用程序设计，至今仍然是单片机软件开发的主流模式之一。但是轮询模式下的程序设计需要每次循环中都要对所检测的对象进行访问和计算，极端情况下，可能仅仅为了等待某一个值的变化而执行成千上万次循环，而且在循环的过程中由于延时的引入，有时也会无法捕捉到某些检测对象的瞬时变化，导致程序执行效率比较低而且可靠性不高，所以一般仅仅适合状态缓变对象的简单监控程序设计与开发。

2. 基本组成

轮询模式基本结构一般由 While 循环结构、移位寄存器、循环延时、错误处理、停止条件 5 部分组成。

（1）While 循环结构。用来实现连续动作或者功能的执行。

（2）移位寄存器。用来捕捉、传递每次循环过程中的错误信息。

（3）循环延时。为了避免 While 循环独占系统资源，降低程序的响应速度，While 循环中添加延时函数，为系统处理其他用户请求留出时间。

（4）错误处理。每次循环中检测是否有错误发生，包括软件运行错误、硬件设备错误等各种类型不安全因素导致的程序异常。当出现错误时，程序能够报告错误，并且自动退出。

（5）停止条件。为了使得程序能够"优雅"地退出。轮询模式一般采取组合逻辑判断决定是否退出程序。一是借助"停止"按钮的动作判断，二是对于循环执行过程中传递的错误信息判断。当检测到错误状态或者停止按钮操作时,循环停止执行。

轮询模式的程序框图基本结构如图1-118所示。

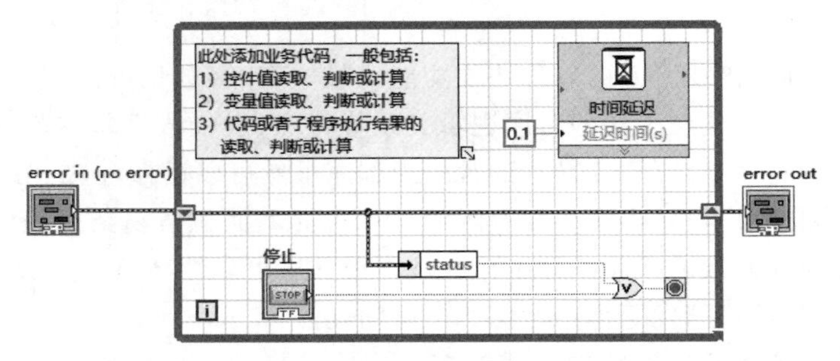

图1-118 轮询模式的程序框图基本结构

3. 应用案例

1) 设计目标

设计开发一个数据采集系统,具备以下功能。

(1) 数据采集功能。以指定范围随机数产生的方式模拟温度数据采集。

(2) 控制采集功能。具有数据采集启动开关,用户开启开关,启动数据采集;关闭开关,停止数据采集。

(3) 数据显示功能。能够显示采集数据的波形图,能够实时显示采集的数据值。

(4) 超限报警功能。当采集数据大于设定的阈值时,蜂鸣器报警、指示灯亮、显示超限数据;非报警模式下,超限数据默认显示0。

2) 设计思路

程序实现采用轮询模式进行设计。程序前面板提供开关控件,作为启停数据采集的依据;提供布尔控件作为异常情况警示灯,红色为报警状态,默认为绿色状态;提供波形图表控件实时显示采集数据的波形;提供数值显示控件,分别显示实时采集的数据、报警时的数据取值;提供停止按钮用以作为结束程序的判断依据。在While循环中,程序判断以下3类状态。

(1) 开关状态。如果开关打开,则以产生随机数的方式模拟数据采集工作(简化程序设计,此处重点在于轮询模式的应用),并实时显示每次数据采集所获取的数据。如果开关关闭,则停止随机数产生,模拟数据采集工作暂停。

(2) 采集数据状态。当采集到数据后,程序借助波形图表显示采集数据的波形,并判断采集数是否大于设定阈值,如果大于则显示报警时采集数据的取值、警示灯亮并启动蜂鸣器报警,否则报警数据显示0。

(3) 停止按钮单击状态。当用户单击停止按钮时,程序退出。

3) 程序实现

按照程序设计功能要求及问题解决思路,设计轮询模式下的数据采集仿真程序前面板如图1-119所示。

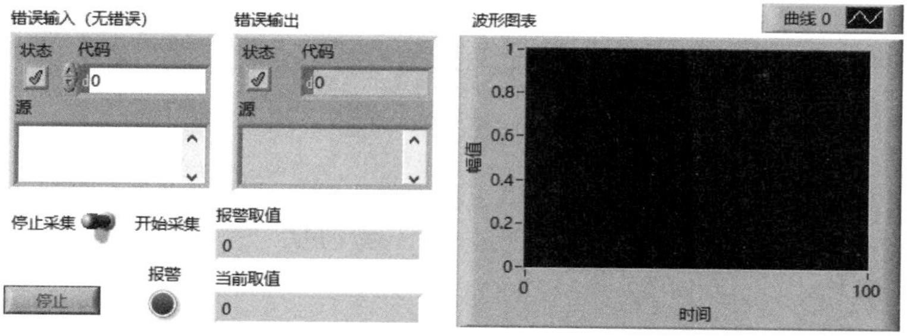

图 1-119　轮询模式下的数据采集仿真程序前面板

程序框图中，While 循环内以 1s 的时间间隔实现对开关“采集数据”的状态检测，当开关打开时，以产生随机数的方式模拟数据采集，在显示采集数据的基础上，进一步判断采集数据是否大于或等于 0.8，如果超出指定阈值，则蜂鸣器报警。程序中同时检测错误信息和“停止”按钮状态，作为结束程序运行的依据。轮询程序中开关“采集数据”打开时的程序框图如图 1-120 所示。

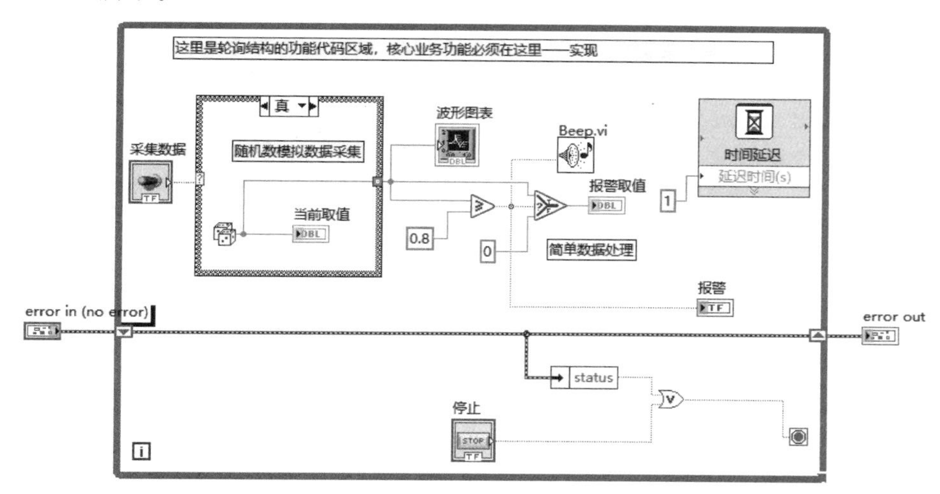

图 1-120　轮询程序中开关“采集数据”打开时的程序框图

当开关关闭时，轮询程序中开关“采集数据”关闭时的程序框图如图 1-121 所示。

单击工具栏中的“运行”按钮，测试程序功能。

程序启动后，操纵水平摇杆开关“开始采集”，拨动其至右侧启动数据采集（产生随机数），波形图表、数值显示控件“当前取值”实时显示采集的数据。当采集数据大于设定的阈值时，蜂鸣器报警，LED 指示灯亮，数值显示控件“报警取值”显示报警时采集的数据值。当采集数据小于设定的阈值时，LED 恢复至默认状态，数值显示控件“报警取值”显示 0。

轮询程序执行结果如图 1-122 所示。

用户单击“停止”按钮后，程序可以“优雅”地结束运行。这说明轮询模式的基本结构是可靠的，可以在实际应用中借鉴使用。

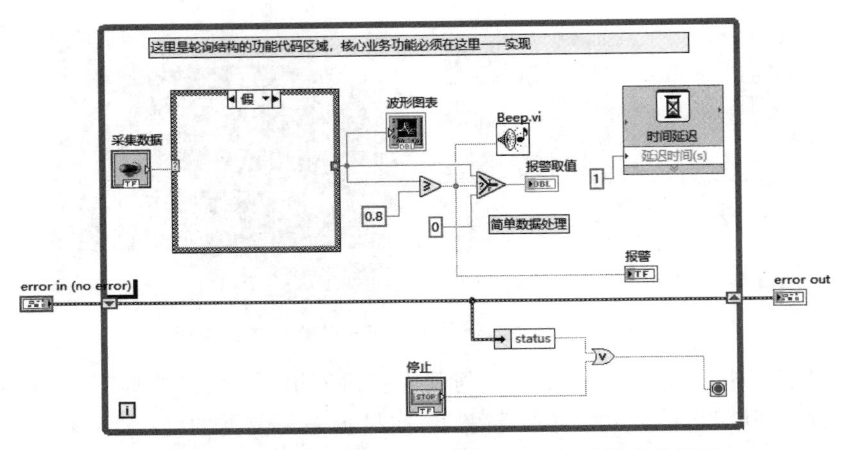

图 1-121　轮询程序中开关“采集数据”关闭时的程序框图

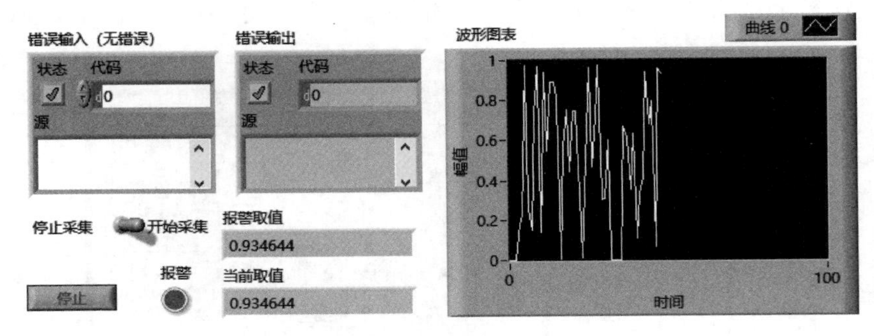

图 1-122　轮询程序执行结果

微课视频

1.4.2　事件响应设计模式

1. 基本原理

事件响应模式是 LabVIEW 中极其重要、极为经典的一种程序结构。相比于轮询模式反反复复查询某种状态，执行效率极为低下的现象，事件响应模式则类似于“中断”，只有当事件发生之后，CPU 才对事件进行处理，即为响应事件，执行相关操作，实现程序相关功能。事件未发生时，CPU 处理其他进程相关事务。这种结构 CPU 使用效率高达 100%。

事件响应模式将程序功能分解在几个不同的事件处理子框图中，提供了有限屏幕区域中更多代码编写与功能实现的可能，使得程序设计逻辑更加清晰、可读性更强。事件响应模式结构适合程序中人机交互时间比较频繁的应用程序设计。

需要注意的是，事件响应设计模式中，将应用程序分解为若干相对独立的“模块”，一种事件对应处理一组功能。但是这种设计模式忽略了事件之间的逻辑关系，比如说某一应用程序设计中，事件之间具有“互锁”特征，即 A 事件发生，其他事件一定不会发生。或者事件之间具有显著的时序特征，即 A 事件发生前，B 事件必须首先发生并且已经完成。在这类情境下，简单的事件响应模式编写程序往往会导致程序异常发生。

2. 基本组成

事件响应设计模式一般至少由While循环、事件结构两部分组成。

(1) While循环。用来持续执行事件的监测和对应的处理功能。

(2) 事件结构。一般内嵌于While循环之中，用来监测所有的用户事件，提供程序需要处理的各类事件分支处理框架。

事件响应模式的程序框图基本结构如图1-123所示。

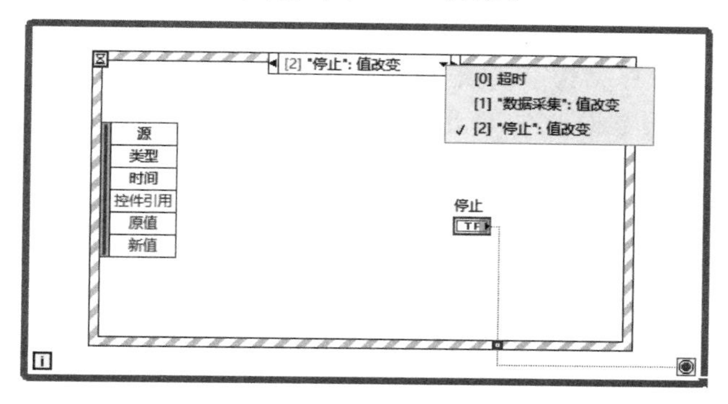

图1-123　事件响应模式的程序框图基本结构

图1-123所示的事件响应程序框图中，程序需要循环监测并处理以下3个事件。

(1) 超时事件。程序在指定的时间内没有发生任何人机交互动作而触发。

(2)"数据采集":值改变事件。按钮控件"数据采集"取值发生变化而触发。

(3)"停止":值改变事件。按钮控件"停止"取值发生变化而触发。

若无这3个事件发生，程序不做任何其他处理。3个事件的任何一个事件发生，程序则进入对应的事件处理子框图，执行相应的业务代码，实现对应的业务功能。

3. 应用案例

1) 设计目标

设计开发一个数据采集系统，具备以下功能。

(1) 采集控制。具有数据采集、停止运行的操作按钮，用以启动数据采集、退出应用程序。

(2) 数据采集。监听程序界面数据采集按钮的状态，当按钮按下时，以指定范围随机数产生的方式模拟温度数据采集，每次连续采集100个数据。

(3) 异常检测。程序能够根据操作界面输入的高温阈值、低温阈值判断每次采集的数据是否存在异常。

(4) 数据显示。能够显示采集数据的实时曲线，能够实时显示采集的数据值。

(5) 文件存储。能够将采集温度数据的序号、数据值、异常情况等信息写入电子表格文件永久保存。

2) 设计思路

程序前面板提供数值输入控件，用以设置高温阈值、低温阈值；提供数值显示控件用以显示当前采集数据；提供圆形指示灯用以指示是否发生高温警报、低温警报；提供字符串显示控件用以显示报警信息；提供波形图表用以显示采集数据的波形；提供按钮控件用以启动数据采集、结束应用程序。

程序框图采用基于事件响应模式进行程序设计。

为了进一步贴近工程应用，对基本事件响应结构进行优化处理，借助顺序结构将程序分为两个部分的功能。

（1）初始化部分。顺序结构第一帧，模拟硬件初始化，设置电子表文件的操作路径、程序界面显示信息的初始化。

（2）主程序部分。顺序结构第二帧，应用程序的主功能实现体现在这一帧，以事件响应模式处理用户界面的采集数据事件、停止程序等按钮操作事件，完成程序全部功能。

主程序中，当监测到"数据采集"按钮控件的单击事件时，程序以产生指定范围的随机整数方式模拟数据采集工作。程序连续采集 100 个数据，并根据操作界面用户输入的温度上限、下限阈值判断数据是否异常，如果高于上限阈值，显示高温警报且高温警报指示灯亮，如果低于下限，显示低温警报且低温警报指示灯亮，否则显示正常。采集完毕，所有采集的数据及其序号、异常情况 3 种信息形成电子表格文件的记录。当监测到"停止程序"按钮控件的单击事件时，程序结束运行。

3）程序实现

按照程序设计功能要求及问题解决思路，设计事件响应模式的数据采集程序前面板如图 1-124 所示。

程序框图实现时，初始化帧完成前面板显示控件的初始赋值，清空波形图表显示内容，生成采集数据存储的文件路径和文件名称，事件响应模式的数据采集程序初始化帧如图 1-125 所示。

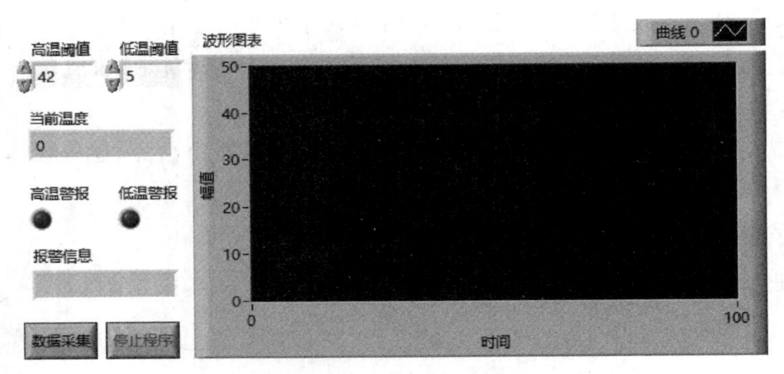

图 1-124　事件响应模式的数据采集程序前面板

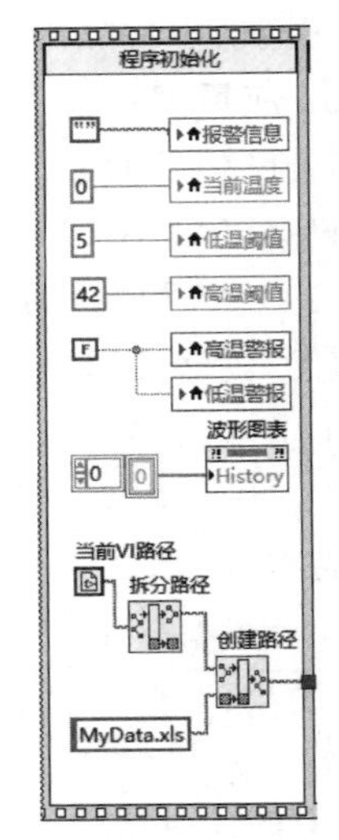

图 1-125　事件响应模式的数据采集程序初始化帧

程序初始化帧后的第 2 帧为主程序帧，由 While 循环结构内嵌事件结构组成，事件结构处理按钮控件“数据采集”事件及按钮控件“停止”事件。

其中“数据采集”按钮值改变事件处理程序子框图如图 1-126 所示。

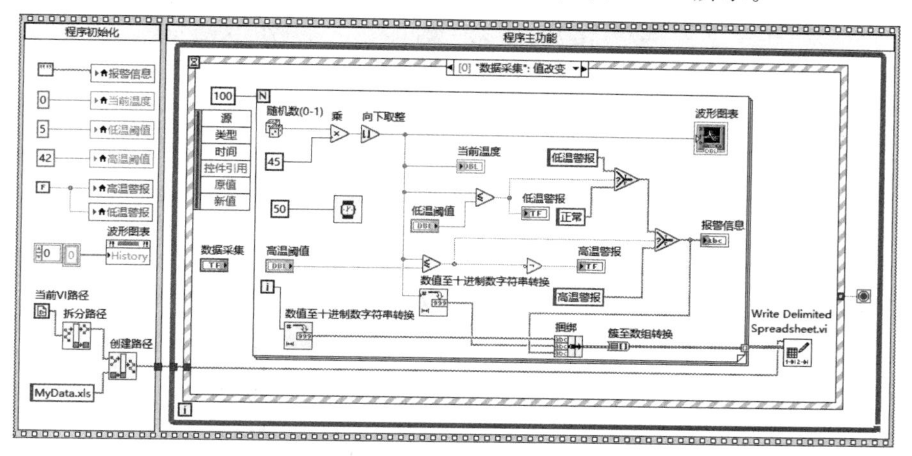

图 1-126　“数据采集”按钮值改变事件处理程序子框图

“停止”按钮值改变事件处理程序子框图如图 1-127 所示。

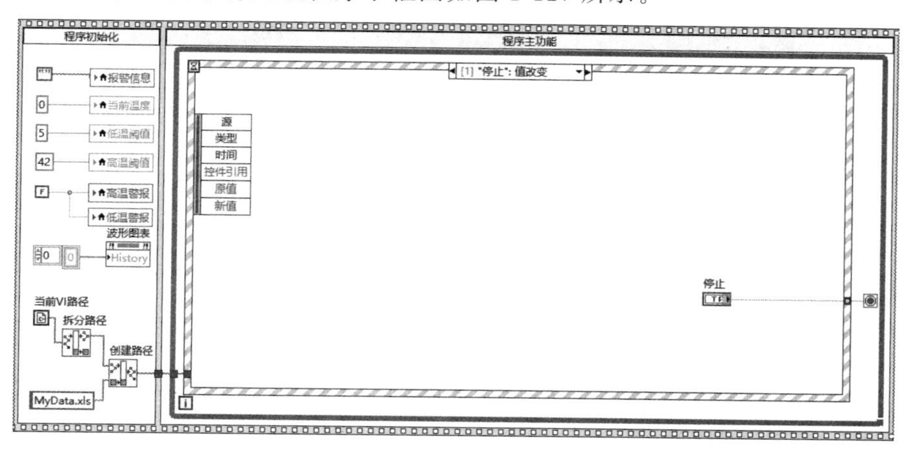

图 1-127　“停止”按钮值改变事件处理程序子框图

单击工具栏中的“运行”按钮，测试程序功能。

程序运行时默认高温阈值为 42，低温阈值为 5，用户可以在进一步操作之前修改阈值数据。初始状态，当前温度显示 0，高温警报、低温警报指示灯灭，报警信息显示为空，波形图表显示内容为空，事件响应模式的数据采集程序运行初始界面如图 1-128 所示。

当单击“数据采集”按钮后，采集数据的结果如图 1-129 所示。

单击“停止程序”按钮，在数据采集任务完成的情况下，程序可以“优雅”地结束运行。此时打开 VI 程序所在的文件夹，可以发现程序生成的电子表格文件“MyData. xls”。

打开电子表格文件，其存储的数据内容如图 1-130 所示。

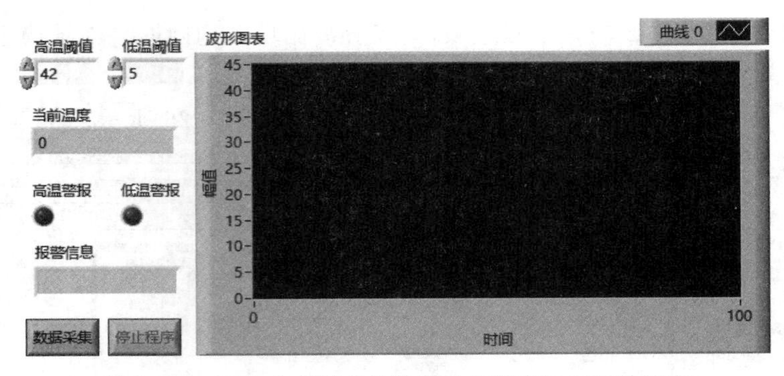

图 1-128　事件响应模式的数据采集程序运行初始界面

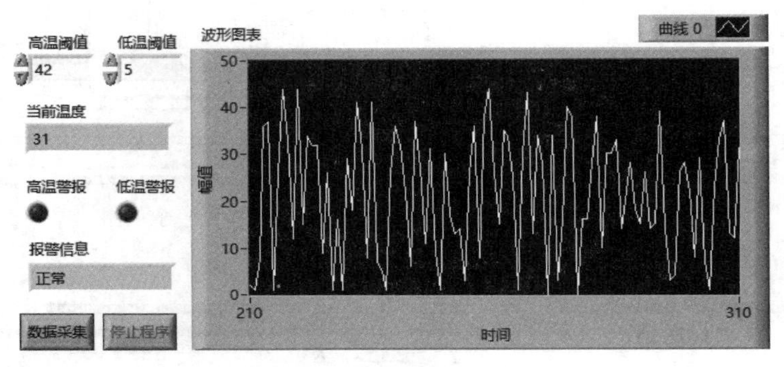

图 1-129　采集数据的结果

首页　稻壳模板　MyData.xls

≡ 文件　开始　插入　页面布局　公式

剪切　粘贴　复制　格式刷　宋体　11

A1　fx　0

	A	B	C	D	E	F	G
1	0	1	低温警报				
2	1	8	正常				
3	2	36	正常				
4	3	37	正常				
5	4	1	低温警报				
6	5	26	正常				
7	6	44	高温警报				
8	7	33	正常				
9	8	12	正常				
10	9	44	高温警报				
11	10	15	正常				
12	11	34	正常				
13	12	32	正常				
14	13	32	正常				
15	14	9	正常				
16	15	26	正常				
17	16	1	低温警报				
18	17	16	正常				
19	18	1	低温警报				
20	19	29	正常				
21	20	18	正常				

图 1-130　电子表格文件存储的数据内容

1.4.3　状态机设计模式

1. 基本原理

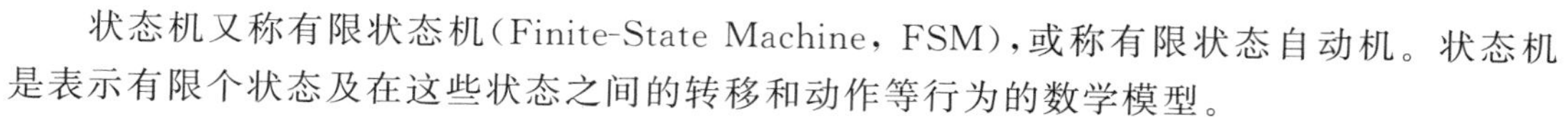

状态机又称有限状态机(Finite-State Machine, FSM),或称有限状态自动机。状态机是表示有限个状态及在这些状态之间的转移和动作等行为的数学模型。

基于状态机设计模式的程序设计,就是将应用程序划分为有限个运行状态,这些运行状态可以根据程序运行情况在不同的状态之间任意切换和反复执行,从而实现比较复杂的程序逻辑功能。一般情况下,若系统执行的过程中需要以某种形式互锁进行控制或者需要按照时间顺序进行有序控制,状态机设计模式提供了一种方便、快捷、灵活的程序框架,是最有效的程序设计方法。

状态机设计模式是 LabVIEW 中最"得意"的一种设计模式,状态机设计模式在其发展过程中先后演化出顺序状态机、改进状态机、标准状态机、事件状态机、超时状态机等多种形式,其中标准状态机设计模式应用最为广泛。

状态机设计模式应用的关键在于理解"起始、现态、条件、动作、次态(目标状态)、终止"表征程序状态相关的六种元素。

(1) 起始。表示状态机的开始运行。

(2) 现态。是指当前程序所处的状态。

(3) 条件。又称为"事件",当一个条件被满足时,将会触发一个动作,或者执行一次状态的迁移。

(4) 动作。条件满足后执行的动作。动作执行完毕后,可以迁移到新的状态,也可以仍旧保持原状态。动作不是必需的,当条件满足后,也可以不执行任何动作,直接迁移到新状态。

(5) 次态。条件满足后要转移的新状态。"次态"是相对于"现态"而言的,"次态"一旦被激活,就转变成新的"现态"了。

(6) 终止。表示状态机的结束运行。

清晰明了的状态图,是设计代码逻辑架构的前提。绘制完成状态图,再使用编程语言去实现。绘制状态图的一般步骤是:分析系统业务功能,寻找主要的状态,确定状态之间的转换,细化状态内的活动与转换。

状态图的表示分为表格式表示法和图形化表示法 2 种,比较常用的是图形化表示法。图形化表示法借助如图 1-131 所示的 4 种主要图元表示状态图。

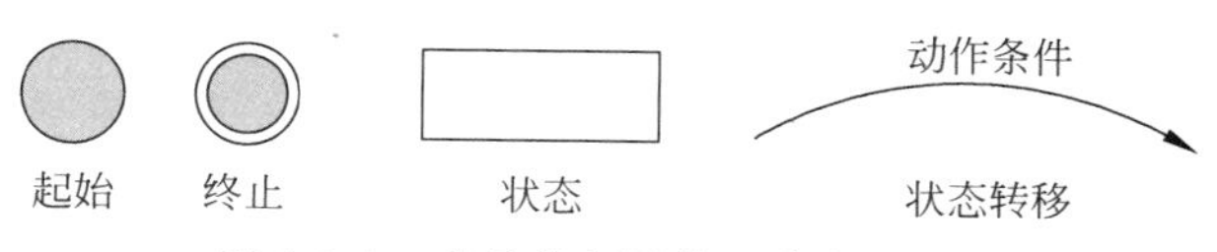

图 1-131　表示状态图的 4 种主要图元

4 种主要图元即可表示应用程序中存在的主要状态及状态之间转移和转移条件。图 1-132 给出了一个 n 种状态转移的状态图。

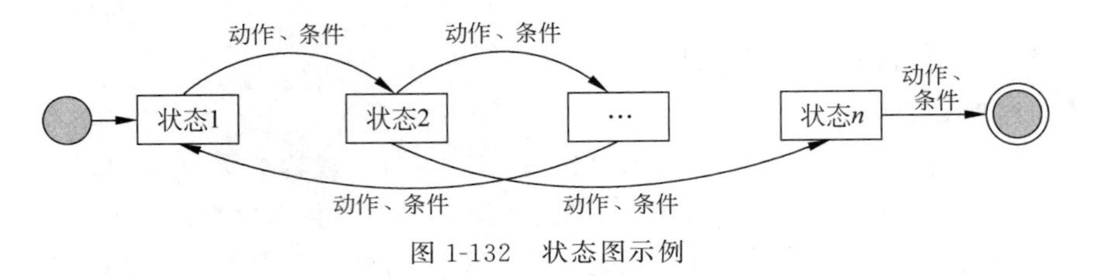

图 1-132　状态图示例

2. 基本组成

标准状态机设计模式基本结构一般由 While 循环结构、移位寄存器、枚举常量、条件结构、选择函数等几部分组成。

(1) While 循环结构。用来实现连续动作或者功能的执行。

(2) 移位寄存器。用来传递程序下一个需要执行的状态，While 循环左移位寄存器为程序执行的“现态”，右移位寄存器为程序执行的“次态”。

(3) 枚举常量。该常量包含了系统所有可能的状态，每次状态转移都会选择其中一个指定的状态。

(4) 条件结构。条件结构的每个分支对应程序的一种可能的运行状态。在条件结构的每个分支(程序的每个运行状态)中，不仅仅需要编写对应的功能代码，还要确定该状态下程序满足何种条件转移至哪一种状态。

(5) 选择函数。这是一种比较运算节点，是典型的双分支执行路径判断，用来确定标准状态机从“现态”转移至哪一个“次态”。当满足某种条件时，程序转移至一种状态，否则程序转移至另一种状态(这里状态用枚举常量的不同取值表示)。

标准状态机设计模式的程序框图基本结构如图 1-133 所示。

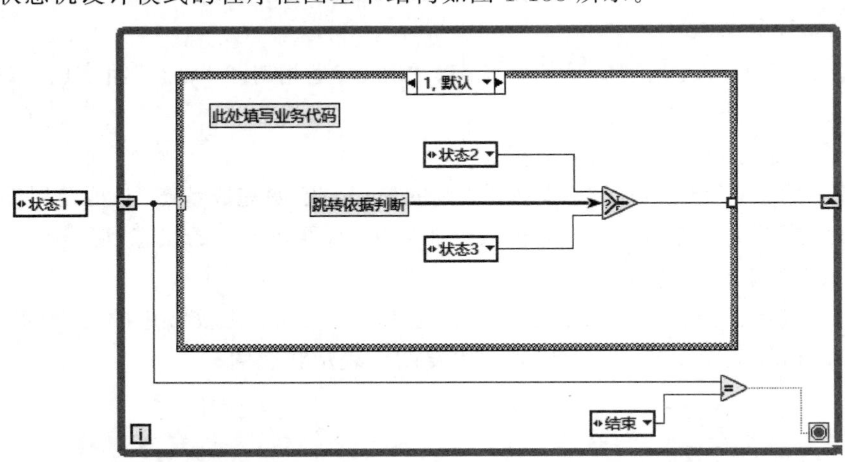

图 1-133　标准状态机设计模式的程序框图基本结构

标准状态机使用循环结构的移位寄存器来选择需要执行的下一个状态，不需要与用户之间进行交互动作，多用于一些具有显著时序特征的多任务应用程序设计。总体来说，标准状态机具有结构简单，设计方便，无须人工干预接入，可以自行决定程序执行路径，可以在有限的屏幕区域内实现丰富的功能等显著优点，但是由于标准状态机模式要求系统的状态必须是一致的，且当前状态只能由上一个状态来决定，因此当系统需要人机交互或者其他复杂操作时，这种设计模式则会无能为力，必须采取其他设计模式。

3. 应用案例

1）设计目标

设计开发一个数据采集系统，具备以下功能。

（1）数据采集功能。以指定范围随机数产生的方式模拟温度数据采集；能够实时显示采集数据的波形图，能够实时显示采集的数据值。

（2）采集数据分析。当采集数据大于设定的阈值时，指示灯亮、显示超限数据；非报警模式下，超限数据默认显示0。

（3）异常情况处置。当采集数据出现异常时，保存相关数据信息。

（4）停止程序功能。根据指令停止持续执行。

（5）循环处理功能。程序运行后自动在数据采集、数据分析、异常处置等状态之间转移，无须人工介入，直至检测到结束程序运行命令。

2）设计思路

基于标准状态机进行程序设计。根据需求，将应用程序划分为以下4个状态。

（1）数据采集状态。以指定区间随机数产生的方式模拟数据采集，获取数据并完成数值显示、图表显示后，结束数据采集状态，程序自动进入数据分析状态。

（2）数据分析状态。根据指定的阈值（上限、下限）判断采集数据是否越限。如有越限，根据越限情况生成报警信息并显示，程序转入数据记录状态；如无越限情况，程序转入延时等待状态。

（3）数据记录状态。取系统当前时间、采集数据值及报警信息等数据，合并生成一条数据记录字符串，写入指定的文本文件中，完成任务后程序转入延时等待状态。

（4）延时等待状态。如果本次业务流程已用时间计时器到达指定的时间间隔，且用户未单击停止程序执行，则程序转入数据采集状态，开始新一轮业务流程；否则继续停留在本状态；当用户停止程序执行时，退出应用程序。

根据上述数据采集业务的状态划分及跳转方案，设计如图1-134所示的数据采集程序状态转移图。

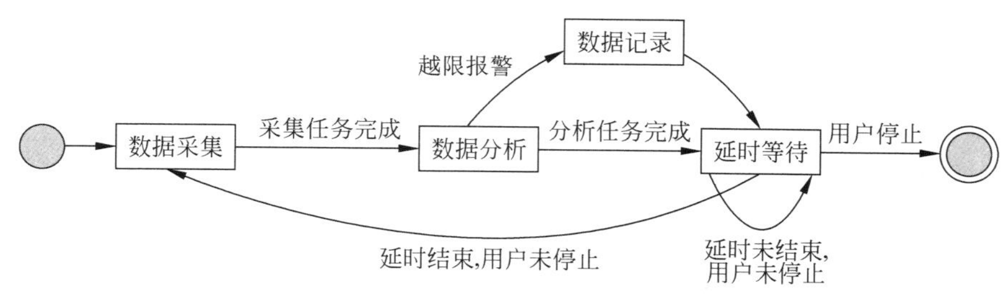

图1-134　数据采集程序状态转移图

数据采集程序状态转移图中，程序初始化结束后直接进入“数据采集”状态，该状态任务完成后无条件转移至“数据分析”状态。数据分析状态判断采集数据是否越限，如果越限则转移至“数据记录”状态，否则转移至“延时等待”状态。“数据记录”状态任务完成后无条件转移至“延时等待”状态。“延时等待”状态中若无停止按钮单击事件，则转移至“数据采集”状态，完成一个数据采集周期，重新开始新一轮数据采集，直至用户单击“停止”按钮。

为了进一步贴近工程应用，对于基本状态机结构进行优化处理，借助顺序结构将程序分为 2 个部分的功能。

第一部分为顺序结构第一帧，完成应用程序的初始化。模拟硬件初始化（温度显示 0；波形图显示空；报警信息显示空字符串；计时控件重置为真），打开文本文件，程序界面显示信息的初始化。

第二部分为顺序结构第二帧，属于应用程序的主程序部分。应用程序的主功能在这一帧以标准状态机模式完成。

为了顺序实现状态转移过程中数据的传递，While 循环框架设置以下 4 组移位寄存器，实现程序从“现态”到“次态”转移过程中，程序有关数据的更新和传递。

第一组移位寄存器为报警信息寄存器，初始值为空字符串常量。

第二组移位寄存器为实时数据寄存器，初始值为数值常量 0。

第三组移位寄存器为状态转移寄存器，初始值为枚举常量的“数据采集”选项。

第四组移位寄存器为计时控件重置信号寄存器，初始值为布尔常量“真”。

3）程序实现

按照程序设计功能要求及问题解决思路，设计基于标准状态机的数据采集程序前面板，如图 1-135 所示。

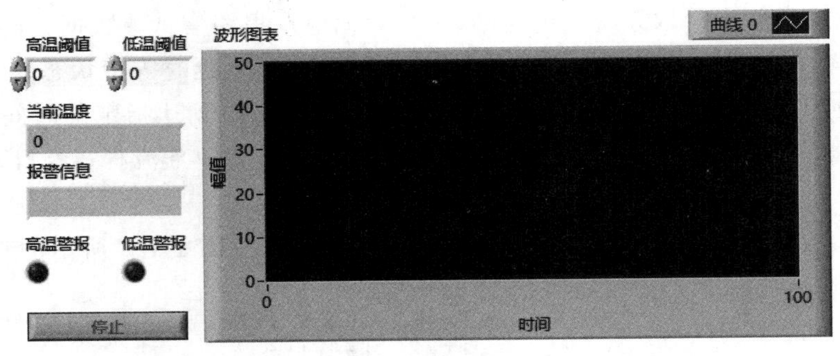

图 1-135　基于标准状态机的数据采集程序前面板

对应地，顺序帧框架下的程序框图的总体结构如图 1-136 所示。

第一帧完成程序界面有关控件的初始化赋值，打开程序运行过程中需要操作的文件对象，初始化帧程序框图如图 1-137 所示。

第二帧为基于标准状态机的程序主体功能实现程序框图，程序按照前期设计的状态图在数据采集、数据处理、数据记录、延时等待 4 个状态中循环切换，其中“数据采集”状态对应的程序子框图如图 1-138 所示。

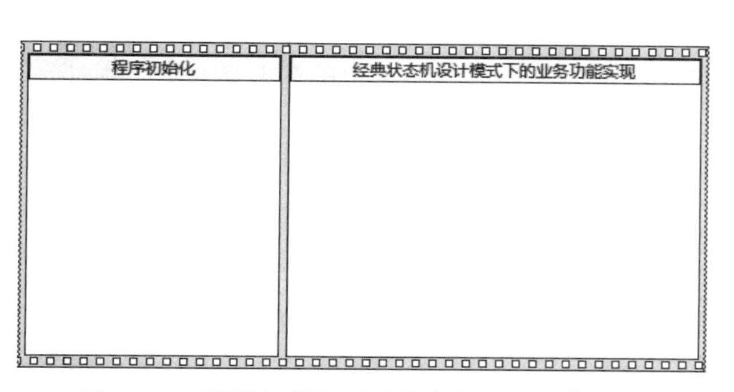

图 1-136　顺序帧框架下的程序框图的总体结构

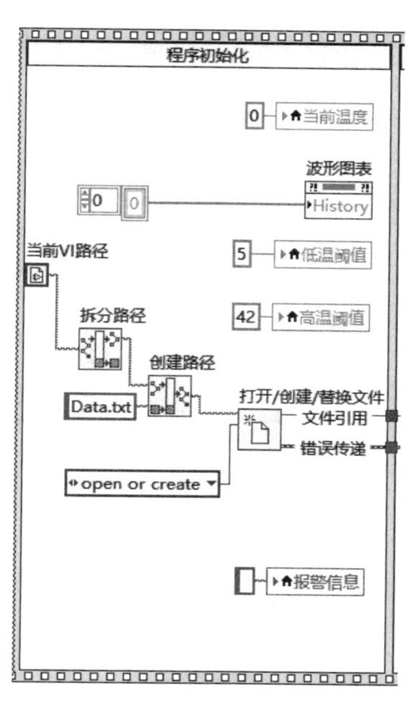

图 1-137　初始化帧程序框图

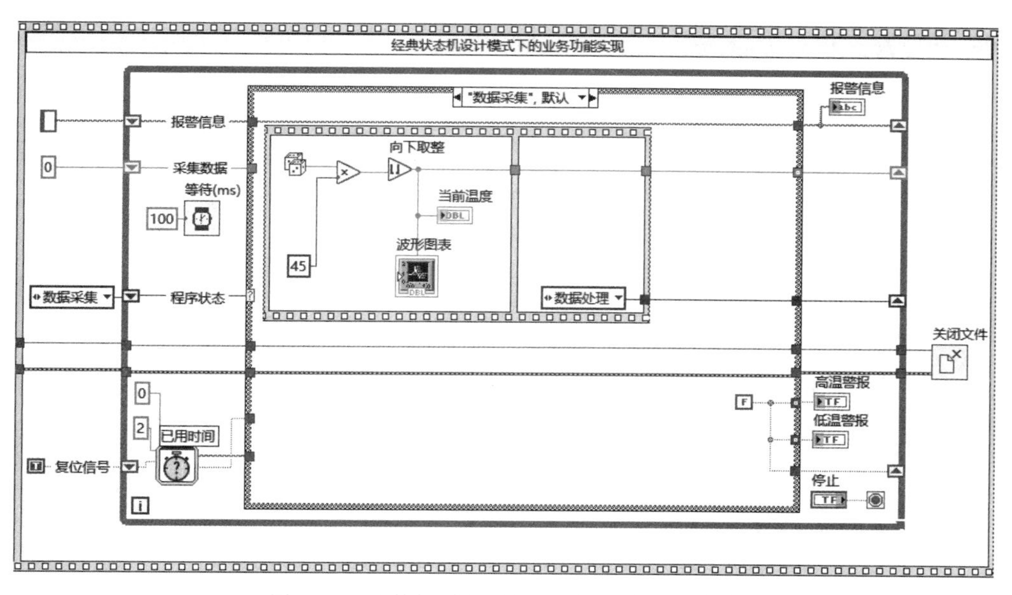

图 1-138　“数据采集”状态对应的程序子框图

第二帧中状态机在“数据采集”状态完成工作任务后，无条件转移至“数据处理”状态。在“数据处理”状态中检查当前采集数据与设定阈值关系，未见异常切换至“延时等待”状态，出现异常则切换至“数据处理”状态。“数据处理”状态完整的程序子框图如图 1-139 所示。

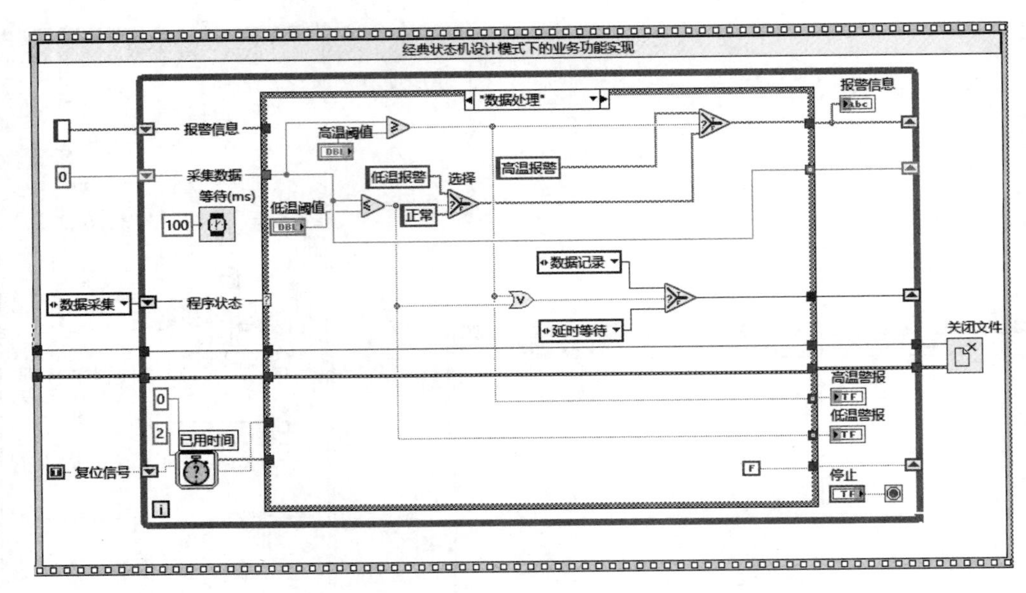

图 1-139 “数据处理”状态完整的程序子框图

程序处于“数据记录”状态时，将设定格式的报警数据写入文件，然后无条件转移至“延时等待”状态，“数据记录”状态完整的程序子框图如图 1-140 所示。

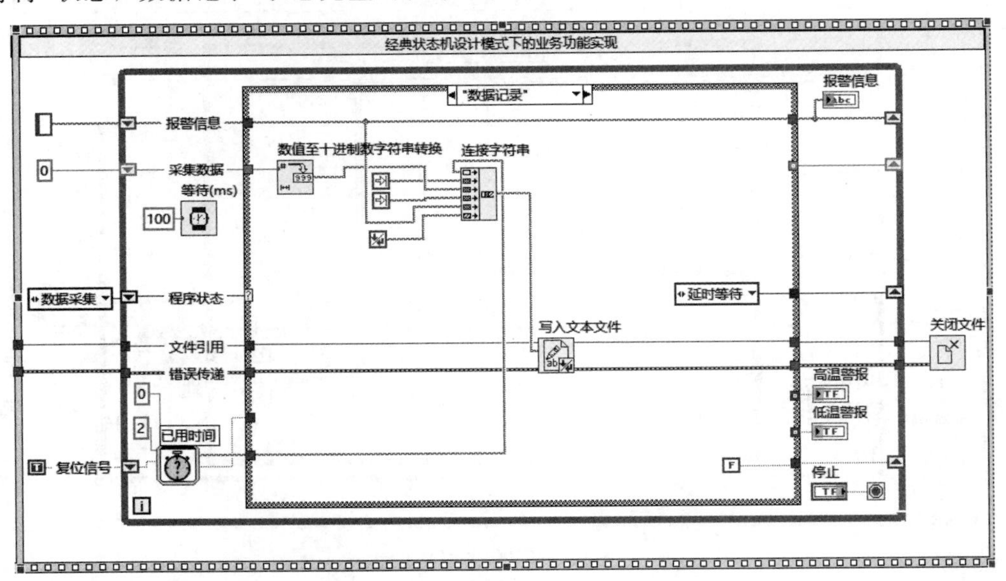

图 1-140 “数据记录”状态完整的程序子框图

程序处于“延时等待”状态时，判断当前状态已用时间是否达到延时间隔，如果达到，则切换至“数据采集”状态，开启新一轮工作状态循环。否则继续处于“延时等待”状态，“延时等待”状态完整的程序子框图如图 1-141 所示。

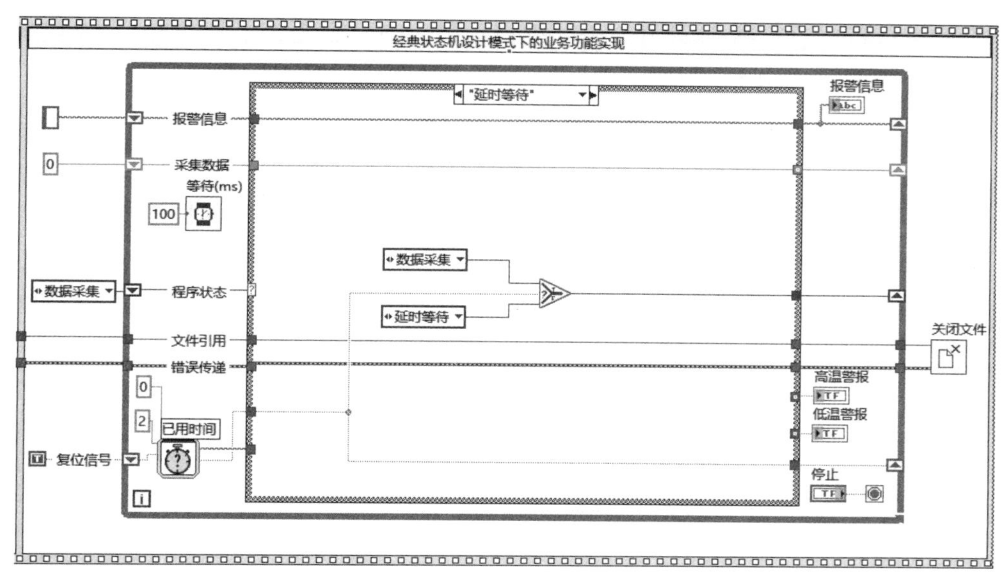

图 1-141 “延时等待”状态完整的程序子框图

单击工具栏中的“运行”按钮 。基于标准状态机设计模式的数据采集程序运行效果如图 1-142 所示。

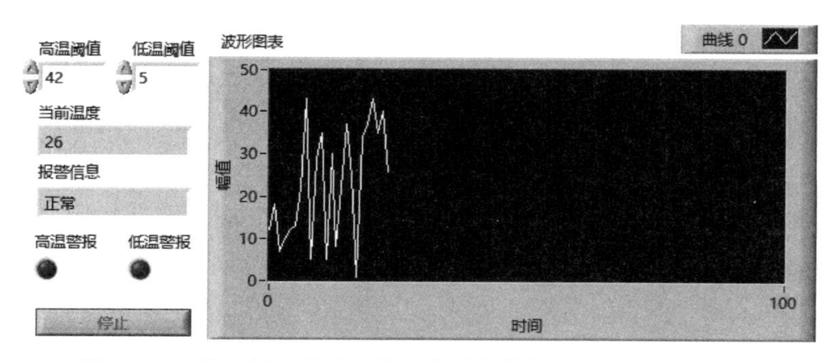

图 1-142 基于标准状态机设计模式的数据采集程序运行效果

程序运行中的曲线显示、数值显示按照指定时间间隔刷新，说明了状态机工作机制运行正常。检查程序文件所在文件夹，可以发现已经自动生成数据文件 Data.txt，文件内容为历次越限数据信息，程序运行过程中文件形式记录的异常数据如图 1-143 所示。

名称	修改日期	类型	大小
Data	2020/3/1 11:03	文本文档	
设计模式--状态机--数据采集	2020/3/1 11:00	LabVIEW Instrument	
设计模式--状态机--红绿灯仿真	2020/2/29 20:02	LabVIEW Instrument	
设计模式--信号量同步	2020/2/16 14:17	LabVIEW Instrument	
设计模式--集合点同步案例	2020/2/16 12:53	LabVIEW Instrument	
设计模式--轮询结构	2020/2/12 18:23	LabVIEW Instrument	
设计模式--主从式架构01	2020/2/12 16:52	LabVIEW Instrument	

Data - 记事本

文件(F) 编辑(E) 格式(O) 查看(V) 帮助(H)

2020/3/1 11:02:46	43	高温报警
2020/3/1 11:02:48	5	低温报警
2020/3/1 11:02:55	5	低温报警
2020/3/1 11:03:07	1	低温报警

图 1-143 程序运行过程中文件形式记录的异常数据

单击程序界面中的“停止”按钮，程序可以“优雅”地结束运行，说明了基于标准状态机的数据采集程序框架是可靠的，可以在实际应用中借鉴使用。

微课视频

1.4.4 主从式设计模式

1. 基本原理

主从式设计模式本质上是一种多线程程序设计模式，采取多循环的模块式结构，其每个循环代表并行执行的一个任务，主从式设计模式提供的程序结构可以有效控制各个任务的同步执行。

主从式设计模式中的多个循环中，只有一个循环为主循环，又称主线程或者主任务，其他循环称之为从线程或者从任务。多个线程并行执行过程中，只有主线程有权利发布数据，从线程只能被动响应。主线程没有发布新的数据时，所有的从线程都是在等待数据。一旦主线程发布数据或者命令，所有从线程被唤醒，响应命令，执行相关处理任务，完成任务后又处于休眠等待的状态。主从式设计模式中主线程具有强制销毁所有从线程的能力，一般通过错误处理机制满足这一要求。

主从式设计模式借助通知器协调多线程同步工作，由于通知器的消息传递具有极强的实时性，各个从线程工作过程中完全处于被动状态，即无消息不工作，有消息动起来，属于典型的软同步操作。

值得注意的是，通知器并不缓冲已经接收的消息，实际应用过程中应该注意各个从线程的负担不宜过重，否则在新消息到来时，如果从线程业务功能尚未处理完毕，那么从线程将出现旧消息尚未读出，新消息就已经将其覆盖，从而造成消息丢失的情况。

电子信息领域的应用系统开发，天然存在以“数据采集”为核心，“信号处理”“数据分析”“信息显示”“信息存取”“界面交互”等业务同步并发执行的场景。作为一种低成本高性能的多任务同步工作手段，主从式设计模式在多通道数据采集领域具有独特优势。

2. 基本组成

主从式设计模式基本结构一般由多循环结构、通知器、程序停止策略 3 部分组成。

(1) 多循环结构。其中一个循环称为主循环/主线程(Master)，一般用于各个从循环/从线程的指挥和调度；其他一个或者多个循环称为从循环/从线程(Slaver)，从循环/从线程接收主循环的指令，完成相应的工作任务，实现预设的功能。

(2) 通知器。主要用于多个循环之间的数据传递。主要工作包括多个循环执行之前的通知器创建、主循环中使用通知器发送通知，从循环中使用通知器接收来自主循环的消息。使用通知器的最大优势在于从循环中未接到主循环的消息之前，程序挂起，不再执行，直至接收到主循环消息，因而可以以比较简单的方式实现多个循环中任务的同步执行。

(3) 程序停止策略。主从工作模式程序停止运行时，主线程、各个从线程均需结束运行，程序才能“优雅”地退出，因此采取何种策略停止应用程序的各个线程，是设计主从工作模式的一项重要任务。常用的策略是组合式停止方案——主线程结束运行时向各个从线程发送停止运行命令；从线程引用通知器出现错误(主线程结束运行销毁从线程引用的通知器资源，导致从线程等待通知函数节点发生异常，输出错误信息），此两种情况任何一种发生，都将结束从线程的执行。

主从式设计模式的程序框图基本结构如图 1-144 所示。

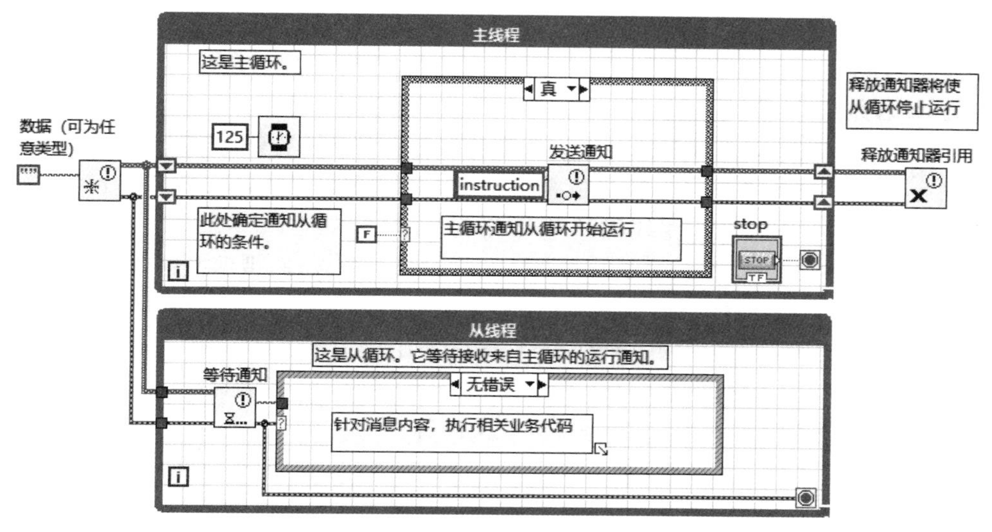

图 1-144 主从式设计模式的程序框图基本结构

在图 1-144 所示的程序框架中，程序一开始运行，使用函数节点“获取通知器引用”，创建用于协调多线程运行的通知器，并为其分配资源，同时将通知器的引用传递给从线程。

当主线程监测程序状态符合消息发送条件时，调用函数节点“发送消息”，向从线程发送消息。

从线程调用函数节点“等待通知”在未接收到主线程消息的情况下处于挂起状态，一旦主线程发生的通知消息到来，则自动停止等待，继续执行相应的程序代码，实现从线程功能。

主线程一旦结束运行，则销毁已经创建的通知器，释放通知器在内存中所占的资源。此时从线程并未结束，从线程中会继续调用函数节点“等待通知”，而该函数节点引用的通知器已经销毁，导致函数节点输出错误信息。这个错误信息可以作为结束从线程运行的依据。

实际应用中，一般根据实际需要，在遵循主从式设计模式基本思想的基础上，对其基本程序结构进行进一步的调整和优化，以便实现更为复杂的程序功能。

3. 应用案例

1）设计目标

设计开发一个数据采集系统，具备以下 4 种功能。

（1）数据采集控制。程序检测数据采集开关状态决定是否开启数据采集，检测停止按钮状态决定是否终止程序运行。

（2）采集数据显示。能够根据指定的时间间隔采集数据、显示采集数据的波形图，能够实时显示采集的数据值。

（3）异常报警功能。当采集数据大于/小于设定的阈值时，对应的指示灯亮并且显示实时采集的数据值，显示异常数据的报警信息。

（4）数据分析处理。能够对采集数据进行实时的时域分析，获取采集数据的平均值、标准差、最大值、最小值等信息。

在完成上述功能的基础上，采用合适的程序结构，保证数据采集、显示、报警、处理等任务的同步执行。

2）设计思路

程序设计按照主从式设计模式进行。根据程序的任务需求，将需要实现的功能分为“数据采集与程序运行控制”“异常分析与报警处理”“时域分析及其结果显示”3个线程，其中“数据采集与程序运行控制”为主线程，另外2个为从线程。

为了进一步贴近工程应用，对于基本主从结构进行优化处理，借助顺序结构将程序分为2个部分的功能。

第一部分为顺序结构第一帧，完成应用程序的初始化操作。所有数值显示控件初始显示内容为0，报警信息显示空字符串，高温阈值显示42，低温阈值显示5，默认采样间隔500ms，清空波形图表显示内容，数据采集开关关闭等。

第二部分为顺序结构第二帧，基于主从式设计模式实现应用程序的主体功能。

3）程序实现

按照程序设计功能要求及问题解决思路，设计基于主从式设计模式的数据采集程序前面板如图1-145所示。

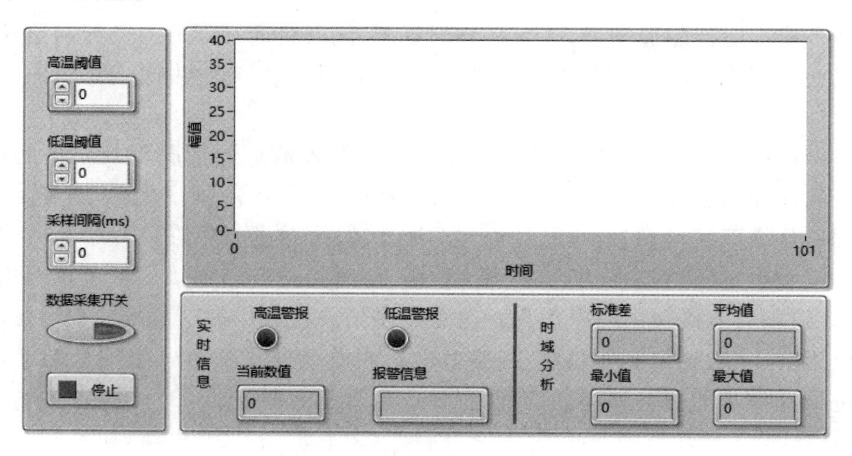

图1-145　基于主从式设计模式的数据采集程序前面板

对应地，设计程序框图总体结构为2帧顺序帧。其中第一帧为初始化帧，完成各个控件的初始赋值、创建通知器引用等操作，对应的程序框图如图1-146所示。

第二帧为基于主从式设计模式的程序主体功能实现程序框图。首先创建3个线程，分别设置其子程序框图标签为“主线程 采集数据并同步异常报警和时域分析”“从线程 异常分析和报警处理”“从线程 数据的时域分析”，完成主从式设计模式对应的数据采集程序总体结构如图1-147所示。

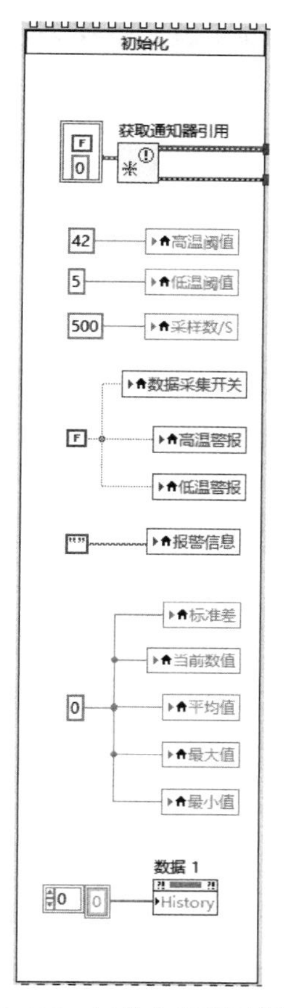

图 1-146　初始化程序子框图

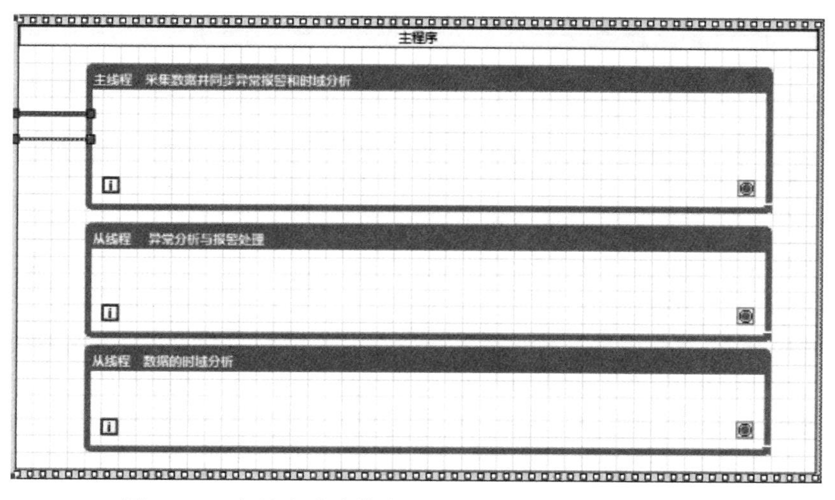

图 1-147　主从式设计模式对应的数据采集程序总体结构

第一个线程为主线程。主线程中按照指定的时间间隔检查开关“数据采集”状态，如果“数据采集”开关打开，则按照指定的时间间隔采集数据，并以簇数据封装停止按钮状态和采集数据，调用函数节点“发送通知”（函数→数据通信→同步→通知器操作→发送通知）将簇数据发送出去，实现主线程向其他线程进行消息广播的功能。如果用户单击停止按钮，则退出主线程，并调用函数节点“释放通知器引用”（函数→数据通信→同步→通知器操作→释放通知器引用）销毁创建的通知器。开关“数据采集”打开时数据采集程序主线程程序框图如图 1-148 所示。

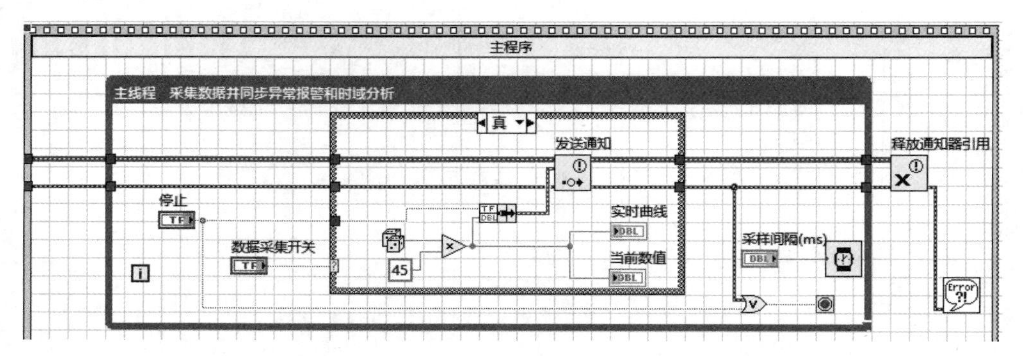

图 1-148 开关“数据采集”打开时数据采集程序主线程程序框图

当开关“数据采集”关闭时，暂停数据采集，数据采集程序主线程程序框图如图 1-149 所示。

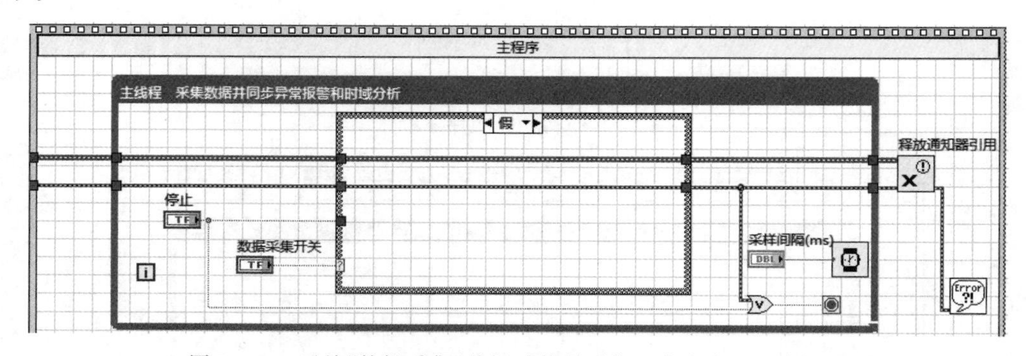

图 1-149 开关“数据采集”关闭时数据采集程序主线程程序框图

第二个线程为异常检测和报警处理线程。该线程中调用函数节点“等待通知”（函数→数据通信→同步→通知器操作→等待通知）接收来自主线程的数据。调用函数节点“解除捆绑”（函数→编程→簇、类与变体→解除捆绑）提取从线程停止命令和主线程中采集数据，提取消息中的布尔数据成员，作为结束当前线程的依据；提取消息中的数值数据成员，进一步按照设定的阈值判断是否存在异常，对应的异常分析与报警处理从线程如图 1-150 所示。

第三个线程为数据时域分析线程。在该线程中调用函数节点“等待通知”（函数→数据通信→同步→通知器操作→等待通知）接收来自主线程的数据。调用函数节点“解除捆绑”（函数→编程→簇、类与变体→解除捆绑）提取从线程停止命令和主线程中采集数据，提取消

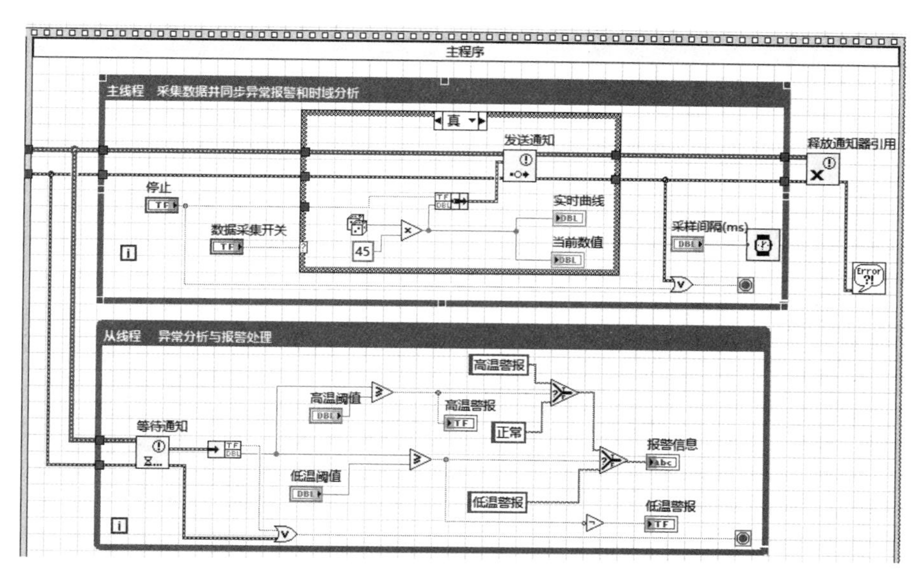

图 1-150　异常分析与报警处理从线程

息中的布尔数据成员，作为结束当前线程的依据；提取消息中的数值数据成员，调用函数节点“标准差(逐点)”(函数→信号处理→逐点→概率与统计→标准差)及函数节点“数组最大值与最小值(逐点)”(函数→信号处理→逐点→其他函数→数组最大值与最小值)，实现采集数据的时域分析。对应数据时域处理从线程程序框图如图 1-151 所示。

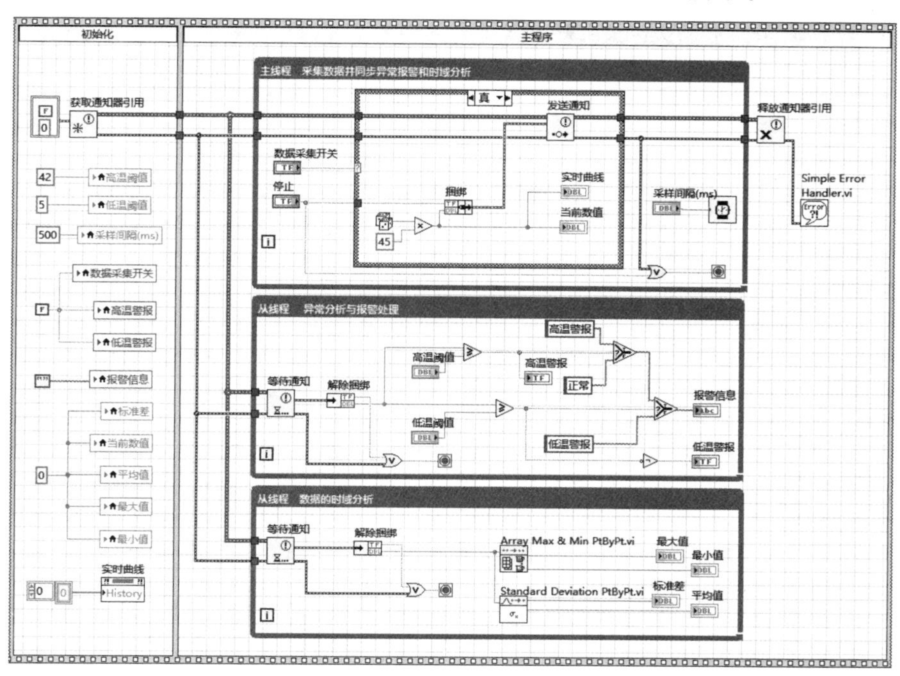

图 1-151　数据时域处理从线程程序框图

单击工具栏中的“运行”按钮，基于主从式设计模式的数据采集程序运行初始状态如图 1-152 所示，与程序初始化设计预期完全一致。

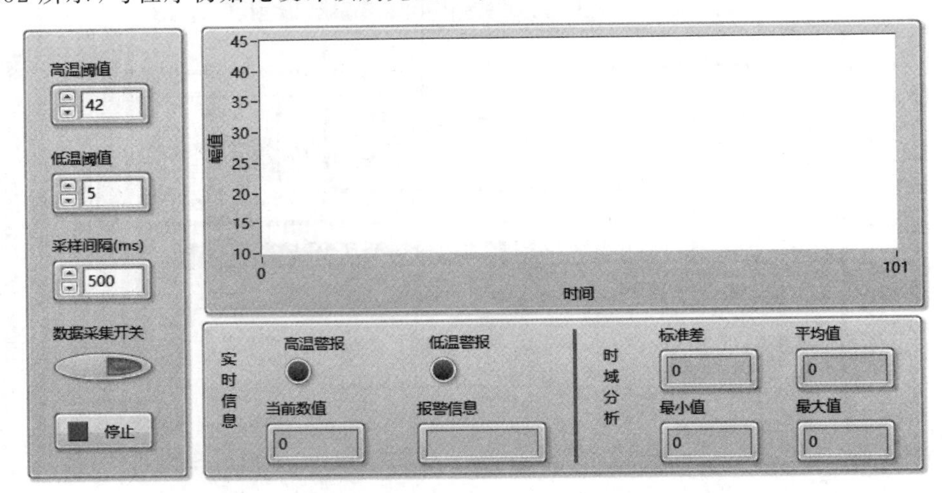

图 1-152 基于主从式设计模式的数据采集程序运行初始状态

打开前面板中“数据采集开关”，主线程启动温度数据的采集工作，并通过波形图表显示采集数据的实时曲线，同时主线程中的通知器开始发送“停止”按钮状态和采集的温度数据所封装簇数据。2 个从线程分别接收通知器的广播信息，解析其中的温度数据和布尔指令，分别完成异常分析与报警、时域分析功能，实现 1 主 2 从的多线程同步工作模式。基于主从式设计模式的数据采集程序运行结果如图 1-153 所示。

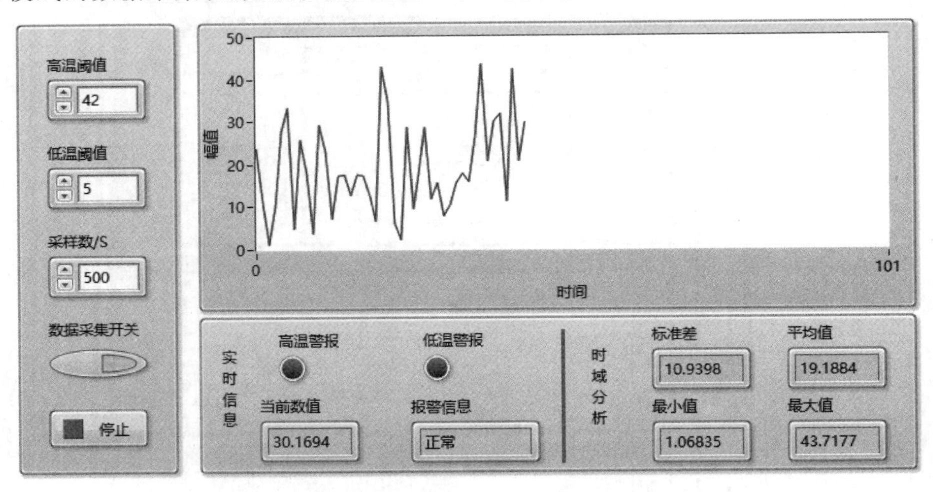

图 1-153 基于主从式设计模式的数据采集程序运行结果

无论是程序运行之初，还是开始数据采集之后，单击程序界面中的“停止”按钮，程序均可“优雅”地结束运行，这说明了基于主从设计模式在多任务同步应用程序设计中是可靠的，可以在实践中借鉴使用。

1.4.5 生产者/消费者设计模式

1. 基本原理

生产者/消费者本质上是主从式设计模式的一种升级版本，它提高了不同速率线程之间的数据共享能力。与主从式设计模式类似，生产者/消费者设计模式中，主线程的任务是“生产”数据，一般称之为生产者线程。从线程的任务是“消费”数据（处理数据），一般称之为消费者线程。生产者线程和消费者线程之间依靠队列进行数据的传递。由于队列的缓冲作用，即使生产数据的速度和消费数据的速度不一致，仍然可以确保多线程并行处理过程中数据不会丢失。正因为如此，生产者/消费者模式广泛适用于异步并行多线程应用程序设计。

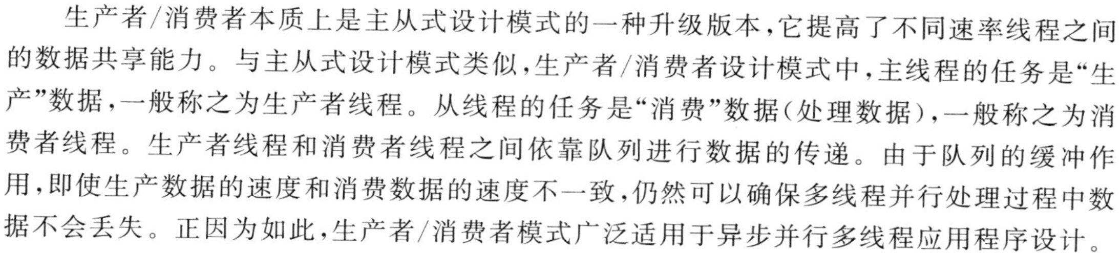

从软件的角度看，生产者线程是数据的提供方，消费者线程是数据的消费方。生产者线程和消费者线程之间存在一个数据缓冲区，其大小一般是固定的。当生产过剩而消费不足时，缓冲区的空间会随着时间的推移不断减少直至消耗殆尽。当缓冲区无剩余空间时，应该停止生产，否则将会发生异常。反之，当生产不足而消费过剩时，缓冲区的数据元素会不断减少直至为 0，此时，消费者线程会处于等待状态，直至生产者线程提供新的数据，才从缓冲区提取数据，进行进一步的处理。

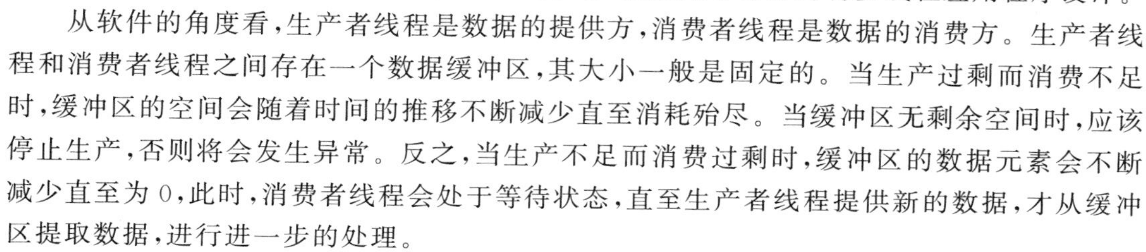

2. 基本组成

生产者/消费者设计模式对应的程序结构一般由生产者/消费者线程、队列、程序停止策略 3 部分组成。

（1）生产者/消费者线程。一般以 2 个并行执行的 While 循环方式存在。其中一个循环称为生产者线程，另外一个循环称为消费者线程。生产者线程产生、截获、接收、采集数据，消费者线程对于数据进行分析、处理、显示、存储等操作。

（2）队列。主要用于生产者线程和消费者线程之间的数据通信/数据共享。主要工作包括两个线程/循环执行之前的队列的创建、生产者线程中完成获取数据的入队操作。消费者线程则执行出队操作，获取队列中的数据元素，并进一步对数据进行分析、处理、显示、存储等操作。两个线程之间采取队列进行数据共享，最大的优势在于即使两个线程处理速度不一致，也不会丢失数据。

（3）程序停止策略。生产者/消费者模式程序停止运行时，2 个线程均需结束运行，程序才能“优雅”地退出，因此采取何种策略停止应用程序的 2 个线程，是设计生产者/消费者模式的一项重要任务。常用的策略是组合式停止方案——生产者线程结束运行时向消费者线程发送停止运行命令；消费线程引用队列出现错误（生产者线程结束运行销毁消费者线程引用的队列资源，导致消费者线程元素出队函数节点发生异常，输出错误信息），此两种情况任何一种发生，都将结束从线程的执行。

生产者/消费者设计模式的程序框图基本结构如图 1-154 所示。

图 1-154 所示的程序框架中，函数节点“获取队列引用”（函数→数据通信→队列操作→获取队列引用）创建队列，并指定队列中数据元素的类型（当前为字符串类型，可以为任何类型），同时将创建的队列传递给两个并行执行的循环。

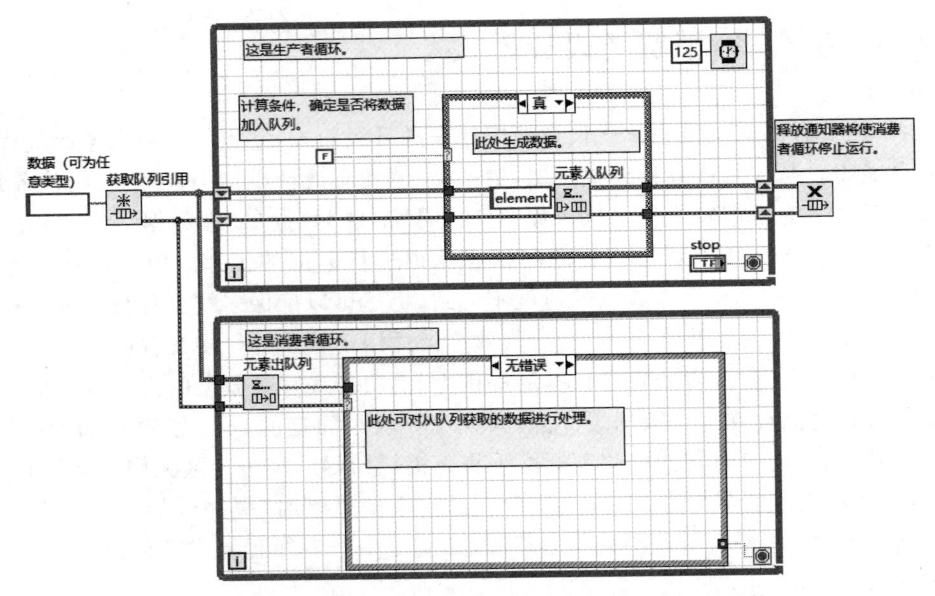

图 1-154　生产者/消费者设计模式的程序框图基本结构

当生产者线程中生成数据条件满足时，以 125ms 的时间间隔将产生的数据（此处为 elements）进行“元素入队列”（函数→数据通信→队列操作→元素入队列）操作。

消费者线程中调用函数节点“元素出队列”（函数→数据通信→队列操作→元素出队列），等待生产者线程入队的数据元素，如果队列不空，意味着队列中存在尚未处理的数据，则程序停止等待状态，读出队列中的一个数据元素，继续进一步的数据分析处理工作。

程序结束的方法采取了队列错误信息处理方式，当用户单击 stop 按钮时，可以直接结束生产者线程，同时通过函数节点“释放队列引用”（函数→数据通信→队列操作→释放队列引用）释放创建队列时所占用的资源。而这一行为必将导致消费者线程中函数节点“元素出队”的引用错误！可以利用这一错误信息作为退出消费者线程的依据。

实际应用中，一般根据实际需要，在遵循其基本思想的基础上，对生产者/消费者设计模式的程序结构进行进一步的调整和优化，以便实现更为复杂的程序功能。

生产者/消费者（数据）设计模式由于采用多线程同步执行，程序执行效率高，适合大量的数据流处理，因而在工业领域需要同时采集和处理大量数据的应用中得到广泛应用。

3. 应用案例

1）设计目标

设计开发一个数据采集系统，具备以下 4 种功能。

(1) 数据采集控制。程序运行检测开关状态决定数据采集任务的启停，检测“停止”按钮状态决定是否终止数据采集并退出程序。

(2) 采集数据显示。能够根据指定的时间间隔采集数据，通过波形图表控件显示采集的数据，并能够通过数值显示控件实时显示采集的数据值。

（3）异常情况报警。当采集数据大于/小于设定的阈值时，对应的报警指示灯亮、并且显示异常状态的采集数据，显示异常数据的报警信息。

（4）数据分析处理。能够对于采集数据进行实时的时域分析，获取采集数据的平均值、标准差、最大值、最小值等信息。

2）设计思路

基于生产者/消费者设计模式进行应用程序设计。针对任务需求，将程序需要实现的功能分为生产者线程和消费者线程。

为了协调生产线程和消费线程工作，对于基本的生产者/消费者设计模式进行改进。程序设计同时使用队列和通知器，其中队列用于生产者线程和消费者线程之间的数据共享，通知器用于生产者线程向消费者线程同步广播停止程序运行指令。

生产者线程完成检测程序前面板数据采集开关状态，如果打开，则以产生指定范围内随机数方式模拟数据采集工作，并将采集的数据压入队列；同时，程序按照指定的时间间隔，通过通知器不断向消费线程广播是否结束线程运行的指令（操作面板中“停止”按钮的状态）。

消费者线程与生产者线程引用同一个队列和通知器，调用函数节点“元素出队列”，获取采集的温度数据，并进行数据分析处理工作；同时，调用函数节点“等待通知”获取是否结束程序运行的消息。

为了实现程序“优雅”地退出目标，程序将“元素出队列”“等待通知”两种分别属于队列、通知器的函数节点的错误输出进行合并（调用函数节点“合并错误”），即无论哪一个节点调用过程中出现错误，都会返回一个错误信息。然后此错误信息与通知器接收的消息合并作为消费线程结束的条件→函数节点调用出现错误或者通知器接收到停止消息，都会结束消费线程。

为了进一步贴近工程化应用，对于生产者/消费者设计模式的程序结构进行优化处理，借助顺序结构将程序分为初始化、主程序两个部分的功能。

第一部分为顺序结构第一帧，完成应用程序的初始化操作。所有数值显示控件初始显示内容为 0，报警信息显示空字符串，高温阈值显示 42，低温阈值显示 5，默认采样间隔 500ms，清空波形图表显示内容，数据采集开关关闭等。

第二部分为顺序结构第二帧，基于生产者/消费者设计模式实现应用程序的主体功能。

3）程序实现

按照程序设计功能要求以及问题解决思路，设计基于生产者/消费者设计模式的数据采集程序前面板如图 1-155 所示。

如前所述，设计生产者/消费者设计模式的程序框图总体结构为 2 帧顺序帧。其中第一帧为初始化帧，完成各个控件的初始赋值，对应的程序框图如图 1-156 所示。

第二帧实现程序的主体功能。由生产者线程、消费者线程组成，借助队列实现生产者线程和消费者线程之间的数据共享，借助通知器实现 2 个线程的同步结束，对应的基于生产者/消费者设计模式的程序总体结构如图 1-157 所示。

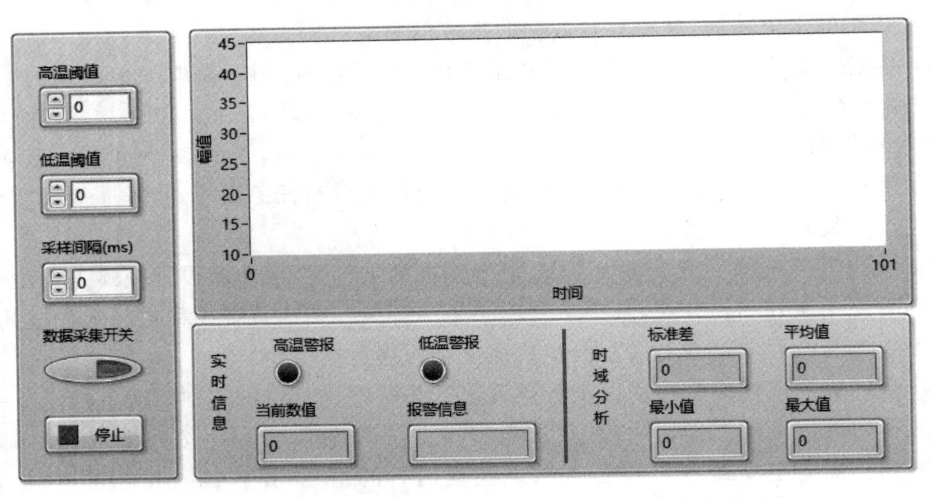

图 1-155　基于生产者/消费者设计模式的数据采集程序前面板

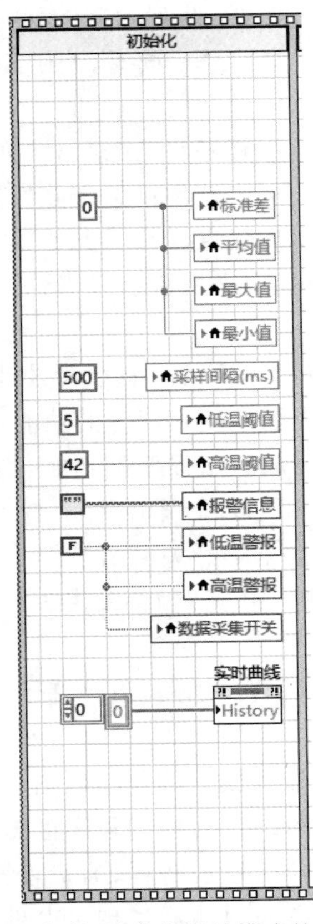

图 1-156　生产者/消费者设计模式的程序初始化

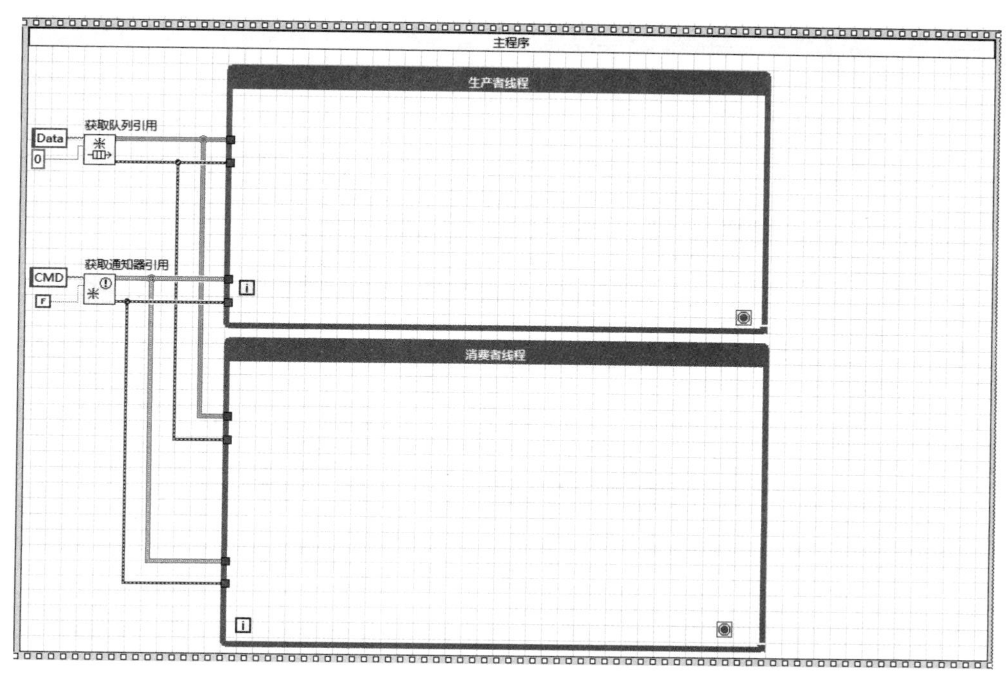

图 1-157 基于生产者/消费者设计模式的程序总体结构

生产者线程中按照指定的时间间隔，检测程序前面板中布尔类型控件“数据采集开关”状态，当开关打开时，以随机数产生的方式模拟数据采集，调用队列操作函数选板中的函数节点“元素入队列”，实现采集数据与消费者线程的共享；同时检测按钮控件“停止”的状态，调用通知器函数选板中的函数节点“发送通知”，向消费者线程广播“停止”按钮状态，作为消费者线程同步结束的判断依据之一。对应的生产者线程程序子框图如图 1-158 所示。

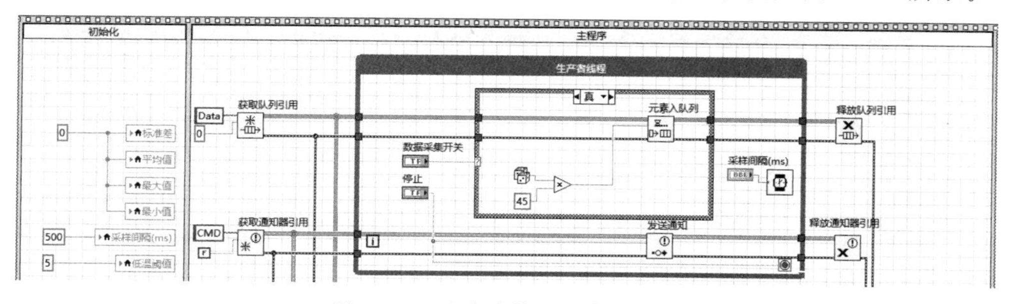

图 1-158 生产者线程程序子框图

消费者线程中，读取队列中的数据，进行数据实时显示、时域分析处理、异常检测与报警等功能；同时该线程还监测通知器消息，读取消息中的停止按钮状态值，作为消费者线程同步结束运行的依据。为了进一步增强消费者线程的健壮性，线程中读取队列节点的错误输出、通知器节点的错误输出，并合并错误信息，将错误信息和停止按钮状态的组合逻辑作为消费者线程结束的条件。对应的消费者线程程序子框图如图 1-159 所示。

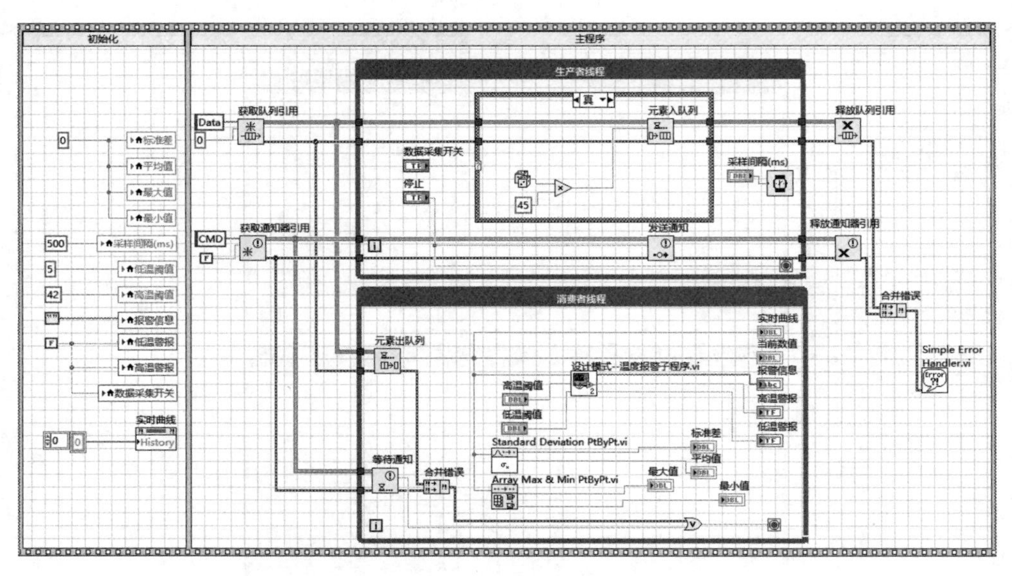

图 1-159 消费者线程程序子框图

单击工具栏中的“运行”按钮。基于生产者/消费者设计模式的数据采集程序运行初始状态如图 1-160 所示，与程序初始化设计预期完全一致。

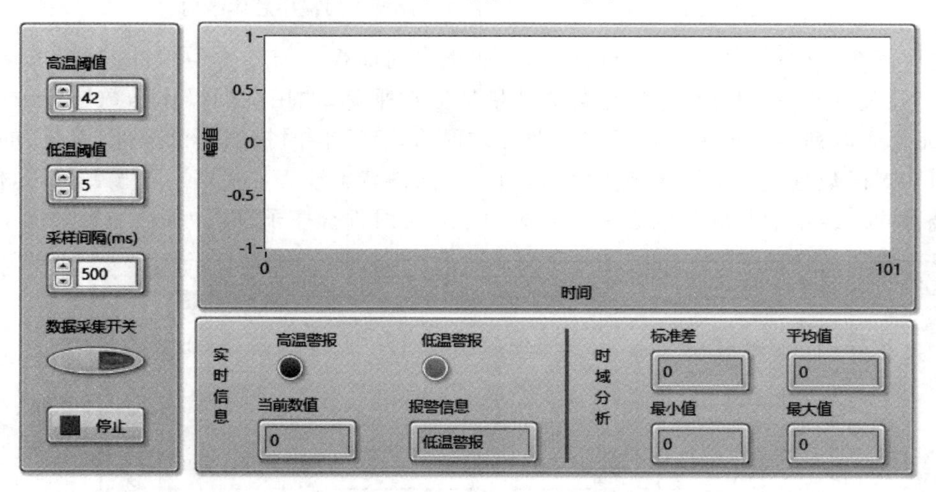

图 1-160 基于生产者/消费者设计模式的数据采集程序运行初始状态

单击程序界面中“数据采集开关”，生产者线程启动采集温度数据任务，并对采集数据进行入队操作，借助通知器广播程序前面板中“停止”按钮状态。消费者线程通过出队操作，读取生产者线程采集的数据，并对数据进行分析处理，实现异常分析与报警、时域分析功能；同时，消费者线程实时接收生产者线程广播的“停止”按钮状态，以确定是否结束消费者线程的运行。基于生产者/消费者设计模式的数据采集程序运行结果如图 1-161 所示。

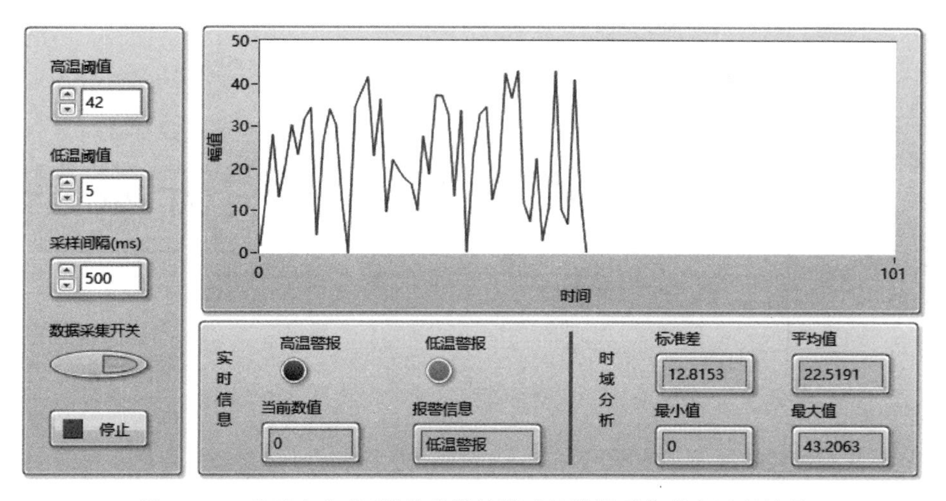

图 1-161 基于生产者/消费者设计模式的数据采集程序运行结果

无论是程序运行之初，还是开始数据采集之后，单击“停止”按钮，程序均可“优雅”地结束运行，这说明了本节案例中使用的改进的生产者/消费者设计模式在多任务应用程序设计中是可靠的，可以在实践中借鉴使用。

第 2 章

myRIO 嵌入式应用开发基础

主要内容

- myRIO 嵌入式开发平台简介；
- myRIO 相关工具包安装与开发环境配置方法；
- 四种不同连接模式下的 myRIO 项目创建；
- myRIO 设备自检与基本功能测试方法；
- myRIO 板载硬盘/U 盘文件存取基本技术；
- myRIO 项目中子 VI 的管理、调用方法；
- myRIO 应用程序的独立部署和运行。

2.1 myRIO 介绍

本节主要介绍 myRIO 接口特性、使用特点及型号规格等总体情况，以便读者在制定嵌入式应用系统设计方案时能够快速做出设备选型相关决策。

2.1.1 初识 myRIO

myRIO 是 NI 提供的小巧方便型嵌入式开发平台，采用 NI 工业级标准可重配置 RIO (Reconfigurable I/O)技术，其内部集成 667MHz 双核 ARM Cortex-A9 可编程处理器、可定制的现场可编程门阵列(FPGA)及 WiFi 模块。myRIO 提供数量及类型丰富的外部设备 I/O 接口，可以极为方便地连接各种传感器及外部设备。

作为一款真正面向实际应用的嵌入式开发平台，myRIO 与 NI 其他工业级的嵌入式监测与控制开发平台(如 NI CompactRIO 及 NI Single-Board RIO)具有相似的系统结构和开发体验，通过 myRIO 获得的开发经验，可以无缝迁移至其他更加复杂的工业嵌入式应用开发或相关科研项目。

作为一种可重配置、可重复使用的教学与创新应用开发工具，myRIO 具有无与伦比的可扩展性与便携性优势，依托 LabVIEW 强大的开发功能，可以在较短时间内独立快速完成控制、机器人、机电一体化、测控等领域不同复杂程度的嵌入式工程项目的设计与开发。

2.1.2 myRIO 特点

基于 myRIO 的嵌入式应用开发具有以下显著特点。

(1) 易于上手使用。引导性的安装和启动界面可使用户更快地熟悉操作。

(2) 编程开发简单。支持用 LabVIEW 或 C/C++对 ARM 进行编程,LabVIEW 中包含大量现成算法函数,同时针对 myRIO 上的各种 I/O 接口提供经过优化设计的现成驱动函数,方便快速调用,甚至比使用数据采集(DAQ)设备还要方便,而且还支持以 LabVIEW 图形化编程方式进行 FPGA 应用开发。

(3) 安全保护设计。直流供电,根据初学用户特点,特别增设保护电路,最大限度地避免误操作导致设备损毁情况发生。

(4) 便于随身携带。小巧方便,便于携带,属于典型的口袋实验室装备,可以保证开发者随时随地进行嵌入式实时系统的设计开发。

2.1.3 型号与规格

myRIO 分为 myRIO-1900 与 myRIO-1950 两种型号,比较常用的是 myRIO-1900。

1. myRIO-1900

myRIO-1900 的核心芯片是 Xilinx Zynq-7010,该芯片集成了 667MHz 双核 ARM Cortex-A9 处理器及包含 28K 逻辑单元、80 个 DSP slices、16 个 DMA 通道的 FPGA,内置 512MB DDR3 内存和 256MB 非易失存储器。

myRIO-1900 提供了丰富的外设 I/O 接口,包括 10 路模拟输入(8 个单端模拟输入,2 个差分模拟输入)、6 路模拟输出(4 个单端模拟输出,2 个对地参考模拟输出)、40 路数字输入与输出(支持 SPI、PWM 输出、正交编码器输入、UART 和 I2C)、1 路立体声音频输入与 1 路立体声音频输出等。

为方便调试和连接,myRIO-1900 还带有 4 个可编程控制的 LED,1 个可编程控制的按钮和 1 个板载三轴加速度传感器,并且可提供+/−15V 和+5V 电源输出。

myRIO-1900 集成 USB Host,内置 WiFi 模块,可通过 USB 或 WiFi 方式与上位机相连接。

myRIO-1900 正面左侧可见电源指示灯、状态指示灯、无线网络指示灯及 4 个可编程控制的 LED,正中央透明窗口可见板载 Xilinx Zynq-7010 芯片,myRIO 正视图如图 2-1 所示。

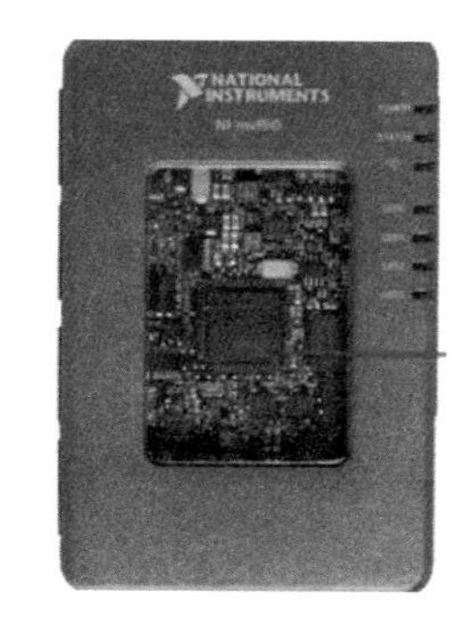

图 2-1 myRIO 正视图

myRIO-1900 前端可见 2 组连接 MXP(myRIO Extends Port)端口,分别为 MXP A(左侧端口)和 MXP B(右侧端口),前视图如图 2-2 所示。

myRIO-1900 后端可见 1 组 MSP(Mini System Port)端口,以及音频输入端口、音频输出端口,后视图如图 2-3 所示。

图 2-2 myRIO 前视图

图 2-3 myRIO 后视图

myRIO-1900 侧面一端可见 2 个白色按钮，分别为 WiFi 按钮和可编程控制按钮，其侧视图(左)如图 2-4 所示。

myRIO-1900 侧面另一端分别是 USB 设备端口、USB 连接端口、电源端口，以及复位按钮，其侧视图(右)如图 2-5 所示。

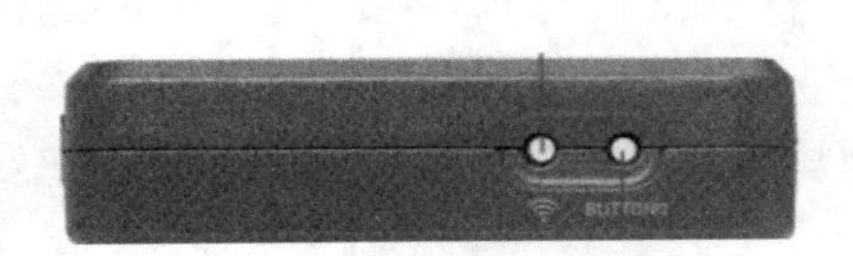

图 2-4 myRIO 侧视图(左)

图 2-5 myRIO 侧视图(右)

myRIO-1900 主要板载资源如图 2-6 所示。

图 2-6 myRIO-1900 主要板载资源

关于 myRIO-1900 的硬件框图和详细参数，可登录 NI 网站下载、查看 myRIO-1900 User Manual and Specification。

2. NI myRIO-1950

myRIO-1950 与 myRIO-1900 的硬件框架基本相同，也基于 Xilinx Zynq-7010 芯片，主要区别是 myRIO-1950 为裸板形式封装(不带外壳)，不支持 WiFi 连接功能。

另外，相比 myRIO-1900，myRIO-1950 少一组 I/O 连接端口，因此少 2 路模拟输入，少 2 路模拟输出，少 8 路数字 I/O，不提供现成的 3.5mm 音频信号输入和输出接口，也没有+/-15V 和+5V 电源输出。

myRIO-1950 内置 256MB DDR3 内存和 512MB 非易失存储器，此外，可通过集成的 USB Host 连接外部 USB 设备。

myRIO-1950 设备外观及技术特点如图 2-7 所示。

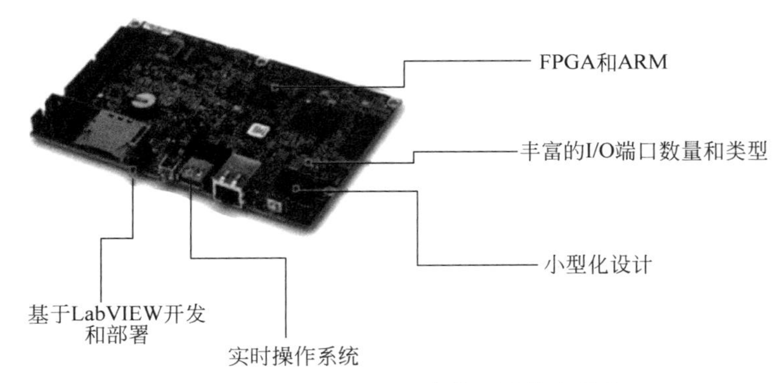

图 2-7 myRIO-1950 设备外观及技术特点

关于 myRIO-1950 的硬件框图和详细参数，可登录 NI 网站下载、查看 myRIO-1950 User Manual and Specification。

2.2 开发前的准备工作

本节主要介绍 myRIO 开发前的准备工作，包括检查开发环境对应的操作系统、安装 myRIO 开发包以及安装 myRIO 支持的常用软件工具包，以便顺利开启 myRIO 的应用开发之旅。

2.2.1 检查操作系统

NI 公司推荐在 Windows 10(32-bit、64-bit)操作系统下进行 myRIO 开发环境的安装和配置，也可以在 Windows 7、Windows 8、Windows Embedded Standard 7、Windows Server 2008、Windows Server 2012 及 Windows Server 2016 等操作系统上进行安装。计算机的硬件配置建议处理器为 Intel i7 五代及以上，内存为 8GB 以上，硬盘空间空闲不低于 80GB。

2.2.2 安装文件的镜像装载

LabVIEW 及 myRIO 相关的安装文件均为镜像文件，一般应通过装载镜像文件的方式完成安装。右击后缀名为 iso 的 LabVIEW2018 安装包镜像文件，选择“装载”，完成装载方式打开安装文件，如图 2-8 所示。

如果没有出现“装载”按钮，则右击后缀名为 iso 的镜像文件，选择使用“打开方式”→“Windows 资源管理器”的打开方式，利用资源管理器打开镜像文件的方式如图 2-9 所示。

打开的文件列表中，双击 install. exe，启动并完成 LabVIEW2018 的安装。

图 2-8 完成装载方式打开安装文件

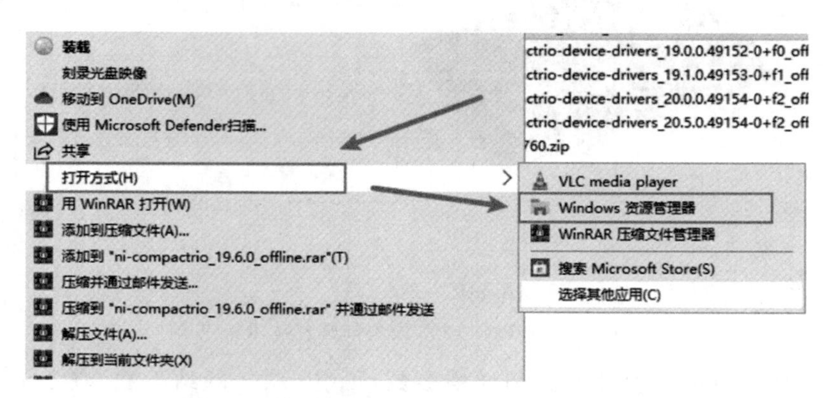

图 2-9 利用资源管理器打开镜像文件的方式

2.2.3 安装 myRIO 开发软件及工具包

使用 myRIO 前需要在计算机上安装必要的软件并对其进行配置。必须安装的软件有 LabVIEW、LabVIEW Real-Time、LabVIEW myRIO Module。其中 LabVIEW Real-Time、LabVIEW myRIO Module 可在 LabVIEW 专业版安装过程中直接选择安装，也可以在安装 LabVIEW 后，使用 myRIO 的 NI LabVIEW 2018 myRIO SOFTWARE BUNDLE(DVD1～3)进行安装(本书使用的是 LabVIEW 2018 及与之配套的 myRIO 2018 myRIO SOFTWARE BUNDLE)。

除了上述 3 个文件安装，一般还可根据开发需要，安装 5 类 myRIO 常用工具包，如表 2-1 所示。

表 2-1 myRIO 常用工具包

目　　录	说　　明
Control Design and Simulation	控制设与仿真模块，用以帮助用户设计控制算法
FPGA	如果需要使用 myRIO 上的 FPGA 资源，并对其进行自定义编程，则选用安装
MathScript RT	如果需要在 LabVIEW 中调用 MATLAB 编写的 m 文件脚本，则选用安装
Vision	视觉开发模块，包含很多现成的机器识别算法，如颗粒分析、边缘检测，以帮助用户在视觉操作时快速实现功能
Vision Acq	视觉采集功能，当用户需要使用 USB 摄像头与 myRIO 连接以采集视频图像信息时，可选用安装

2.3　myRIO 软件配置

计算机连接 myRIO 后，还需要进一步对 myRIO 进行软件环境的安装配置。本节主要介绍 USB 连接模式下的 myRIO 软件环境快速配置方法及基于 NI MAX 的 myRIO 软件环境配置方法。

2.3.1　USB 线缆连接 myRIO

打开 myRIO 产品包装盒，内附 myRIO、音频连接线、USB 连接线、直流电源模块、MXP 连接器及配套软件。使用直流电源模块为 myRIO 供电（亦可使用 12V 直流电池模组供电），并使用 USB 连接线建立 myRIO 与计算机的连接。

当 myRIO 电源接通后并已经连接到计算机时，计算机自动识别 myRIO 并安装驱动，自动弹出 NI myRIO USB Monitor 对话框，如图 2-10 所示。

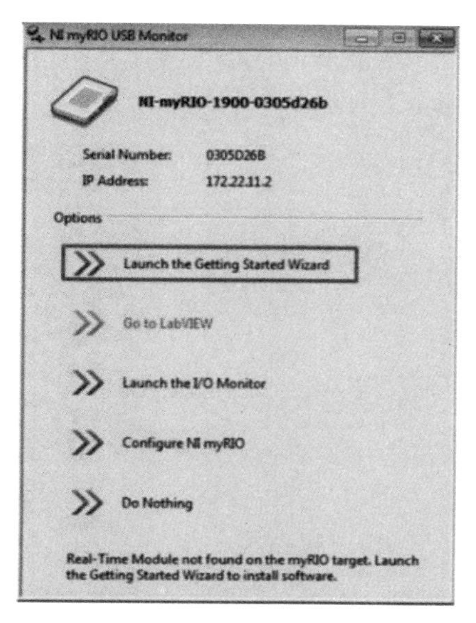

图 2-10　NI myRIO USB Monitor 对话框

NI myRIO USB Monitor 对话框主要选项含义如表 2-2 所示。

表 2-2　NI myRIO USB Monitor 对话框主要选项含义

目　　录	说　　明
Launch the Getting Started Wizard	通过 Getting Started Wizard，用户可以迅速查看 myRIO 的功能状态，向导功能包括：检查已经连接的 myRIO；连接到选中的设备；给 myRIO 安装软件或者更新软件；为设备重命名以及通过一个自检程序测试加速度传感器、板载 LED 和自定义板载按钮
Go to LabVIEW	选择此项后直接弹出 LabVIEW Getting Started 窗口
Configure NI myRIO	选择后打开一个基于网页的 myRIO 配置工具
Do Nothing	可以通过此选项关闭 myRIO USB Monitor 对话框

单击“Launch the Getting Started Wizard”开启 myRIO 相关设置的功能向导操作。计算机找到已安装的 myRIO 设备之后，单击“Next”按钮，在下一个界面中可以看到 myRIO 设备序列号，用户可以修改设备名称，但之后需要重启 myRIO。

再次单击“Next”按钮之后，会自动将上位机已经安装的相关软件在 myRIO 上创建一套实时操作的副本，这一过程可能会花费几分钟的时间。由于 myRIO 在安装完软件之后需要重启，所以启动界面会再次出现，单击“Do Nothing”即可。

myRIO 的 ARM 处理器上运行的是 Linux RT 实时操作系统，一般情况下开发者不需要关心底层的操作系统细节，只需要集中精力关注如何实现嵌入式应用相关功能。

微课视频

2.3.2 NI MAX配置myRIO软件

单击Windows"开始"菜单，搜索打开NI提供的配置管理软件NI MAX，如图2-11所示。

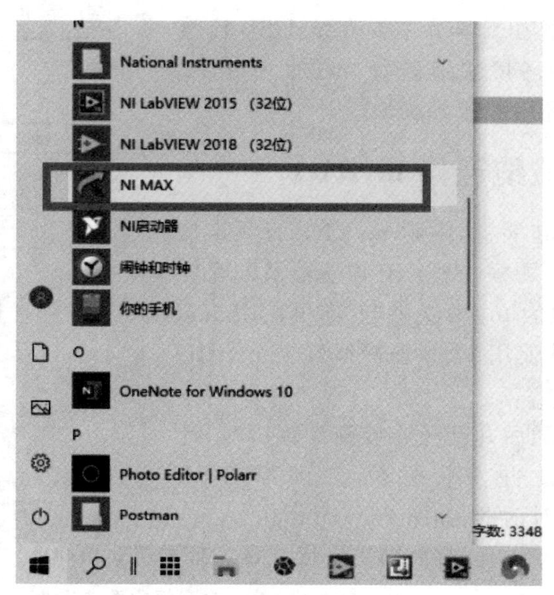

图2-11 打开NI MAX

运行NI MAX，在左侧设备管理栏的"远程系统"中可查看到计算机当前连接的myRIO设备。单击处于联机状态的myRIO设备，NI MAX中显示的myRIO设备信息如图2-12所示。

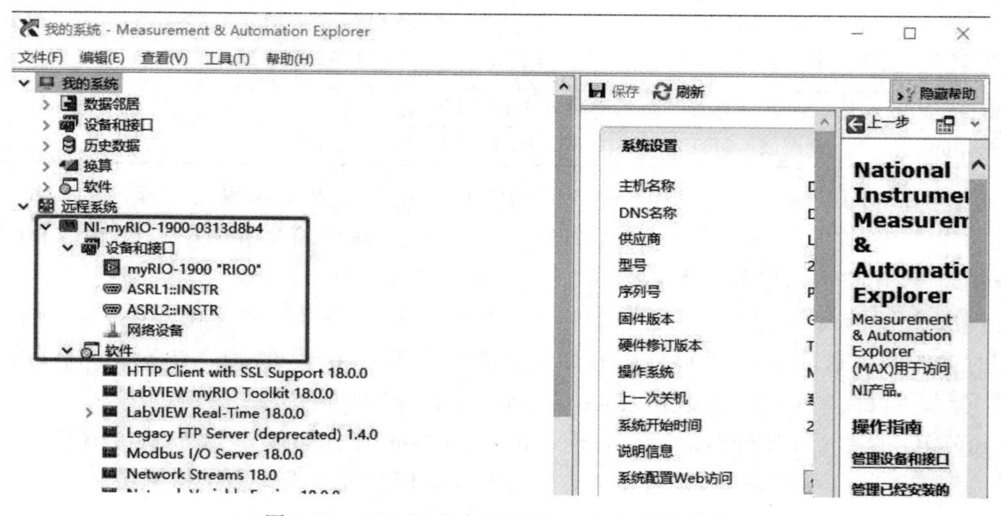

图2-12 NI MAX中显示的myRIO设备信息

在左侧设备管理栏中单击联机状态 myRIO 设备下"设备和接口",可查看 myRIO 接口与连接设备信息,如图 2-13 所示。图中①为 myRIO 板载 FPGA 资源,②为 myRIO 标配的 UART 接口。如果 myRIO 连接了 USB 摄像头采集图像,同样也能在此处查看到 USB 摄像头资源。

单击联机状态 myRIO 设备下"软件",为保证系统安全,弹出如图 2-14 所示的登录对话框,提醒开发者以管理员身份登录。

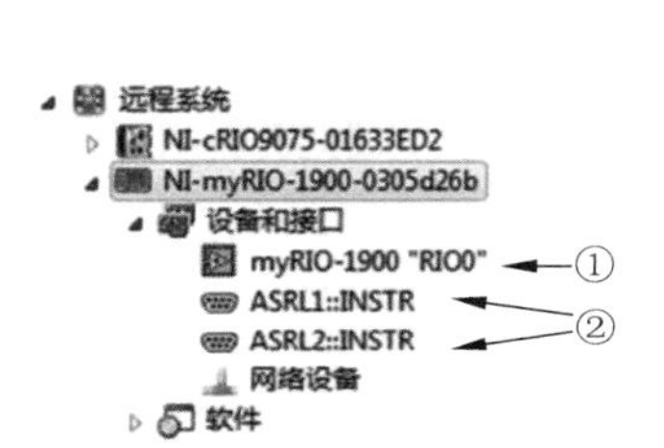

图 2-13 查看 myRIO 接口与连接设备信息

图 2-14 登录对话框

默认情况下密码为空,或者与用户名一致。完成账号信息输入后,可查看 myRIO 上所安装的软件信息,如图 2-15 所示。

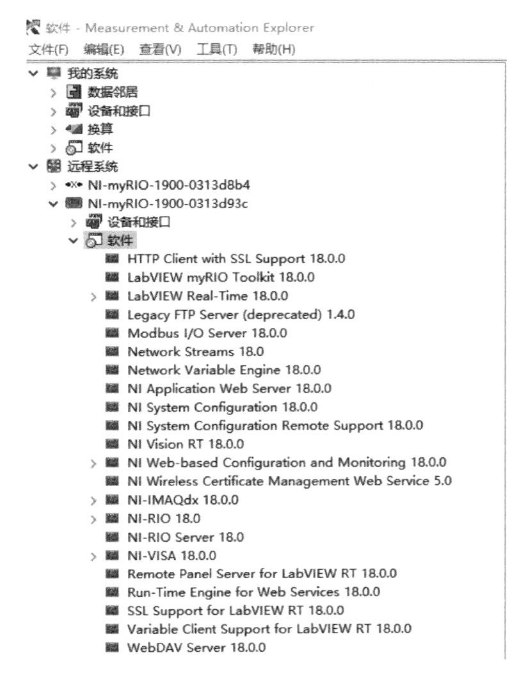

图 2-15 查看 myRIO 上所安装的软件信息

myRIO 中安装的软件是计算机上所安装软件在实时操作系统下的副本，这些软件副本在主机上分别对应的安装软件可通过 NI MAX 中“我的系统→软件”下拉菜单查看。myRIO 使用前必须保证实时操作系统下的软件版本与主机安装的软件版本完全一致，程序才能正确无误地编译下载至实时操作系统中运行。

因此，当主机有软件或驱动软件的版本升级时，实时操作系统下的软件副本也需要一起升级。可通过右击 myRIO 下的“软件”选项，或者直接单击右侧页面顶端的“添加/删除软件”按钮，进行 myRIO 软件的添加或删除，如图 2-16 所示。

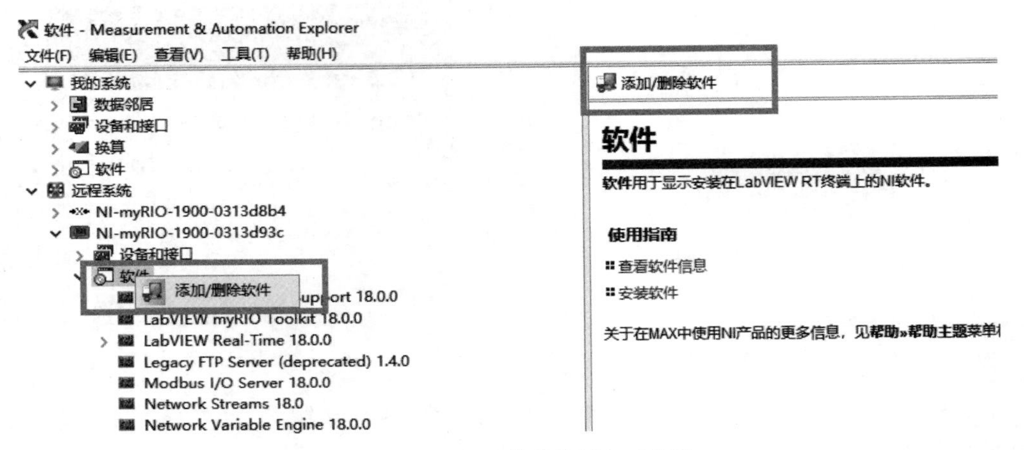

图 2-16　myRIO 软件的添加或删除

单击“添加/删除软件”按钮，弹出 myRIO 软件安装向导窗口，如图 2-17 所示。

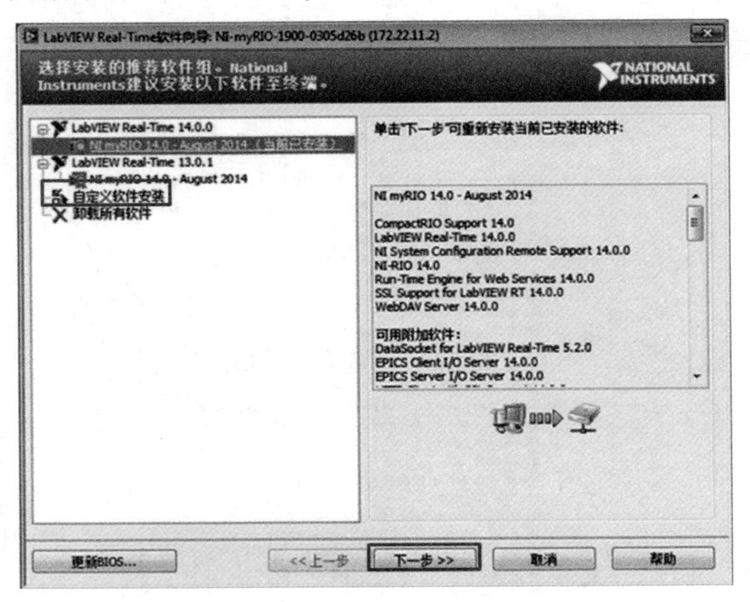

图 2-17　myRIO 软件安装向导窗口

选择"自定义软件安装"列表项，单击"下一步"按钮，在弹出的对话框中要求选择是否确定要手动选择安装组件，选择"是"，进入选择需安装或卸载的组件操作对话框，如图 2-18 所示。

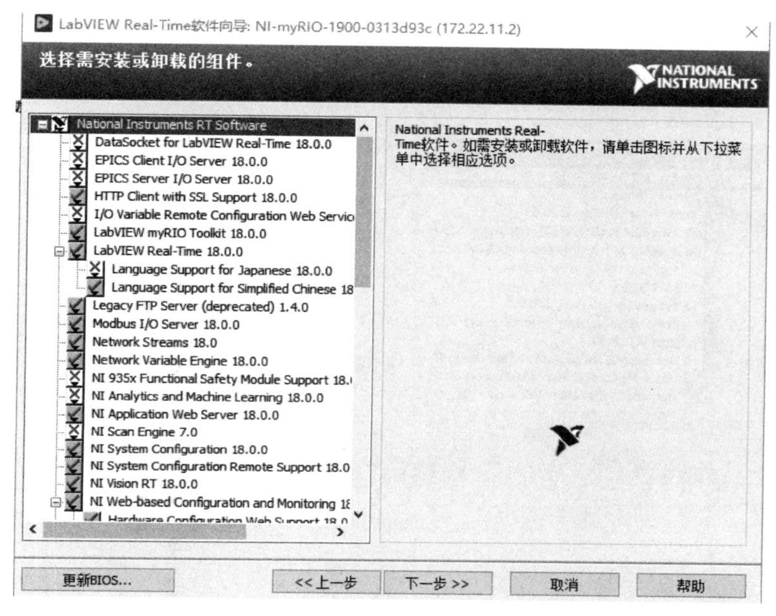

图 2-18 选择需安装或卸载的组件

图 2-18 中各类组件前有√符号的，表示对应组件已经安装在 myRIO，否则表示未安装。在左侧滑动栏中便能看到需安装或卸载的组件，组件左侧有√符号的，单击组件，在弹出的菜单中选择"重新安装组件"。组件左侧有×符号的，单击组件，在弹出的菜单中选择"安装组件"，按照系统进一步的操作提示，可以完成 myRIO 上软件同步更新。

当然，除了 2.3 节中所列出的 RealTime Module、myRIO Module 及 Vision Development Module 等组件，还建议安装 VISA、Network Stream、Modbus I/O Server 及 HTTP Client 等组件，以便实现数据采集基础上的数据通信功能。

如果项目开发中需要对 myRIO 的板载固态硬盘进行文件读写操作，为了便于后续基于 NI MAX 进行相关文件复制、删除等操作，还需要安装"Legacy FTP Server"组件，如图 2-19 所示。

安装完毕该组件，右击 NI MAX 中"远程系统"中联机状态的 myRIO，选择"文件传输"，即可弹出 myRIO 板载固态硬盘上的文件系统资源浏览器。与 Windows 操作系统的资源管理器地址栏中文件的磁盘存储路径不同，这里显示的是 myRIO 文件传输对应的 FTP 地址。基于 FTP 组件的板载硬盘文件查看结果，如图 2-20 所示。

本地计算机的文件可以直接拖曳至 myRIO 文件系统的目标位置，实现基于 FTP 机制的文件数据上传。

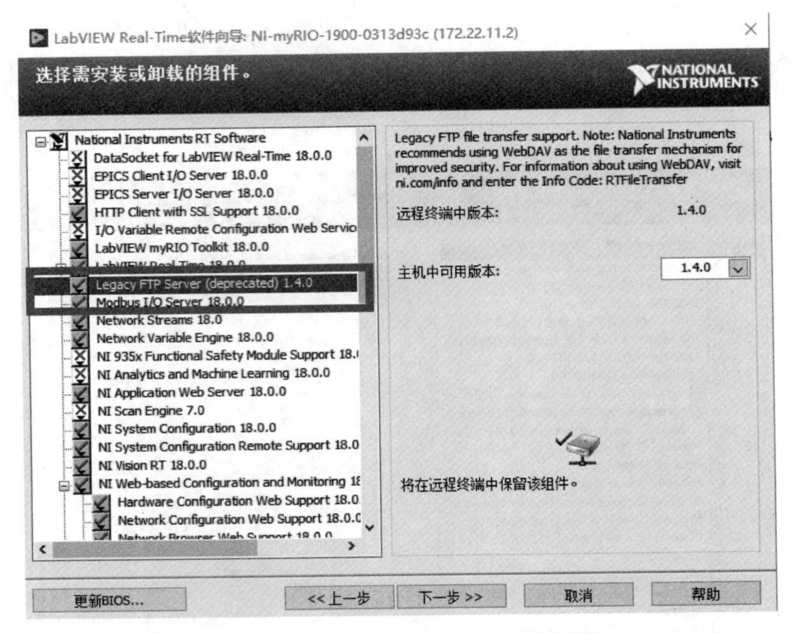

图 2-19　安装“Legacy FTP Server”组件

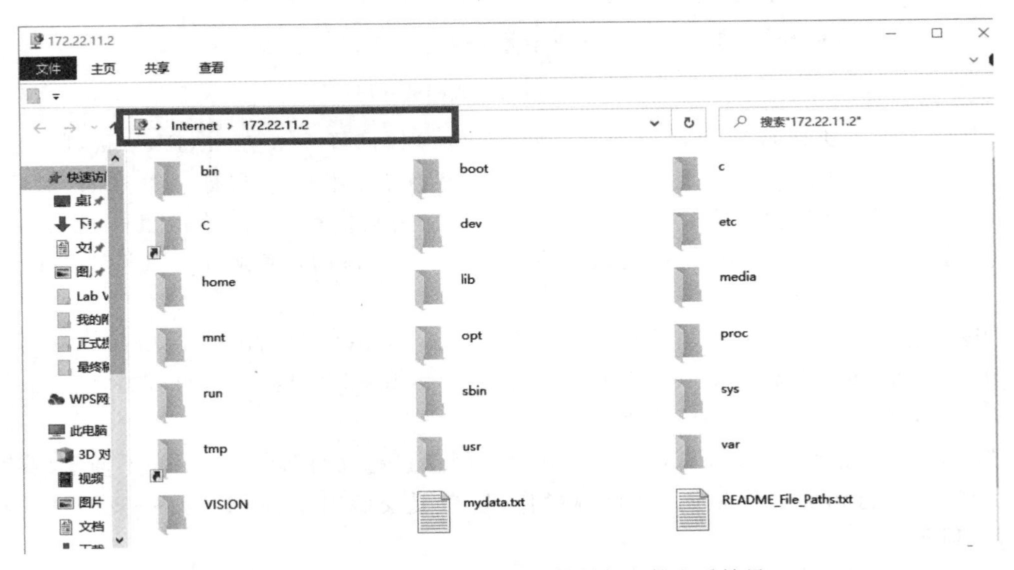

图 2-20　基于 FTP 组件的板载硬盘文件查看结果

特别需要注意的是，如果用户安装的是中文版 LabVIEW 软件，在使用安装向导自动在 myRIO 上安装软件后，下载 LabVIEW 程序时系统会提示语言版本不匹配的错误信息，可以通过在上述自定义软件安装的可选组件中选择安装 Language Support for Simplified Chinese 组件来解决此问题，如图 2-21 所示。

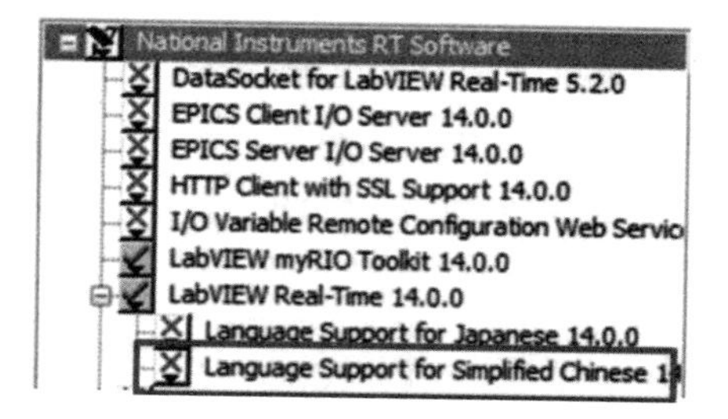

图 2-21 安装“Language Support for Simplified Chinese”组件

安装完中文环境支持软件包之后，还需要返回 NI MAX 设备配置管理界面中的“系统设置”选项卡里，在“语言环境”的下拉菜单中选择“简体中文(PRC)”并单击“保存”按钮，将系统配置为中文开发环境，如图 2-22 所示。

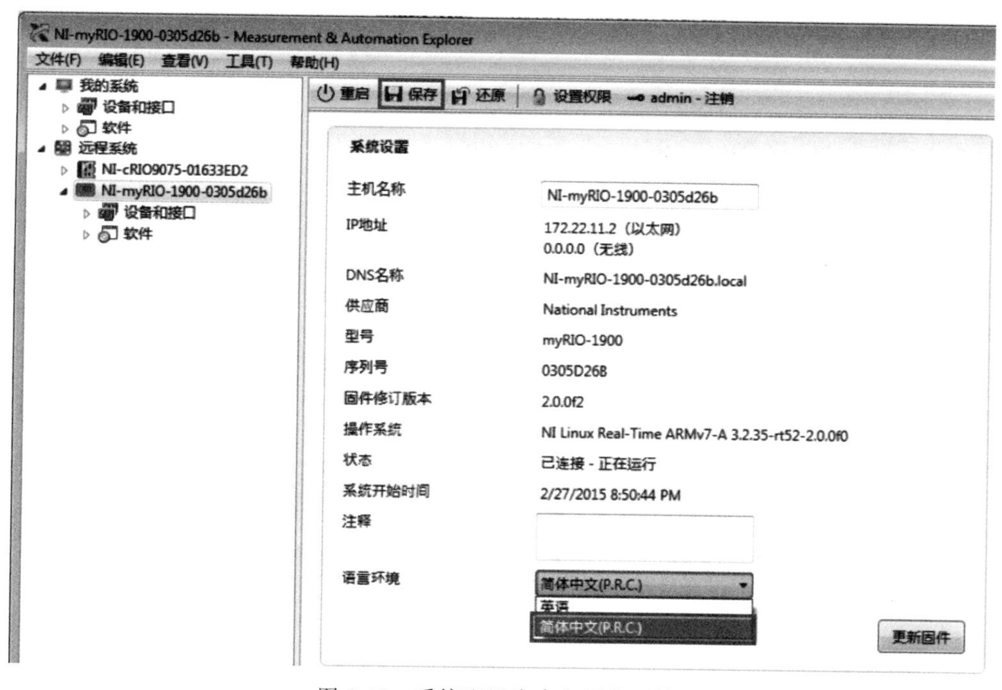

图 2-22 系统配置为中文开发环境

2.4 myRIO 不同连接方式下的项目创建

本节主要介绍 USB 连接、WiFi 连接、指定 IP 地址连接及无连接方式下的 myRIO 项目创建方法，方便读者在不同应用场景下自如创建 myRIO 项目，进行嵌入式应用系统的设计与开发。

微课视频

2.4.1 USB 连接

myRIO 上电，通过 USB 连接线建立与计算机的连接。打开 NI MAX，单击联机状态的 myRIO，查看 myRIO 设备信息，如图 2-23 所示。

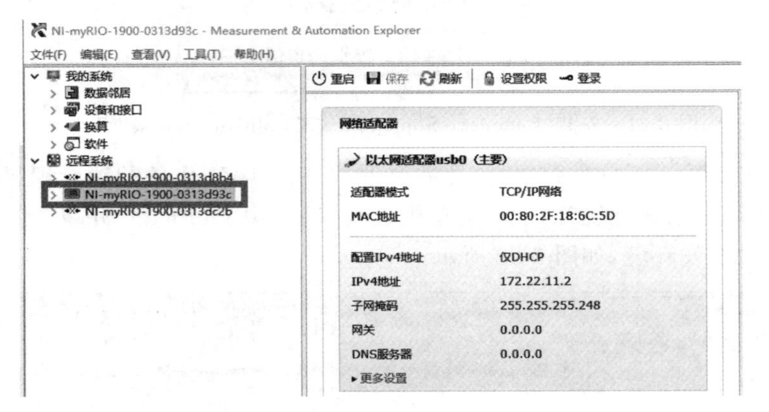

图 2-23 查看 myRIO 设备信息

需要注意的是，USB 方式连接时，NI MAX 中可以看到 myRIO 的 IP 地址 172.22.11.2，这并非表示 myRIO 处于联网状态，而是表示 myRIO 将 USB 接口虚拟化为网络接口，实现 myRIO 和计算机之间的连接。

myRIO 与计算机连接无误后，按照以下 6 个步骤，实现 myRIO 项目的创建。

(1) 打开 LabVIEW，选择菜单栏“文件→创建项目”或者在 LabVIEW 初始界面中直接选择“Creat New Project”，进入 myRIO 项目开发向导，启动 myRIO 项目创建，如图 2-24 所示。

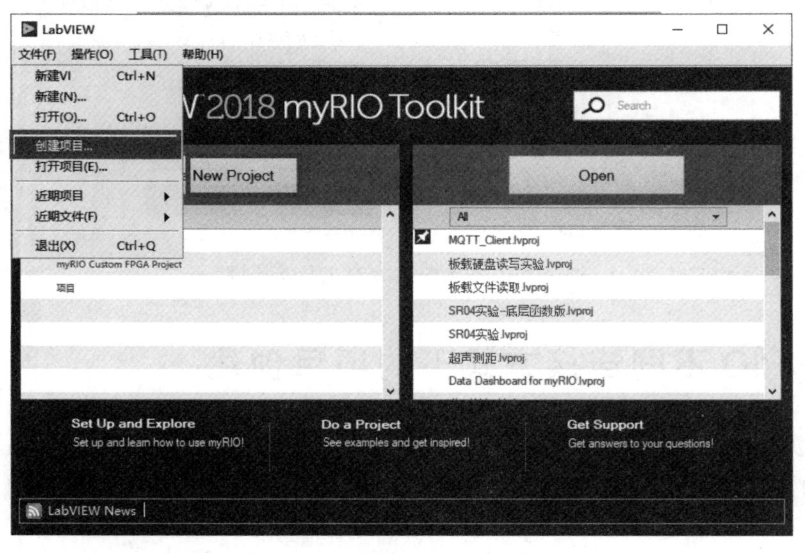

图 2-24 启动 myRIO 项目创建

（2）在对话框中依次选择 myRIO、myRIO Project，然后单击“下一步”按钮，选择创建 myRIO 项目模板，如图 2-25 所示。

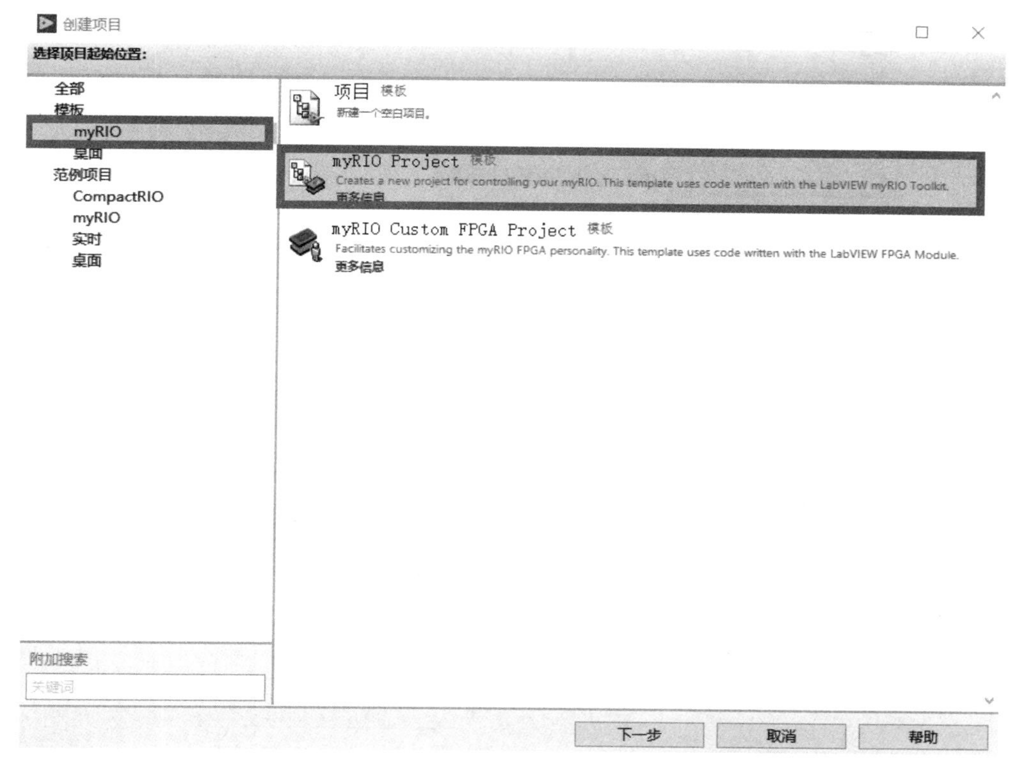

图 2-25　选择创建 myRIO 项目模板

（3）在弹出的对话框中填写项目名称，选择项目文件存储位置，在“Target”选项中选择 Plugged into USB，单击“完成”按钮，完成 USB 连接下 myRIO 新项目创建，如图 2-26 所示。

（4）创建 myRIO 项目后，进入 myRIO 项目浏览器，可以查看到树状结构的项目资源管理信息，如图 2-27 所示，项目浏览器中“我的电脑”目录下创建的 VI 默认为计算机运行的 VI，而“NI-myRIO-1900-*****”表示项目当前连接的 myRIO 设备（**** 表示设备序列号），该目录下创建的 VI 在实时系统中运行。

（5）双击项目浏览器中的 Main. vi，查看系统自动创建的 myRIO 项目主程序前面板及程序框图，如图 2-28 所示。

（6）按组合键 Ctrl+R，编译并完成应用程序在 myRIO 上的部署运行。

2.4.2　WiFi 连接

myRIO 不但可以通过 USB 连接线建立与计算机的连接，还可以通过其内置的 WiFi 模块连接计算机。有两种途径可以达成这一目标。

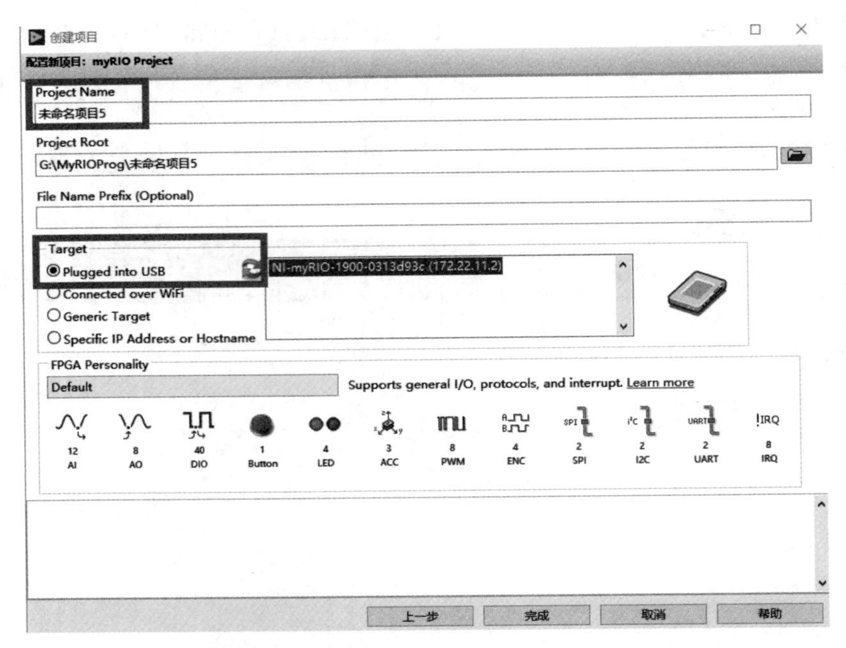

图 2-26　USB 连接下 myRIO 新项目创建

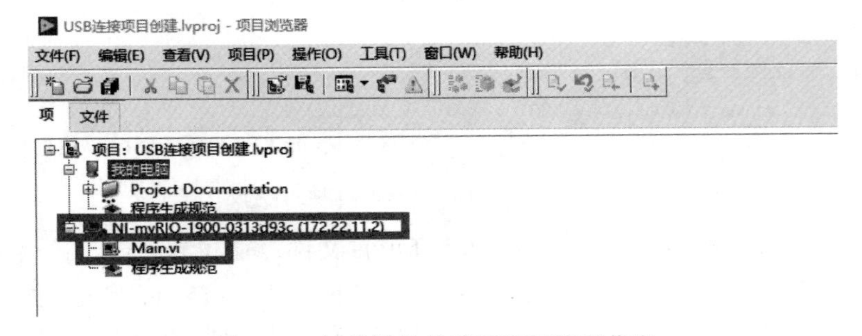

图 2-27　树状结构的项目资源管理信息

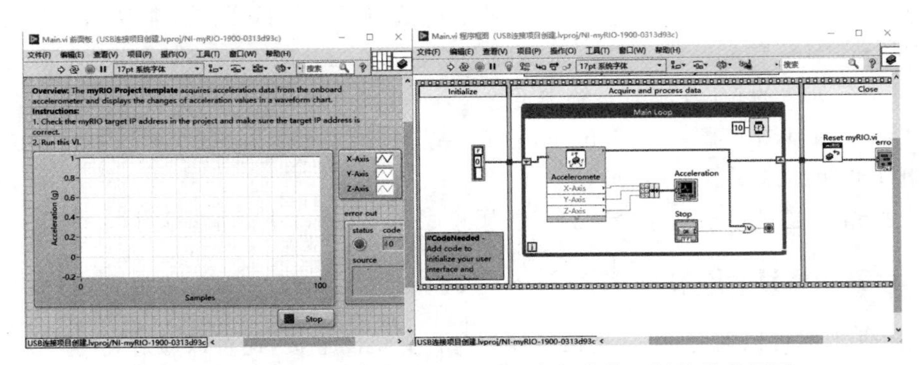

图 2-28　系统自动创建的 myRIO 项目主程序前面板及程序框图

1. myRIO 配置为 AP 热点实现其与计算机的连接

这种模式将 myRIO 设置为 AP 热点，计算机接入 myRIO 创建的 AP 热点，实现 myRIO 和计算机之间的连接。这一模式的实现前期必须首先通过 USB 连接线建立与计算机的连接，由 MAX 完成 myRIO 的相关配置。运行 NI MAX，选择当前联机状态的 myRIO，按照以下步骤进行配置。

(1) 进入 myRIO 网络配置窗口，“无线模式”下拉菜单从默认的“禁用”状态改选为“创建无线网络”。

(2) “SSID”对应的文本框中输入热点名称，这里设置为 SUST-myRIO-1。

(3) “配置 IPv4 地址”一栏，选择“仅 DHCP”。

(4) 单击当前窗口中工具栏中的“保存”按钮。此时默认的 IPv4 地址从 0.0.0.0 改变为 172.16.0.1，表示 MAX 已经完成将 myRIO 配置为 AP 热点，如图 2-29 所示。

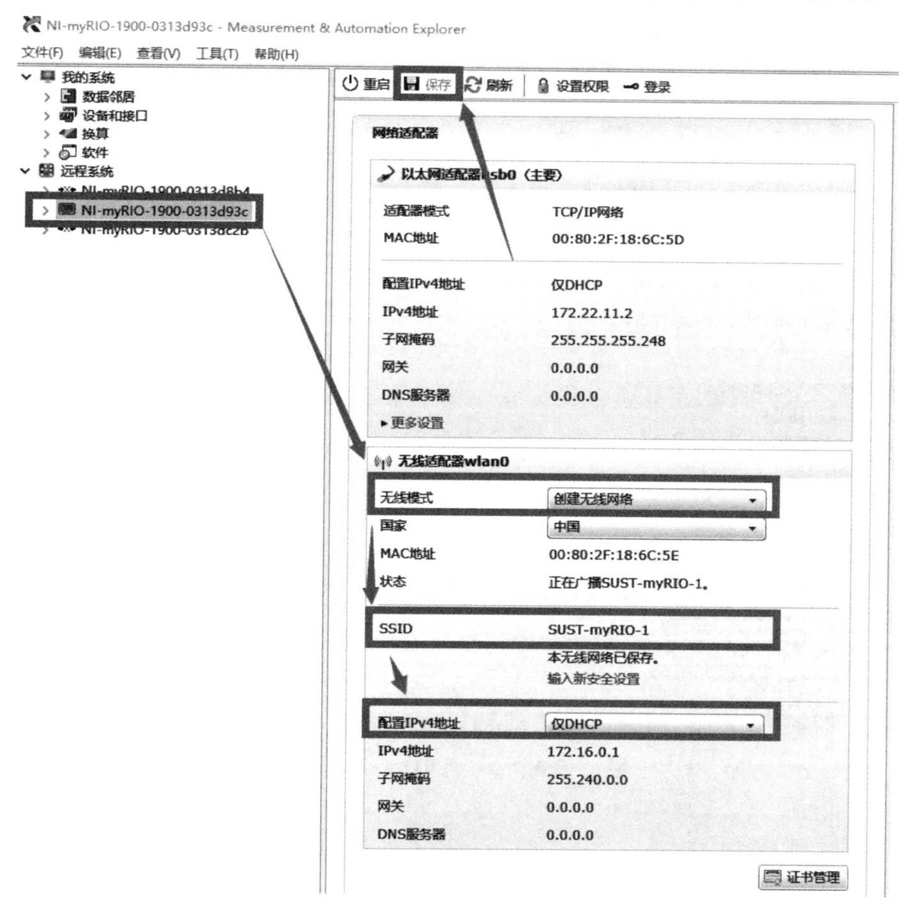

图 2-29　myRIO 配置为 AP 热点

(5) 计算机中搜索当前无线热点，选择上一步创建的无线热点，如图 2-30 所示。

计算机接入 myRIO 创建的无线网络,如图 2-31 所示。

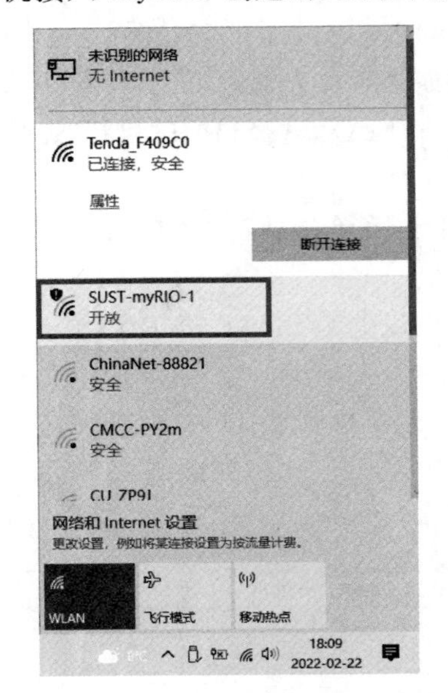

图 2-30 选择上一步创建的无线热点

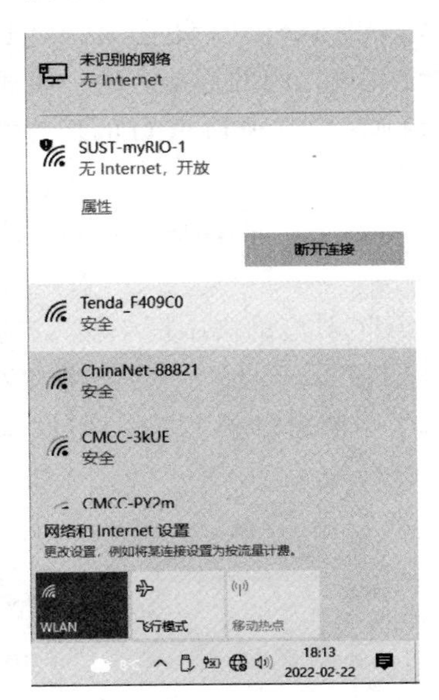

图 2-31 计算机接入 myRIO 创建的无线网络

(6) 创建 myRIO 项目,配置新项目窗口中"Target",选择 Connected over WiFi,刷新连接,当搜索到当前 myRIO 设备序列号时,表示已经建立 AP 模式下基于 WiFi 的计算机和 myRIO 的连接,如图 2-32 所示。

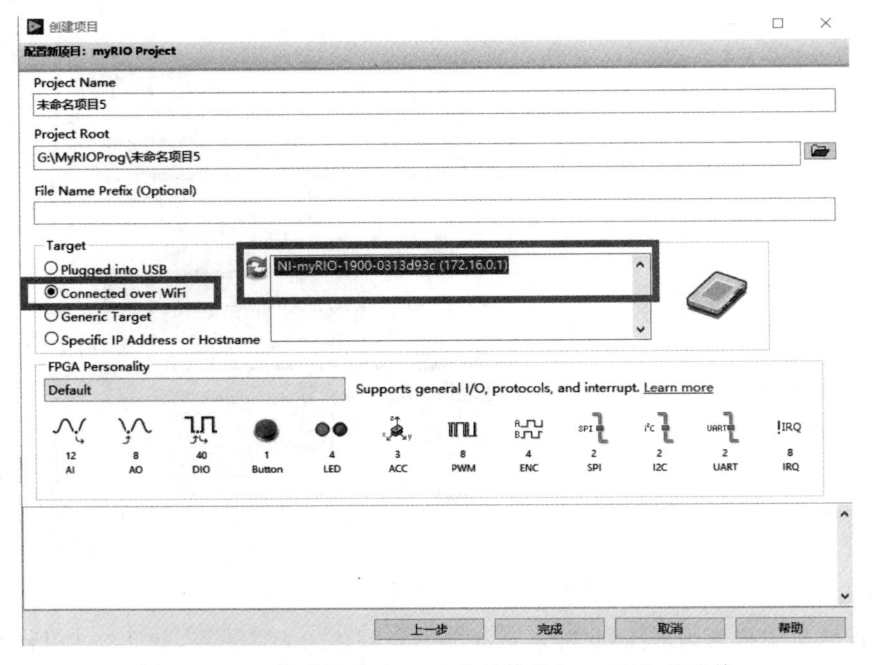

图 2-32 AP 模式下基于 WiFi 的计算机和 myRIO 的连接

此时，编译运行 myRIO 自动创建的测试程序，并移除计算机和 myRIO 之间的 USB 连接线，可以发现在没有 USB 连接线的状态下，晃动 myRIO，计算机端依然可以观测到 myRIO 端监测数据变化，WiFi 连接模式下创建项目的运行测试结果如图 2-33 所示。这说明计算机依旧保持与 myRIO 的通信连接。

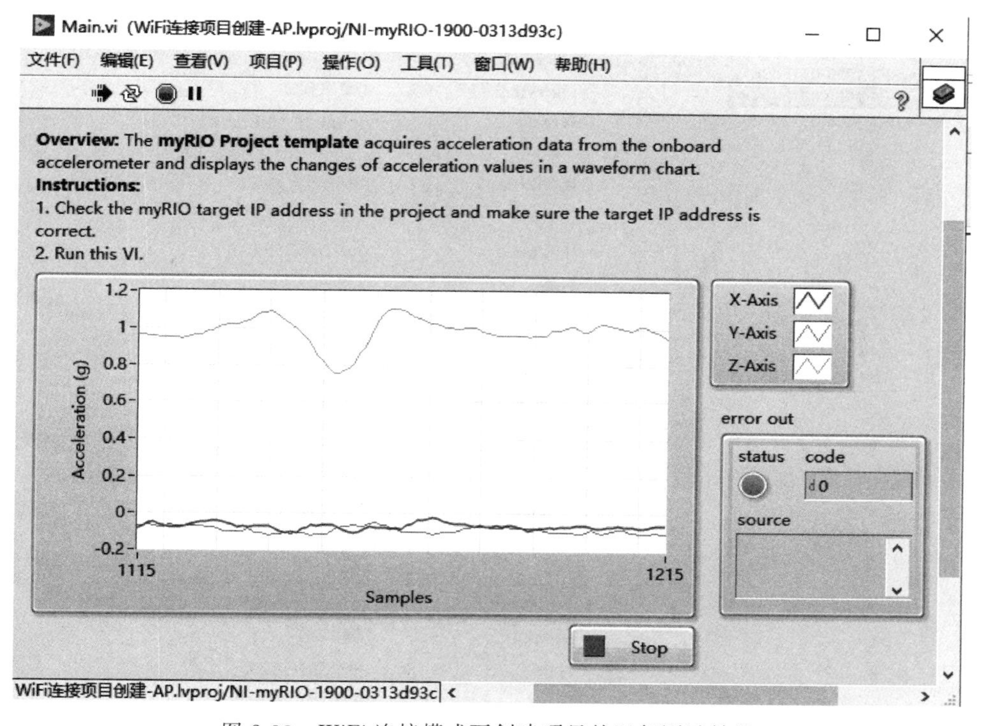

图 2-33 WiFi 连接模式下创建项目的运行测试结果

2. myRIO 接入无线局域网络实现与计算机的连接

这种模式是指 MAX 中配置 myRIO 内置的 WiFi 模块与计算机接入同一个无线局域网，实现第二种方式下基于 WiFi 通信技术的 myRIO 与计算机连接。这一模式的实现必须首先通过 USB 连接线建立与计算机的连接，由 MAX 完成 myRIO 的相关配置。

运行 NI MAX，选择当前联机状态的 myRIO，按照以下步骤进行配置。

（1）进入 myRIO 网络配置窗口，“无线模式”下拉菜单中从默认的“禁用”状态改选为“连接至无线网络”。

（2）“无线网络”一栏，选择当前计算机连接的无线网络。

（3）“安全”一栏，输入接入无线网络的连接密码。

（4）“配置 IPv4 地址”一栏，选择“DHCP 或 Link Local”。

（5）单击当前窗口中工具栏“保存”按钮。此时默认的 IPv4 地址从 0.0.0.0 改变为 192.168.0.107（不同接入网络的无线网关配置，这个地址会有所不同），表示 MAX 已经完成将 myRIO 配置为接入无线网络模式，如图 2-34 所示。

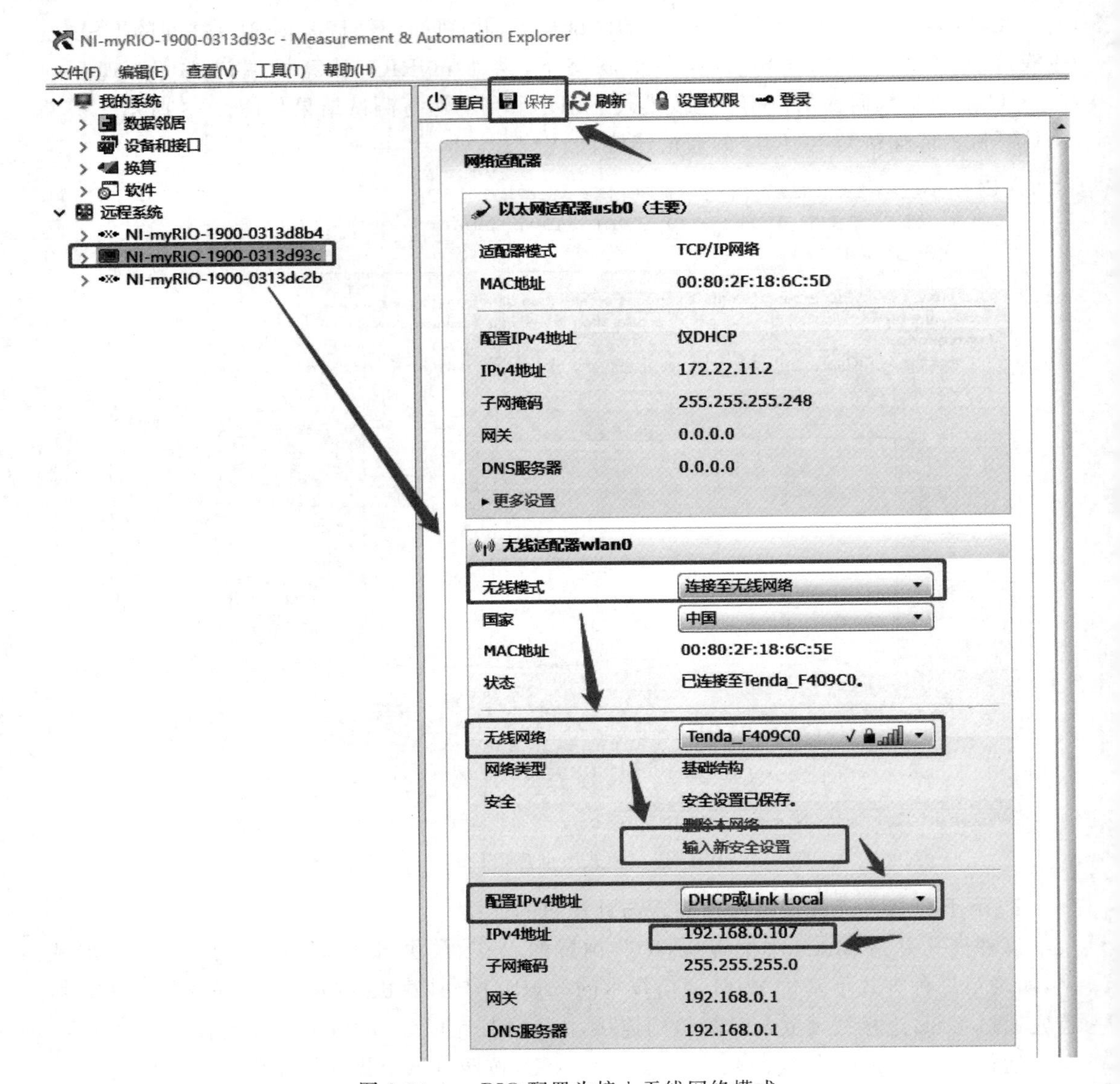

图 2-34　myRIO 配置为接入无线网络模式

（6）创建 myRIO 项目，配置新项目窗口中“Target”选择 Connected over WiFi，刷新连接，当搜索到当前 myRIO 设备序列号时，表示已经建立基于 WiFi 的计算机和 myRIO 的连接（与 AP 方式连接时的设备地址不同），如图 2-35 所示。

此时，编译运行 myRIO 自动创建的测试程序，并移除计算机和 myRIO 之间的 USB 连接线，同样可以发现计算机依旧保持与 myRIO 的通信连接。此时，晃动 myRIO，WiFi 连接下自动创建项目的测试结果如图 2-36 所示。

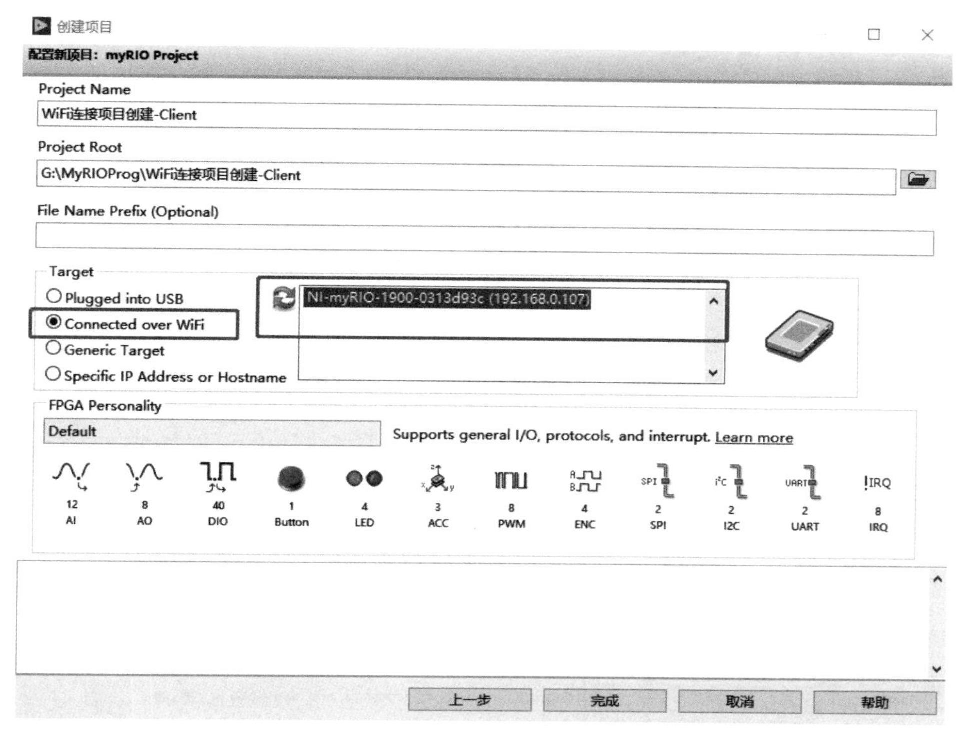

图 2-35　基于 WiFi 的计算机和 myRIO 的连接

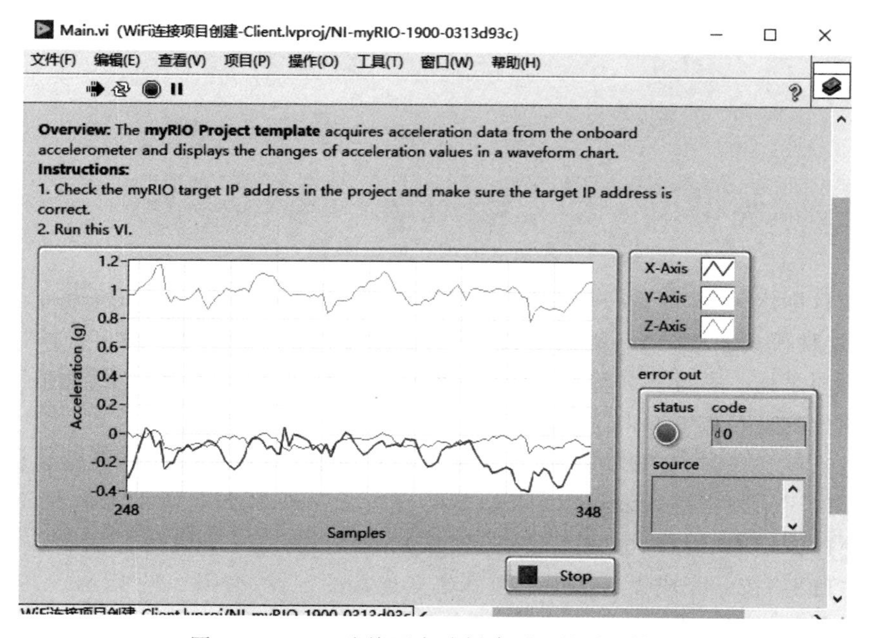

图 2-36　WiFi 连接下自动创建项目的测试结果

微课视频

2.4.3 无设备连接

无设备连接指的是没有 myRIO 连接计算机的情况下创建项目，这种方式适用于项目早期尚未获得 myRIO 硬件时，先行开展软件设计的应用场景。创建新的 myRIO 项目，在配置新项目窗口中“Target”选择 Generic Target，右侧设备类型选项中选择 myRIO-1900，完成无连接模式下 myRIO 项目的创建，如图 2-37 所示。

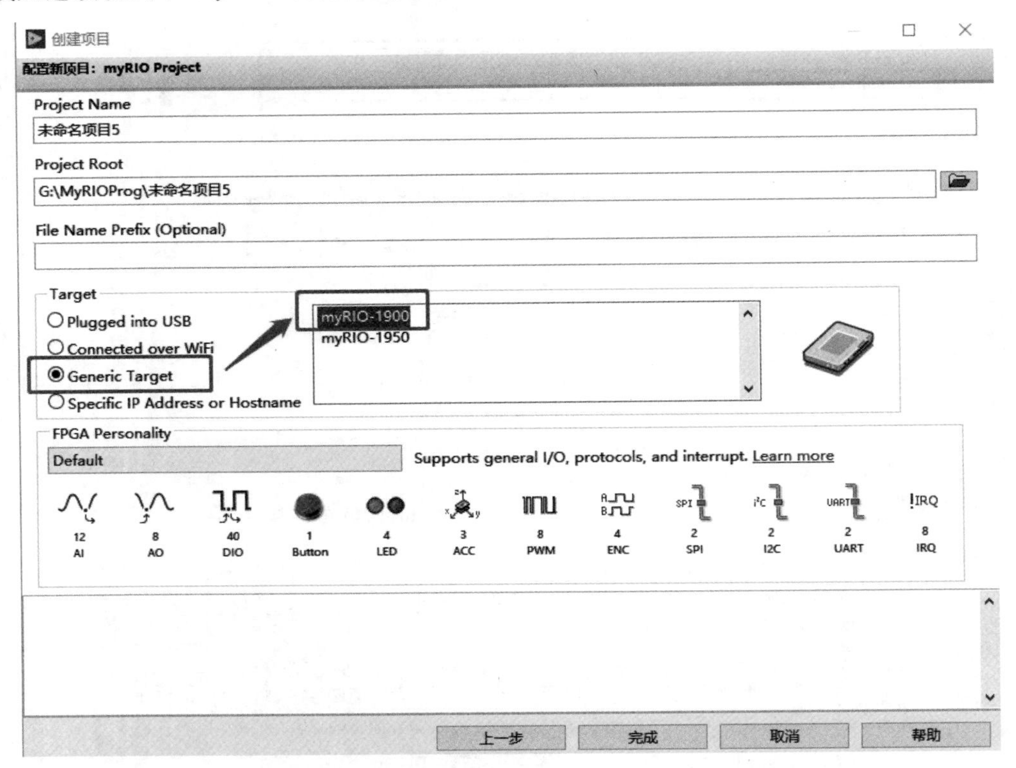

图 2-37 无连接模式下 myRIO 项目的创建

完成项目创建后，即可进行相关 VI 的设计开发，而不必浪费时间等待硬件设备。需要说明的是，这种模式创建的 myRIO 项目，在项目浏览器中，可以观测到与有连接模式下创建项目的不同之处——设备名称后并无 IP 地址，并备注显示“未配置的 IP 地址”，无连接模式下创建项目的特点如图 2-38 所示。

当硬件条件具备时，打开项目浏览器，右击项目浏览器中的 myRIO 设备名称，选择“属性”，在弹出的对话框中键入 myRIO 当前连接状态下的 IP 地址，这一 IP 地址可以是 USB 连接模式下的固定 IP 地址，也可以是 WiFi 连接模式下的无线局域网 IP 地址。设定 IP 地址后，单击“确定”按钮完成无连接项目重新建立连接的配置，如图 2-39 所示。

再次打开项目浏览器，右击 myRIO 设备名称，选择“连接”，建立计算机和 myRIO 之间的通信连接，如图 2-40 所示。

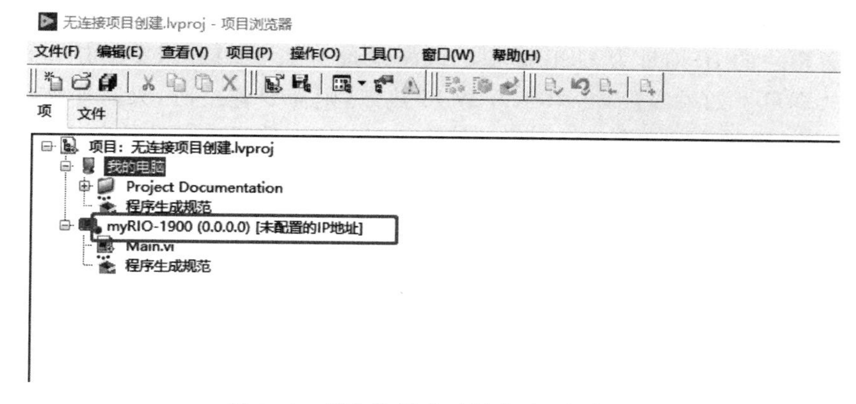

图 2-38 无连接模式下创建项目的特点

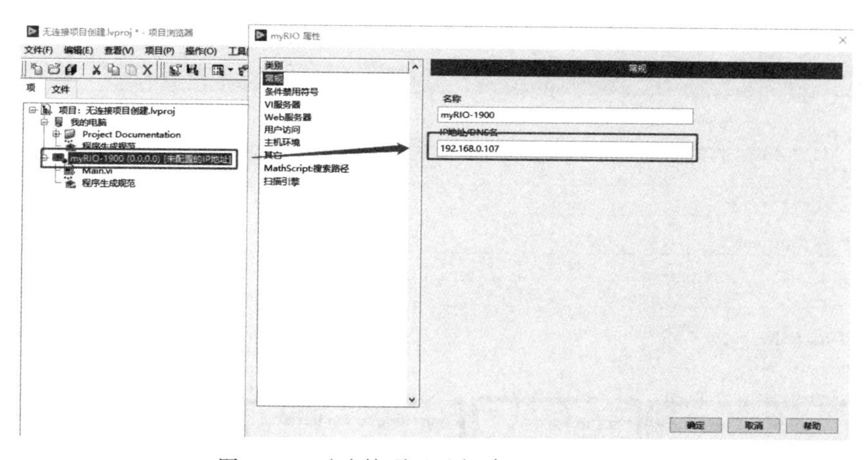

图 2-39 无连接项目重新建立连接的配置

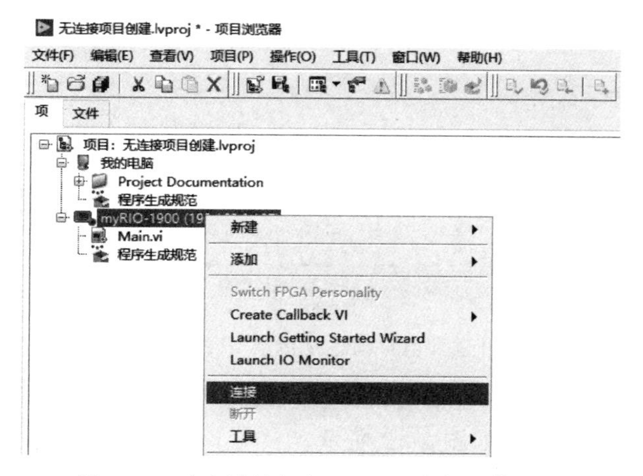

图 2-40 建立计算机与 myRIO 之间通信连接

当无连接项目创建完毕，后期使用USB线缆连接计算机和myRIO时，只需要在项目浏览器中配置模块的IP地址为USB虚拟的网络地址172.22.11.2，重新建立设备和计算机之间的连接即可。如果配置myRIO为WiFi热点，则需要连接时，只需要在项目浏览器中配置模块的IP地址为AP热点的网络地址172.16.0.1，重新建立设备和计算机之间的连接即可。

微课视频

2.4.4 指定IP连接

选择指定IP的myRIO项目创建适用于已知myRIO当前使用的IP地址，无论是USB连接下的172.22.11.2还是无线局域网中分配的其他IP地址，直接指定IP地址后亦可启动项目创建。当其键入IP地址后，开发环境自动连接指定IP的myRIO设备，如图2-41所示。

创建项目

配置新项目：myRIO Project

Project Name

未命名项目1

Project Root

G:\××××××××××××

File Name Prefix (Optional)

Target

Plugged into USB

Connected over WiFi

Generic Target

Specific IP Address or Hostname

192.168.1.101

Connecting to the target ...

FPGA Personality

Select a Target ...

请纠正以下问题：

The IP address cannot be 0.0.0.0.

上一步 完成 取消 帮助

图2-41 开发环境自动连接指定IP的myRIO设备

当搜索到目标IP的myRIO设备后，创建项目窗口显示myRIO设备图形及接口信息。指定IP连接成功后的项目窗口如图2-42所示。

单击“完成”按钮结束myRIO项目创建，即可开始应用程序设计与开发工作。

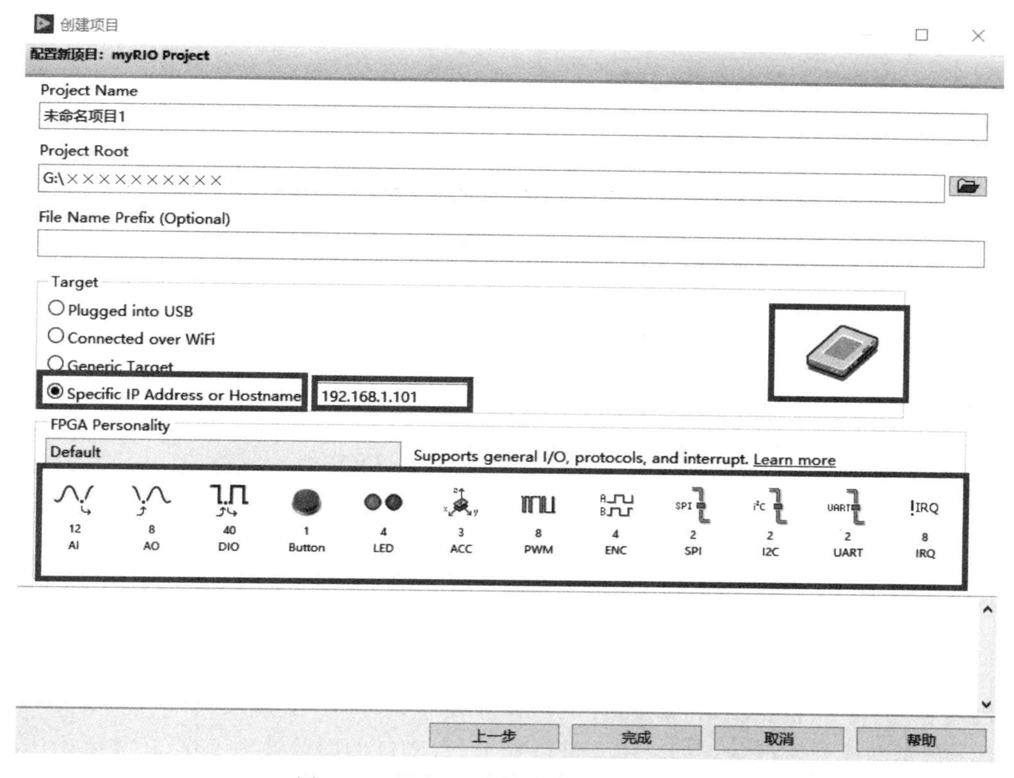

图 2-42　指定 IP 连接成功后的项目窗口

2.5　myRIO 使用前功能测试

使用 myRIO 进行嵌入式应用系统开发前，首先应对 myRIO 设备的可用性进行检测。本节介绍基于安装向导提供的测试面板进行 myRIO 数据采集功能测试方法及基于 NI MAX 进行 myRIO 图像采集功能测试的基本方法。

2.5.1　安装向导提供的测试面板

在 myRIO 驱动和开发工具包安装的最后一步，出现如图 2-43 所示的安装向导中的 myRIO 测试面板。用户可以测试 myRIO 板载三轴加速度计和 LED 的硬件性能。

如果可以观测到三轴加速度计测量数据随 myRIO 的晃动而改变，且单击测试面板右侧 LED 控制按钮可以实现板载 LED 亮灭状态的控制，说明 myRIO 已经完全安装并且连接正常。

2.5.2　NI MAX 测试 myRIO

NI MAX 亦可用来测试 myRIO 可用性。如前所述，NI MAX 中可以查看、配置

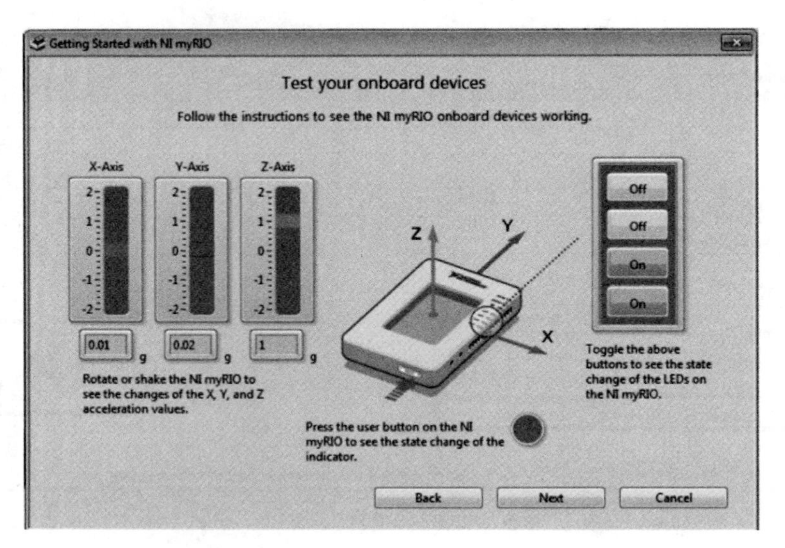

图 2-43　安装向导中的 myRIO 测试面板

myRIO 上的软硬件资源，也可按照如下步骤测试 myRIO 图像采集功能。

（1）图像采集开发前准备。测试前首先确认计算机安装了 NI Vision Acquisition Software 工具包，安装之后在 NI MAX 下单击“我的系统→软件”，查询 NI IMAQdx，确认计算机安装了 NI Vision Acquisition Software 工具包，如图 2-44 所示。

（2）视觉功能开发准备。如果需要进行基于 myRIO 的图像处理工作，还需要确认计算机安装了 LabVIEW Vision Development Module 工具包，如图 2-45 所示。

图 2-44　确认计算机安装了 NI Vision Acquisition Software 工具包

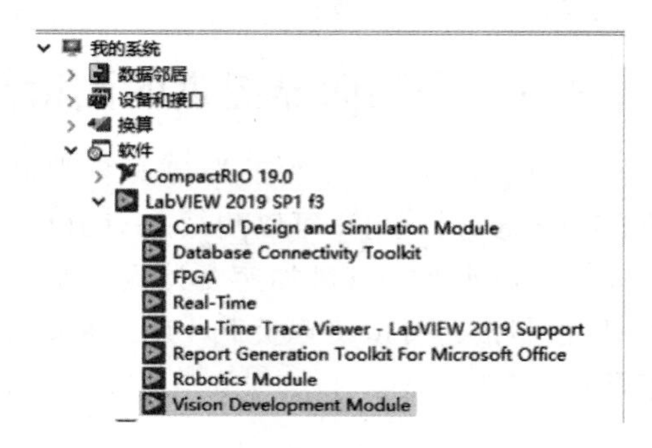

图 2-45　计算机安装 LabVIEW Vision Development Module 工具包

（3）确认 myRIO 安装了图像采集与视觉开发模块。myRIO 通过 USB 连接计算机，myRIO 会自动安装上位机软件的副本，完成后打开 NI MAX 查看 myRIO 下软件，确认 myRIO 安装 IMAQdx 模块，如图 2-46 所示。

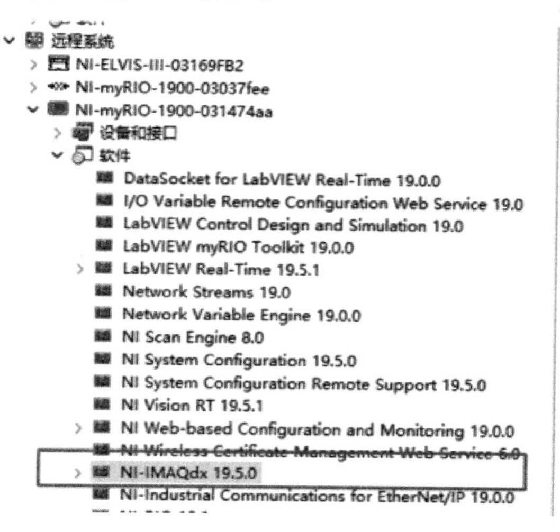

图 2-46　确认 myRIO 安装了 IMAQdx 模块

如果没安装图像采集和视觉相关工具包，也可以自定义安装。单击 NI MAX 中"远程系统→myRIO ＊＊＊＊ →软件"，选择"添加/删除软件"，进行 myRIO 中 Vision RT 与 IMAQdx 的安装，如图 2-47 所示。

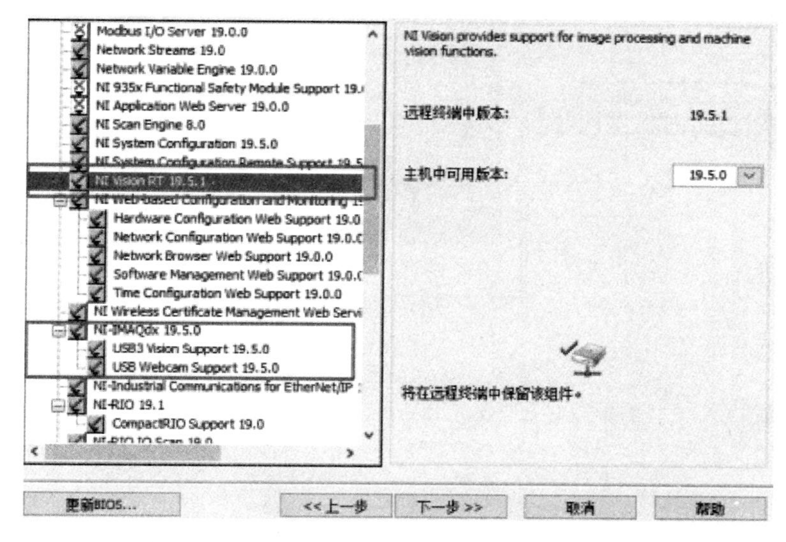

图 2-47　myRIO 中 Vision RT 与 IMAQdx 的安装

（4）通过 USB 接口连接 myRIO 和 USB 摄像头。将 USB 摄像头连接至 myRIO 的 USB 接口，依次展开 NI MAX 中"远程系统→myRIO ＊＊＊＊ →设备和接口"，可查看 myRIO

联机的摄像头，如图 2-48 所示。

图 2-48 查看 myRIO 联机的摄像头

（5）测试图像采集功能。USB 摄像头通过 myRIO 的 USB 端口相连，在 NI MAX 中"远程系统→myRIO→设备和接口"下即可查看到 USB 摄像头的设备名。例如这里摄像头设备名为 cam0。单击选中联机的摄像头，在 NI MAX 右侧界面单击"Snap"启动单帧图像采集，也可单击"Grab"启动连续图像采集，进行 myRIO 上图像采集功能的测试，如图 2-49 所示。

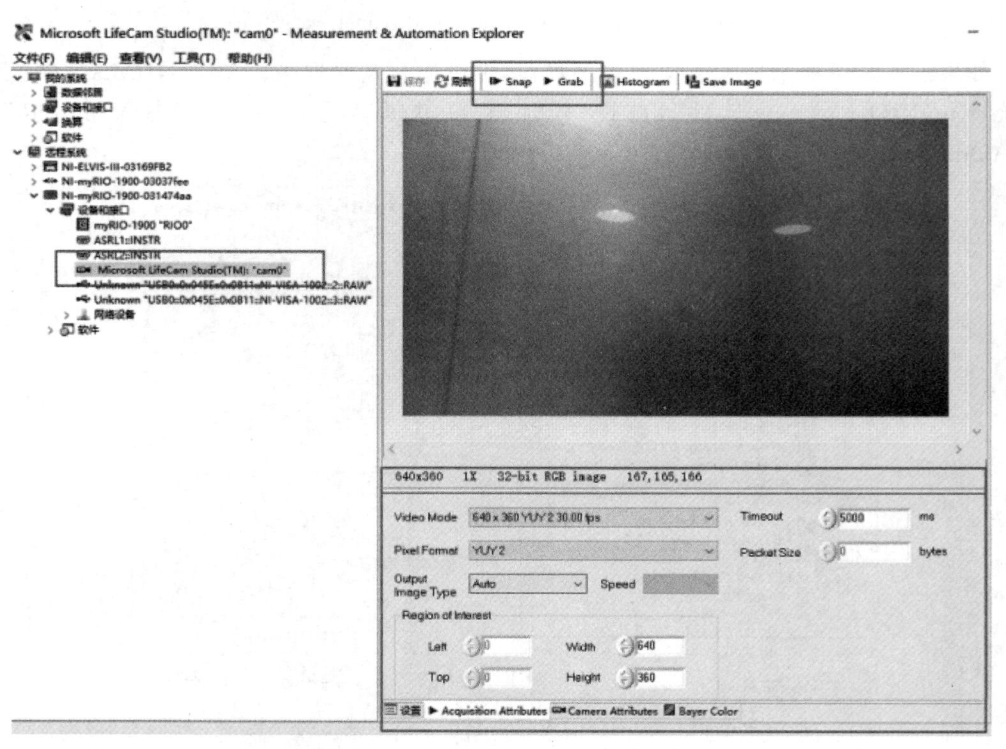

图 2-49 myRIO 上图像采集功能的测试

2.6 myRIO 开发实用技术

本节主要介绍基于 myRIO 的嵌入式应用系统开发中常用的 3 项关键技术，分别是板载硬盘/U 盘文件的读写技术、项目中子程序的管理和调用技术、应用程序的独立部署和运行配置技术。

2.6.1 板载硬盘/U 盘文件的读写技术

微课视频

myRIO-1900 内置了高达 512MB(实际可用 387MB)的板载固态硬盘用于数据存储，而且其 USB 接口若连接 U 盘，也可用于数据存储。

myRIO 嵌入式应用系统开发中，不可避免地会产生采集数据的存储需求。即将采集的数据以文件的形式保存下来，以备数据分析处理使用，这一功能在目前智能化嵌入式终端的设计开发中尤为重要。因此，如何利用 myRIO 内置硬盘/U 盘实现采集数据的存储和读取，就成为一个重要的通用性编程技术。

完成上述功能，需要使用 LabVIEW 中提供的文件 I/O 函数，并熟悉 myRIO 文件系统。打开 NI MAX，右击联机状态的 myRIO，显示的快捷菜单如图 2-50 所示。

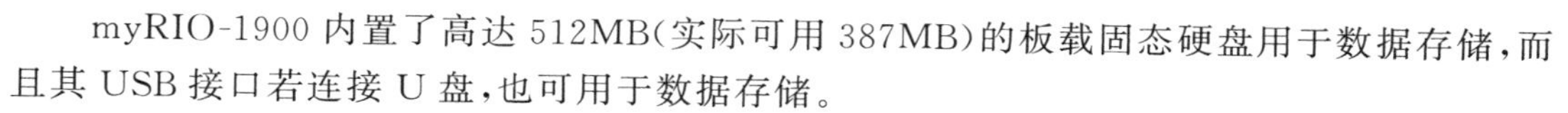

图 2-50 联机状态的 myRIO 快捷菜单

单击“文件传输”，即可显示 myRIO 板载硬盘文件系统，如图 2-51 所示。

如果没有显示此窗口，而是以网页的形式打开，则需要在 myRIO 中安装 Legacy FTP Server 组件，如图 2-52 所示。

myRIO 中运行的操作系统为 NI Linux Real-Time。在 NI Linux Real-Time 操作系统的文件管理机制中，根文件路径是正斜杠符号“/”，多级目录可用正斜杠用作目录之间的分隔符。硬盘上的大多数文件夹都是只读的，但是有“/home/lvuser”“/home/webserv”“/tmp(此文件夹在复位后会自动清除)”三个文件夹提供文件读取和写入权限。

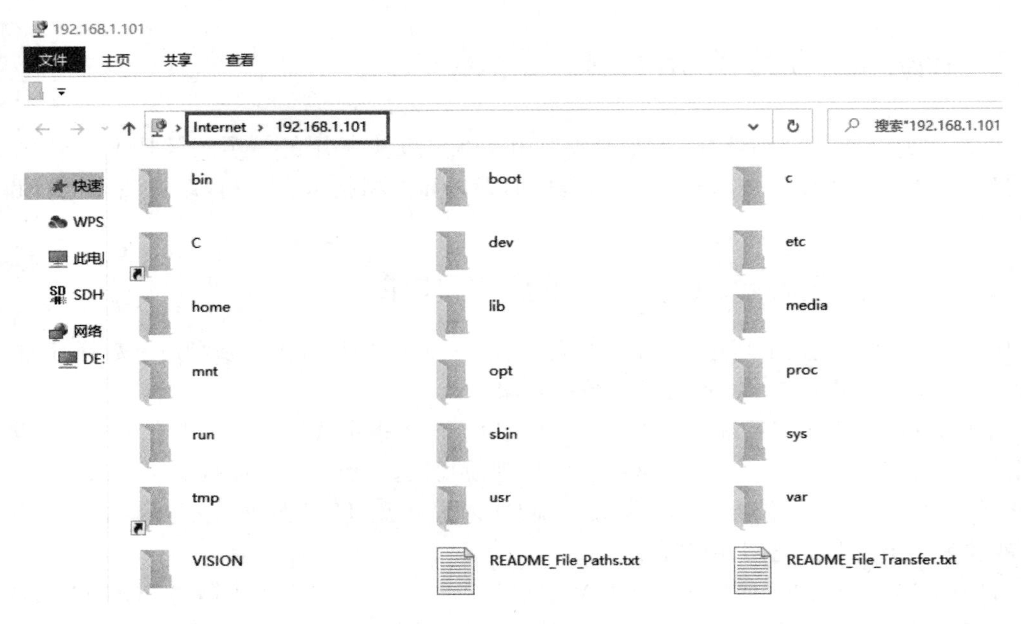

图 2-51　myRIO 板载硬盘文件系统

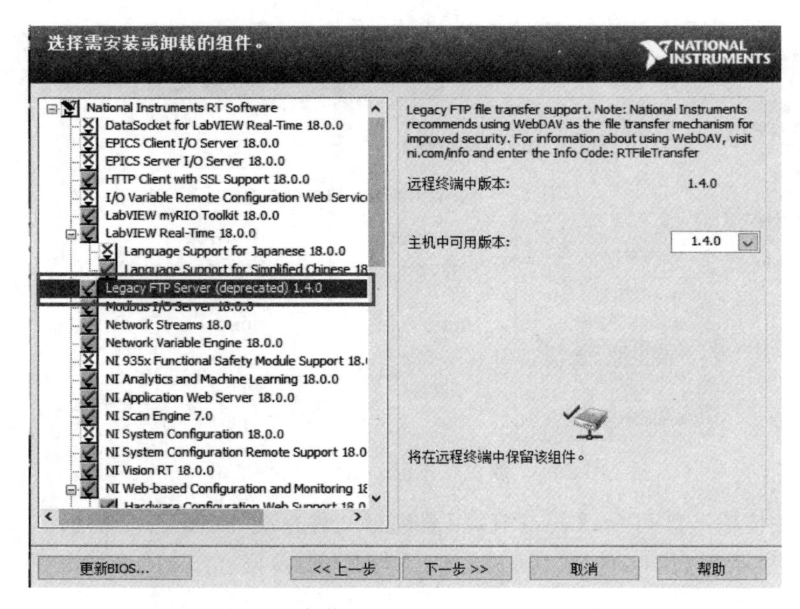

图 2-52　安装"Legacy FTP Server"组件

myRIO 应用程序设计中，面对文件存取需求，如果只需要读取文件，则文件可借助 NI MAX 中"文件传输"功能，将 myRIO 需要读取的文件直接复制进指定的文件夹下，然后在 myRIO 程序中按照路径读取文件即可。

1. myRIO 板载硬盘文件读取

本例拟实现 myRIO 读取其板载硬盘指定路径下数据文件。这里假设某传感器标定所得方程式为 $y=200x-10$，其中 x 为 0～1 的测量数据。将方程式的系数 200、−10 以"|"隔开，即以 200|−10 的形式存入文件 mydata. txt，并将该文件复制至 myRIO 板载硬盘 VISION 文件夹下，板载硬盘中的数据文件 mydata. txt 如图 2-53 所示。

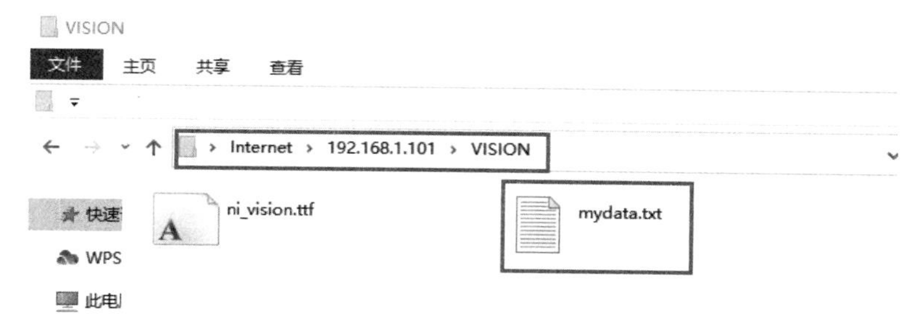

图 2-53 板载硬盘中的数据文件 mydata. txt

完成文件准备后，新建 myRIO 项目，删除自动生成的程序内容，仅保留三帧程序基本框架。

第一帧为初始化帧，完成程序界面有关显示控件的初始化赋值，调用函数节点"打开/创建/替换文件"（函数→编程→文件 I/O→读取文本文件）、"读取文本文件"（函数→编程→文件 I/O→读取文本文件）读取板载硬盘 VISION 文件夹下名为 mydata. txt 的文本文件，调用函数节点"电子表格字符串至数组转换"（函数→编程→字符串→电子表格字符串至数组转换），将文件读取的文本信息转换为整型数组，获取方程式参数信息。

第二帧为主程序帧，为 While 循环结构下的应用程序核心业务功能开发，即持续采集虚拟的传感器数据，并将采集的数据按照事先传感器标定所得方程式进行计算，获取最终测量值。

为了便于观测，While 循环中添加节点"等待"（函数→编程→定时→等待），设置等待参数为 1000ms，实现每秒采集一次数据；同时调用函数节点"捆绑"（函数→编程→簇、类与变体→捆绑）将直接采集的数据、拟合数据封装为波形图表可同屏显示的 2 路信号。

第三帧为后处理帧，主要用于释放程序占用的有关资源及复位 myRIO。这里调用函数节点 Reset myRIO（函数→myRIO→Device management→Reset）完成 myRIO 开发平台的复位工作。

myRIO 板载硬盘文件读取功能测试程序框图如图 2-54 所示。

运行程序，myRIO 板载硬盘文件读取功能测试程序执行结果如图 2-55 所示。

执行结果可见，存储于 myRIO 板载硬盘 VISION 目录下的 mydata. txt 文件内容读出且得以正确解析，得到文件中预设的参数 200 和−10，并用于采集数据的进一步处理。

板载硬盘文件读取功能多用于 myRIO 运行之前读取有关配置参数。比如测量系统开发时，首先读取传感器标定所得拟合方程参数，利用该参数和采集数据进行曲线拟合，得出最终测量值。又或者后续机器视觉系统开发时，读取预先存储的模板文件，用于采集图像的识别、分类等操作。

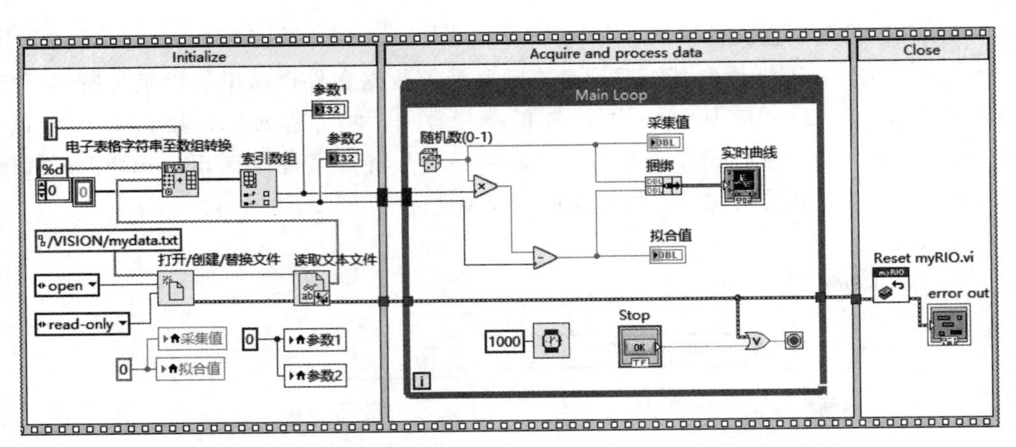

图 2-54　板载硬盘文件读取功能测试程序框图

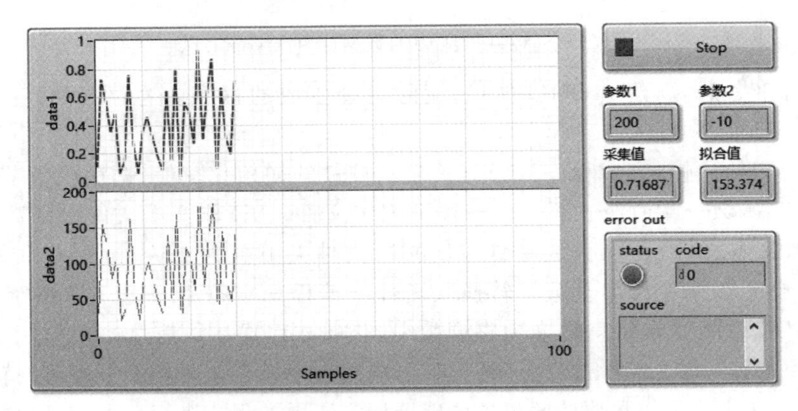

图 2-55　板载硬盘文件读取功能测试程序执行结果

如果 myRIO 程序运行过程中需要实现少量数据的永久存储，则可以利用文件操作类函数将有关数据存储于 myRIO 板载硬盘/home/lvuser 文件夹下或者/home/webserv 文件夹下。设备复位后会自动清除/tmp 文件夹下内容，一般不适合数据永久存储。

2. myRIO 板载硬盘文件写入

拟实现 myRIO 采集数据的永久存储功能。程序以项目模板自动生成的三轴加速度数据采集程序为基础，每间隔 3s 读取一次实时采集数据值，并将采集数据写入板载硬盘/home/lvuser 文件夹下名为 dataAcq. txt 的文本文件中。

新建 myRIO 项目，在原有三帧程序基本框架的基础上进行如下改动。

第一帧中，调用函数节点“打开/创建/替换文件”(函数→编程→文件 I/O→读取文本文件)，设置其参数“文件路径”为“/home/lvuser/dataAcq. txt”；设置其参数“操作”为 Open or create；设置其参数“权限”为 Read/Write；实现数据采集前打开文件操作。

第二帧中，在 While 循环结构中按照 20ms 间隔连续采集板载三轴加速度数值，并借助波形图表控件显示实时曲线。在此基础上，调用函数节点“已用时间”(函数→编程→定时→

已用时间)实现 While 循环中的秒表计时功能。双击该函数节点,可进行“已用时间”函数参数配置,如图 2-56 所示。

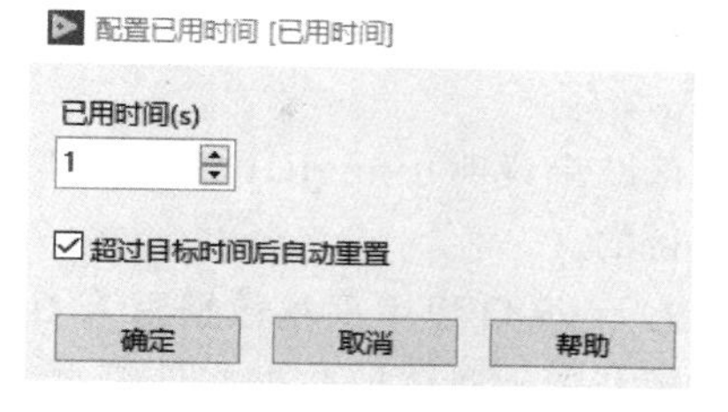

图 2-56　“已用时间”函数参数配置

图 2-56 中设置目标时间为 1s,节点到达目标时间后自动重置,重新开始计时。当“已用时间”输出参数“结束”为真时,表示目标时间已经到达,在“已用时间”函数节点连接的条件结构中调用函数节点“创建数组”(函数→编程→数组→创建数组),将 20ms 间隔采集的三轴加速度参数封装为数组,再调用函数节点“数组至电子表格字符串转换”(函数→编程→字符串→数组至电子表格字符串转换),将数组元素转换为字符串,然后调用函数节点“写入文本文件”(函数→编程→文件 I/O→写入文本文件)将转换的字符串写入文件/home/lvuser/dataAcq.txt。

第三帧中,调用函数节点“关闭文件”释放文件操作程序占用的有关资源,调用函数节点 Reset myRIO(函数→myRIO→Device management→Reset)完成 myRIO 开发平台的复位工作。

完整的板载硬盘存储连续采集数据的程序实现如图 2-57 所示。

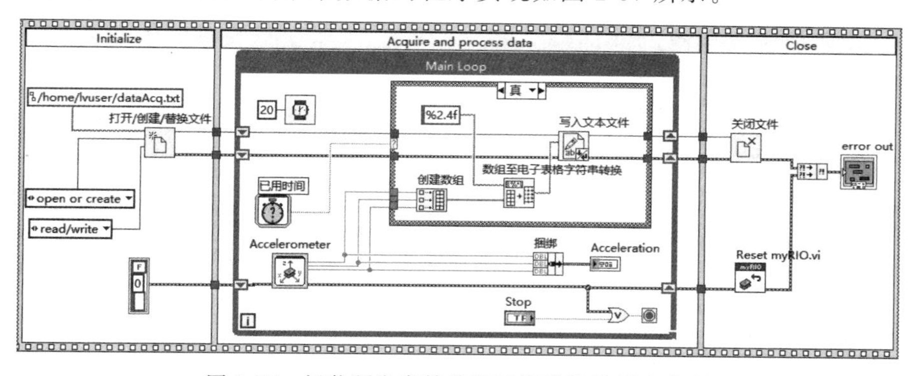

图 2-57　板载硬盘存储连续采集数据的程序实现

运行程序,完成数据采集任务后关闭程序运行。打开 NI MAX,右击当前程序连接的 myRIO,选择“文件传输”,选择文件路径“/home/lvuser”,查看板载硬盘文件生成结果,如图 2-58 所示。

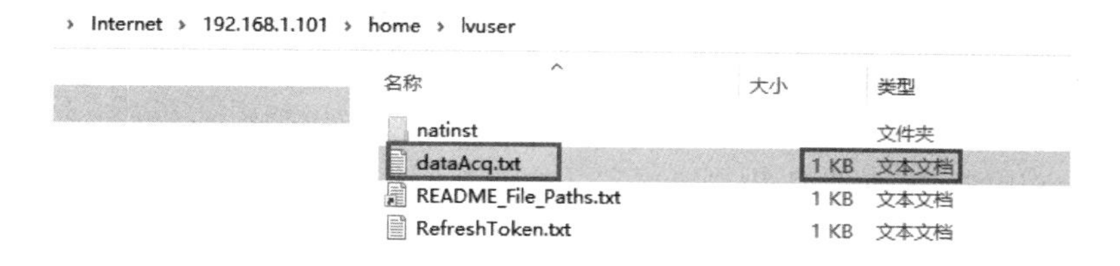

图 2-58　查看板载硬盘文件生成结果

由图 2-58 可见,myRIO 板载硬盘中已经生成了采集数据记录文件 dataAcq.txt。

复制该文件至计算机，打开文件，myRIO 板载硬盘存储的数据文件内容如图 2-59 所示。

该结果说明了 myRIO 数据采集系统开发时，将采集数据存储在 myRIO 板载硬盘是完全可行的。

3. myRIO 程序采集数据写入 U 盘

板载的硬盘读取数据文件需要事先向 myRIO 中复制数据文件，操作比较麻烦。程序运行过程中将采集数据以文件形式写入 myRIO 板载硬盘，又存在两大显著缺陷。一是板载存储容量有限，不适合长时间大量数据存储。二是板载存储系统对于开发者开放文件写入权限的文件夹数量有限，只能在指定的文件夹下写入文件。

myRIO 提供了一个 USB 端口，操作系统支持 U 盘(需要格式化其文件系统为 FAT16 或者 FAT32)的读写操作，其对连接 U 盘的容量并未做出严格限制，这使得 myRIO 在进行长时间数据采集任务时，可以超越板载固态硬盘容量的限制，存储更多的数据，也为未来基于大数据集继续开发提供了数据基础，因而具有极强的实践意义。图 2-60 显示了 myRIO 连接的 U 盘。

dataAcq - 记事本

文件(F) 编辑(E) 格式(O) 查看(V) 帮助(H)

```
-0.0039 -0.0508 0.9844
0.0000  -0.0469 0.9922
-0.0039 -0.0469 0.9922
-0.0078 -0.0508 0.9844
-0.0039 -0.0508 0.9883
-0.0039 -0.0508 0.9844
-0.0039 -0.0469 0.9844
-0.0039 -0.0508 0.9883
-0.0156 -0.0469 0.9844
-0.0117 -0.0508 0.9883
-0.0039 -0.0469 0.9883
-0.0039 -0.0469 0.9883
0.0000  -0.0469 0.9805
0.0000  -0.0430 0.9922
-0.0039 -0.0430 0.9844
0.0000  -0.0508 0.9883
0.0000  -0.0469 0.9883
```

图 2-59　myRIO 板载硬盘存储的数据文件内容

图 2-60　myRIO 连接的 U 盘

与板载硬盘的读写唯一不同之处在于插入 U 盘后，myRIO 实时操作系统自动装载驱动器，将其作为文件夹/u 或/U。如果借助于 USB Hub 连接多个 U 盘，其文件夹名称自动从 u 或 U 开始向后延续，如 V、W 等。

打开 NI MAX，右击当前程序连接的 myRIO，选择“文件传输”，当文件资源中出现文件夹 U 和 u 时，表示 U 盘已经可以访问，插入 U 盘后 myRIO 板载硬盘文件系统如图 2-61 所示。

这里仅仅将第一帧打开文件的路径修改为 u，程序采集的数据即可从写入板载硬盘文件修改为写入 U 盘文件，U 盘存储连续采集数据的完整程序实现如图 2-62 所示。

运行程序，完成数据采集任务后关闭程序运行。打开 NI MAX，右击当前程序连接的

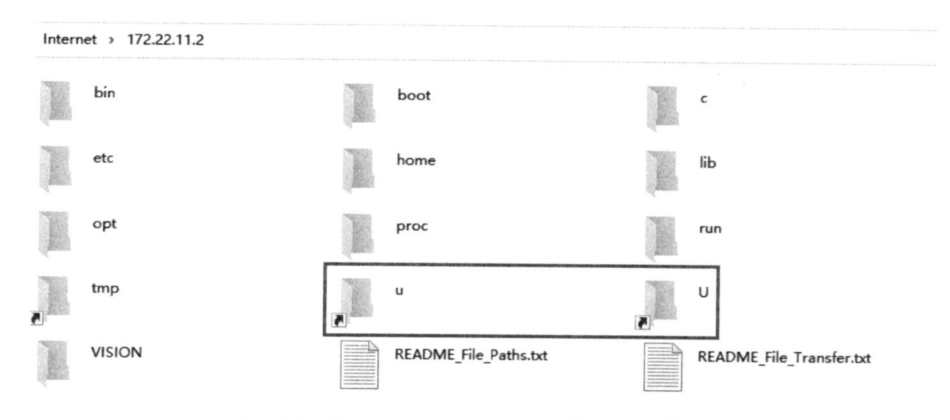

图 2-61　插入 U 盘后 myRIO 板载硬盘文件系统

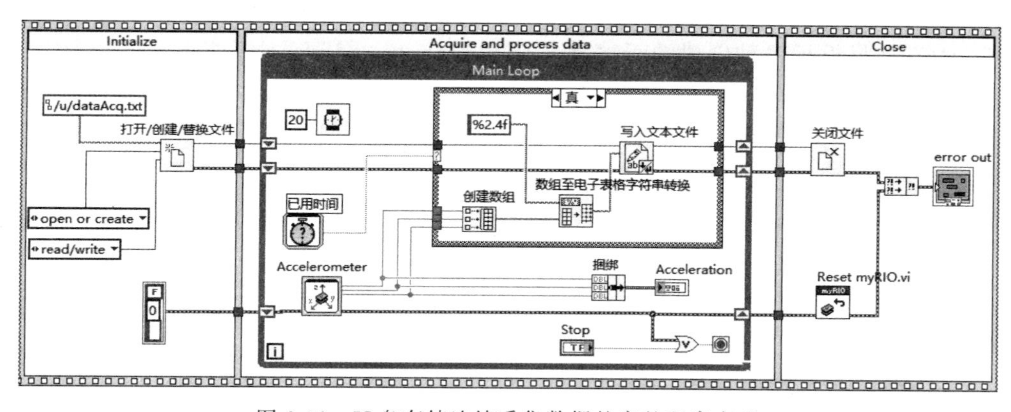

图 2-62　U 盘存储连续采集数据的完整程序实现

myRIO，选择“文件传输”，双击文件夹 u，可以看到已经生成采集数据记录文件，U 盘中存储的数据文件如图 2-63 所示。

图 2-63　U 盘中存储的数据文件

将该文件拖曳至桌面，打开文件，U 盘存储数据文件的内容如图 2-64 所示。

程序执行结果完全符合预期的采集数据、文件存储数据的设计目标。这一功能的实现为解决长时间记录大量数据提供了一种可行的方案。

dataAcq - 记事本

文件(F) 编辑(E) 格式(O) 查看(V) 帮助(H)

```
-0.0117 0.0000  0.9883
0.0039  0.0039  0.9922
-0.0039 0.0078  0.9883
-0.0078 0.0000  0.9922
0.0000  0.0000  0.9844
-0.0039 0.0039  0.9922
-0.0078 0.0039  0.9844
0.0000  0.0000  0.9883
-0.0156 0.0195  1.0391
0.1641  -0.0039 0.9492
```

图 2-64 U 盘存储数据文件的内容

微课视频

2.6.2 项目中子程序的管理和调用技术

myRIO 项目模板自动创建的程序默认名为 main. vi，囿于 LabVIEW 图形化编程固有的缺点，有限的屏幕空间不便于设计、查看复杂功能的应用程序。因此，采用模块化程序设计思想，借助子 VI/用户自定义 VI 的方式，可以大幅节省屏幕空间。

myRIO 项目中亦可创建、调用自定义 VI（又称子 VI）。子 VI 的创建方法与 Windows 操作系统下子 VI 创建过程完全一致，但是子 VI 需要添加进项目文件。

在 myRIO 项目管理浏览器中，右击 myRIO 设备，选择"新建→VI"，即可创建 myRIO 项目文件中的新 VI，将子 VI 存入计算机硬盘指定位置，按照子 VI 创建方法，设置新建 VI 的连接模式、图标，完成 myRIO 项目中子 VI 的创建，如图 2-65 所示。

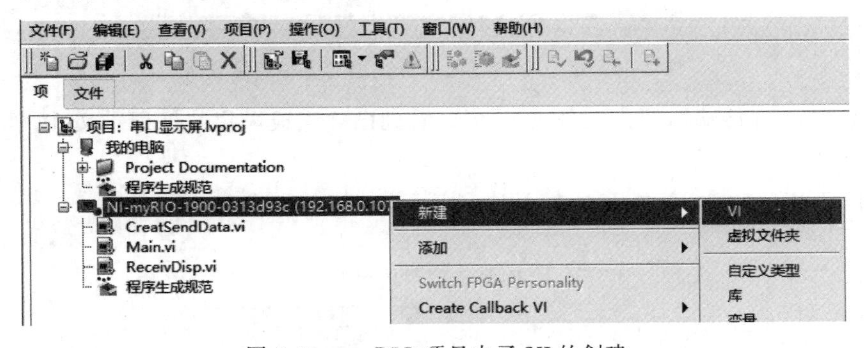

图 2-65 myRIO 项目中子 VI 的创建

另外一种 myRIO 中子 VI 创建的途径是在 myRIO 项目管理浏览器中，右击联机状态的 myRIO 设备，选择"添加→文件"，打开的文件对话框中选择事先设计好的子 VI，即可将选中的子 VI 添加进 myRIO 项目文件。myRIO 项目中添加子 VI 过程如图 2-66 所示。

上述两种实现途径中，第一种方法创建的子 VI 中可以直接调用 myRIO 硬件资源相关节点，第二种方法则可以在任何时候完成通用功能的子 VI 设计。

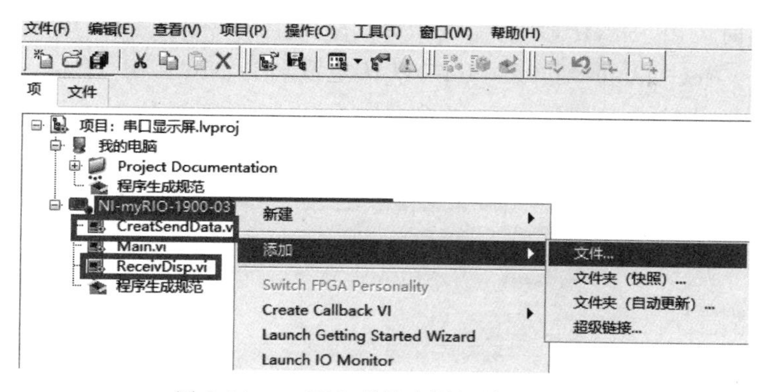

图 2-66　myRIO 项目中添加子 VI 过程

2.6.3　应用程序的独立部署和运行技术

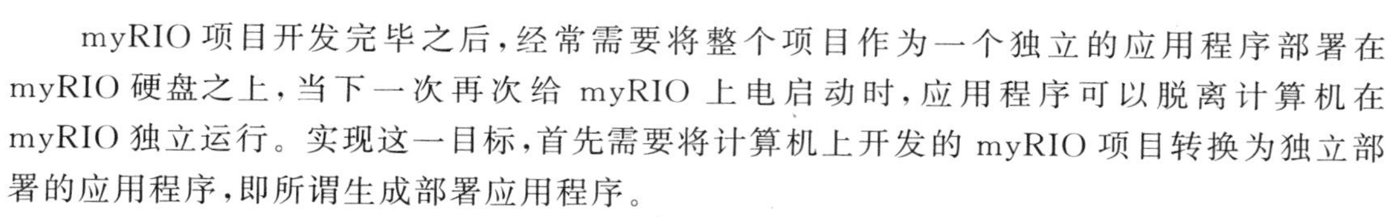

myRIO 项目开发完毕之后，经常需要将整个项目作为一个独立的应用程序部署在 myRIO 硬盘之上，当下一次再次给 myRIO 上电启动时，应用程序可以脱离计算机在 myRIO 独立运行。实现这一目标，首先需要将计算机上开发的 myRIO 项目转换为独立部署的应用程序，即所谓生成部署应用程序。

1. 生成部署应用程序

假设编写测试 myRIO 基本功能的程序中实时读取 myRIO 板载加速度传感器数值，当 Z 轴加速值>1.5g 时，板载 LED3 亮，否则 LED3 灭；同时，程序实时检测板载按钮状态，当按钮按下时，板载 LED2 亮，当按钮释放时，板载 LED2 灭。用于独立部署的 myRIO 功能测试程序框图如图 2-67 所示。

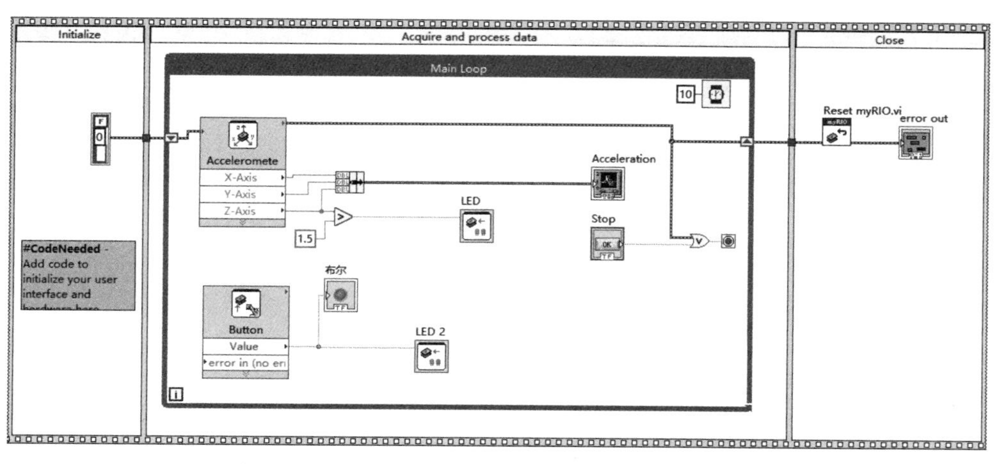

图 2-67　用于独立部署的 myRIO 功能测试程序框图

当程序编译无误，可正常运行时，则可按照以下步骤完成 myRIO 应用程序的生成和部署。

(1) 新建实时应用。myRIO 工程项目浏览窗口中，右击 myRIO 项目下"程序生成规范"，选择"新建→Real-Time Application"，默认生成名为 My Real-Time Application 的程序，并进入 My Real-Time Application 属性设置窗口，如图 2-68 所示。

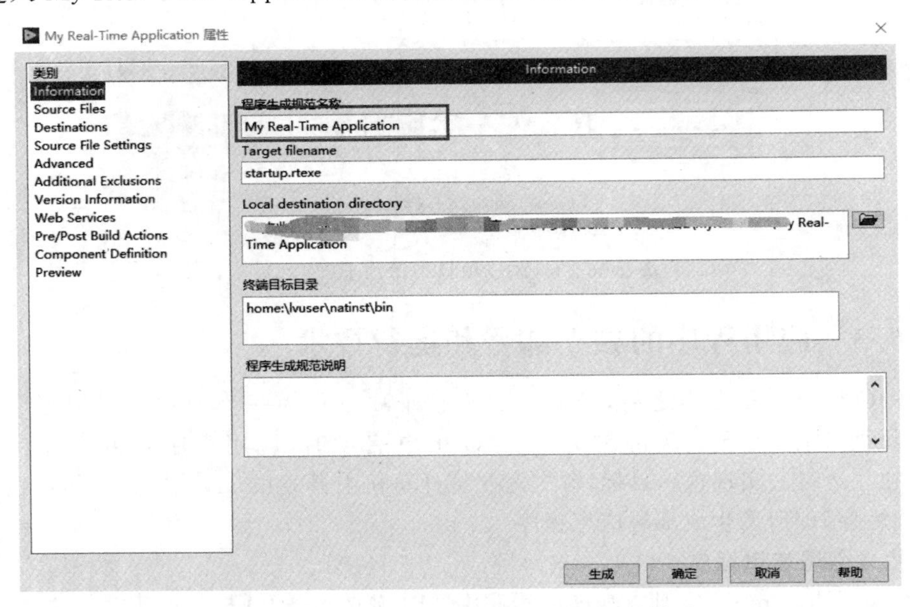

图 2-68　My Real-Time Application 属性设置

(2) 设置启动 VI。My Real-Time Application 属性设置窗口中，"类别"栏选择 Source Files，"项目文件"中选择本例中的应用程序 Main. vi，单击按钮 ➡，设置启动 VI 为 Main. vi，如图 2-69 所示。

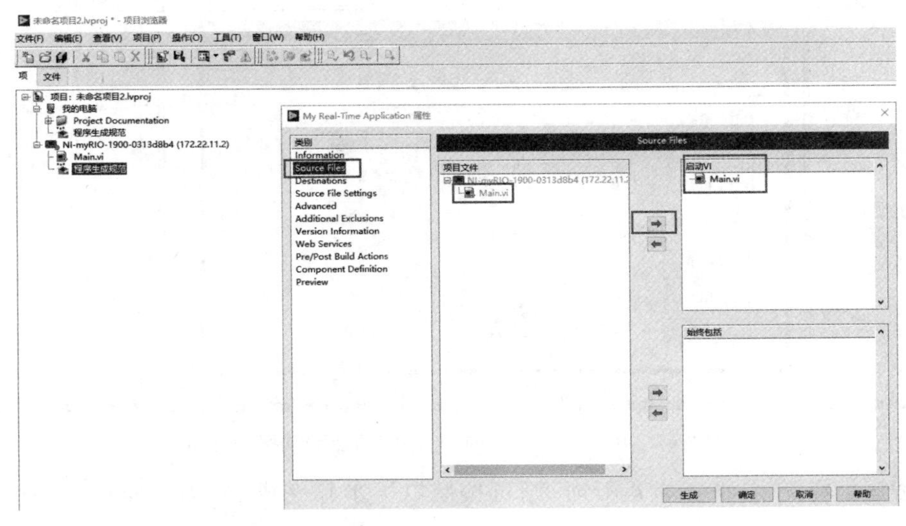

图 2-69　设置启动 VI 为 Main. vi

如果项目中存在子VI，这里可以在"项目文件"中选择相关文件，并单击按钮 ➡，将选定的VI设置为"始终包括"的VI，以确保启动VI在执行的过程中可以搜索到程序中需要的子VI。

（3）写入myRIO文件设置。My Real-Time Application属性设置页面中，"类别"栏选择Advanced，右侧操作面板中取消"复制错误代码文件"的勾选状态，如图2-70所示。这一设置使得程序编译过程中生成的错误代码文件不写入myRIO，只有必要的应用程序信息写入myRIO。

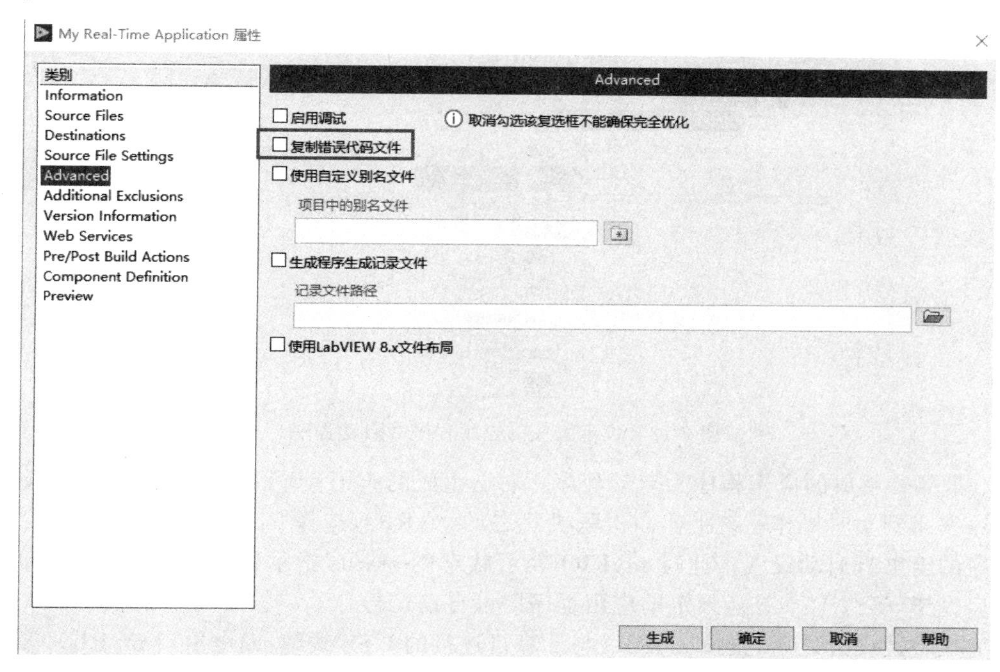

图2-70　取消"复制错误代码文件"的勾选状态

（4）生成应用程序。单击My Real-Time Application属性设置页面中的"生成"按钮，myRIO项目浏览器中的生成应用程序结果如图2-71所示。

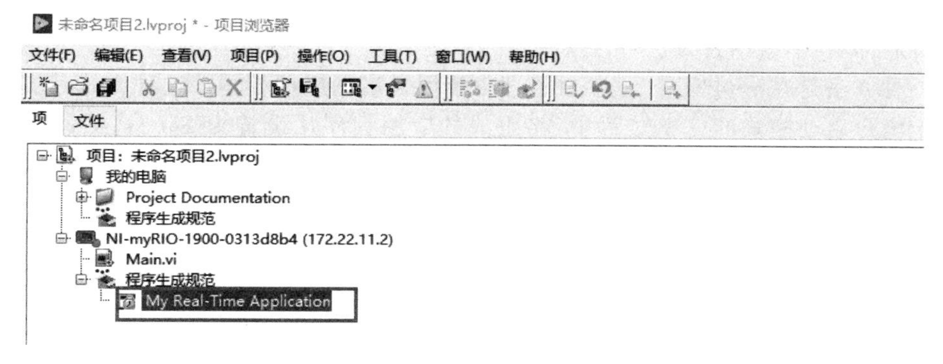

图2-71　myRIO项目浏览器中的生成应用程序结果

(5) 设置生成的应用程序为启动程序。右击生成的 My Real-Time Application,选择 Set as startup,设定生成的应用程序为启动程序,如图 2-72 所示。

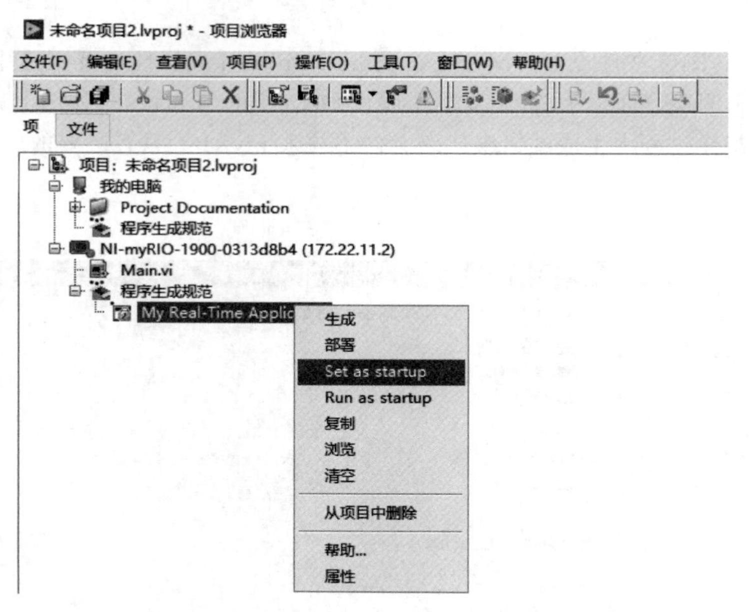

图 2-72 设定生成的应用程序为启动程序

(6) 部署生成的应用程序为启动程序。右击生成的应用程序,选择"部署",将生成的应用程序发布到实时操作系统上。右击联机状态的 myRIO,选择"工具→重启",完成发布应用程序的上电自启动设置。此时 myRIO 表示状态的 status 指示灯由橘红色转为熄灭,表示重启完毕,等待 10～15s,设定的应用程序即可自动运行。

完成上述设置之后,拔掉 myRIO 与计算机连接的 USB 线缆,断电重启 myRIO,等待约 20s,按下 myRIO 板载按键,板载 LED 闪亮,释放按键,板载 LED 熄灭。操作结果可验证 myRIO 应用程序运行完全脱离计算机,实现了开机上电自运行。

2. 启用/禁止上电自启动应用程序

当 myRIO 中部署的应用程序需要迭代更新时,使用的过程中经常需要禁用 myRIO 中的上电自启动功能,有两种方法可以实现这一目标。

第一种方法是在 myRIO 工程项目管理中禁用自启动应用程序。这种方式其实就是在部署为上电自启动模式的完整过程中,将生成的应用程序从设置为 Set as startup 修改为 Unset as startup,然后部署后的结果。项目浏览器中禁止应用程序自启动方法如图 2-73 所示。

第二种方法是通过网页设置禁用模式。在 myRIO 和计算机以 USB 线缆连接的情况下,打开网页浏览器,键入地址"172. 22. 11. 2",进入 myRIO 网页设置。在启动设置页面中,勾选"禁用 RT 启动应用程序",即可完成网页设置应用程序禁止自启动,如图 2-74 所示。

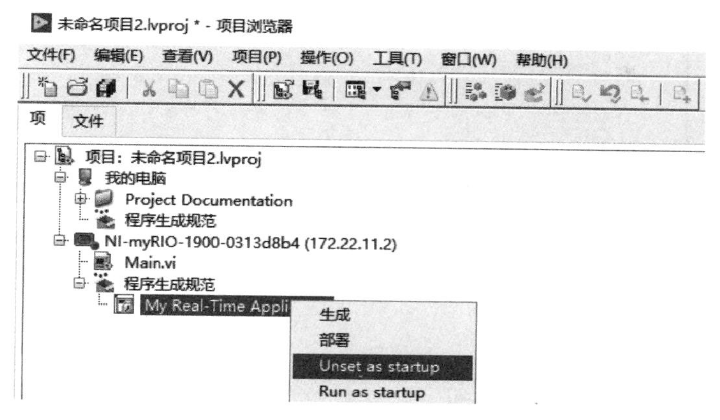

图 2-73 项目浏览器中禁止应用程序自启动方法

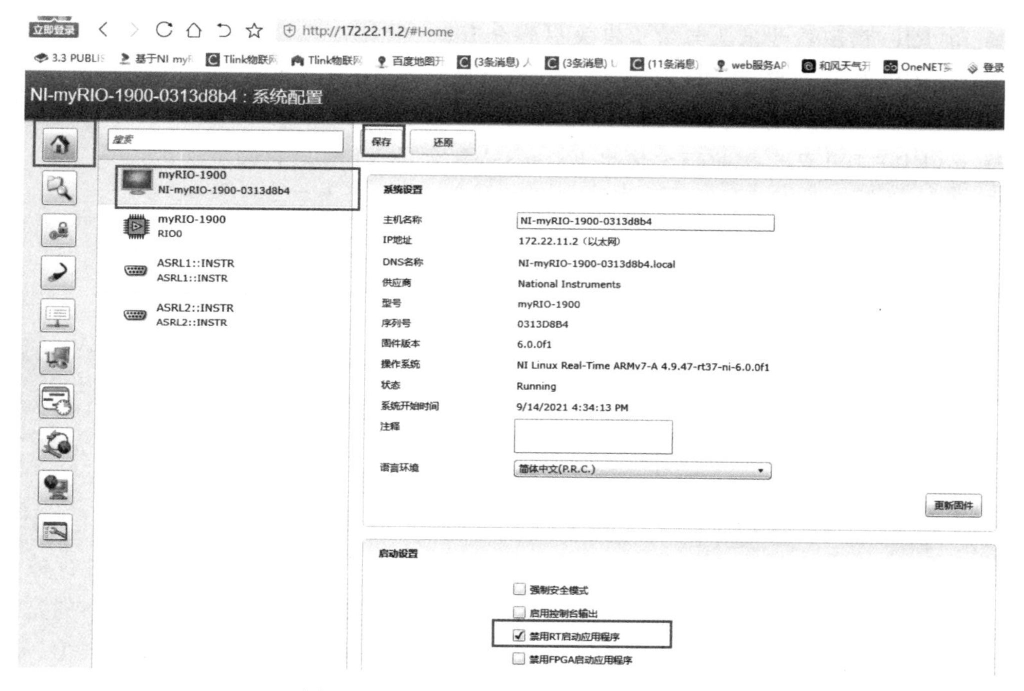

图 2-74 网页设置应用程序禁止自启动

设置完毕，单击网页上部“保存”按钮，完成 myRIO 工作状态的设置。再次部署应用程序需要启用上电自启动模式，取消“禁用 RT 启动应用程序”的勾选，并保存设置，然后按照部署上电自启动模式操作即可。

第3章 myRIO模拟信号采集与输出

主要内容

- 模拟信号数据采集技术概述；
- myRIO 模拟信号采集与输出有关引脚分布；
- myRIO 工具包中模拟信号采集 ExpressVI、底层 VI 配置和使用方法；
- 模拟信号采集技术相关工程项目开发实战；
- myRIO 工具包中模拟信号输出 ExpressVI、底层 VI 配置和使用方法；
- 模拟信号输出技术相关工程项目开发实战。

3.1 模拟信号采集技术及应用

本节在模拟信号数据采集基本原理介绍的基础上，给出 myRIO 模拟输入端口资源配置，模拟信号采集的 ExpressVI 及其调用方法，模拟信号采集相关的若干底层 VI 及其应用的一般流程，并结合电压采集实例介绍实现模拟信号数据采集程序编写的基本方法。

3.1.1 模拟信号采集概述

模拟信号采集(Analog Input，AI)是指对于连续变化的物理量所表示的信号进行数据采集。这里所谓的连续，既指时间上的连续性，也指数值上的连续性。模拟信号一般指的是连续的电信号。常见的模拟信号采集多为电压信号的采集，当然模拟信号还包括温度、压力、流量、位移、电阻、频率、位置、声音、加速度等物理信号经传感器变换所得的电信号。一般情况下，物理信号经传感器变换所得的电信号需要经过信号调理才能进行数据采集。

根据传感器输出信号的特征不同，测量系统接入模拟信号有单端接入和差分接入两种方式。

单端接入方式是指传感器信号线连接测量系统有关 AI 端口，传感器地线与测量系统共地连线。这种连接方式简单易用，但是存在容易引入共模干扰的问题。单端接入方式适合传感器输出信号电平比较高、信号传输线比较短且存在屏蔽或信号可以共享公共参考点的场景。

差分接入方式是指传感器信号的＋、－两极分别连接测量系统的两个不同的通道。差分接入是一种比较理想的接线方式，可以有效抑制接地回路产生的误差，还可以在一定程度上抑制传输线拾取的环境噪声，特别适合传感器输出电平比较低（如小于 1V）、信号传输线路长、环境噪声比较大的场景。但是差分接入方式占用的 I/O 通道数量是单端接入方式的 2 倍，这是其无法克服的缺点。

模拟信号采集除了上述连接模式需要考虑，还必须在项目实施前考虑信号输入范围（输入信号的最大值和最小值）、采样速率（数据采集的时间间隔，需满足 Nyquist 定理要求）、精度（AD 转换的位数决定）等因素。

myRIO 提供了 8 个单端模拟输入通道、2 个差分模拟输入通道，总计 10 个模拟信号输入通道，其中 A 口提供 4 个单端模拟输入通道，分别是 AI0、AI1、AI2、AI3，对应 Pin3、Pin5、Pin7、Pin9；B 口同样提供 4 个单端模拟输入通道，其引脚编号与 A 口一致。A、B 口提供的模拟输入通道引脚分布如图 3-1 所示。

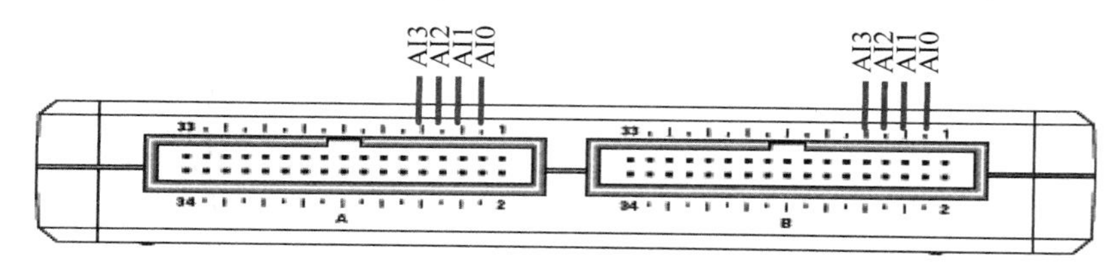

图 3-1　A、B 口提供的模拟输入通道引脚分布

C 口提供 2 个模拟输入通道，属于差分输入通道，为 AI0＋(Pin7)、AI0－(Pin8)、AI1＋(Pin9)、AI1－(Pin10)，C 口提供的模拟输入通道引脚分布如图 3-2 所示。

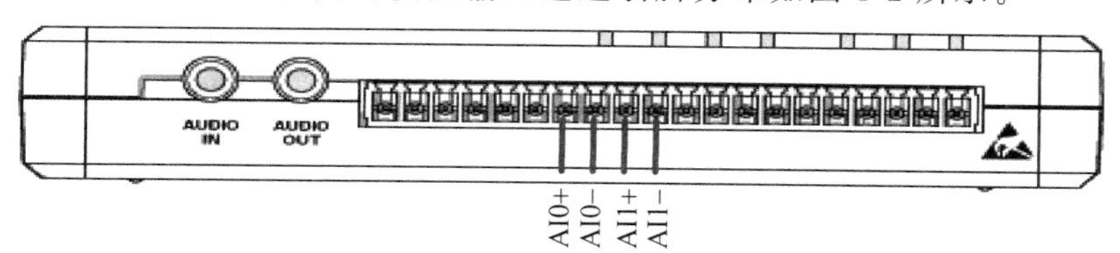

图 3-2　C 口提供的模拟输入通道引脚分布

myRIO 中的模拟输入一般为 0～5V 单端电压类型数据，连接传感器时需要注意传感器输出电压范围，必要时设计针对连接传感器输出特性的调理变换电路，使之适应 myRIO 模拟输入的要求。

3.1.2　主要函数节点

myRIO 中模拟信号采集的实现有两种方法。第一种方法是使用 myRIO 工具包中提供的模拟输入 ExpressVI，如图 3-3 所示。

将该节点拖曳至程序框图，即可弹出模拟输入 Express VI 配置窗口，如图 3-4 所示。

配置操作完成后，程序框图中的模拟输入 Express VI 节点图标如图 3-5 所示。

按照当前配置，该节点每次调用可以读取 A 口 AI0 模拟输入通道一个数据。配置多个模拟输入通道，则可以同时读取多个模拟信号数值。

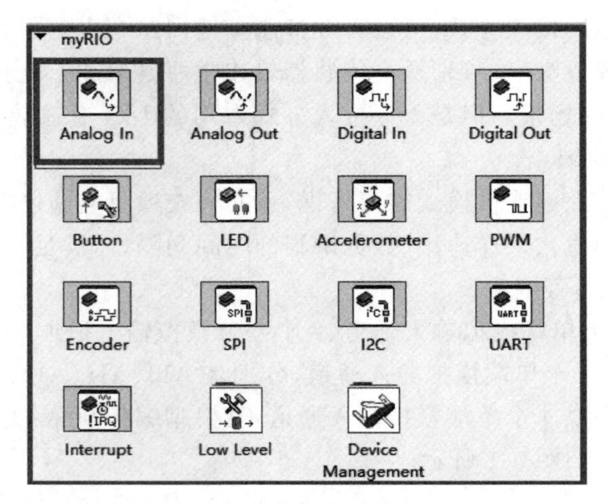

图 3-3 myRIO 工具包中提供的模拟输入 ExpressVI

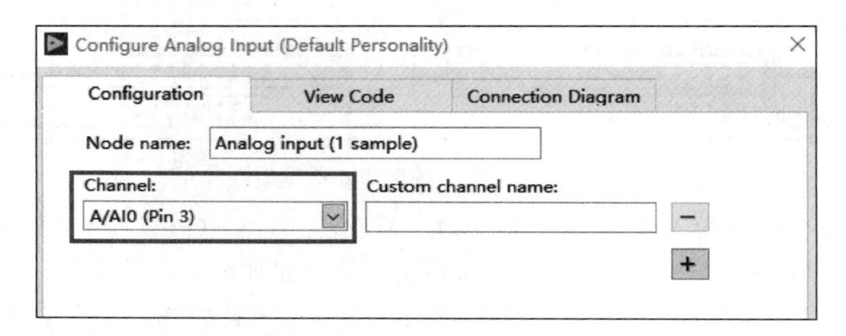

图 3-4 模拟输入 Express VI 配置窗口

第二种方法是基于 myRIO 提供的底层函数(myRIO→Low Level→Analog Input 1 Sample)实现模拟信号采集,底层函数子选板中的模拟输入相关 VI 如图 3-6 所示。

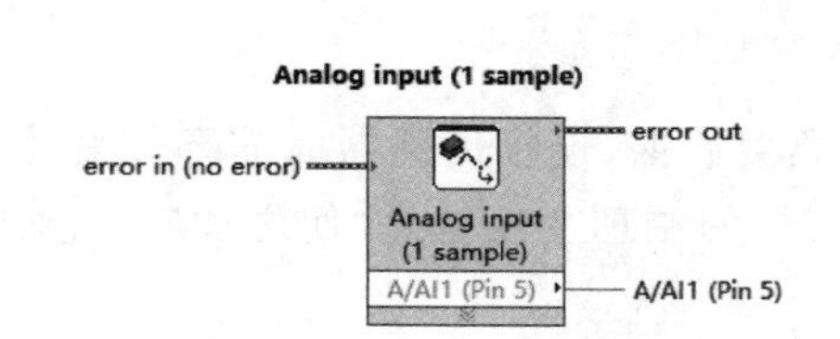

图 3-5 模拟输入 Express VI 节点图标

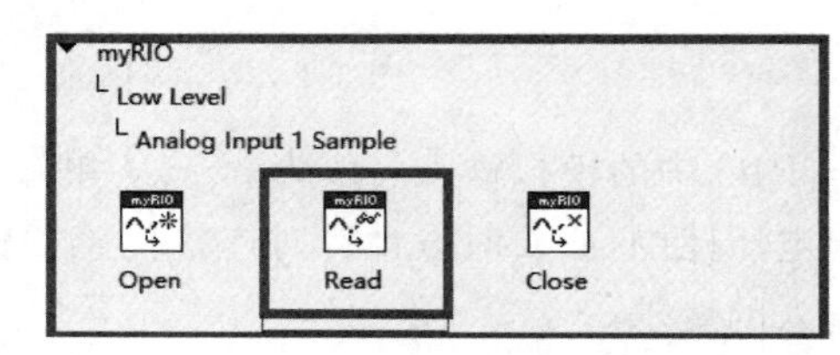

图 3-6 底层函数子选板中的模拟输入 VI

基于底层函数进行模拟信号采集时,基本流程为"打开 AI 通道(Open)→AI 通道读取(Read)→关闭 AI 通道(Close)"。如果需要连续读取 AI 通道数据,则将 AI 通道读取操作(Read)置于 While 循环结构之中即可。

微课视频

3.1.3 模拟信号采集技术应用实例

模拟信号采集技术是电子系统感知外部世界连续变化数据或者状态的重要技术手段,具有极其重要的实践价值。

旋转电位器是一种阻值可调的电子元件，由一个电阻体和一个转动或滑动系统组成。当电阻体的两个固定触点之间外加一个电压时，通过转动系统改变触点在电阻体上的位置，在动触点与固定触点之间便可得到一个与动触点位置成一定关系的电压。旋转电位器主要用于通信产品、对讲机、汽车功放、多媒体音响、智能家居、计算机周边等，其功能主要为音量调节、光线强弱调节、速度调节、温度调节等。

1）设计目标

本节案例使用旋转电位器形成分压电路，产生跟随电位器旋转角度变化的模拟电压值，进而通过 myRIO 模拟信号采集端口获取对应的电压值，并根据电压值范围驱动板载不同 LED 灯显示。

2）硬件连线

旋转电位器 A、B、C 三个接线端分别连接 myRIO 开发平台 A 口 Pin1（+5V）、Pin3（AI0）、Pin6（AGND），实现旋转电位器分压电路信号采集功能，基于旋转电位器的分压信号采集硬件连线如图 3-7 所示。

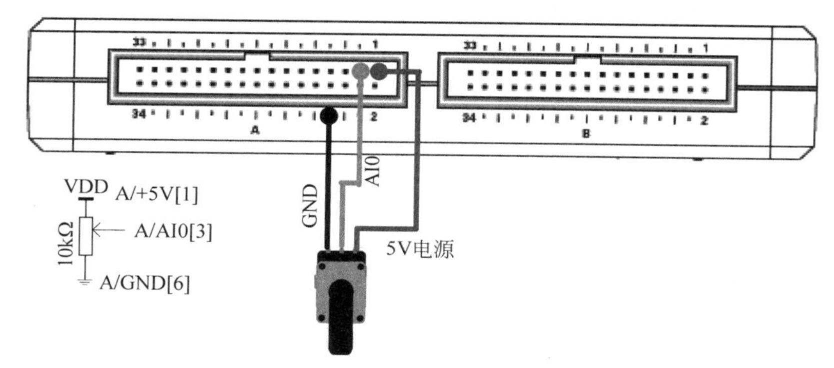

图 3-7 基于旋转电位器的分压信号采集硬件连线

3）设计思路

利用 myRIO 新建项目的程序模板，在 While 循环结构内，采集 A 口 AI0（Pin3）数据，即旋转电位器分压所产生的模拟电压值。由于旋转电位器从一个极端转至另一个极端时，电压值相应地从 0V 连续变化至 5V，所以可以将采集的电压值设置为 4 个电压值区间，当采集的电压值处于[0,1.25)时，驱动 LED0 显示；当采集的电压值处于[1.25,2.5)时，驱动 LED1 显示，当采集的电压值处于[2.5,3.75)时，驱动 LED2 显示，当采集的电压值处于[3.75,5]时，驱动 LED3 显示。

4）程序实现

程序实现可分解为程序总体结构设计、旋转电位器电压检测、板载 LED 驱动显示、myRIO 重置等功能设计。

（1）程序总体结构设计。利用 myRIO 项目模板自动生成的 3 帧程序结构，删除三轴加速度计数据采集相关函数节点。第一帧保持不变；第二帧 While 循环中采集旋转电位器电压值，借助条件结构进行采集数据所在区间判断，并驱动板载 LED 显示；第三帧重置 myRIO。

(2) 旋转电位器电压检测。调用 ExpressVI Analog In(函数→myRIO→Analog In),错误输入连接第一帧簇常量;由于 A 口 Pin3(AI0)连接外部信号,所以配置模拟信号采集通道如图 3-8 所示。

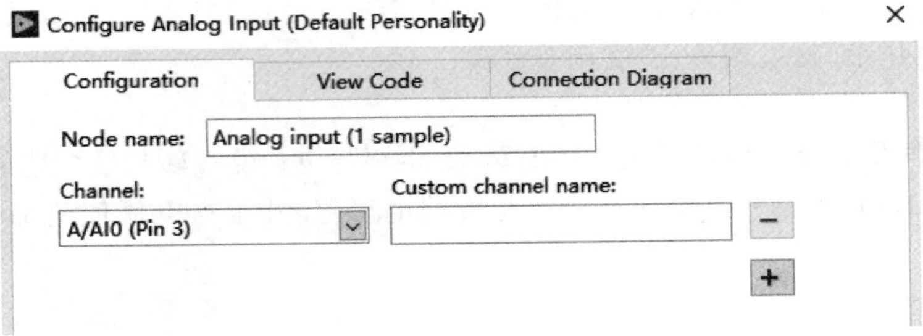

Configure Analog Input (Default Personality)

Configuration | View Code | Connection Diagram

Node name: Analog input (1 sample)

Channel: A/AI0 (Pin 3)

Custom channel name:

图 3-8 配置模拟信号采集通道

配置完毕后,右击 ExpressVI Analog In 图标,选择"图标样式→显示为子 VI",完成模拟信号采集函数节点配置和调用,实现旋转电位器分压值的检测。

(3) 板载 LED 驱动显示。由于旋转电位器分压结果为 0~5V,根据检测值将其进行四分段处理,即分压值处于[0,1.25)、[1.25,2.5)、[2.5,3.75)、[3.75,5]某个区间时,驱动对应的板载 LED0、LED1、LED2、LED3 分别显示。

调用函数节点"判定范围并强制转换"(函数→编程→比较→判定范围并强制转换)。其输入参数 x 连接模拟信号采集结果;其输入参数"上限"设置为常量 1.25,其输入参数"下限"设置为常量 0,完成采集结果是否属于区间[0,1.25)的判断。同样方法,完成采集数据是否属于另外三个区间的判断。

调用条件结构判断上一步采集数据区间判定结果。当判定结果为真时,对应的条件结构"真分支"内调用 ExpressVI"LED"(函数→myRIO→LED),配置板载 LED 控制对象为 LED0,如图 3-9 所示。

为了进一步验证程序功能,程序前面板中添加 4 个布尔类型显示控件"圆形指示灯"(函数→编程→布尔→圆形指示灯),与板载 LED 功能对应一致。当板载 LED0 亮时,前面板对应的"圆形指示灯"同时取值为真。

条件结构"假分支"内调用 ExpressVI LED,设置常量"逻辑假"熄灭板载 LED0,同时驱动前面板对应的"圆形指示灯"取值为假。

其他 3 种情况处置办法与此相同,这里不再赘述。

(4) myRIO 重置。调用函数节点 Reset myRIO(函数→myRIO→Device management→Reset)实现程序结束后的 myRIO 设备复位功能。

最终完成的程序中,当检测到的分压值满足某一区间判定条件时,驱动对应的板载 LED 发光,对应的模拟信号采集与 LED 发光驱动程序实现如图 3-10 所示。

当检测到的分压值不满足某一区间判定条件时,驱动板载 LED 熄灭,对应的模拟信号采集与 LED 熄灭驱动程序实现如图 3-11 所示。

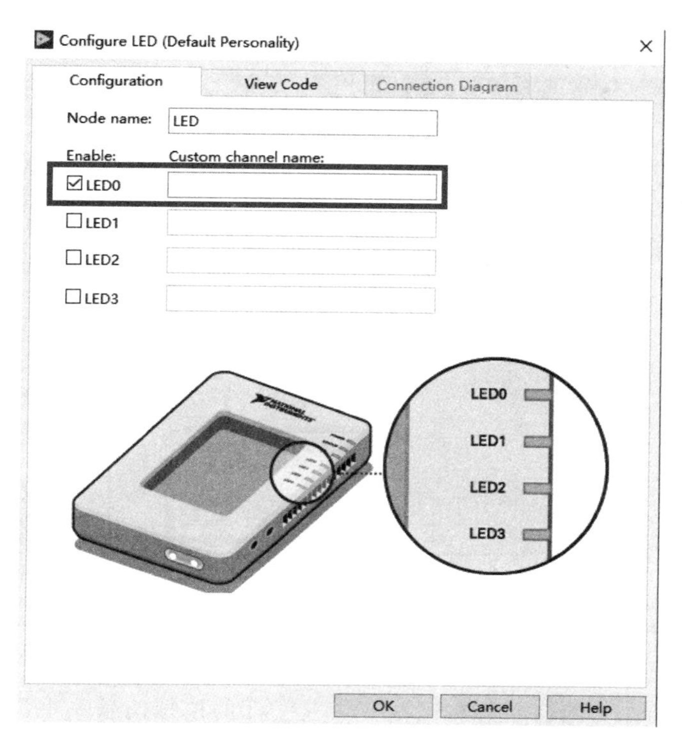

图 3-9　配置板载 LED 控制对象为 LED0

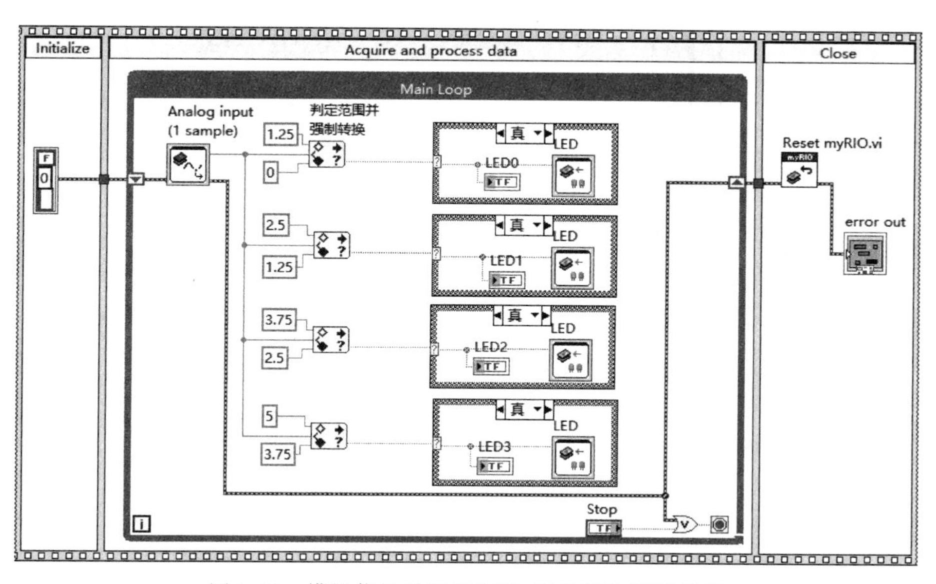

图 3-10　模拟信号采集与 LED 发光驱动程序实现

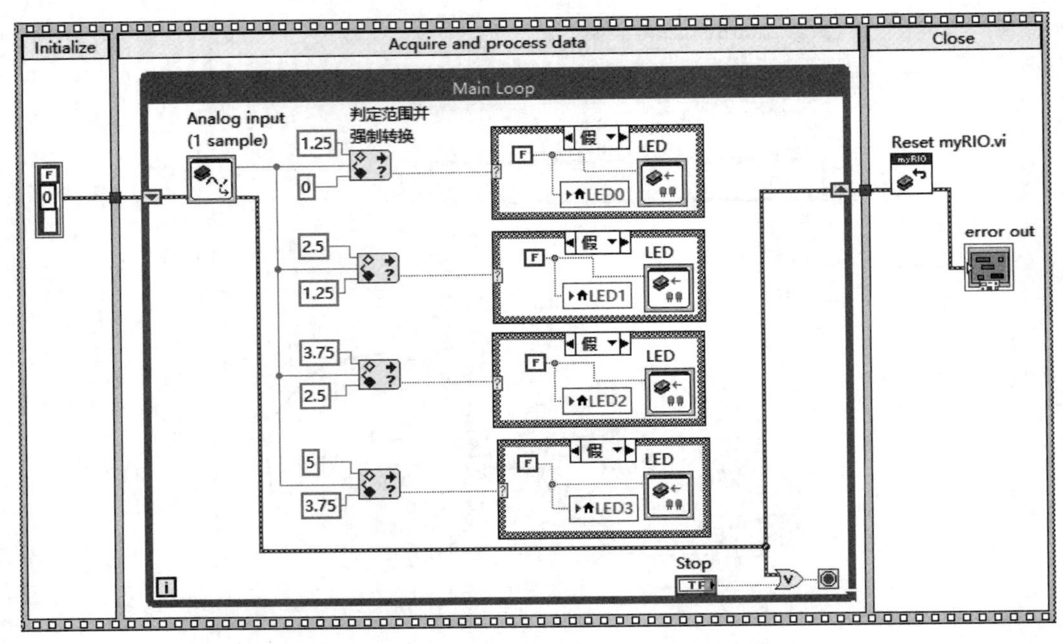

图 3-11 模拟信号采集与 LED 熄灭驱动程序实现

同样功能，亦可采用底层函数实现，基于底层 VI 的模拟信号采集与板载 LED 驱动程序实现如图 3-12 所示。

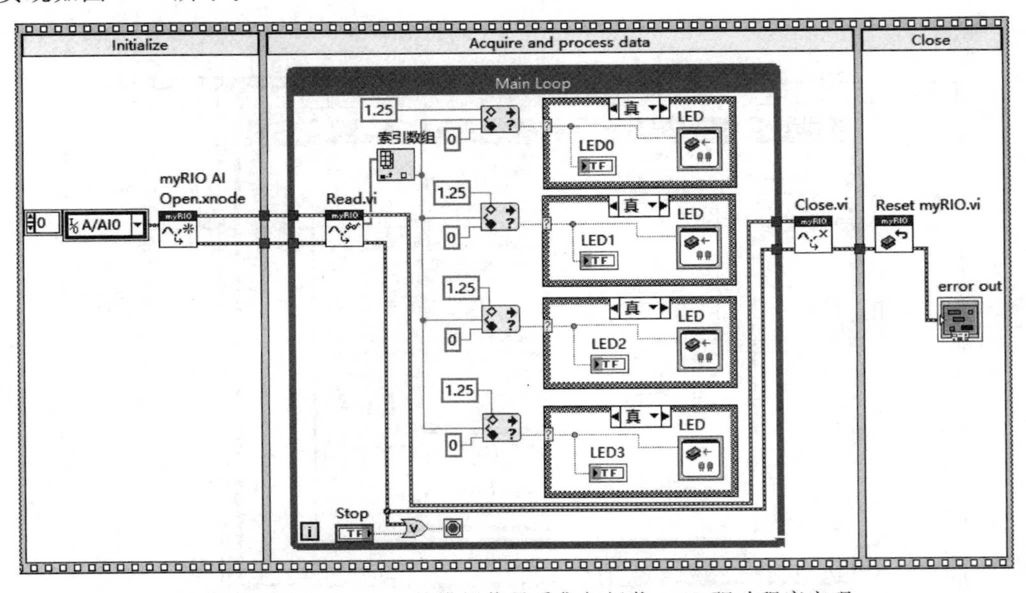

图 3-12 基于底层 VI 的模拟信号采集与板载 LED 驱动程序实现

3.2 模拟信号输出技术及应用

本节在模拟信号输出概念介绍的基础上，介绍 myRIO 模拟信号输出通道资源配置情况，模拟信号输出的 ExpressVI 及其调用方法，模拟信号输出相关的若干底层 VI 及其应用一般流程，并结合 LED 发光亮度连续调节实例介绍实现模拟信号输出程序编写的基本方法。

3.2.1 模拟信号输出技术概述

模拟信号输出(Analog Output，AO)可视为模拟信号采集的逆过程。模拟信号采集是获取外部模拟量数据，经采集装置 A/D 模块转换为计算机/嵌入式可识别的数字信号。而模拟信号输出则是指由计算机/嵌入式产生的数字信号经 D/A 转换成为模拟信号，经由模拟输出通道向外输出。

myRIO 提供了 4 个单端模拟输出通道和 2 个对地参考模拟输出通道。其中 A 口提供 2 个单端模拟输出通道，分别是 AO0(Pin2)、AO1(Pin4)；B 口同样提供 2 个单端模拟输出通道，其引脚编号与 A 口一致。A、B 口模拟输出通道引脚分布如图 3-13 所示。

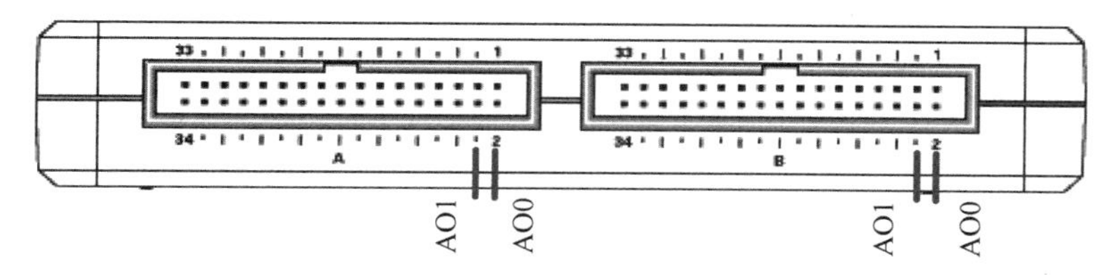

图 3-13 A、B 口模拟输出通道引脚分布

C 口提供 2 个对地参考模拟输出通道，为 AO0(Pin4)、AO1(Pin5)，C 口模拟输出通道引脚分布如图 3-14 所示。

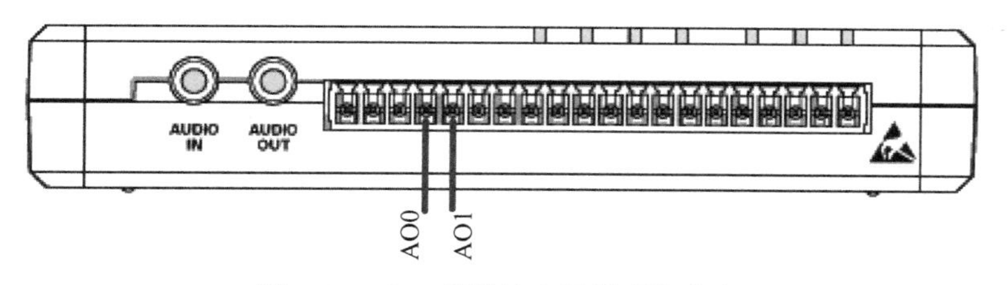

图 3-14 C 口模拟输出通道引脚分布

3.2.2 主要函数节点

myRIO 中模拟信号输出的实现有 2 种方法。第一种方法是使用 myRIO 工具包中的模拟输出 Express VI，如图 3-15 所示。

将该节点拖曳至程序框图，即可弹出模拟输出 ExpressVI 参数配置窗口，如图 3-16 所示。

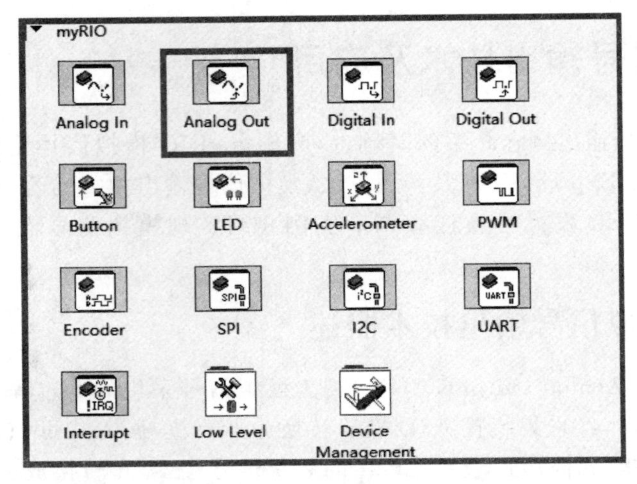

图 3-15　myRIO 工具包中的模拟输出 Express VI

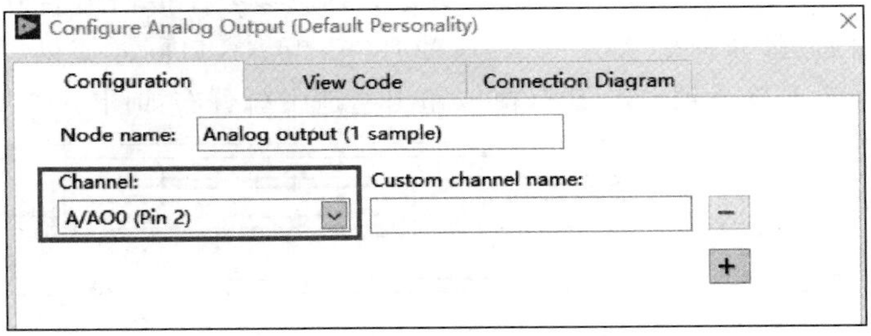

图 3-16　模拟输出 ExpressVI 参数配置窗口

配置操作完成后，程序框图中的模拟输出 ExpressVI 节点图标如图 3-17 所示。

按照当前配置，该节点每次调用可以向 A 口 AO0 输出一个数据。配置多个端口，则可以同时写出多个模拟量数值。

第二种方法是基于 myRIO 提供的底层函数（myRIO→Low Level→Analog Output 1 Sample）实现模拟信号输出，底层函数子选板中的模拟输出相关节点如图 3-18 所示。

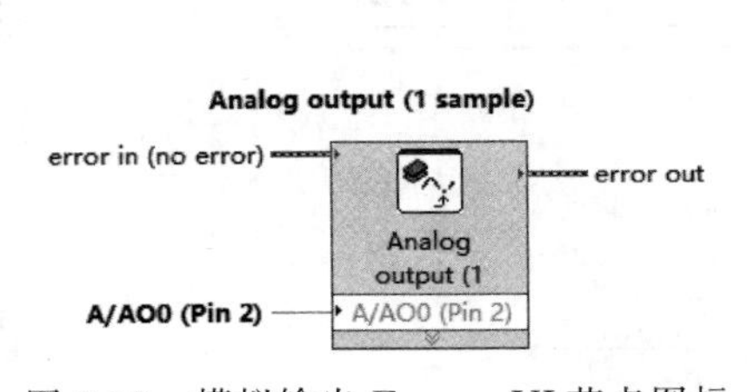

图 3-17　模拟输出 ExpressVI 节点图标

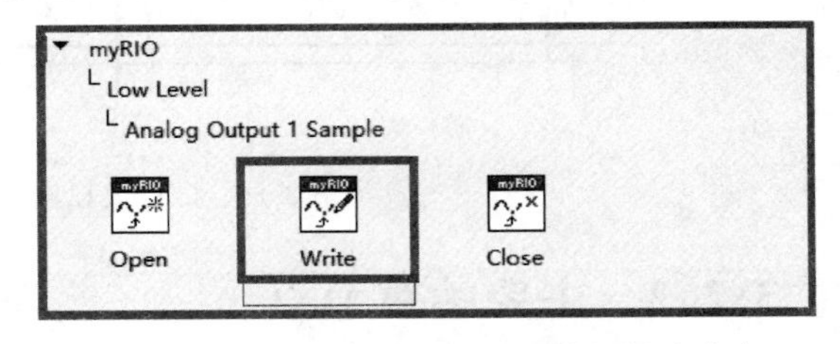

图 3-18　底层函数子选板中的模拟输出节点

基于底层函数进行模拟信号输出时，基本流程为“打开 AO 通道（Open）→AO 通道写入（Write）→关闭 AO 通道（Close）”。如果需要连续输出 AO 通道，则将 AO 通道写入操作（Write）置于 While 循环结构中即可。

3.2.3　模拟信号输出技术应用实例

模拟输出通道提供的信号经常作为电子系统提供激励信号，或者为自动化系统提供控制信号，具有很重要的实践价值。

1）设计目标

本节案例使用旋转电位器形成分压电路，产生跟随电位计旋转角度变化的模拟电压值，进而通过 myRIO 中 AI 通道采集对应的电压值，并将采集的电压值通过 AO 通道输出，用以实现人工可控的模拟电压调节 LED 发光亮度。

2）硬件连线

旋转电位器 A、B、C 三个接线端分别连接 myRIO 开发平台 A 口 Pin1（+5V）、Pin3（AI0）、Pin6（AGND）。LED 阳极连接 B 口 Pin2（AO0），阴极连接 B 口 Pin6（AGND）。模拟输出驱动 LED 显示的硬件连线如图 3-19 所示。

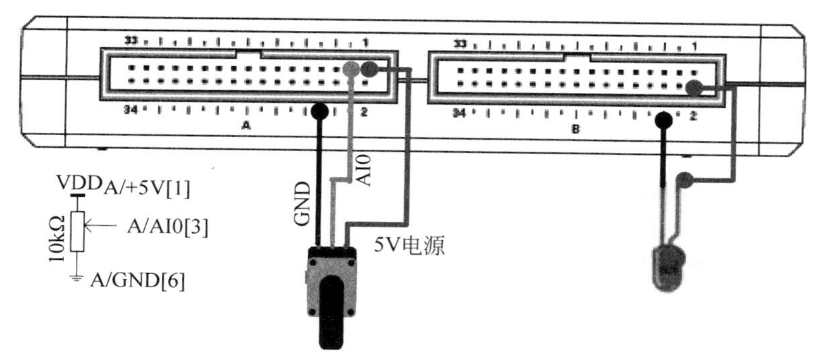

图 3-19　模拟输出驱动 LED 显示的硬件连线

3）设计思路

利用 myRIO 新建项目的程序模板，在 While 循环结构内，采集 A 口 AI0（Pin3）连接的旋转电位器分压所产生数据。由于旋转电位器从一个极端转至另一个极端时，电压值相应地从 0V 连续变化至 5V，所以将采集的模拟电压值通过 AO0 端口输出，作为 LED 显示驱动电压，实现基于调节电位器产生连续变化的驱动电压，达到连续调节 LED 发光亮度的目的。

4）程序实现

程序实现可分解为程序总体结构设计、旋转电位器电压检测、LED 驱动电压输出控制等步骤。

（1）程序总体结构设计。利用 myRIO 项目模板自动生成的 3 帧程序结构，删除三轴加速度计数据采集相关函数节点。第一帧保持不变，传递初始状态无错误信息；第二帧 While 循环中采集旋转电位器电压值，向 AO0 通道输出采集结果实现 LED 亮度控制；第三帧重置 myRIO。

（2）旋转电位器电压检测。调用 ExpressVI Analog In（函数→myRIO→Analog In），错

误输入连接第一帧簇常量；配置旋转电位器分压电路信号采集通道为A口Pin3(AI0)，如图3-20所示。

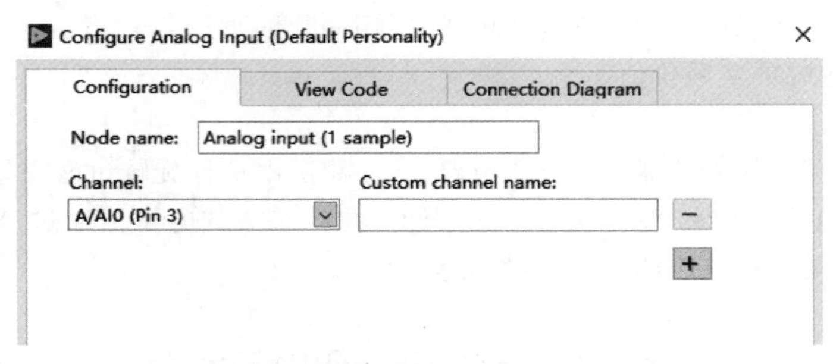

图3-20 配置旋转电位器分压电路信号采集通道

(3) LED驱动电压输出控制。LED连接B口AO0，将采集的旋转电位器分压结果通过ExpressVI Analog Out(函数→myRIO→Analog Out)输出，控制B口AO0通道电压值，达到调控LED发光亮度的目的。对应的LED发光亮度调控信号输出通道配置如图3-21所示。

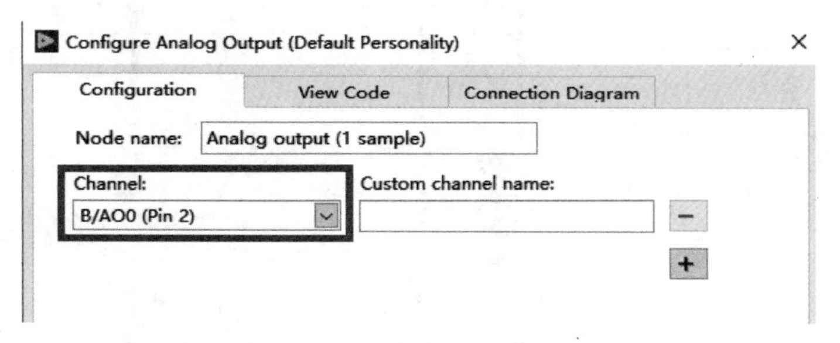

图3-21 LED发光亮度调控信号输出通道配置

基于模拟输出Express VI实现LED发光亮度调控的完整程序如图3-22所示。

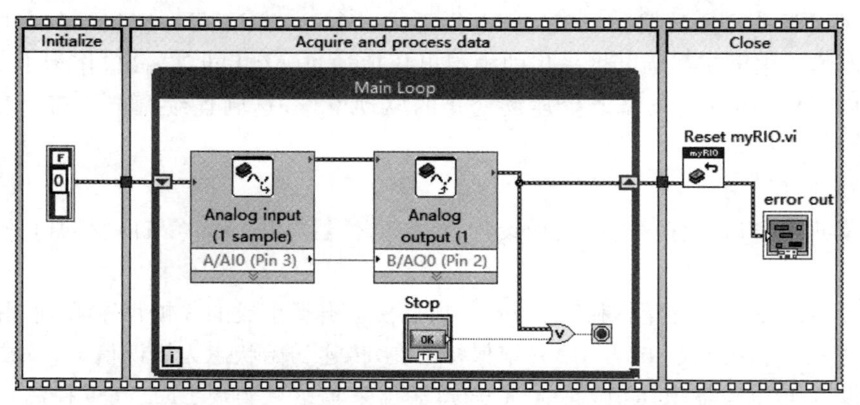

图3-22 基于模拟输出Express VI实现LED发光亮度调控的完整程序

同样功能亦可采用底层函数实现，基于模拟输出底层 VI 实现 LED 发光亮度调控的完整程序如图 3-23 所示。

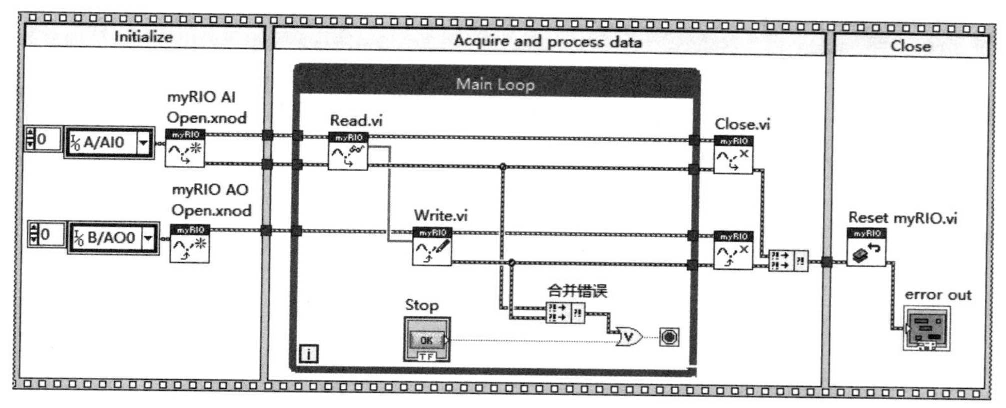

图 3-23 基于模拟输出底层 VI 实现 LED 发光亮度调控的完整程序

第4章 myRIO数字信号采集与输出

主要内容

■ 数字信号数据采集技术概述；

■ myRIO 数字信号采集与输出有关引脚分布；

■ myRIO 工具包中数字信号采集 ExpressVI、底层 VI 的配置和使用方法；

■ 数字信号采集技术相关工程项目开发实战；

■ myRIO 工具包中数字信号输出 ExpressVI、底层 VI 的配置和使用方法；

■ 数字信号输出技术相关工程项目开发实战。

4.1 数字信号采集技术及应用

本节简要介绍数字信号的基本概念，myRIO 中数字信号输入引脚的配置情况，数字信号采集的 ExpressVI 及其调用方法，数字信号采集相关的若干底层 VI 及其应用一般流程，并结合开关状态检测、编码器数据读取、光电开关状态采集等多个实例介绍实现数字信号数据采集程序设计的基本方法。

4.1.1 数字信号采集技术概述

数字信号是指电子线路中的二值状态信号，表征真/假、是/否、开/关、亮/灭、通/断、高/低、大/小、对/错等布尔逻辑。每个数字信号取值 1 或 0 两种状态，表示逻辑真或者逻辑假。数字信号的逻辑值与电压信号的数字电平标准相关(一般高电平对应逻辑真，低电平对应逻辑假)。数字电平标准中常用的为 TTL 电平、CMOS 电平，其中 TTL 数字电平标准定义如图 4-1 所示。

信号电压处于 2～5V 认为是高电平；信号电压处于 0～0.8V 认为是低电平；信号电压处于 0.8～2V 认为是无法判断中间电平状态。

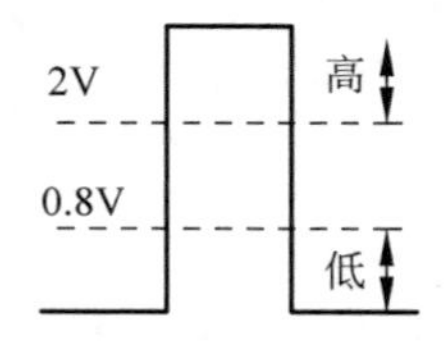

图 4-1 TTL 数字电平标准定义

数字信号的采集就是通过数字信号采集通道，连接以数字电平为输出数据的传感器，读取传感器输出电平状态,对于外部情况进行判断的工作。

myRIO 中数字信号采集的通道均为 I/O 复用通道,既可以作为输入通道(Digital Input,DI),也可以作为输出通道(Digital Output,DO),因而统称为 DIO 通道。myRIO 提供了 40 个 DIO 通道,其中 A 口提供 16 个 DIO 通道(DIO0~DIO15,分别对应 Pin11、Pin13、Pin15、Pin17、Pin19、Pin21、Pin23、Pin25、Pin27、Pin29、Pin31、Pin18、Pin22、Pin26、Pin32、Pin34),B 口同样提供 16 个 DIO 通道(DIO0~DIO15,引脚编号与 A 口相同)。A、B 口 DIO 通道对应引脚分布如图 4-2 所示。

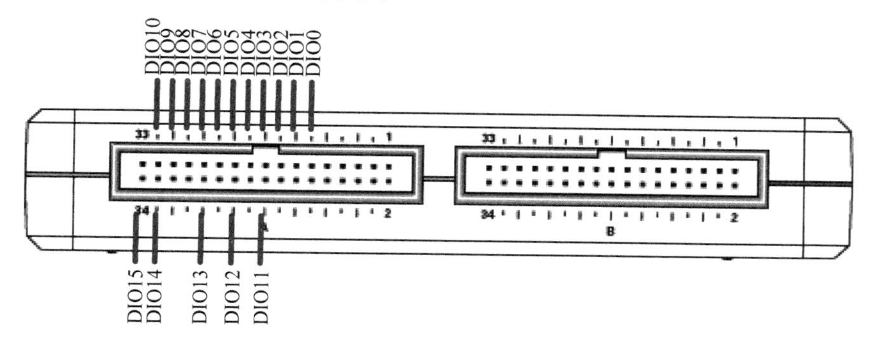

图 4-2 A、B 口 DIO 通道对应引脚分布

C 口 8 个 DIO 通道(DIO0~DIO7,分别对应 Pin11、Pin12、Pin13、Pin14、Pin15、Pin16、Pin17、Pin18)。C 口 DIO 通道对应引脚分布如图 4-3 所示。

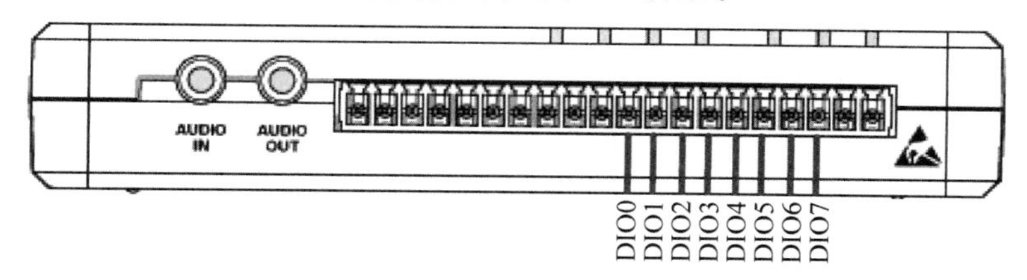

图 4-3 C 口 DIO 通道对应引脚分布

myRIO 提供的 DIO 通道中,部分引脚具有功能复用特性,可以连接编码器输入信号。

A 口提供的 DIO 通道中,DIO11(Pin18)、DIO12(Pin22)与一组编码器输入引脚复用,myRIO 中命名为 ENC0. A、ENC0. B。B 口同样提供一组编码器输入复用 DIO 通道,引脚编号与 A 口完全相同。

C 口提供的 DIO 通道中,DIO0(Pin11)、DIO2(Pin13)与一组编码器输入引脚复用,myRIO 中命名为 ENC0. A、ENC0. B。DIO4(Pin15)、DIO6(Pin17)与一组编码器输入引脚复用,myRIO 中命名为 ENC1. A 和 ENC1. B。

4.1.2 主要函数节点

myRIO 中数字信号采集的实现有 2 种方法。第一种方法是使用 myRIO 工具包中的数字输入 ExpressVI,如图 4-4 所示。

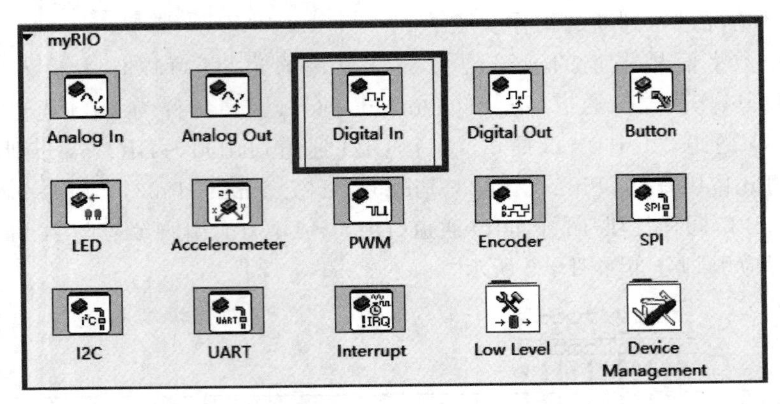

图 4-4 myRIO 工具包中的数字输入 ExpressVI

将该节点拖曳至程序框图，即可弹出数字输入 ExpressVI 参数配置窗口，如图 4-5 所示。

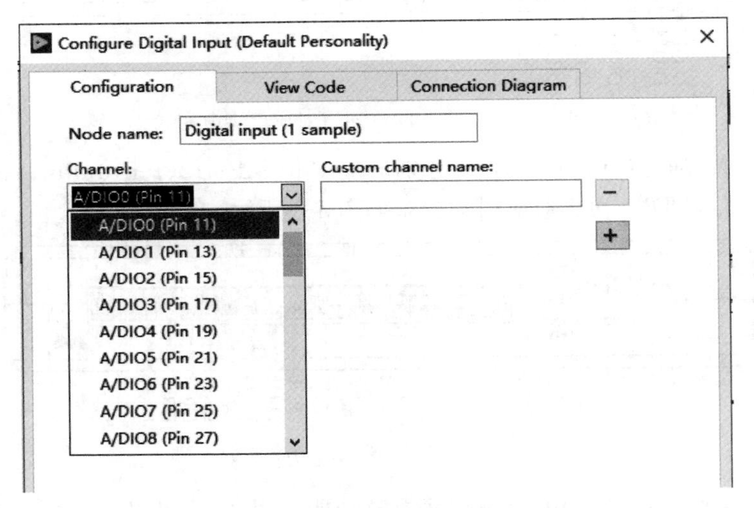

图 4-5 数字输入 ExpressVI 参数配置窗口

配置操作完成后，程序框图中的数字输入 ExpressVI 图标如图 4-6 所示。

按照当前配置，该节点每次调用可以读取 A 口 DIO0 通道一个数据。配置多个通道，则可以同时读取多个数字信号状态值。

第二种方法是基于 myRIO 提供的底层函数（myRIO→Low Level→Digital Input/Output 1 Sample→Read）实现数字信号采集，底层函数子选板中数字信号采集节点如图 4-7 所示。

基于底层函数进行数字信号采集时，基本流程为“打开 DIO 通道（Open）→DIO 通道读取（Read）→关闭 DIO 通道（Close）”。如果需要连续进行 DIO 通道数据读取，则将 DIO 通道读取操作 Read 置于 While 循环结构中即可。

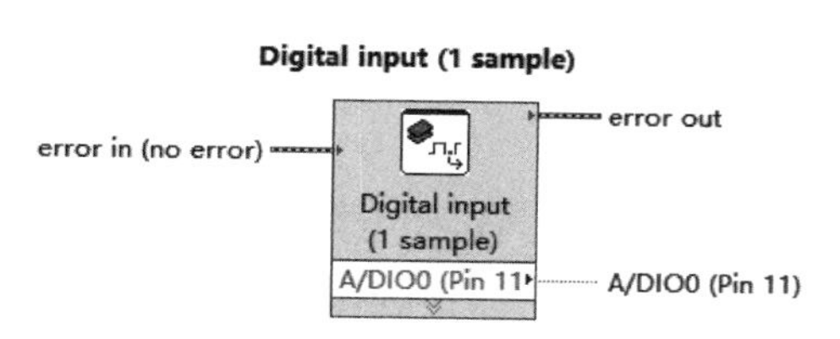

图 4-6　程序框图中数字输入 ExpressVI 图标

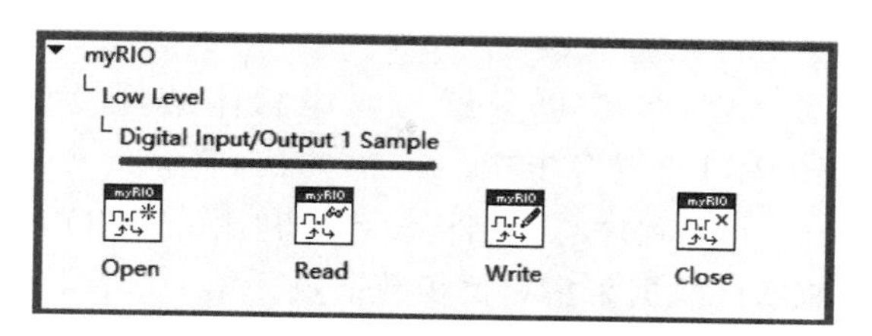

图 4-7　底层函数子选板中数字信号采集节点

4.1.3　数字信号采集技术应用实例

数字信号采集常用于电子系统感知外设备数字状态、与外部设备通信，具有极其重要的实践价值。

1. 开关状态读取

1）设计目标

该范例拟实现程序读取按键式开关电路产生的数字信号，判断开关状态，并根据开关状态进行数字信号输出，实现 LED 亮灭控制功能。

2）硬件连线

按键式开关作为控制装置，其公共端子连接 A 口 Pin8（DGND），一端连接 A 口 Pin11（DIO0）。LED 阳极连接 B 口 Pin2（AO0），阴极连接 B 口 Pin6（AGND）。开关按下，A 口 Pin11（DIO0）检测到低电平（逻辑假），LED 亮，开关弹起，A 口 Pin11（DIO0）检测到高电平（逻辑真），LED 灭。对应的开关状态检测与 LED 发光控制硬件连线如图 4-8 所示。

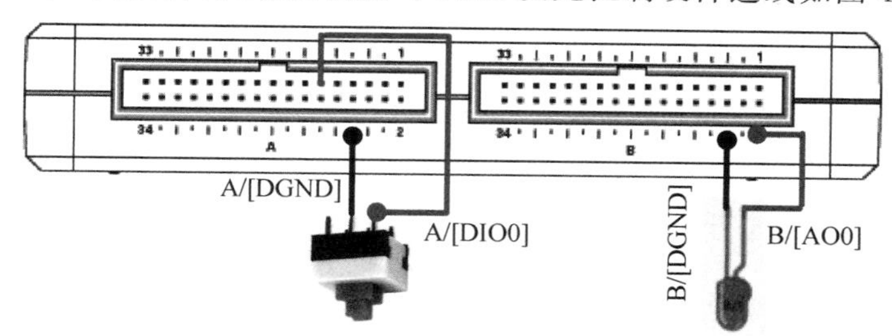

图 4-8　开关状态检测与 LED 发光控制硬件连线

注：由于 myRIO 中的 DIO 端口均配置了上拉电阻，按键式开关电路采取将开关一端直接连接至 DIO 端口，公共端直接连接地线的连线方式不会导致 LED 被击穿的问题。

3）设计思路

利用 myRIO 新建项目的程序模板，在 While 循环结构内，实时检测按键式开关连接的 DIO0 端口电平状态，当监测到高电平时（按键式开关弹起，开关断开，myRIO 端口上拉电阻产生高电平），B 口 AO0 输出 0V 使得 LED 熄灭。当监测到低电平时（按键式开关按下，开关闭合，myRIO 端口接地产生低电平），B 口 AO0 输出 5V 驱动 LED 发光。

4）程序实现

程序实现可分解为程序总体结构设计、按键开关状态检测、B 口 AO0 输出控制、myRIO 重置等步骤。

（1）程序总体结构设计。利用 myRIO 项目模板自动生成的 3 帧程序结构，删除三轴加速度计数据采集相关函数节点。第一帧保持不变，传递初始状态无错误信息；第二帧 While 循环中读取 A 口 DIO0 连接的开关状态，根据按钮状态检测结果控制 B 口 AO0 输出，控制其连接 LED 的亮灭；第三帧重置 myRIO。

（2）按键开关状态检测。调用 ExpressVI Digital In（函数→myRIO→Digital In），配置采集端口为 A 口 DIO0，错误输入连接第一帧簇常量；调用函数节点“选择”（函数→编程→比较→选择），判断 ExpressVI Digital In 检测结果。如果监测到高电平，意味着按钮弹起状态，节点“选择”输出浮点数 0，否则节点“选择”输出浮点数 5。

（3）B 口 AO0 输出控制。调用 ExpressVI Analog Out（函数→myRIO→Analog Out），配置输出端口为 B 口 AO0，输出参数为函数节点“选择”输出结果。

（4）myRIO 重置。调用函数节点 Reset myRIO（函数→myRIO→Device management→Reset）实现程序结束后的 myRIO 设备复位功能。

最终完成的开关状态检测与 LED 发光控制程序框图如图 4-9 所示。

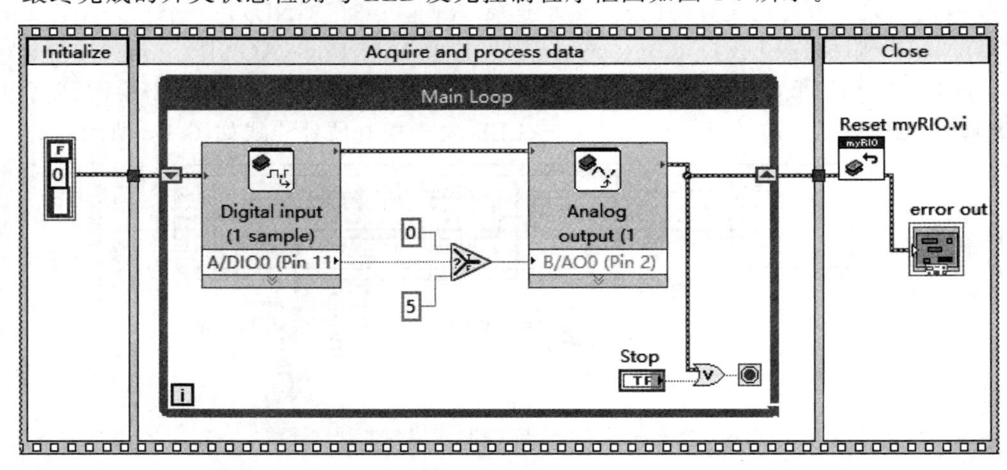

图 4-9　开关状态检测与 LED 发光控制程序框图

同样功能亦可采用底层函数实现，基于底层 VI 的开关状态检测与 LED 发光控制程序框图如图 4-10 所示。

2．编码器信号读取

旋转编码器又称编码器，是一种用于检测旋转量、旋转角度、旋转位置的传感器，分为增量型和绝对型两种类型。其中增量型是将旋转角度以脉冲计数累加量形式输出的旋转编码器，通过检测单位时间内脉冲数差值可以检测旋转量。绝对型是将旋转角度通过绝对值代码形式输出的旋转编码器，启动时不需要复位原点。其输出路数分为单路输

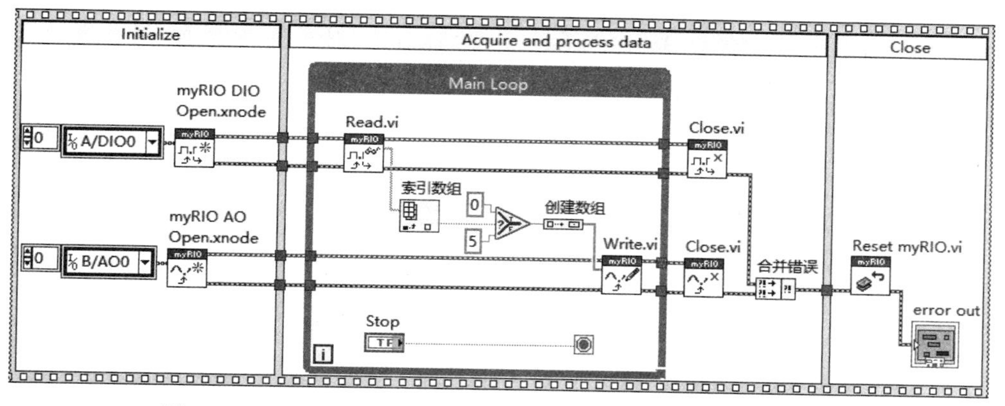

图 4-10 基于底层 VI 的开关状态检测与 LED 发光控制程序框图

出和双路输出两种。单路输出是指旋转编码器的输出是一组脉冲，而双路输出的旋转编码器输出两组 A/B 相位差 90 度的脉冲，通过这两组脉冲不仅可以测量转速，还可以判断旋转的方向。

旋转编码器在测量与控制领域具有广泛的应用，最常见的就是用来测量电机转速并配合 PWM 技术实现快速调速功能。

旋转编码器输出信号的采集，本质上是对数字脉冲的计量。所以编码器可以通过 DIO 通道连接 myRIO。myRIO 提供了 4 组旋转编码器数据采集通道，其中 A 口、B 口各一组。引脚 Pin18(与 DIO11 复用)为旋转编码器 A 相，标记为 ENC. A；引脚 Pin22(与 DIO12 复用)为旋转编码器 B 相，标记为 ENC. B。同样，B 口 Pin18(与 DIO11 复用)和 Pin22(与 DIO12 复用)为第二组旋转编码器输入引脚。A、B 口提供的编码器读取引脚分布如图 4-11 所示。

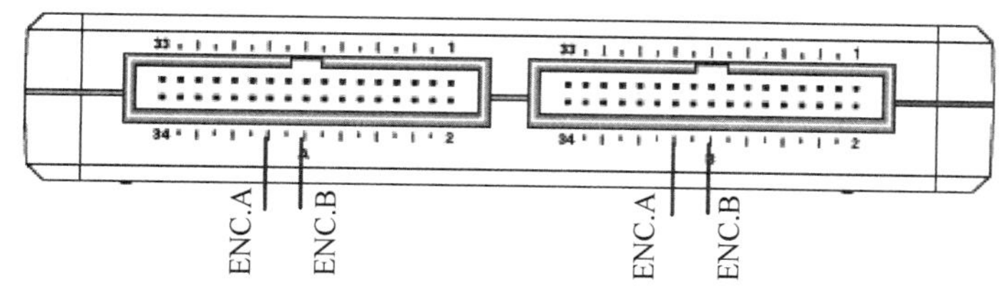

图 4-11 A、B 口提供的编码器读取引脚分布

C 口提供了 2 组旋转编码器数据采集通道，Pin11 对应第一组编码器接口 A 相，标记为 ENC0. A，Pin13 对应第一组编码器接口 B 相，标记为 ENC0. B；Pin15 为第二组编码器接口 A 相，标记为 ENC1. A，Pin17 为第二组编码器接口 B 相，标记为 ENC1. B。

myRIO 工具包中针对旋转编码器广泛应用需求，提供了专门的 ExpressVI Encoder，myRIO 函数选板中 ExpressVI Encoder 节点如图 4-12 所示。

对应的底层函数选板中编码器相关函数子选板如图 4-13 所示。

基于底层函数进行编码器数据采集时，其程序设计基本流程为“打开编码器连接通道(Open)→启动编码器计数(Start)→编码器数据读取(Read)→停止编码器计数(Stop)→关

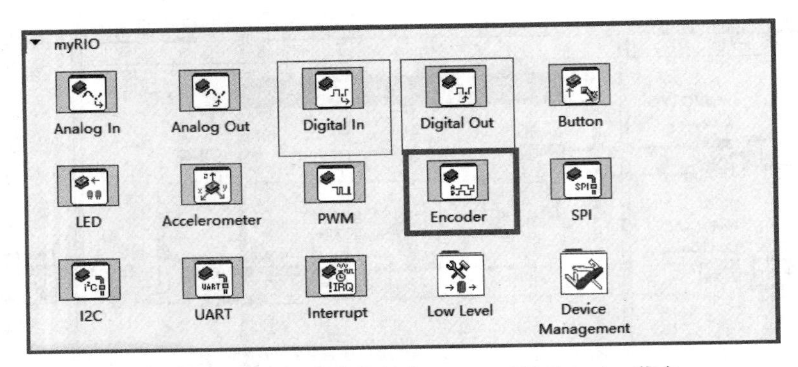

图 4-12　myRIO 函数选板中 ExpressVI Encoder 节点

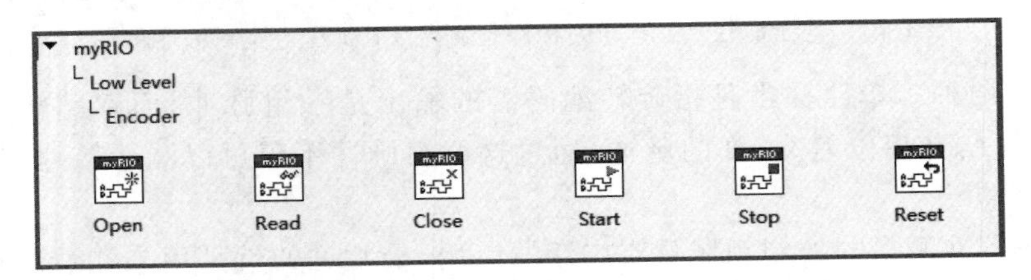

图 4-13　底层函数选板中编码器相关函数子选板

闭编码器端口(Close)”。如果需要连续读取编码器输出信号，则将编码器读取操作 Read 置于 While 循环结构中即可。

1）设计目标

本例中 myRIO 通过编码器数据采集通道连接 5V 直流电机(带旋转编码器)，实现 5V 直流电机转速测量的功能。

2）硬件连线

本例使用带编码器的 5V 直流电机，这种电机提供了 6 个连线端口，从左至右，依次为 M－、GND、A、B、5V、M＋，如图 4-14 所示。

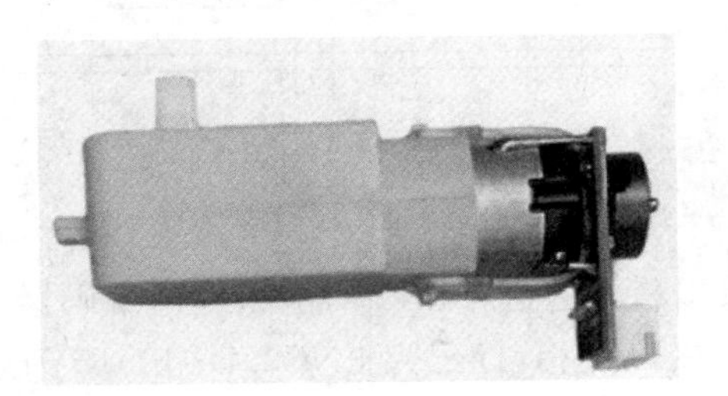

图 4-14　带编码器的 5V 直流电机

空载状态下，将电机 M－ 和 GND 端口短接，连接 myRIO 开发平台 B 口 Pin30 (DGND)；电机编码器 A 端口连接 myRIO 开发平台 B 口 Pin18(ENC. A)；电机编码器 B 端口连接 myRIO 开发平台 B 口 Pin22(ENC. B)；电机 M＋和 5V 端口短接，连接 myRIO 开发平台 B 口 Pin1(＋5V)。完成后的直流电机编码器数据读取硬件连线如图 4-15 所示。

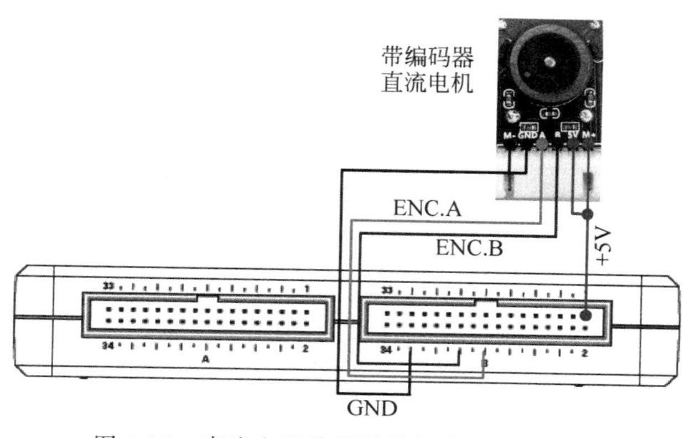

图 4-15 直流电机编码器数据读取硬件连线

3）设计思路

利用 myRIO 新建项目的程序模板，在 While 循环结构内，利用 myRIO 提供编码器读取函数节点，读取单位时间内编码器输出的脉冲计数值、脉冲方向，在前面板中显示测量结果。

4）程序实现

程序实现可分解为程序总体结构设计、编码器数据读取和显示、myRIO 设备重置等步骤。

(1) 程序总体结构设计。利用 myRIO 项目模板自动生成的 3 帧程序结构，删除三轴加速度计数据采集相关函数节点。第一帧保持不变，传递初始状态无错误信息；第二帧 While 循环中借助 ExpressVI Encoder 读取 myRIO 开发平台 B 口连接的编码器在 100ms 时间段内脉冲计数结果及测量的脉冲方向；第三帧重置 myRIO。

(2) 编码器数据读取和显示。调用 ExpressVI Encoder(函数→myRIO→Encoder)，配置采集端口为 B 口 ENC，如图 4-16 所示。

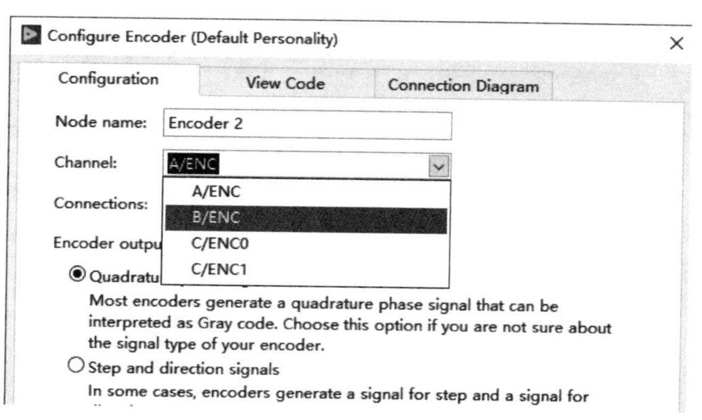

图 4-16 编码器读取通道配置

配置完成后，程序框图中的 Encoder 节点图标及其接线端口如图 4-17 所示。

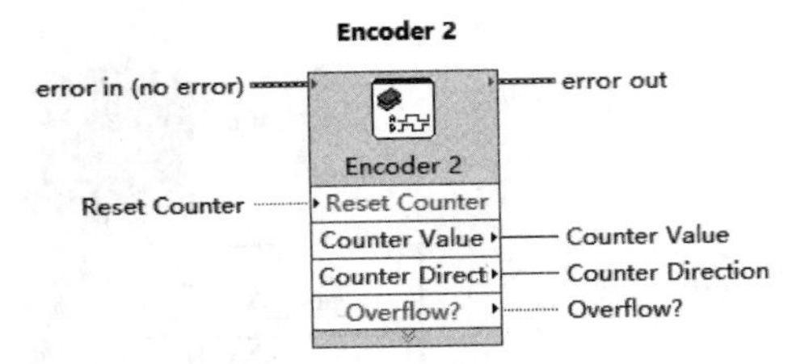

图 4-17　程序框图中的 Encoder 节点图标及其接线端口

创建输出参数 Counter Direction 显示控件，用以显示编码器计数方向。由于该型编码器为增量型编码器，因此在 While 循环中创建移位寄存器，编码器输出参数 Counter Value 作为移位寄存器当前取值，本次编码器读数减去上一次循环计数结果，作为本轮循环编码器计数结果。通过数值显示控件显示编码器计数结果。

由于编码器计数结果反映的是单位时间内电机旋转产生的脉冲数，因此 While 循环内调用函数节点"等待"(函数→编程→定时→等待)，设定时长为 100ms，实现每 100ms 观测一次编码器输出脉冲数的功能。

(3) myRIO 设备重置。调用函数节点 Reset myRIO（函数→myRIO→Device management→Reset）实现程序结束后的 myRIO 设备复位功能。

最终完成的编码器数据读取程序框图如图 4-18 所示。

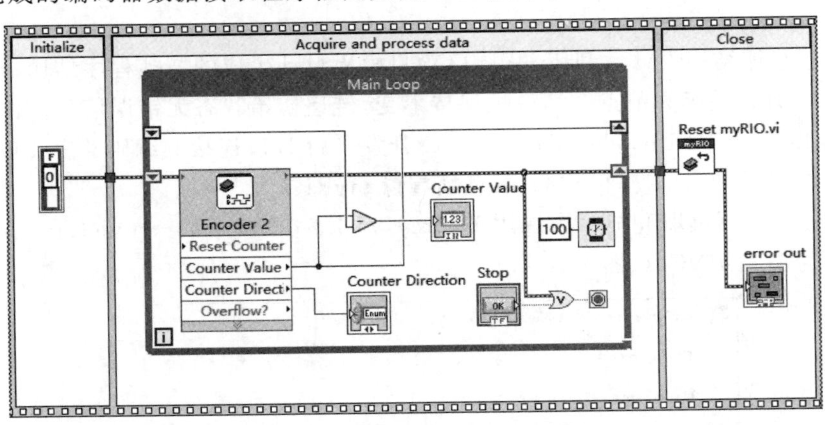

图 4-18　编码器数据读取程序框图

运行程序，当前连线模式下，电机顺时针旋转，Encoder 函数节点输出 100ms 内脉冲计数值为 −611，计数方向为 Counting Down，编码器数据读取结果如图 4-19 所示。

同样功能亦可借助底层函数节点实现，基于底层 VI 的编码器数据读取程序框图如图 4-20 所示。

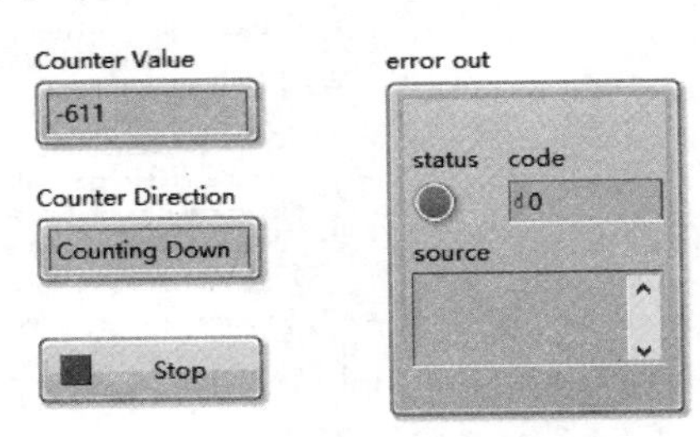

图 4-19　编码器数据读取结果

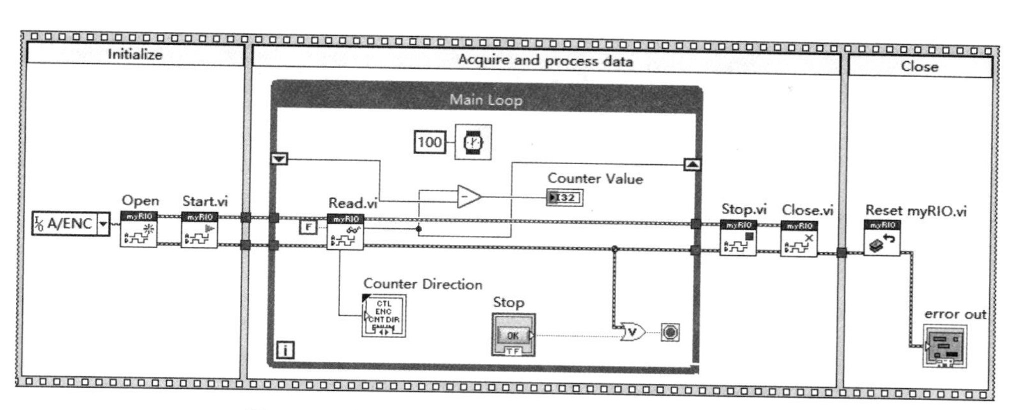

图 4-20　基于底层 VI 的编码器数据读取程序框图

本例仅测试编码器测量结果的读取功能，实际应用时，直流电机并不会直接与 myRIO 连接，而是借助电机驱动模块（使用方法参见 4.2.3 节中直流电机驱动案例相关内容）连接 myRIO 和带编码器的直流电机。图 4-21 给出了典型的直流电机调速与编码器测速的硬件连线。

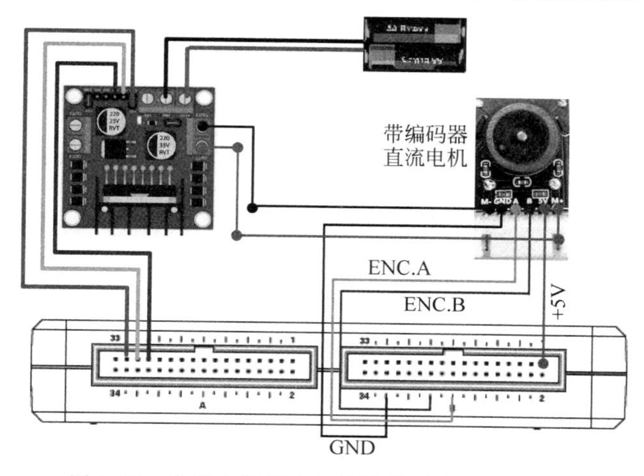

图 4-21　直流电机调速与编码器测速的硬件连线

通过设置电机驱动模块工作模式，可以进一步实现电机旋转方向、转速的控制，对应的直流电机调速、测速程序实现如图 4-22 所示。

运行程序，设置电机为反转模式（逆时针方向），调整 PWM 调速信号输出占空比，可观测到 100ms 内电机逆时针旋转编码器读数结果，如图 4-23 所示。

设置电机为正转模式（顺时针方向），调整 PWM 调速信号输出占空比，可观测到 100ms 内电机顺时针旋转编码器读数结果，如图 4-24 所示。

实际上带编码器的直流电机往往还提供一个设备参数——线数，也就是电机输出轴旋转 1 周编码器输出的脉冲数。由于部分单片机进行倍频处理，此参数实际读数也可能是标称值的 4 倍（4 倍频）。读者可以查阅电机相关参数信息，进一步开展实验，探究读出脉冲数与电机输出轴转动圈数的数量关系。

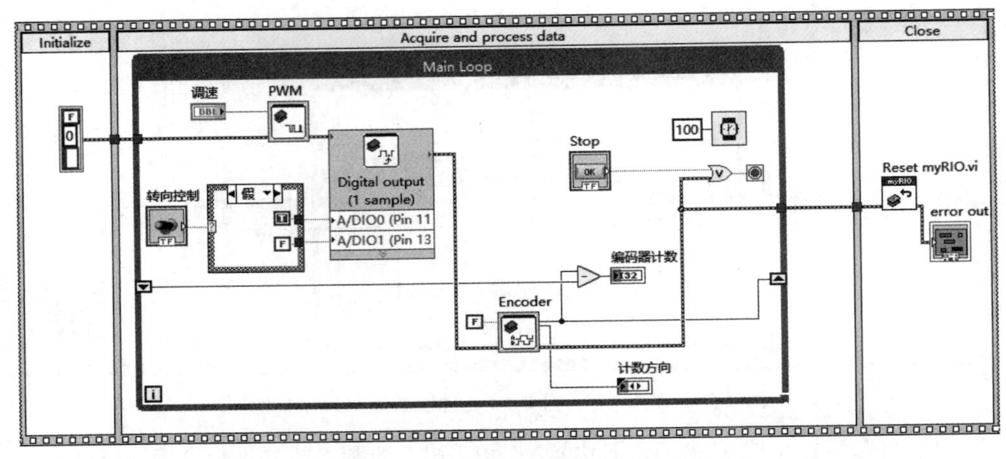

图 4-22 直流电机调速、测速程序实现

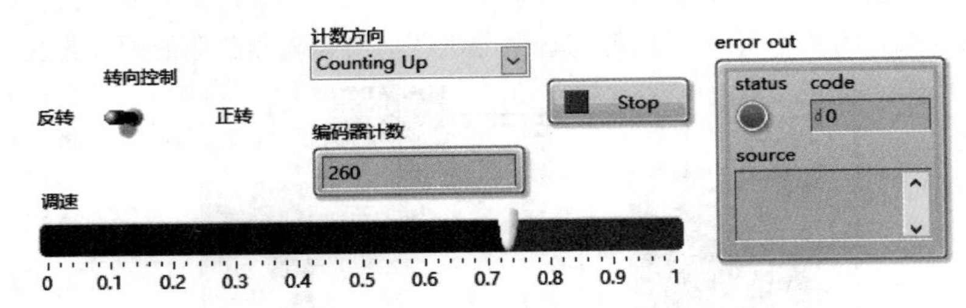

图 4-23 电机逆时针旋转编码器读数结果

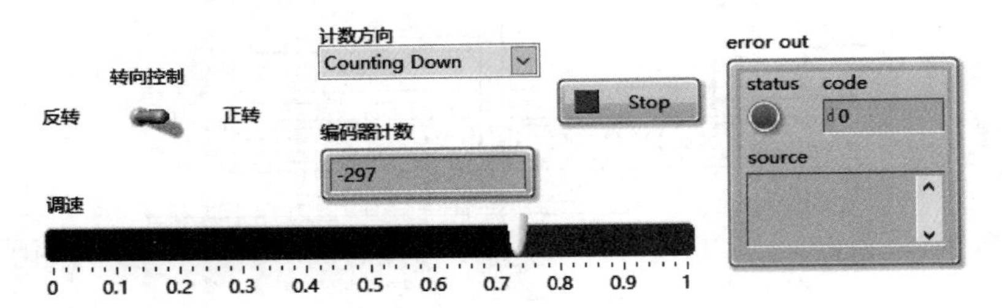

图 4-24 电机顺时针旋转编码器读数结果

微课视频

3. 红外光电开关状态采集

1）设计目标

本例拟实现 E18-D80NK 红外接近开关状态的数据采集，并根据采集结果输出控制板载 LED 显示，用以提醒用户是否探测到障碍物。

2）硬件连线

E18-D80NK 红外接近开关是一种集发射与接收于一体的光电开关传感器。该传感器一般提供 VCC(棕色)、GND(蓝色)、OUT(黑色)3 根引线。部分产品 3 根引线为 VCC(红色)、GND(黑色)、OUT(黄色)，红外光电开关实物外观如图 4-25 所示。

E18-D80NK 红外接近开关 OUT 引线输出数字信号，当检测量程范围内的障碍物时，输出低电平，否则输出高电平。传感器后侧指示灯同步检测结果（有障碍物亮，无障碍物灭）。其检测距离可以根据要求进行调节，可调范围为3～80cm。该传感器具有探测距离远、受可见光干扰小、价格便宜、易于装配、使用方便等特点，广泛应用于机器人避障、工业自动化流水线等场合。

本例中E18-D80NK棕色线端（VCC）连接myRIO开发平台B口Pin1（+5V），蓝色线端（GND）连接myRIO开发平台B口Pin6（AGND），黑色线端（OUT，信号线）连接myRIO开发平台B口Pin13（DIO1）。由于myRIO中的DIO端口均配置了上拉电阻，因此不必担心这种开关接线方式导致短路。完整的红外开关状态检测硬件连线如图4-26所示。

图4-25 红外光电开关实物外观

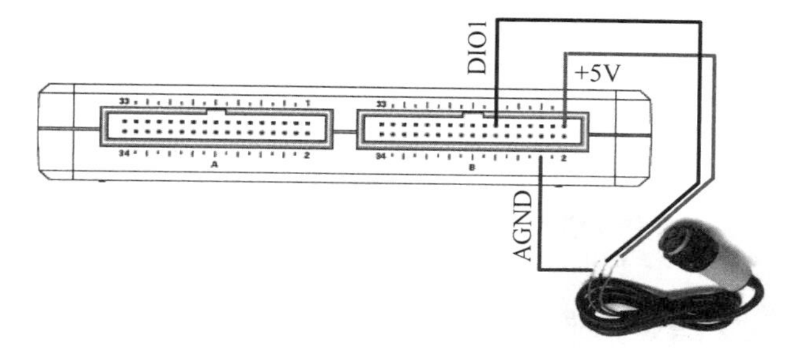

图4-26 红外开关状态检测硬件连线

3）设计思路

利用myRIO新建项目的程序模板，在While循环结构内，实时检测红外开关的B口DIO1端口电平状态，当监测到高电平时（无障碍物），程序界面布尔指示灯及板载LED0灭，当监测到低电平时（有障碍物），程序界面布尔指示灯及板载LED0亮。由于红外开关自身输出为无障碍物时高电平、有障碍物时低电平，所以为了实现上述逻辑，还需要对于进行检测到红外开关输出信号反相操作，以实现基于该信号对于板载LED的驱动。

4）实现方法

程序实现可分解为程序总体结构设计、红外开关状态检测、板载LED0显示控制、myRIO重置等步骤。

（1）程序总体结构设计。利用myRIO项目模板自动生成的3帧程序结构，删除三轴加速度计数据采集相关函数节点。第一帧保持不变，传递初始状态无错误信息；第二帧While循环中读取B口DIO1连接的红外开关状态，根据按钮状态检测结果控制板载LED0亮灭；第三帧重置myRIO。

（2）红外开关状态检测。调用ExpressVI Digital In（函数→myRIO→Digital In），配置采集端口为B口DIO1，错误输入连接第一帧簇常量；调用函数节点“非”（函数→编程→布尔→非），对于ExpressVI Digital In检测结果进行反相操作。

（3）板载LED0显示控制。调用ExpressVI LED（函数→myRIO→LED），配置驱动显示的LED为LED0，其输入端口连接红外开关检测状态值的反相操作结果。

（4）myRIO重置。调用函数节点Reset myRIO（函数→myRIO→Device management→

Reset)实现程序结束后的 myRIO 设备复位功能。

最终完成红外开关状态检测程序框图如图 4-27 所示。

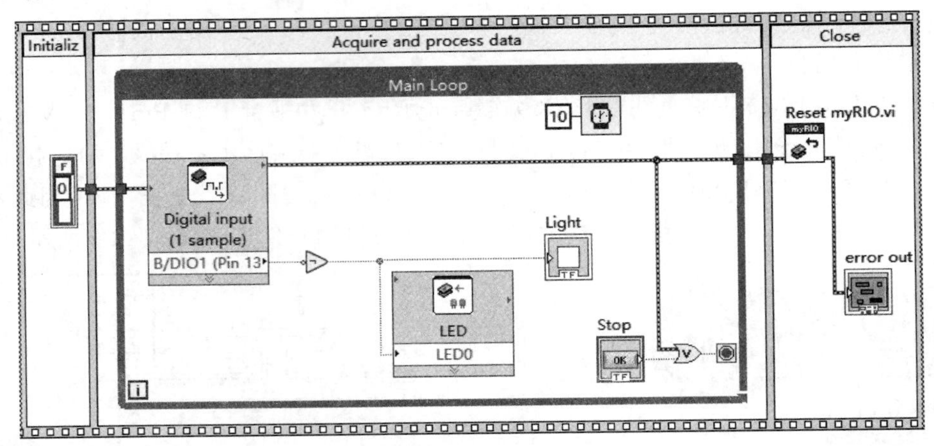

图 4-27 红外开关状态检测程序框图

同样功能亦可采用底层函数实现，基于底层 VI 的红外开关状态检测程序框图如图 4-28 所示。

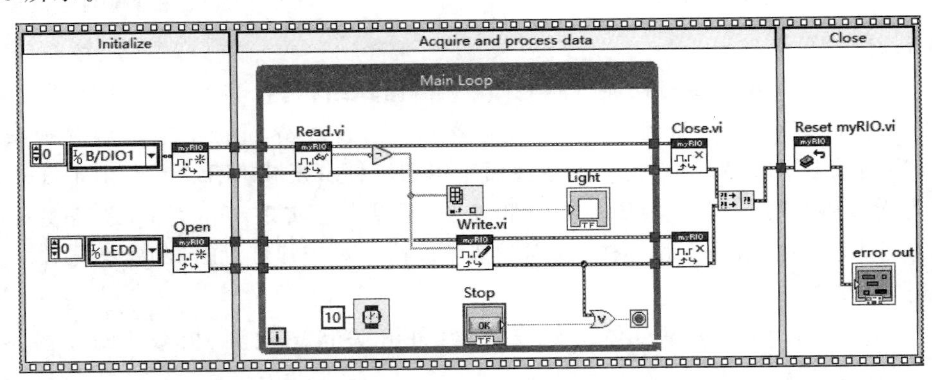

图 4-28 基于底层 VI 的红外开关状态检测程序框图

myRIO 中可以同时进行多个 DIO 通道的读写操作(Open 函数中设置多个 DIO 通道，无论是 Read 函数还是 Write 函数，均以数组的形式完成数字状态的输入输出)，本例中为了便于初学者快速了解，采取了单个 I/O 口操作，感兴趣的读者可以自行改造，通过一个 Open 函数的调用，实现采集 DIO1 数据及板载 LED0 的显示驱动。

4.2 数字信号输出技术及应用

本节介绍数字信号输出的基本概念，myRIO 中数字信号输出引脚的配置情况，数字输出 ExpressVI 及其配置、调用方法，数字信号输出相关的若干底层 VI 及其应用的一般流程，并结合继电器控制、PWM 信号输出、直流电机驱动、步进电机驱动、舵机驱动等多个实例介绍实现数字信号输出技术应用方法。

4.2.1 数字信号输出技术概述

数字信号的输出就是计算机将程序内部产生的数字状态通过采集装置提供的数字信号采集通道向外输出的过程。这一过程与数字信号采集互为逆向过程。

myRIO 提供的数字信号相关通道均为 I/O 复用通道，既可以作为数字信号采集通道(DI)，也可以作为数字信号输出通道(DO)，因此一般将 myRIO 中提供的数字信号相关通道简称 DIO。本书 4.1.1 中所述 myRIO 提供的总计 40 个数字信号采集通道，均可作为数字信号输出通道。

myRIO 的 DIO 通道中，A 口和 B 口提供的 DIO0～13 内置 40kΩ 上拉电阻，连接 3.3V 电源，默认输出高电平。DIO0～13 内置的上拉电阻如图 4-29 所示。

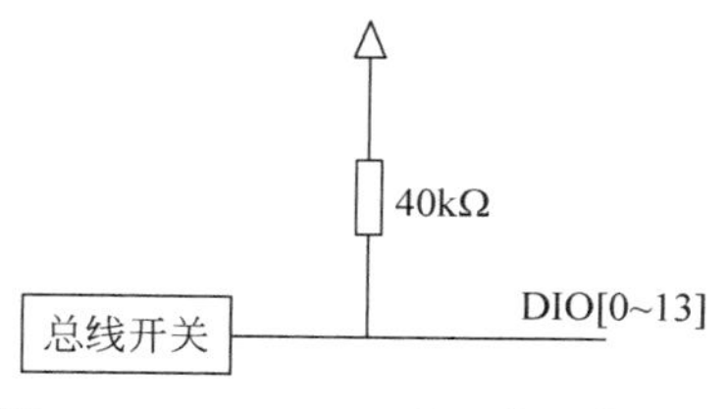

图 4-29 DIO0～13 内置的上拉电阻

DIO14、DIO15 两个引脚由于和 SPI、I2C 总线复用，内置的上拉电阻为 2.1kΩ，如图 4-30 所示。

C 口有提供个 DIO 通道，每个 DIO 通道通过 40kΩ 下拉电阻连接到地，默认输出低电平。C 口 DIO 内置的下拉电阻如图 4-31 所示。

图 4-30 DIO14～15 内置的上拉电阻

图 4-31 C 口 DIO 内置的下拉电阻

myRIO 的 DIO 通道中还提供了 6 路 PWM 输出，其中 A 口、B 口的 DIO8(Pin27，PWM0)、DIO9(Pin29，PWM1)及 C 口的 DIO3(Pin14，PWM0)、DIO7(Pin14，PWM1)为 PWM 输出复用通道。

4.2.2 主要函数节点

myRIO 中数字信号输出的实现有 2 种方法。第一种方法是使用 myRIO 工具包中的数字输出 ExpressVI，如图 4-32 所示。

将该节点拖曳至程序框图，即可弹出数字输出 ExpressVI 参数配置窗口，如图 4-33 所示。

配置操作完成后，程序框图中的数字输出 ExpressVI 图标如图 4-34 所示。

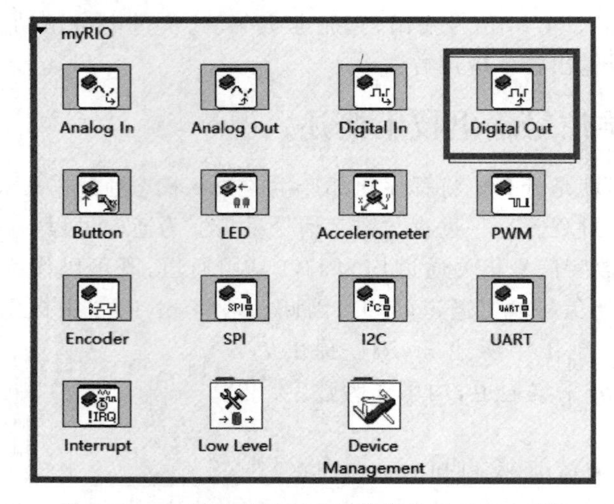

图 4-32　myRIO 工具包中的数字输出 ExpressVI

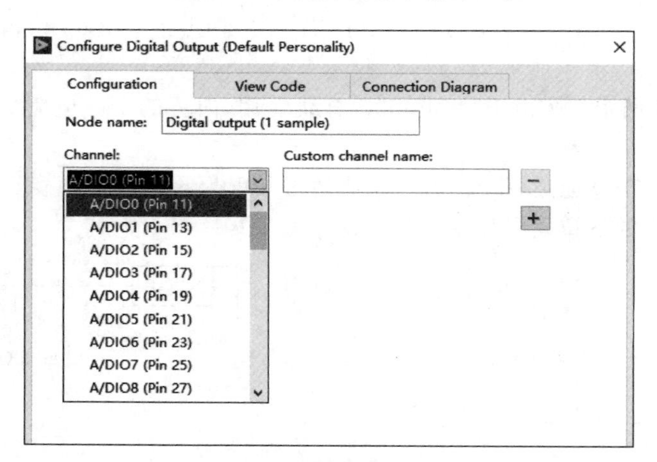

图 4-33　数字信号输出通道配置窗口

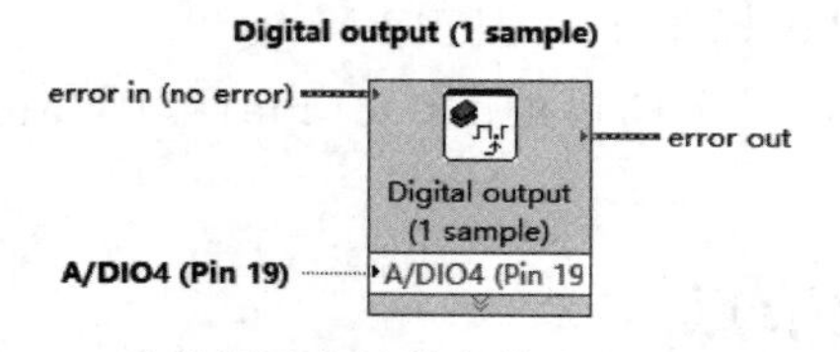

图 4-34　程序框图中的数字输出 ExpressVI 图标

按照当前配置，该节点每次调用可以向 A 口 DIO4 通道写出输出一个数字信号状态值。配置多个通道，则可以同时写出多个数字信号状态值。

第二种方法是基于 myRIO 提供的底层函数（myRIO→Low Level→Digital Input/Output 1 Sample→Write）实现数字信号输出，底层函数子选板中的数字输出相关 VI 如图 4-35 所示。

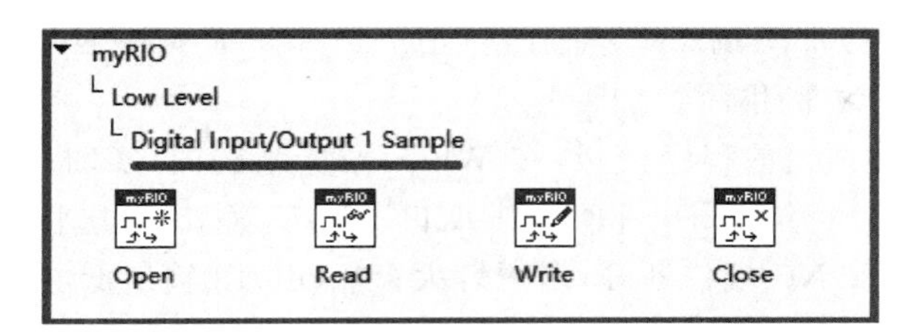

图 4-35　底层函数子选板中的数字输出相关 VI

基于底层函数进行数字信号输出时,基本流程为“打开 DIO 通道(Open)→DIO 通道输出(Write)→关闭 DIO 通道(Close)”。如果需要控制 DIO 通道连续输出,则将 DIO 通道输出操作 Write 置于 While 循环结构中即可。

4.2.3　数字信号输出技术应用实例

数字信号的输出是电子系统开发中用来产生测试信号、控制外部设备的重要技术手段,具有极其重要的实践价值。

1. 继电器控制

1) 设计目标

微课视频

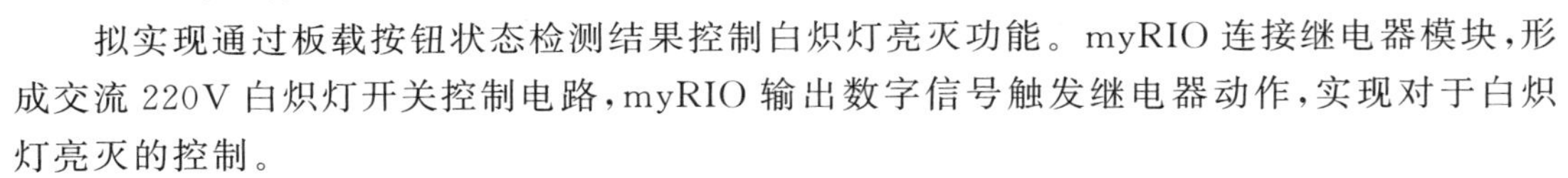

拟实现通过板载按钮状态检测结果控制白炽灯亮灭功能。myRIO 连接继电器模块,形成交流 220V 白炽灯开关控制电路,myRIO 输出数字信号触发继电器动作,实现对于白炽灯亮灭的控制。

2) 硬件连线

硬件设计中使用集成继电器模块,继电器公共端 COM 连接 220V 交流电火线,常闭 NC 端连线白炽灯火线接线端。220V 交流电零线连线白炽灯零线接线端。继电器电源引脚 VCC 连接独立直流电源正极(+5V),继电器地线引脚 GND 连接 myRIO 开发平台 A 口 Pin8(DGND),继电器引脚 GND 同时连接直流电源负极。继电器信号输入端连接 myRIO 开发平台 A 口 Pin20(DIO13)。通过继电器控制白炽灯硬件连线如图 4-36 所示。

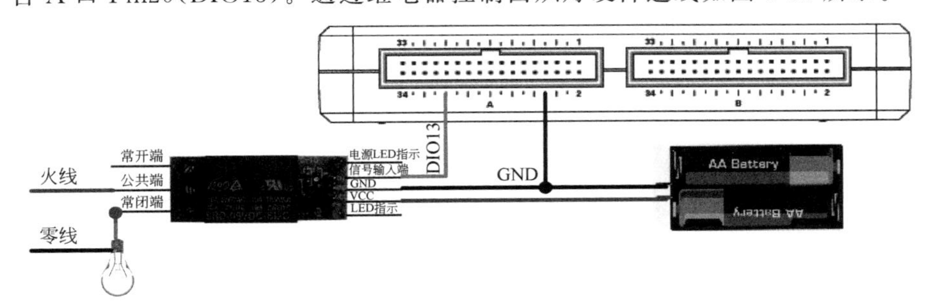

图 4-36　继电器控制白炽灯硬件连线

3) 设计思路

由于 A 口为 DIO 通道默认高电平输出,所以当继电器信号输入端连接高电平时,控制继电器公共端(COM)与常闭端(NC)断开,灯泡灭。如果需要灯泡亮,则 DIO13 输出低电平,控制继电器公共端与常闭端连通即可。

利用 myRIO 新建项目的程序模板,在 While 循环结构内,实时检测板载按钮状态,当按钮按下时,A 口 DIO13 输出高电平,否则 A 口 DIO13 输出低电平。DIO13 输出高电平时,继电器 COM 端口和 NC 端口断开,白炽灯灭;当 DIO13 输出低电平时,继电器 COM 端口和 NC 端口闭合,白炽灯亮。

4) 程序实现

程序实现可分解为程序总体结构设计、板载按钮状态检测、DIO13 输出控制、DIO13 状态采集、myRIO 重置等步骤。

(1) 程序总体结构设计。利用 myRIO 项目模板自动生成的 3 帧程序结构,删除三轴加速度数据采集相关函数节点。第一帧保持不变,传递初始状态无错误信息;第二帧 While 循环中读取板载按钮状态,根据按钮状态检测结果控制 DIO13 输出,然后读取 DIO13 状态,检验 DIO 输出电平状态;第三帧重置 myRIO。

(2) 板载按钮状态检测。调用 ExpressVI Button(函数→myRIO→Button),错误输入连接第一帧簇常量;调用函数节点“选择”(函数→编程→比较→选择),判断 ExpressVI Button 检测结果。如果按钮按下,输出逻辑真,否则输出逻辑假。

(3) DIO13 输出控制。调用 ExpressVI Digital Out(函数→myRIO→Digital Out),配置输出端口为 A 口 DIO13,输出参数为函数节点“选择”输出结果。

(4) DIO13 状态采集。为了检验 DIO13 当前输出电平状态,调用 ExpressVI Digital In (函数→myRIO→Digital In),配置输出端口为 A 口 DIO13,读取 DIO13 当前电平状态,并通过布尔指示灯显示。

(5) myRIO 重置。调用函数节点 Reset myRIO(函数→myRIO→Device management→Reset)实现程序结束后的 myRIO 设备复位功能。

最终完成的继电器控制白炽灯亮灭的程序框图如图 4-37 所示。

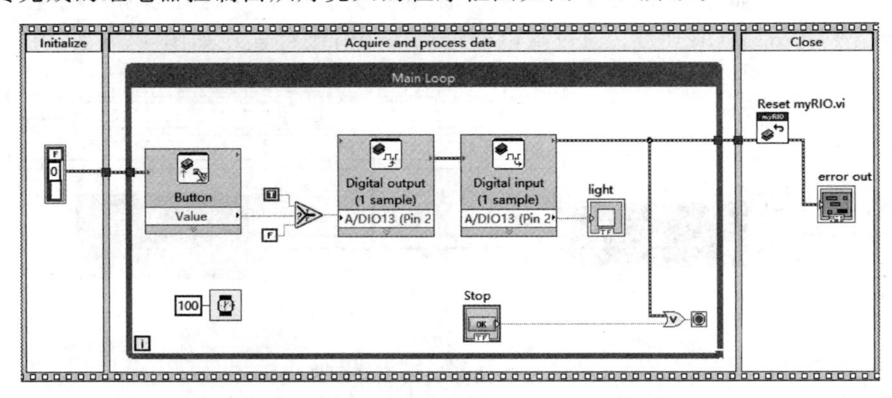

图 4-37 继电器控制白炽灯亮灭程序框图

同样功能亦可采用底层函数实现,基于底层函数实现继电器控制白炽灯亮灭的程序实现如图 4-38 所示。

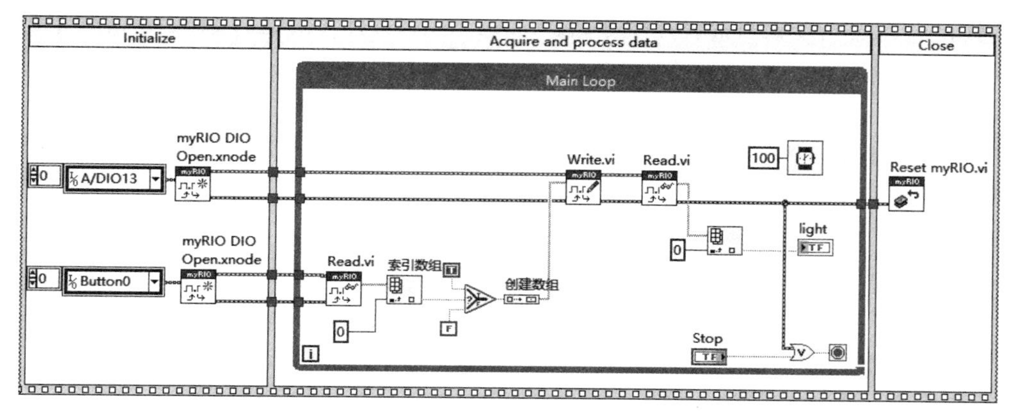

图 4-38 基于底层函数实现继电器控制白炽灯亮灭的程序实现

2. PWM 输出调节 LED 发光亮度

1）设计目标

调光装置在生活中应用非常广泛，这里将使用旋转电位器作为 LED 亮度调节的控制装置，根据旋转电位器产生的不同电阻值生成不同占空比的 PWM 信号输出，实现对连接 PWM 输出引脚的 LED 亮度调节功能。

2）硬件连线

PWM 是 myRIO 数字信号输出中的一个特殊情况。与常规数字状态输出不同的是，PWM 输出是按照指定的频率、占空比输出方波信号，使输出引脚得到一系列幅值相等的脉冲。开发者通过改变脉冲的宽度或占空比即可实现输出引脚电压的调控。

PWM 调光硬件设计时，使用旋转电位器作为调光装置，通过 PWM 输出信号控制其连接 LED 发光亮度。其中旋转电位器 A、B、C 三个接线端分别连接 myRIO 开发平台 A 口 Pin1（+5V）、Pin3（AI0）、Pin6（AGND）。LED 阳极连接 myRIO 开发平台 A 口 Pin31（DIO10/PWM2），阴极连接 Pin30（DGND）。基于 PWM 输出的调光硬件连线如图 4-39 所示。

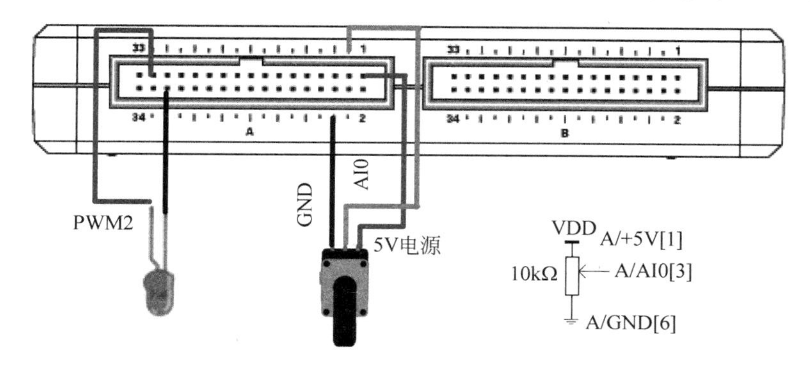

图 4-39 基于 PWM 输出的调光硬件连线

3）设计思路

利用 myRIO 新建项目的程序模板，在 While 循环结构内，采集 A 口 AI0（旋转电位器）分压所产生的模拟信号数值。采集数据映射为 0～1 的 PWM 输出控制占空比参数，控制 A 口 PWM2 输出通道，按照设定的占空比输出数字波形，实现对于 LED 发光亮度的调节。

4）程序实现

程序实现可分解为程序总体结构设计、旋转电位器电压检测、占空比计算、PWM 输出、myRIO 重置等步骤。

（1）程序总体结构设计。利用 myRIO 项目模板自动生成的 3 帧程序结构，删除三轴加速度计数据采集相关函数节点。第一帧保持不变，传递初始状态无错误信息；第二帧 While 循环中采集旋转电位器电压值，转换为占空比参数，控制 DIO10 输出，实现 PWM 控制 LED 发光亮度功能；第三帧重置 myRIO。

（2）旋转电位器电压检测。调用 ExpressVI Analog In（函数→myRIO→Analog In），配置模拟信号采集通道为 A 口 Pin3（AI0）。

（3）占空比计算。由于旋转电位器分压结果为 0～5V，所以 AI0 采集的数据也在 0～5V 连续变化；AI0 端口采集电压/5，可以将其映射至 0～1，作为 PWM 输出控制的占空比参数。

（4）PWM 输出。调用 ExpressVI PWM（函数→myRIO→PWM），配置 PWM 输出通道为 A 口 Pin31（DIO/PWM2），设置 PWM 信号频率为常量 1000Hz，配置占空比为节点输入参数，如图 4-40 所示。

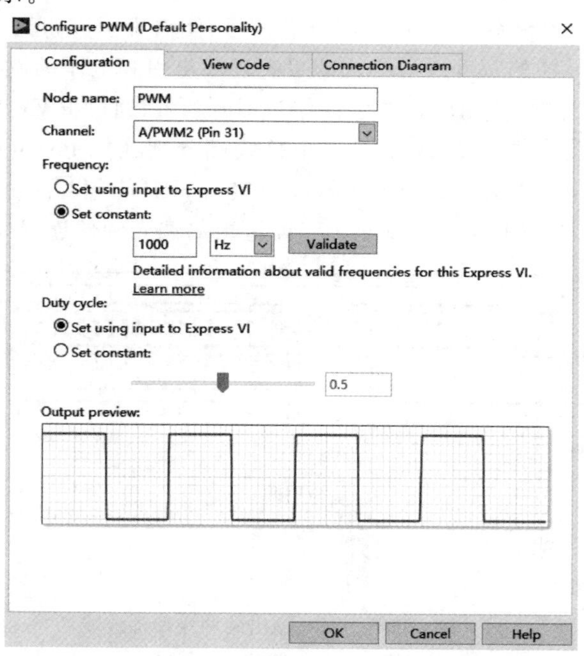

图 4-40　PWM 输出参数配置

这种设置可以产生频率为1000Hz,占空比由程序控制的PWM信号。

(5) myRIO重置。调用函数节点Reset myRIO(函数→myRIO→Device management→Reset)实现程序结束后的myRIO设备复位功能。

最终完成的旋转电位器调节LED发光亮度程序如图4-41所示。

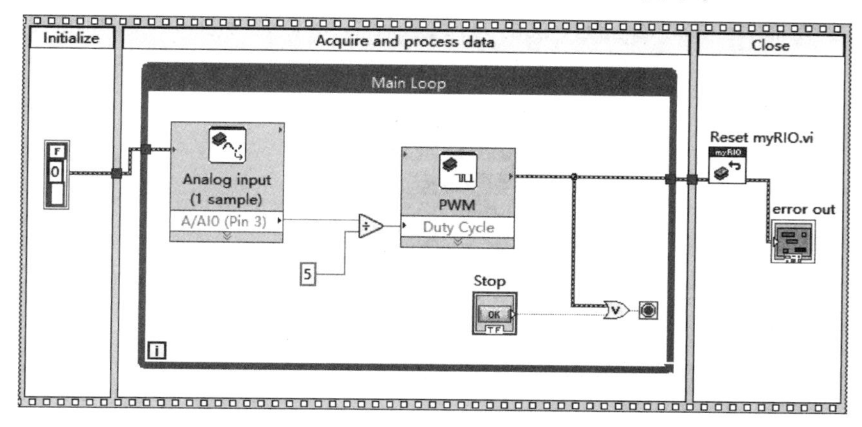

图4-41 旋转电位器调节LED发光亮度程序

同样功能亦可采用底层函数实现,基于底层VI实现旋转电位器调节LED发光亮度程序如图4-42所示。

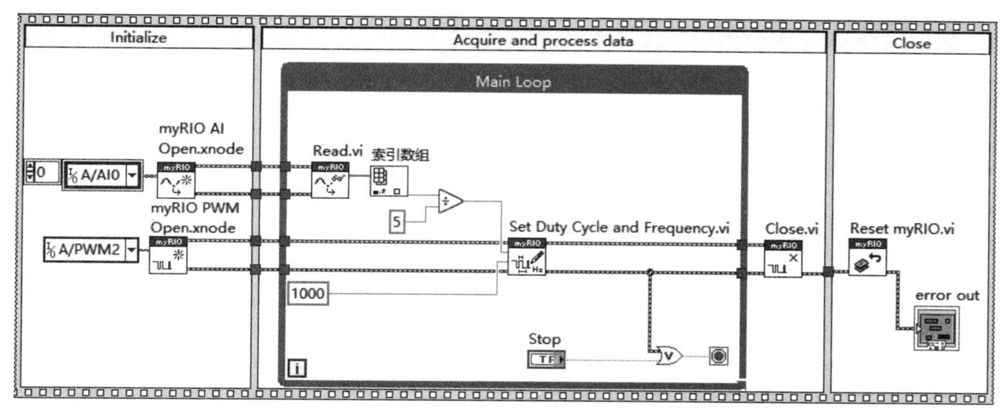

图4-42 基于底层VI实现旋转电位器调节LED发光亮度程序

3. 直流电机驱动与调速控制

微课视频

电机是运动装置的动力之源,直流电机作为电机的主要类型,由于其良好的调速性能,在各类电子系统、自动化系统中均有广泛的应用,从电动车到机器人再到电子玩具,都可以看到直流电机的身影。因此,掌握直流电机的运行控制——包括正转、反转、调速等,对于理解、分析、设计相关系统的技术解决方案具有重要的实践意义。

由于一般单片机、嵌入式及本书所述的myRIO输出通道的驱动能力有限,特别是电机连接负载之后可能需要较大电流输出,而且电机应用中往往还涉及电机的正转、反转、调速等需求，这时无论是单片机、嵌入式还是myRIO均无法达到直接驱动电机的目标。因此作为单片机、其嵌入式和电机的“中间件”——电机驱动模块就应运而生。

电子系统开发中常用的电机驱动模块为L298N。该模块工作电压高、输出电流大、瞬间峰值电流可达3A，持续工作电流为2A，额定功率25W。模块内含两个H桥的高电压大电流全桥式驱动器，驱动能力与抗干扰能力强、可轻而易举实现电机正转和反转的控制，通常作为直流电机及步进电机的驱动电路。L298N电机驱动模块如图4-43所示。

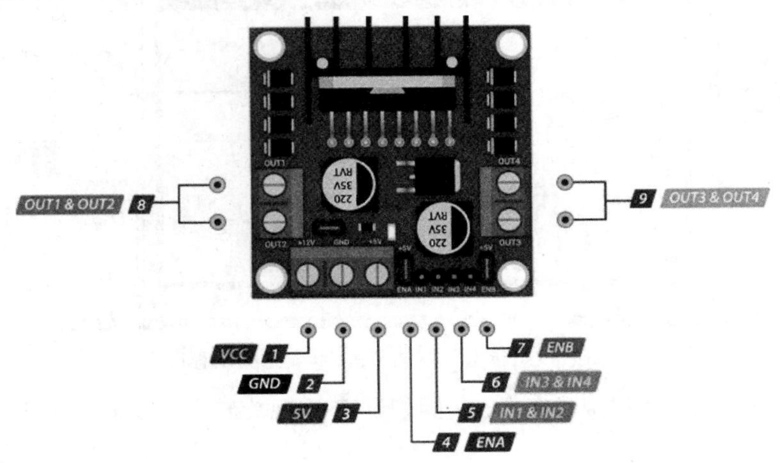

图4-43 L298N电机驱动模块

L298N提供了9类引脚，引脚名称及功能如下。

(1) VCC。外接直流电源引脚，电压范围为5～35V。

(2) GND。接地引脚，连接到电源负极。

(3) 5V。芯片内部逻辑供电引脚，如果安装了5V跳帽，则此引脚可输出5V电压，为微控板或其他电路提供电力供给，如果拔掉5V跳帽，则需要独立外接5V电源。

(4) ENA。电机调速开关引脚，拔掉跳帽，使用PWM对OUT1 & OUT2连接电机进行调速，插上跳帽，电机高速运行。

(5) IN1 & IN2。电机驱动器OUT1 & OUT2输出的控制引脚，IN1输入高电平HIGH，IN2输入低电平LOW，对应OUT1 & OUT2以电源正和负的方式驱动电机正转；IN1输入低电平LOW，IN2输入高电平HIGH，对应OUT1 & OUT2以电源负和正的方式驱动电机反转；IN1、IN2同时输入高电平HIGH或低电平LOW，对应OUT1 & OUT2无输出，连接电机停止转动。

(6) IN3 & IN4。电机驱动器OUT3&OUT4输出的控制引脚，作用方式与IN1 & IN2完全相同。

(7) ENB。电机调速开关引脚，作用方式与ENA完全相同。

(8) OUT1 & OUT2。A组电机驱动引脚。

(9) OUT3 & OUT4。B组电机驱动引脚。

假设 L298N 引脚 OUT1、OUT2 和 OUT3、OUT4 之间分别接两个直流电机 M1、M2，IN1、IN2、IN3、IN4 引脚接入控制电平，控制 OUT1 & OUT2 或 OUT3 & OUT4 输出电源极性，用以控制电机的正反转，ENA、ENB 接控制使能端，控制电机调速，L298N 控制逻辑关系如表 4-1 所示。

表 4-1 电机驱动模块 L298N 控制逻辑关系

OUT1	OUT2	OUT3	OUT4	控制引脚				PWM 调速	
				IN1	IN2	IN3	IN4	ENA	ENB
1	0	—	—	1	0	—	—	1	—
0	0	—	—	1	1	—	—	1	—
0	1	—	—	0	1	—	—	1	—
0	0	—	—	0	0	—	—	1	—
—	—	1	0	—	—	1	0	—	1
—	—	0	0	—	—	1	1	—	1
—	—	0	1	—	—	0	1	—	1
—	—	0	0	—	—	0	0	—	1

注：OUT1&OUT2 和 OUT3&OUT4 输出 0 或 1 仅表示其电平高低，实际输出与接入电源电压有关。

1）设计目标

本例使用旋转电位器形成分压电路，myRIO 采集旋转电位器分压电路产生的模拟电压信号，将其映射为[0.25,1]区间，作为 myRIO 输出 PWM 信号占空比的参数实现对 PWM 输出波形的控制。myRIO 输出的 PWM 信号连接 L298N 模块 ENA 使能信号端子，实现电机的调速功能。同时，myRIO 采集按钮信号状态，实现对电机正转或反转的控制。

2）硬件连线

硬件设计时使用旋转电位器作为 PWM 信号占空比参数设置依据，其引脚 A、B、C 三个接线端分别连接 myRIO 开发平台 A 口 Pin1(+5V)、Pin3(AI1)、Pin30(DGND)。

使用按钮式开关作为电机转向控制装置，其公共端子连接 B 口 Pin30(DGND)，一端连接 B 口 Pin11(DIO0)。开关按下，DIO0 低电平，开关弹起，DIO0 高电平。

使用 L298N(电机驱动模块)驱动直流电机，引脚 VCC 连接 5V 电源正极，GND 连接 5V 电源负极，GND 同时连接 myRIO 开发平台 A 口 Pin8(DGND)实现电机驱动模块与 myRIO 的共地处理；OUT1 & OUT2 连接直流电机正负极；引脚 ENA 连接 myRIO 开发平台 A 口 Pin31(PWM2)；引脚 IN1 连接 myRIO 开发平台 A 口 Pin11(DIO 0)，引脚 IN2 连接 myRIO 开发平台 A 口 Pin13(DIO1)。最终的直流电机驱动与调速硬件连线如图 4-44 所示。

3）设计思路

利用 myRIO 新建项目的程序模板，删除三轴加速度计数据采集和显示部分内容，保留三帧程序基本结构。在第一帧中，完成错误信息初始化赋值；在第二帧 While 循环结构内，首先判断按钮式开关状态，用以确定 L298N 模块 IN1、IN2 信号，采集 A 口 AI0 电压，将其映射至[0.25,1](当 PWM 信号占空比小于 0.25 时，无法驱动电机)，作为占空比，生成并输出 PWM 信号，调节电机转速；第三帧中进行设备重置操作。

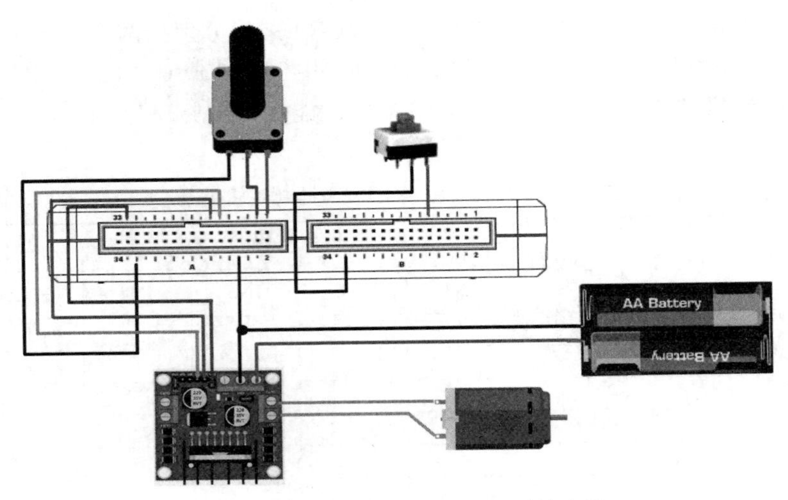

图 4-44 直流电机驱动与调速硬件连线

4）程序实现

程序实现可分解为程序总体结构设计、错误信息初始化、开关状态检测、电机转向控制信号生成、旋转电位器电压检测、换算占空比、PWM 输出、关闭电机、myRIO 重置等步骤。

（1）程序总体结构设计。利用 myRIO 项目模板自动生成的 3 帧程序结构。第一帧实现错误信息初始化操作；第二帧 While 循环中检测开关状态、读取旋转电位器分压结果读数，将其换算为 PWM 信号占空比，PWM 输出控制及程序停止时关闭电机等操作；第三帧重置 myRIO。

（2）错误信息初始化。程序第一帧中，利用 myRIO 自动生成项目时创建的错误信息簇常量，作为应用程序错误信息初始化值。

（3）开关状态检测。按钮式开关状态读取 B 口 DIO0，当开关弹起时为开路状态，读取电压为高电平。当开关按下时为闭合状态，读取电压为低电平。由于 B 口 DIO 端口内置上拉电阻，开关闭合直接连通 DIO 端口和 DGND，并不会造成设备异常情况。

调用 ExpressVI Digital In 检测 B 口 DIO0 电平状态，对应的开关状态检测通道配置如图 4-45 所示。

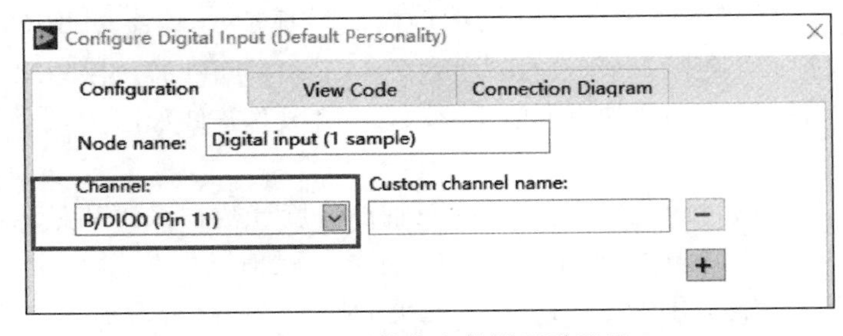

图 4-45 开关状态检测通道配置

（4）电机转向控制信号生成。L298N 驱动模块中，IN1、IN2 用以调整 OUT1&OUT2 输出极性，以控制电机正转或者反转。当开关断开时，B 口 DIO 检测高电平，希望电机正转，则设置 IN1 高电平、IN2 低电平；当开关闭合时，B 口 DIO 检测低电平，希望电机反转，则设置 IN1 低电平、IN2 高电平。

由于 IN1、IN2 连接 A 口 DIO0 和 DIO1，调用 ExpressVI Digital Out，驱动电机正转、反转的信号设置如图 4-46 所示。

（5）旋转电位器电压检测。使用旋转电位器设计简单分压电路，通过 A 口 AI0 测量分压结果。调用 ExpressVI Analog In 采集信号的配置结果如图 4-47 所示。

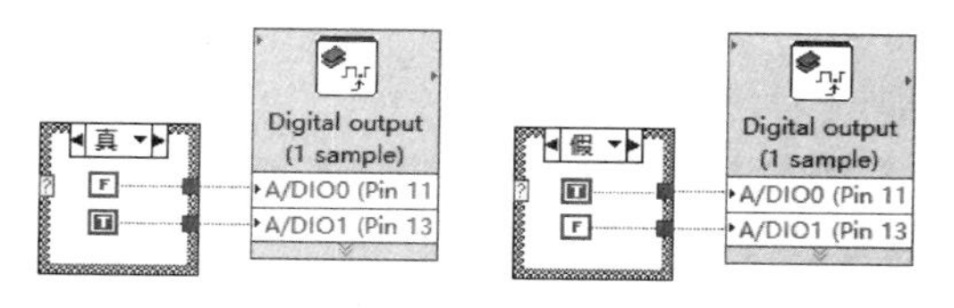

图 4-46　驱动电机正转、反转的信号设置

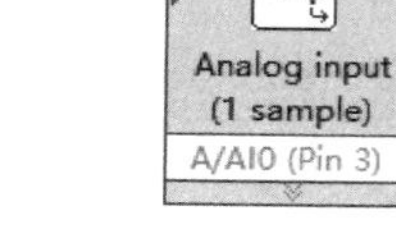

图 4-47　Analog In 采集信号的配置结果

（6）换算占空比。由于检测到的旋转电位器分压结果为 0～5.12V，需要将其转换为调节电机转速的 PWM 信号占空比。实验发现，当占空比参数小于 25%时，L298N 的输出已经无法驱动电机。因此欲达成驱动电机的目的，调节电机转速的 PWM 信号占空比不能低于 25%。因此按照如下公式将[0,5.12]的电压采集结果映射至[0.25,1]的占空比参数。

$$y = 0.25 + 0.75(x/5.12)$$

其中，x 为测量电压值，y 为换算对应的占空比参数。

（7）PWM 输出。按照硬件连接，myRIO 开发平台 A 口 PWM2(Pin31)与 L298N 驱动模块 ENA 相连，实现电机转速调节。对应的调速用 PWM 节点参数配置如图 4-48 所示。

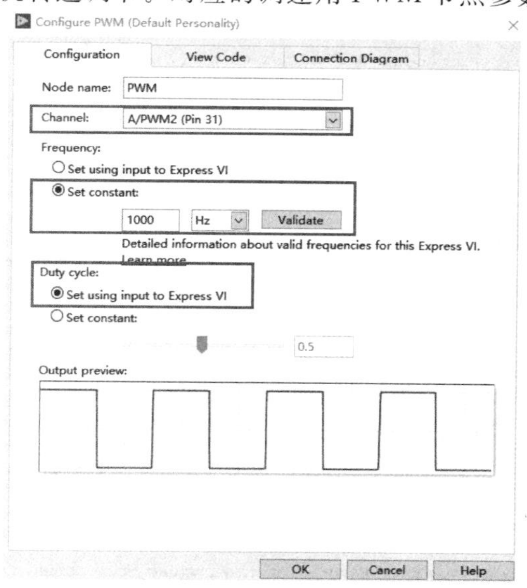

图 4-48　调速用 PWM 节点参数配置

配置完成的 ExpressVI PWM 节点连接(6)中占空比换算结果，实现电机调速信号生成。

(8) 关闭电机。myRIO 应用程序结束运行后，虽然 myRIO 设备重置，但是 L298N 接收到的参数并未改变，会依旧维持原来运动状态。为了实现应用程序结束运行时停止电机的功能，在主程序结束时，添加条件结构，判断停止按钮状态，如果停止按钮按下，则调用 ExpressVI Digital Out，设置 A 口 DIO0、DIO1 输出低电平，用以控制 L298N 模块 OUT1&OUT2 停止输出电机驱动电源。

(9) myRIO 重置。调用函数节点 Reset myRIO(函数→myRIO→Device management→Reset)实现程序结束后的 myRIO 设备复位功能。

最终完成的直流电机驱动与调速程序框图如图 4-49 所示。

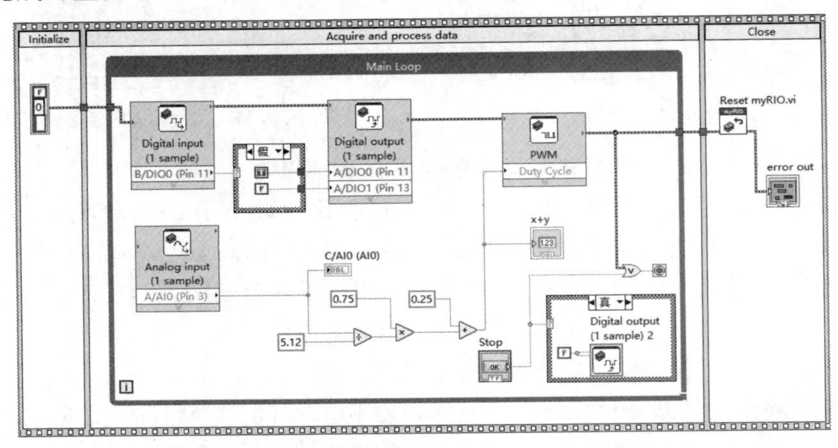

图 4-49 直流电机驱动与调速程序框图

同样功能亦可借助底层 VI 实现，基于底层 VI 的直流电机驱动与调速程序框图如图 4-50 所示。

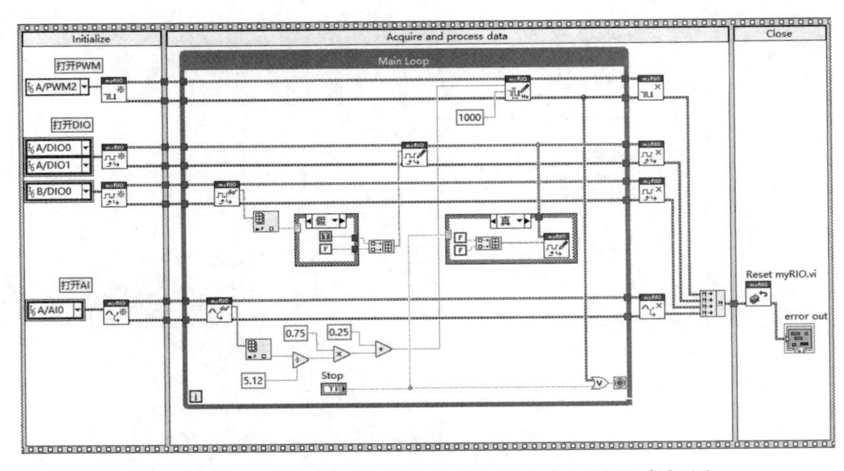

图 4-50 基于底层 VI 的直流电机驱动与调速程序框图

微课视频

4. 步进电机驱动与调速控制

步进电机是一种能够将脉冲信号转变为电机角位移的执行结构。当步进电机接收到一个脉冲时，就会按照设定的方向转动固定的角度（步进角）。步进电机根据接收的脉冲数量决定其总共完成的转动角度，同时根据脉冲的频率控制电机转动的速度和加速度。作为一种重要的执行元件，步进电机的应用极其广泛，在嵌入式系统设计开发中具有重要的实践意义。

一般电子系统开发中，28BYJ-48 型号的步进电机最为常用。28BYJ-48 步进电机外观如图 4-51 所示。

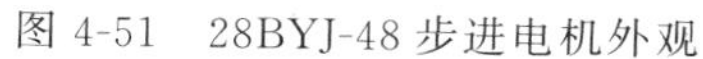

图 4-51 28BYJ-48 步进电机外观

步进电机 28BYJ-48 名称中 28 表示电机直径 28 毫米，B 表示步进电机，Y 表示永磁，J 表示带减速箱，48 表示四相八拍。步进电机 28BYJ-48 标配的五根外接连线中，红色线为 5V 电源线，另有黄色、橙色、粉色、蓝色四线，对应步进电机中的四相（ABCD 或 AA′BB′），每条线都连接了电机内部的一个线圈，AA′为一组线圈，BB′为一组线圈，转子可以看作一个磁铁，给四个线圈依次通电，线圈通电产生磁性，使转子旋转。

步进电机的应用一般需要熟悉以下 4 个重要概念。

（1）相数。电机内部线圈的组数。

（2）拍数。完成一个磁场周期性变化所需的脉冲数，或者指的是电机转过一个齿距角所需脉冲数。以四相电机为例，一拍就是一个脉冲信号，四相四拍意味着需要完成一个循环用 4 个脉冲信号。

（3）步距角。一个脉冲，电机转子转过的角度。一般使用角度 θ 表示，$\theta=360/$（转子齿数×运行拍数）。比如步进电机 28BYJ-48 的齿数为 8，当电机 8 拍运行时，电机主轴（转子）步距角$=360/(8\times8)=5.625$。当电机 4 拍运行时，电机主轴（转子）步距角$=360/(8\times4)=11.25$。

（4）减速比。输出轴转动 1 圈所需电机转子转动圈数。28BYJ-48 步进电机一般为 1/64，即电机转子（主轴）转 64 圈，输出轴才会转 1 圈。

28BYJ-48 驱动拍数一般分为单四拍（A-B-C-D-A）、双四拍（AB-BC-CD-DA-AB）、八拍（A-AB-B-BC-C-CD-D-DA-A）三种典型驱动模式。

当电机四拍运行时，电机转子步距角为 11.25 度/步，32 步驱动电机主轴旋转一周。考虑到齿轮比，四拍运行模式下电机输出轴旋转一周总共需要 32（步/周）×64（齿轮比）＝2048 步。而程序在 While 循环中每一轮循环执行 4 步，所以需要 512 个循环周期即可实现步进电机旋转一周的控制。读者可以利用这一原则，结合实际使用电机相关参数实现任意角度步进电机的控制。

由于电机运行过程中需要的电流比较大，单片机、嵌入式 I/O 端口无法直接驱动。因此一般借助专门的电机驱动电路。典型的驱动电路为基于 ULN2003 的步进电机驱动模块，如图 4-52 所示。

该模块提供 IN1～IN4 激励脉冲端口，并配有步进电机标准接口，可以直接插拔步进电机标配连接线。

图 4-52　基于 ULN2003 的步进电机驱动模块

1）设计目标

本例拟实现 28BYJ-48 步进电机的 myRIO 驱动和转向控制。myRIO 首先检测按钮式开关产生的数字电平状态，如果检测到高电平（开关断开）则控制电机顺时针旋转，否则控制电机逆时针旋转。电机驱动按照四拍驱动模式产生 4 拍激励脉冲信号。

2）硬件连线

基于前述步进电机模块基本原理和驱动板接口特点，将 28BYJ-48 步进电机连接线插头接入 ULN2003 驱动板；5V 电源正负极连接 ULN2003 驱动板电源接口；5V 电源地线通过 A 口 Pin6（AGND）与 myRIO 共地；ULN2003 驱动板中 IN1～IN4 依次连接 myRIO 开发平台 A 口 DIO0～DIO3（Pin11、13、15、17）；单刀双掷开关公共端与 myRIO、5V 电源共地，第一端子连接 myRIO 开发平台 B 口 DIO（Pin11）。

最终完成的步进电机驱动与转向控制硬件连线如图 4-53 所示。

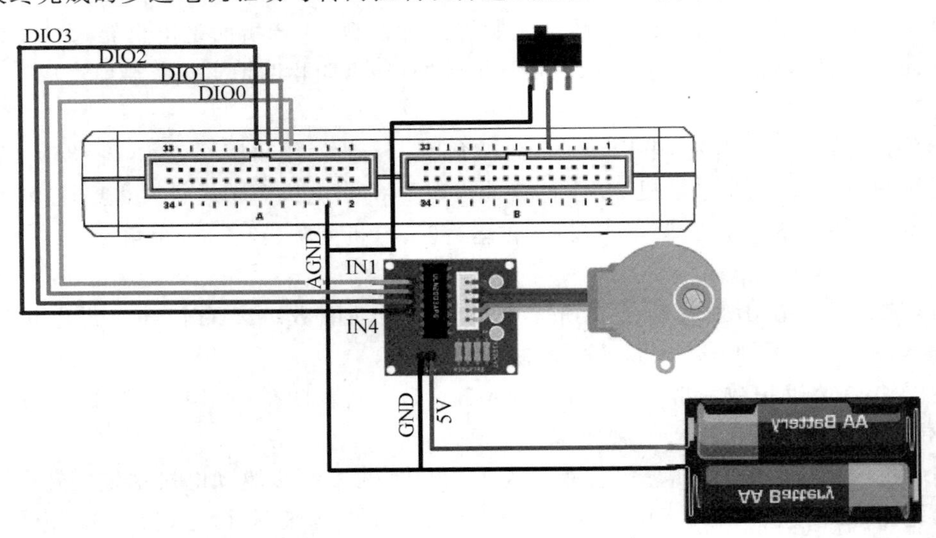

图 4-53　步进电机驱动与转向控制硬件连线

3）设计思路

利用 myRIO 新建项目的程序模板，删除三轴加速度计数据采集和显示部分内容，保留三帧程序基本结构。在第一帧中，进行错误信息初始值赋值操作，并设定步进电机每拍延时参数(过小的延时参数容易导致丢拍现象);在第二帧 While 循环结构内,检测开关状态,并根据检测结果设定双四拍模式产生电机顺时针转动驱动脉冲或者电机逆时针转动驱动脉冲,实现步进电机的运行控制;第三帧中进行设备重置操作。

4) 程序实现

程序实现可分解为程序总体结构设计、初始化操作、开关状态检测、步进电机双四拍顺时针驱动、步进电机双四拍逆时针驱动、myRIO 重置等步骤。

(1) 程序总体结构设计。利用 myRIO 项目模板自动生成的 3 帧程序结构。第一帧实现错误信息初始赋值操作,设定双四拍驱动步进电机时每步的延时参数;第二帧 While 循环中根据开关状态控制步进电机顺时针或者逆时针转动;第三帧重置 myRIO。

(2) 初始化操作。初始化操作在程序第一帧中完成。该项操作利用项目模板自动生成的错误输入信息为后续相关节点使用提供错误初始值,并添加整型数值常量 5,作为双四拍步进电机驱动时每一拍延时参数。

(3) 开关状态检测。由于 myRIO 提供的 A、B 口 DIO 引脚内置上拉电阻,可以直接将单刀双掷开关中间公共端子连接地线,然后检测第一端电平。开关断开时所连接的 B 口 DIO0 应检测到高电平,开关闭合时所连接的 B 口 DIO0 应检测到低电平。调用 ExpressVI Digital In 实现对于 B 口 Pin11(DIO0)引脚电平状态的检测功能。进一步调用条件结构,判断 B 口 DIO0 采集结果。

(4) 步进电机双四拍顺时针驱动。顺时针驱动在 B 口 DIO0 采集结果为"真"情况下执行。ULN2003 电机驱动模块 IN1、IN2、IN3、IN4 分别连接 A 口 DIO0、DIO1、DIO2、DIO3,对应步进电机 ABCD 四相信号。双四拍驱动电机顺时针转动,需要按照 AB-BC-CD-DA 的激励顺序,分四步发出激励脉冲,通过 ULN2003 电机驱动模块使得步进电机 28BYJ-48 顺时针转动。因此,设置 4 帧顺序结构,依次输出每一拍激励脉冲。

第一帧中设置 DIO0、DIO1 高电平(A=1&B =1),设置 DIO2、DIO3 低电平(C=0&D=0)发出双四拍驱动的第一步激励脉冲 AB。

第二帧中设置 DIO1、DIO2 高电平(B=1&C =1),设置 DIO1、DIO3 低电平(A=0&D=0)发出双四拍驱动的第二步激励脉冲 BC。

第三帧中设置 DIO2、DIO3 高电平(C=1&D =1),设置 DIO0、DIO1 低电平(A=0&B=0)发出双四拍驱动的第三步激励脉冲 CD。

第四帧中设置 DIO0、DIO3 高电平(A=1&D =1),设置 DIO1、DIO2 低电平(B=0&C=0)发出双四拍驱动的第四步激励脉冲 AD。

每一帧中调用延时功能的函数"等待",设置等待时长为初始化帧中设置的整型常量(5ms)。

(5) 步进电机双四拍逆时针驱动。逆时针驱动在 B 口 DIO0 采集结果为"假"情况下执行。

双四拍驱动电机顺时针转动,需要按照 DA-CD-BC-AB 的激励顺序,分四步发出激励脉冲,通过 ULN2003 电机驱动模块使得步进电机 28BYJ-48 逆时针转动。因此,设置 4 帧顺序结构，依次输出每一拍激励脉冲。

第一帧中设置 DIO0、DIO3 高电平（A=1&D =1），设置 DIO1、DIO2 低电平（B=0&C=0）发出双四拍驱动的第四步激励脉冲 AD。

第二帧中设置 DIO2、DIO3 高电平（C=1&D =1），设置 DIO0、DIO1 低电平（A=0&B=0）发出双四拍驱动的第三步激励脉冲 CD。

第三帧中设置 DIO1、DIO2 高电平（B=1&C =1），设置 DIO1、DIO3 低电平（A=0&D=0）发出双四拍驱动的第二步激励脉冲 BC。

第四帧中设置 DIO0、DIO1 高电平（A=1&B =1），设置 DIO2、DIO3 低电平（C=0&D=0）发出双四拍驱动的第一步激励脉冲 AB。

同样，每一帧中调用延时功能的函数“等待”，设置等待时长为初始化帧中设置的整型常量（5ms）。

（6）myRIO 重置。调用函数节点 Reset myRIO（函数→myRIO→Device management→Reset）实现程序结束后的 myRIO 设备复位功能。

最终完成的顺时针驱动步进电机程序框图如图 4-54 所示。

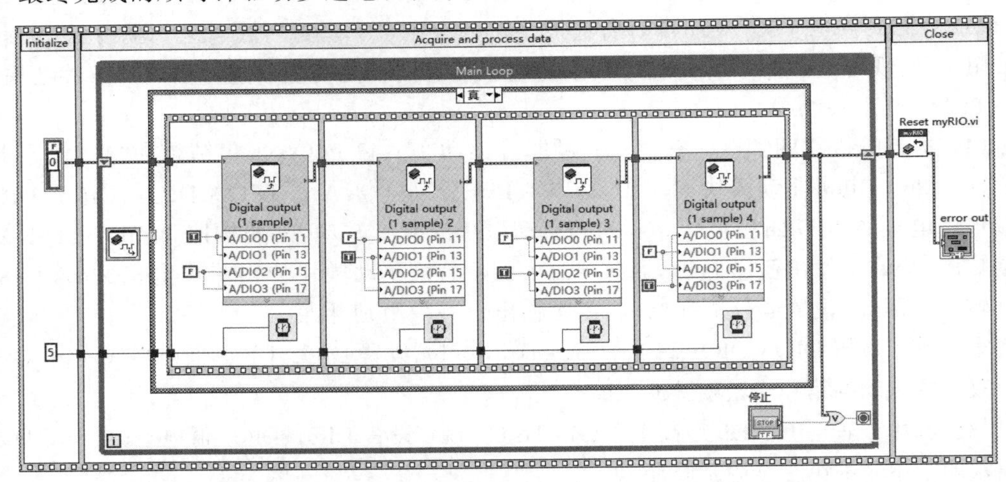

图 4-54 顺时针驱动步进电机程序框图

对应地，逆时针驱动电机程序区别仅在于四拍激励脉冲时序不同，如图 4-55 所示。

如果手头没有 ULN2003 步进电机驱动模块，亦可使用经典的 L298N 电机驱动模块实现步进电机驱动。L298N 驱动步进电机的硬件连线如图 4-56 所示。

根据使用手册，28BYJ-48 步进电机标配引线中红色为电源线，蓝粉黄橙颜色引线分别对应电机 ABCD 四相。由于 OUT1 & OUT2、OUT3 & OUT4 各为一组电源输出端口，其电平状态电工对于 GND 而言或为 1 和 0，或为 0 和 1，或同为 0，不存在其他状态。因此，将步进电机 A 相（蓝色线）引线连接 OUT1，B（粉色线）相引线连接 OUT3，C（蓝色线）相引线连接 OUT2，D 相引线连接 OUT4，可以确保绝对不会出现 AC 这一组绕组同时为 1 的状态。

如欲驱动电机顺时针旋转，则单四拍驱动时，需要按照 A-B-C-D 的励磁顺序输出激励脉冲。

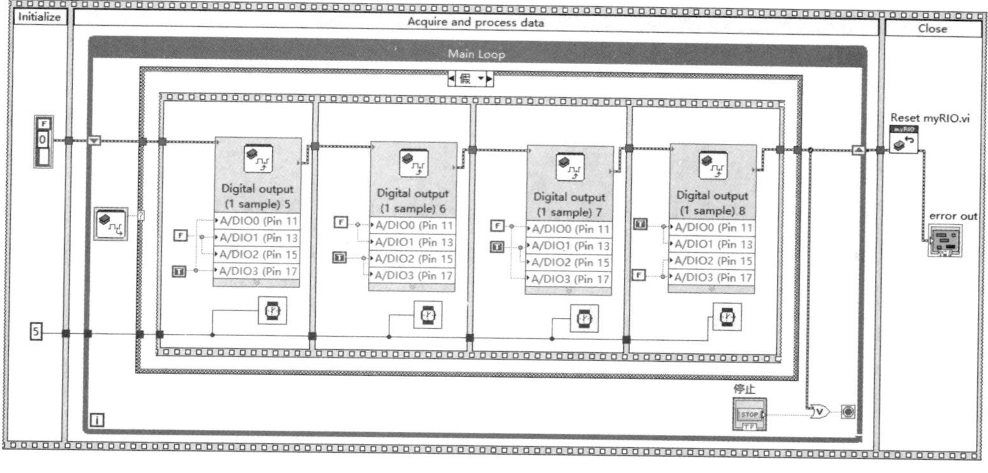

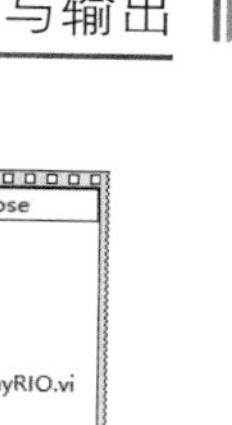

图 4-55　逆时针驱动步进电机程序框图

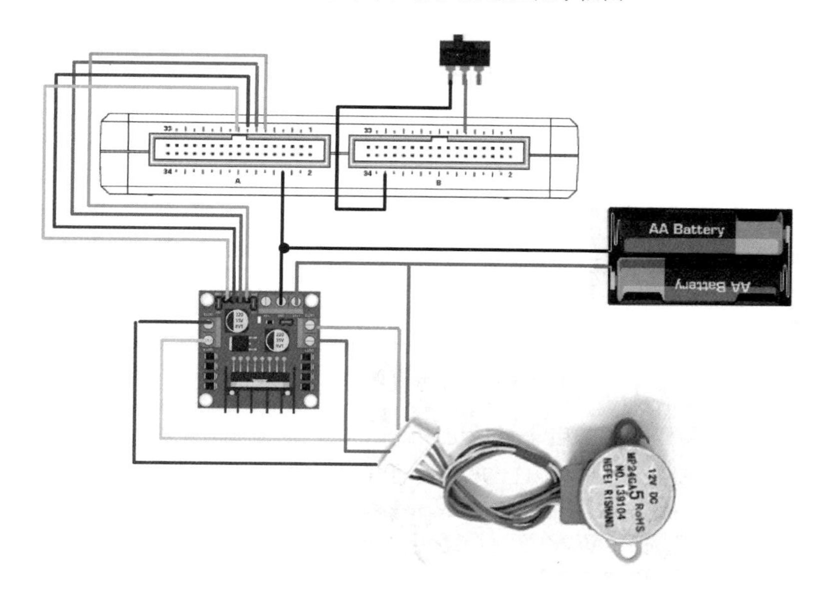

图 4-56　L298N 驱动步进电机的硬件连线

第一拍对应的 ABCD 各相电平应为 1 0 0 0，则 OUT1(A)输出 1，OUT2(C)、OUT3(B)、OUT4(D)输出 0；按照 L298N 工作方式，这一输出必须保证 IN1、IN2、IN3、IN4 脉冲电平为：1 0 0 0，这一目标达成需要 myRIO 开发平台 A 口 DIO0、DIO1、DIO2、DIO3 输出 1 0 0 0 即可。

第二拍对应的 ABCD 各相电平应为 0 1 0 0，则 OUT1(A)输出 0，OUT2(C)输出 0、OUT3(B)输出 1、OUT4(D)输出 0；按照 L298N 工作方式，这一输出必须保证 IN1、IN2、IN3、IN4 脉冲电平为：0 0 1 0，这一目标达成需要 myRIO 开发平台 A 口 DIO0、DIO1、

DIO2、DIO3 输出 0 0 1 0 即可。

第三拍对应的 ABCD 各相电平应为 0 0 1 0，则 OUT1(A)输出 0，OUT2(C)输出 1、OUT3(B)输出 0、OUT4(D)输出 0；按照 L298N 工作方式，这一输出必须保证 IN1、IN2、IN3、IN4 脉冲电平为：0 1 0 0，这一目标达成需要 myRIO 开发平台 A 口 DIO0、DIO1、DIO2、DIO3 输出 0 1 0 0 即可。

第四拍对应的 ABCD 各相电平应为 0 0 1 0，则 OUT1(A)输出 0，OUT2(C)输出 0、OUT3(B)输出 0、OUT4(D)输出 1；按照 L298N 工作方式，这一输出必须保证 IN1、IN2、IN3、IN4 脉冲电平为：0 0 0 1，这一目标达成需要 myRIO 开发平台 A 口 DIO0、DIO1、DIO2、DIO3 输出 0 0 0 1 即可。

进一步可判断按钮式开关状态，当开关断开(连接端口检测的电平为高电平)时，L298N 驱动电机顺时针旋转程序框图如图 4-57 所示。

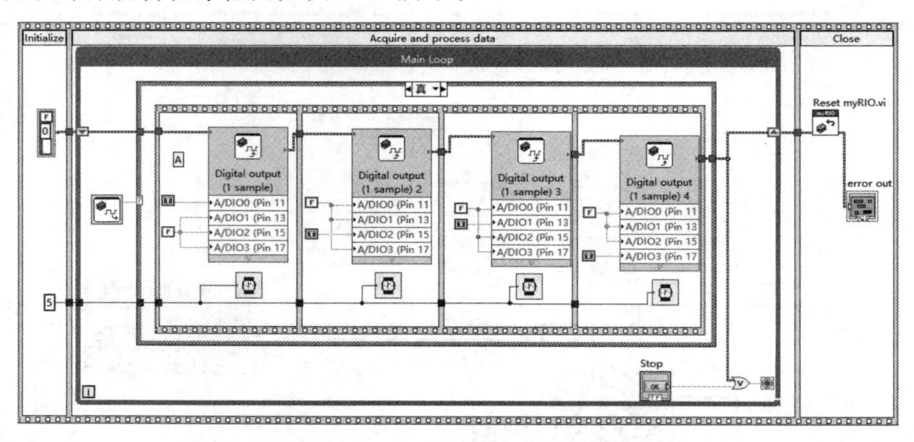

图 4-57 L298N 驱动电机顺时针旋转程序框图

当开关闭合(连接端口检测的电平为低电平)时，驱动电机程序实现与前一步相比，区别仅在于励磁顺序为顺时针驱动的相反时序，L298N 驱动电机逆时针旋转程序框图如图 4-58 所示。

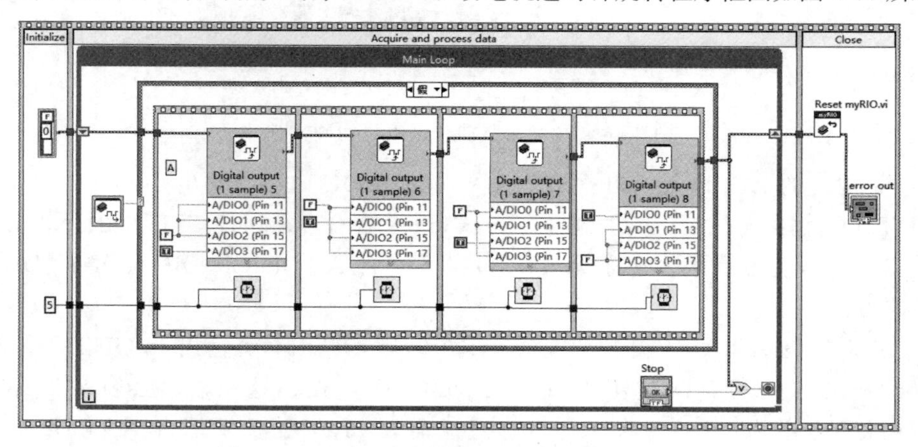

图 4-58 L298N 驱动电机逆时针旋转程序框图

L298N 不能与 ULN2003 驱动模块相媲美，可作为应急替代物。这一实现方式的意义在于进一步理解步进电机外接引线及对应的励磁顺序关系，同时可以进一步理解 L298N 电机驱动模块使用技巧。

5. 舵机（伺服电机）驱动与数字控制

微课视频

舵机又称为伺服电机，最早用于船舶系统上方向舵的转向功能实现，因而称之为舵机。舵机具有体积小、力矩大、结构简单、稳定性高等特点，而且舵机的转动角度可以通过程序连续控制，因而广泛应用于各类机器人、消费电子玩具等装置。一般嵌入式应用系统中常用的 SG90 舵机外观如图 4-59 所示。

图 4-59 SG90 舵机外观

SG90 外部接口仅三根线，红色线为电源正极，棕色/黑色线为 GND，黄色线是信号线，信号线连接单片机/嵌入式系统的 PWM 输出端口。

舵机的控制信号为周期 20ms 的 PWM 信号，该 PWM 信号的脉冲宽度为 0.5～2.5ms，对应舵机 0°～180°（－90°～90°）位置，而且为线性变化。即向舵机发送指定脉宽的 PWM 信号，可使得舵机输出轴保持在对应的角度上。当发送给舵机另一个宽度的 PWM 信号，舵机才会改变输出角度，转向新的位置。

由于 myRIO 工具包中 PWM 输出节点可设置的参数并非脉宽，而是占空比。0.5ms 的脉宽（占空比为 0.5/20＝0.025）对应舵机 0°位置，2.5ms 的脉宽（占空比为 2.5/20＝0.125）对应舵机 180°位置。因此，利用 myRIO 输出指定（占空比为[0.025，0.125]区间内）的 PWM 信号即可实现对于舵机位置的控制。

1）设计目标

本案例拟实现经典 SG90 舵机的 myRIO 控制。myRIO 产生 PWM 信号，并控制 PWM 信号占空比从 0.025 按照 0.01 的步进值增加到 0.125，然后再以－0.01 的步进值控制信号占空比从 0.125 减少至 0.025。每次信号占空比改变，都输出对应的 PWM 信号，用以控制舵机从最小角度 0°逐步转动至最大角度 180°，再从最大转动角度逐步转回最小转动角。

2）硬件连线

将 SG90 舵机红线端口连接 5V 电源正极，棕色/黑色线端口连接 5V 电源负极，黄色线端（信号）接 B 口 PWM2（Pin31），B 口 DGND（Pin30）连接 5V 电源负极，实现 myRIO、舵机、5V 电源的共地处理——确保控制舵机的 PWM 信号具备共同电平参考点。舵机控制硬件连线如图 4-60 所示。

3）设计思路

利用 myRIO 新建项目的程序模板，删除三轴加速度计数据采集和显示部分内容，保留三帧程序基本结构。在第一帧中，进行舵机的复位操作；在第二帧 While 循环结构内，控制 myRIO 输出占空比循环变化的 PWM 信号，控制舵机从最小转角到最大转角再到最小转角

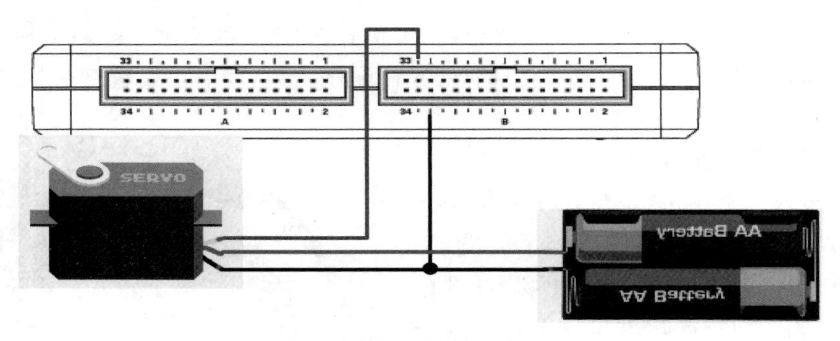

图 4-60　舵机控制硬件连线

的往复运动；第三帧中进行设备重置操作。

4）程序实现

程序实现可分解为程序总体结构设计、舵机复位操作、B 口 PWM2 输出控制、myRIO 重置等步骤。

（1）程序总体结构设计。利用 myRIO 项目模板自动生成的 3 帧程序结构。第一帧实现舵机复位操作；第二帧 While 循环中控制舵机往复运动；第三帧重置 myRIO。

（2）舵机复位操作。舵机复位操作在程序第一帧中完成。该项操作指的是输出 50Hz（20ms 脉宽）、占空比为 2.5%的 PWM 信号，控制舵机转向最小转动角。

为了实现该意图，调用 ExpressVI PWM（myRIO→PWM），对应的 PWM 节点参数配置窗口如图 4-61 所示。

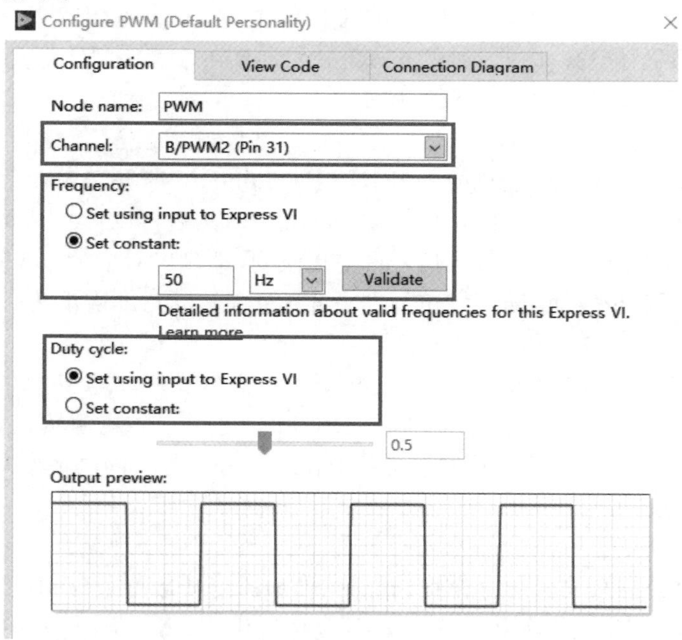

图 4-61　PWM 节点参数配置窗口

完成配置后，ExpressVI PWM 输入参数 Duty Cycle 赋值 0.025，实现 50Hz(20ms 脉宽)占空比 2.5%的 PWM 信号输出功能；同时将 0.025 数值常量赋值数值显示控件“占空比”，以实现当前占空比数据的缓存功能。

(3) B 口 PWM2 输出控制。控制舵机往复运动，需要产生控制舵机转动的 PWM 信号占空比逐步增大至最大值，进而逐步减小至最小值的过程控制。

为了实现上述过程，第二帧 While 循环中，添加三帧顺序结构，第一帧中借助 While 循环实现占空比从 0.025(最小转角对应的占空比)按照 0.01 步进值逐步增大，While 循环结束条件设置为逐步递增的占空比大于或等于 0.125(最大转角对应的占空比)；占空比参数的每一次改变，调用 ExpressVI PWM 进行输出，其输出通道依旧为 B 口 Pin31 对应的 PWM 端口，信号频率设置为 50Hz，参数 Duty Cycle 为当前产生的占空比值；调用“等待”函数实现 100ms 的延时，实现舵机按照 100ms 时间间隔，逐步从 0°转至 180°的功能。

第二帧，调用“等待”函数实现 100ms 的延时，实现舵机转至 180°时的短暂停留功能。

第三帧，借助 While 循环实现占空比从 0.125(最大转角对应的占空比)按照−0.01 步进值逐步增大，While 循环结束条件设置为逐步递增的占空比小于或等于 0.025(最小转角对应的占空比)；占空比参数的每一次改变，调用 ExpressVI PWM 进行输出，其输出通道依旧为 B 口 Pin31 对应的 PWM 端口，信号频率设置为 50Hz，参数“Duty Cycle”为当前产生的占空比值；调用“等待”函数实现 100ms 的延时，实现舵机按照 100ms 时间间隔，逐步从 180°转至 0°的功能。

(4) myRIO 重置。调用函数节点 Reset myRIO(函数→myRIO→Device management→Reset)实现程序结束后的 myRIO 设备复位功能。

最终完成的舵机驱动及往复运动控制程序如图 4-62 所示。

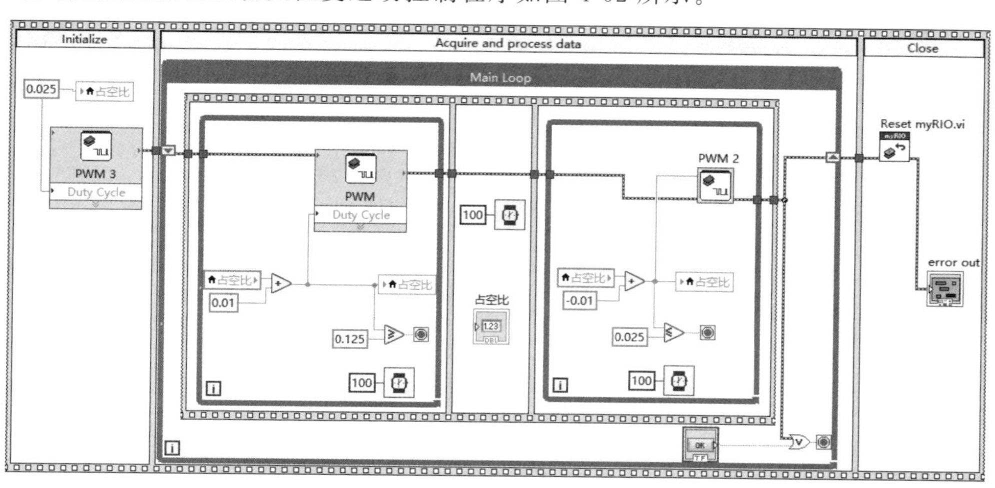

图 4-62　舵机驱动及往复运动控制程序

同样功能亦可使用底层函数节点实现，基于底层函数节点实现的舵机驱动及往复运动控制程序如图 4-63 所示。

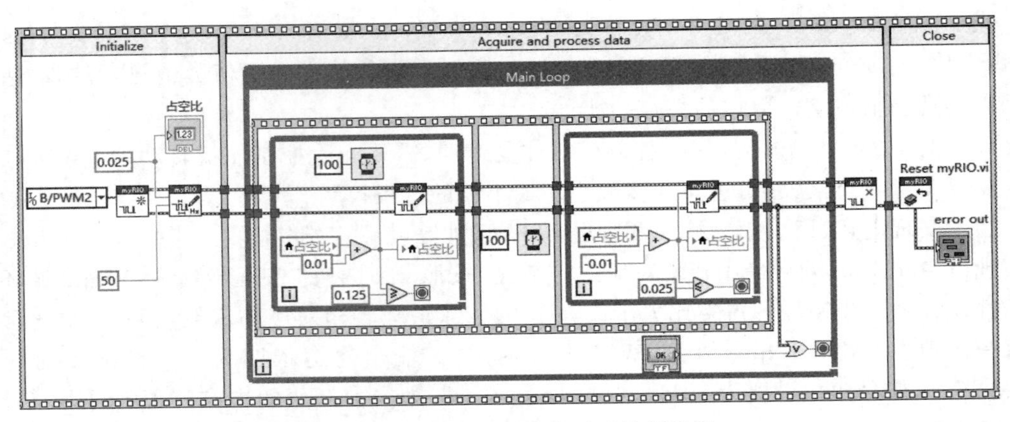

图 4-63 舵机驱动及往复运动控制程序

舵机的使用非常有意思，亦可借助旋转电位器设计分压电路，将 0～5V 的分压结果的取值映射为[0.025～0.125]区间取值的占空比，则可以实现基于旋转电位器操作进行手动控制舵机转动位置的功能。

第5章 myRIO系统级通信技术应用

主要内容

- UART通信基本原理，myRIO中UART通信端口配置情况；
- myRIO工具包中UART通信ExpressVI、底层VI的配置和使用方法；
- UART通信技术相关工程项目开发实战；
- WiFi通信技术基本原理，myRIO中WiFi通信功能配置方法，通信程序设计相关VI；
- 无线局域网下基于WiFi连接的TCP、UDP通信技术相关工程项目开发实战；
- 物联网环境下基于WiFi连接的TCP、UDP、MQTT、HTTP等协议相关工程项目开发实战。

5.1 UART通信技术及应用

myRIO在提供丰富I/O端口的同时，还提供了2组UART通信端口，这使得myRIO具备较为强大的系统级通信能力(当然也可作为器件级通信端口使用，用以实现myRIO和电子功能模块或器件之间的通信)，可以快速开发myRIO与其他应用系统/功能模块之间的通信，极大地丰富和扩展了myRIO应用功能。

本节在简要介绍UART通信技术概念的基础上，给出myRIO中UART通信端口配置情况，实现UART通信的ExpressVI及其调用方法、UART通信相关的若干底层VI及其应用的一般流程，并结合自发自收UART通信、淘晶驰触摸屏控制、蓝牙无线串口屏3个实例介绍UART通信程序设计的基本方法。

5.1.1 UART通信技术概述

UART意为通用异步收发传输器(Universal Asynchronous Receiver/Transmitter)。作为异步串口通信协议的一种，其基本工作原理是按位传输字节或字符数据。每字节数据的传输由空闲位、起始位、数据位、校验位、停止位5部分组成。UART通信时，必须保证通信双方具有一致的通信参数设置(数据位、校验位、停止位、波特率等参数)。绝大多数电子设备通信参数为"9600,N,8,1",其中 9600 指的是通信波特率为 9600,即每秒传输 9600bit; N 表示无校验; 8 表示数据位由 8bit 组成; 1 表示停止位为 1bit。

UART 通信时,通信线路连接仅需 3 根线——UART-TX(发送数据线)、UART-RX(接收数据线)、GND(地线)。通信线路采取交叉连接方式,即本机 UART-TX 连接对方设备 UART-RX; 本机 UART-RX 连接对方设备 UART-TX; 通信双方共地连接,确保 TX、RX 信号具有统一的参考点。

myRIO 提供了 2 个 UART 通信端口,一个是 A 口的 Pin10(RX)和 Pin14(TX),另一个是 B 口的 Pin10(RX)和 Pin14(TX),myRIO 中 UART 通信端口分布如图 5-1 所示。

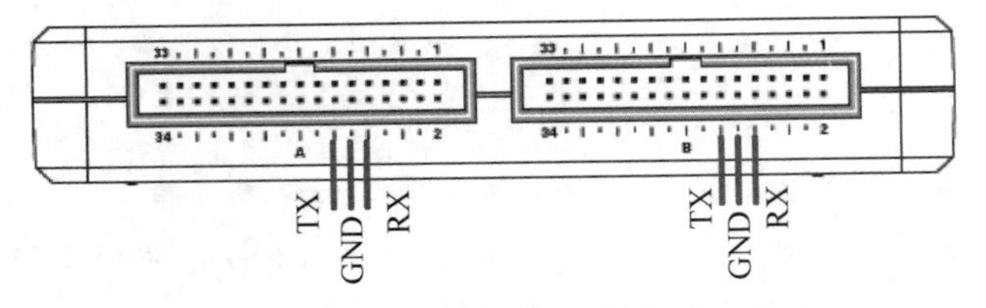

图 5-1 myRIO 中 UART 通信端口分布

5.1.2 主要函数节点

myRIO 中 UART 通信程序实现有两种方法,第一种方法是使用 myRIO 工具包中的 UART 通信 ExpressVI,如图 5-2 所示。

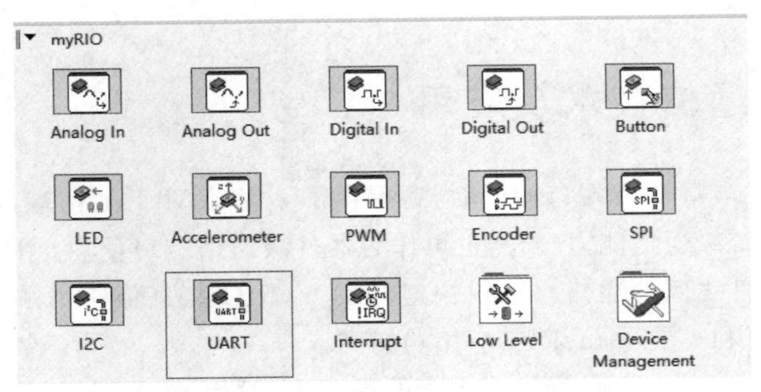

图 5-2 myRIO 中的 UART 通信 ExpressVI

将该节点拖曳至程序框图,即可弹出 UART 通信 ExpressVI 配置窗口,如图 5-3 所示。

第二种方法是使用 myRIO 工具包中提供的底层函数节点(函数→myRIO→Low Level→UART)实现 UART 通信,底层函数子选板中的 UART 通信相关 VI 如图 5-4 所示。

基于底层函数进行 UART 通信时,其数据发送基本流程为"VISA 配置串口→VISA 写入/VISA 读取→VISA 关闭"。如果需要连续读写 UART 通信端口,则将节点 VISA 写入/VISA 读取置于 While 循环结构中即可。

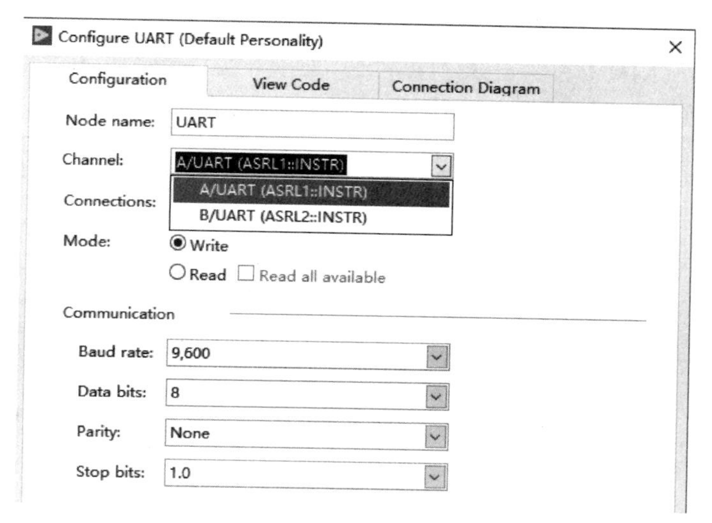

图 5-3 UART 通信 ExpressVI 配置窗口

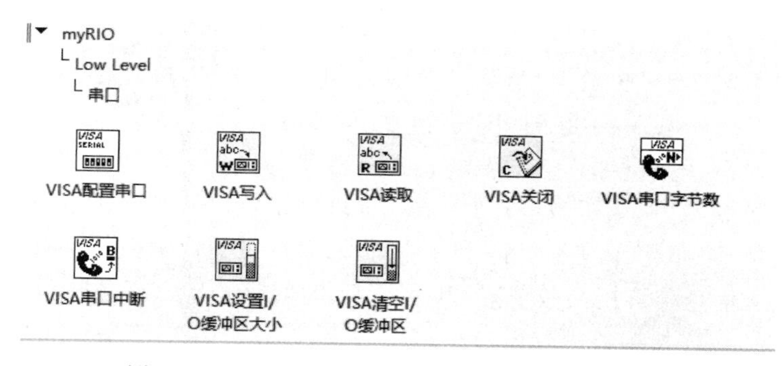

图 5-4 底层函数子选板中的 UART 通信相关 VI

5.1.3 UART 通信技术应用实例

借助 myRIO 中提供的 UART 通信端口,既可以实现 myRIO 与其他 UART 设备之间的点对点串行通信,又可以外接 UART 接口的 TTL-485 模块、蓝牙模块、GPRS 模块、NB-IoT 模块、ZIGBEE 模块等进一步扩展 myRIO 开发平台的通信能力,将 myRIO 作为更大规模技术系统的组成部分。以下将通过自发自收、淘晶驰串口屏、蓝牙设备 3 个案例展示 UART 通信程序编写方法。

1. myRIO 自发自收 UART 通信程序

1) 设计目标

本案例通过短接 UART 接口 TX(发送)引脚和 RX(接收)引脚的方式,构建自发自收通信连接,并编写程序实现 UART 通信端口的数据发送和接收功能。自发自收是一种简单、有效的通信功能测试方法,通常用于通信功能的早期开发。

2）硬件连线

本案例选择 myRIO 开发平台 A 口提供的 UART 接口，Pin10 为 RX，Pin14 为 TX，使用双母头杜邦线连接 RX 引脚和 TX 引脚。自发自收 UART 通信硬件连线如图 5-5 所示。

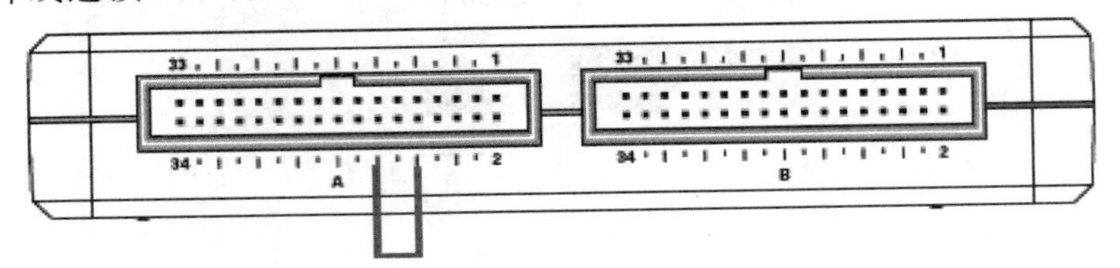

图 5-5　自发自收 UART 通信硬件连线

3）设计思路

利用 myRIO 新建项目自动生成的程序模板，保留其三帧程序基本结构。第一帧为初始化帧，主要用于有关数据、控件的初始赋值；第二帧为主程序帧，为 While 循环结构下的应用程序核心业务功能开发，即采集数据，并将采集数据通过 A 口 UART 通信端口进行发送，然后通过同一 UART 通信端口接收数据；第三帧完成程序结束运行后的设备重置功能。

4）程序实现

程序实现可分解为“采集数据、封装发送信息、串口发送、串口接收、定时控制”等步骤。

（1）采集数据。采取 0～100 随机数产生的方式模拟数据采集，调用函数节点“转换为无符号单字节整型”（函数→编程→数值→转换→转换为无符号单字节整型）将采集的模拟数据转换为单字节整数，调用函数节点“数值至十进制字符串转换”（函数→编程→字符串→数值/字符串转换→数值至十进制字符串转换）将采集数据转换为数值字符串。

（2）封装发送信息。调用函数节点“获取日期/时间字符串”（函数→编程→定时→获取日期/时间字符串）、“连接字符串”（函数→编程→字符串→连接字符串），将时间参数和采集数据封装为制表位间隔的字符串，以备 ExpressVI UART 发送。

（3）串口发送。调用 ExpressVI UART（函数→myRIO→UART），将其配置为发送模式，实现上一步封装字符串的发送功能。双击节点，进入配置窗口，设置节点名称为 UART-S，将其设置为 A 口提供的通信端口，设置该节点工作模式为 Write（发送）模式，通信参数采用默认值，最终完成的 UART 通信发送模式配置如图 5-6 所示。

（4）串口接收。再次调用 ExpressVI UART（函数→myRIO→UART），将其配置为接收模式，实现 UART 通信端口的数据接收功能。双击节点，进入配置窗口，设置节点名称 UART-R，将其设置为 A 口提供的通信端口，设置该节点工作模式为 Read（接收）模式，并勾选 Read all available，实现每次读取串口缓冲区全部数据的功能。通信参数采用默认值，最终完成的 UART 通信接收模式配置如图 5-7 所示。

（5）定时控制。为了便于调试和观测程序执行结果，While 循环结构中调用函数节点“等待”（函数→编程→定时→等待），设置等待时长为 1000ms，实现每秒采集数据一次、发生一次、接收一次的功能；同时添加移位寄存器，实现历次接收数据的暂存，并将其与当前接收数据、回车换行符连接进行显示。

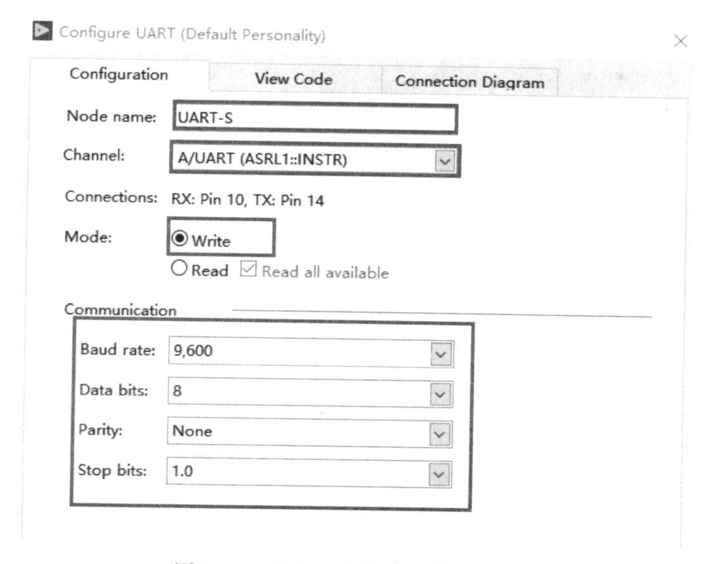

图 5-6　UART 通信发送模式配置

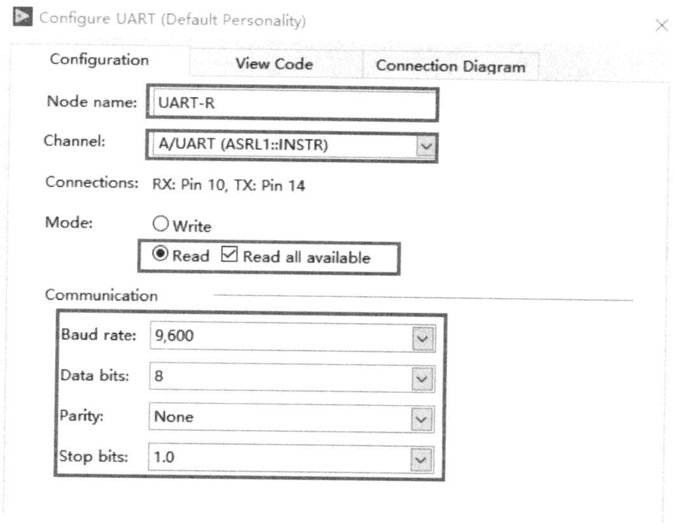

图 5-7　UART 通信接收模式配置

第三帧为后处理帧，调用函数节点 Reset myRIO（函数→myRIO→Device management→Reset）完成 myRIO 开发平台的复位工作，调用函数节点“清除错误”消除程序运行中产生的错误。

完整的 UART 自发自收通信程序实现如图 5-8 所示。

运行程序，UART 自发自收程序执行结果如图 5-9 所示。

值得注意的是，myRIO 并无板载电源维持时钟芯片运行，这会导致当程序部署于 myRIO 实时系统运行时，节点“获取日期/时间字符串”输出的并非当前实际时间。

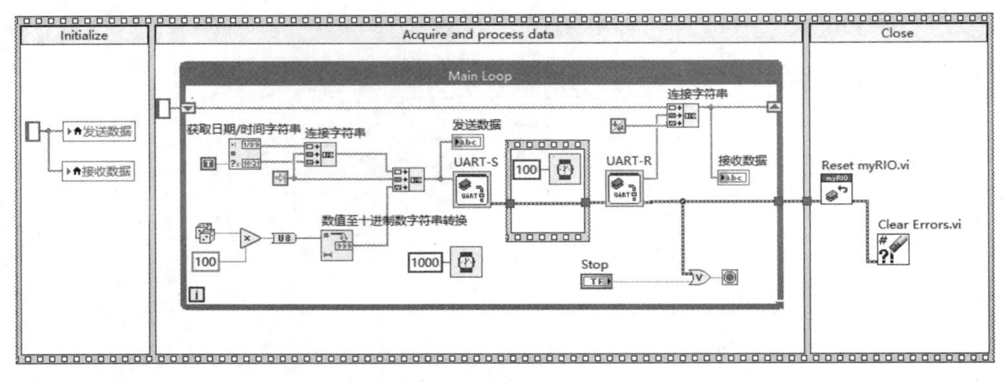

图 5-8　UART 自发自收通信程序实现

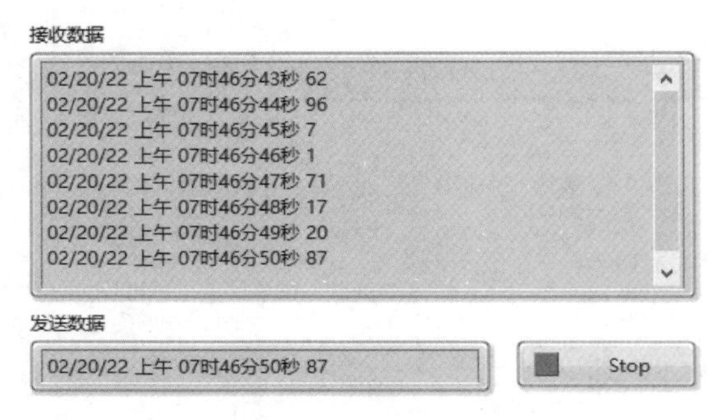

图 5-9　UART 自发自收程序执行结果

需要说明的是，使用 ExpressVI 实现 UART 通信程序设计固然有简单方便的一面，但是该节点由于集成度过高，每次发送或者接收均需要从配置端口到发送接收再到销毁引用完整经历一遍，程序执行效率比较低，因此高效率串行通信程序设计一般采用底层函数编写。

基于底层函数节点实现 UART 接口通信的方法与 Windows 操作系统下串行通信程序设计完全相同。为了提高通信效率，本案例中使用了多线程的方式进行程序编写。其中发送线程实现每秒采集一次数据、获取系统当前时间，将采集数据和当前时间封装为制表位间隔的字符串，通过 A 口 UART 通信端口发出。接收线程中检测当前打开的 UART 通信端口接收缓冲区字节数，如果接收到数据，则读取全部缓冲区中的数据。

本案例中所谓的 UART 通信底层函数节点实际上与 Windows 操作系统下 VI 开发中 VISA 节点完全一致，唯一的区别在于 Windows 操作系统下打开串口的名称一般为"COM＊"，而 myRIO 中 UART 通信端口名称为"ASRL1：INSTR"。

当以多线程方式实现 UART 通信数据发送和数据接收功能时，需要注意多线程的结束方式。本案例中，发送线程的结束依赖于按钮控件"停止"的操作及"VISA 写入"过程中的错误信息进行判断。

当发送线程结束运行后，接收线程中调用属性节点"Serial Settings→End Mode for

Reads",判断当前 UART 接口读写模式状态,并根据该状态取值判断结束接收循环或者停止接收循环。

多线程方式实现 UART 自发自收通信的完整程序框图如图 5-10 所示。

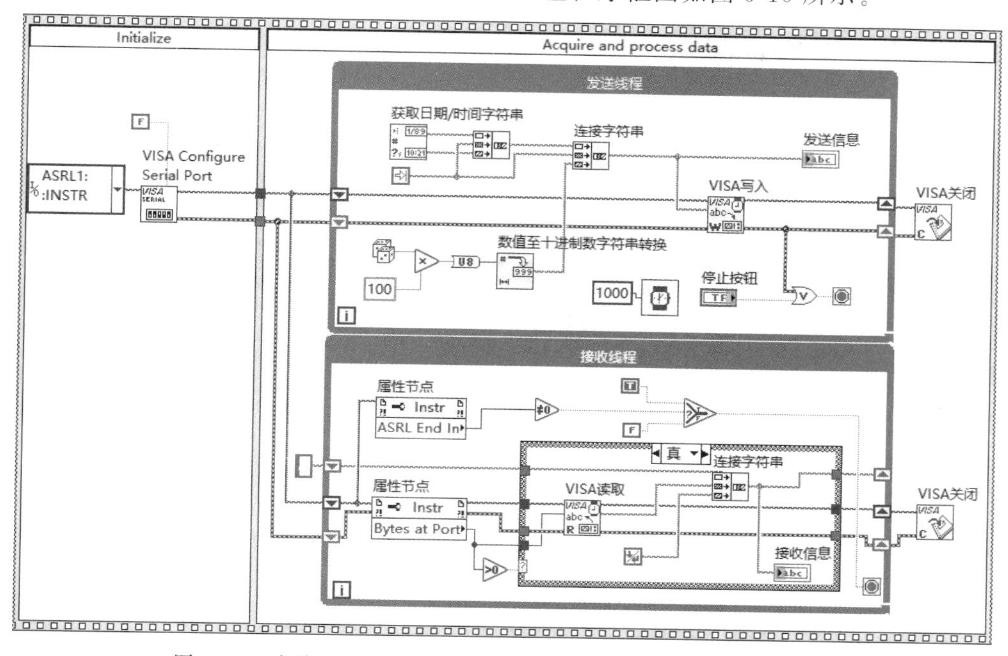

图 5-10 多线程方式实现 UART 自发自收通信的完整程序框图

2. myRIO 连接淘晶驰串口屏

微课视频

作为一种强大的嵌入式系统开发平台,myRIO 提供了无与伦比的嵌入式系统快速开发技术支持。但是美中不足的是,myRIO 标准配置中并未提供显示功能支持。这使得基于 myRIO 开发产生的有关数据在程序独立部署运行时无法直接观测。

嵌入式系统比较常见的显示装置包括数码管(7 段数码管或者级联数码管)、液晶显示屏(1602 显示屏)。这些显示装置要么占用 I/O 引脚数量较多,要么可显示的字符数极其有限,实际应用中存在一定的局限性。

近年来,异军突起的串口屏为开发 myRIO 显示功能提供了一种新的解决方案——串口屏借助强大的内置系统对液晶显示模组进行了封装,并通过 UART 通信端口实现与其他设备之间的交互功能。典型产品为深圳淘晶驰电子有限公司出品的"串口人机交互显示模组"。该产品已经广泛应用于新能源汽车充电桩、智能仓储、仪器仪表、智能家居、工业自动化设备、手持设备、医疗设备、安防设备等不同产品中。

淘晶驰串口屏的显示内容包括文本、数字、图片、动画、视频等,而且还提供按钮、曲线图表等常用人机界面显示对象。更为可贵的是,串口屏一般都提供了触摸屏配置,使其不仅仅可以作为嵌入式系统的显示系统,还可以作为输入装置向嵌入式系统传送信息,可以替代常规的键盘电路。

本案例借助淘晶驰串口屏进一步扩展 myRIO 的应用开发功能。淘晶驰串口屏作为显示装置显示 myRIO 采集的数据，同时串口屏作为用户输入装置，当用户单击串口屏显示界面中的按钮控件时，串口屏向 myRIO 发送相应的控制指令，打开或者关闭 myRIO 板载 LED 灯。

myRIO 中开发基于淘晶驰串口屏的显示系统，首先需要进行串口屏应用程序设计。打开淘晶驰官网，下载安装串口屏集成开发环境 USART HMI。运行 USART HMI，串口屏集成开发环境操作界面如图 5-11 所示。

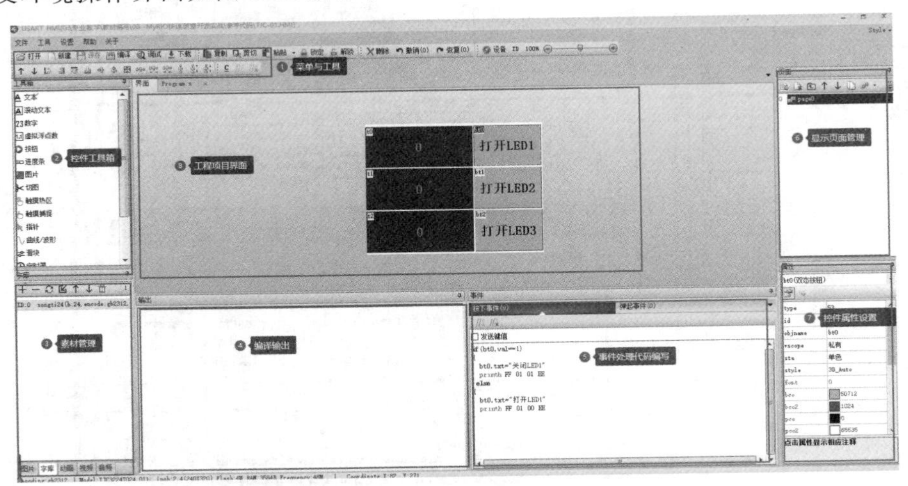

图 5-11　串口屏集成开发环境操作界面

新建 HMI 工程项目，在弹出的对话框中选择当前使用的设备型号，如图 5-12 所示。

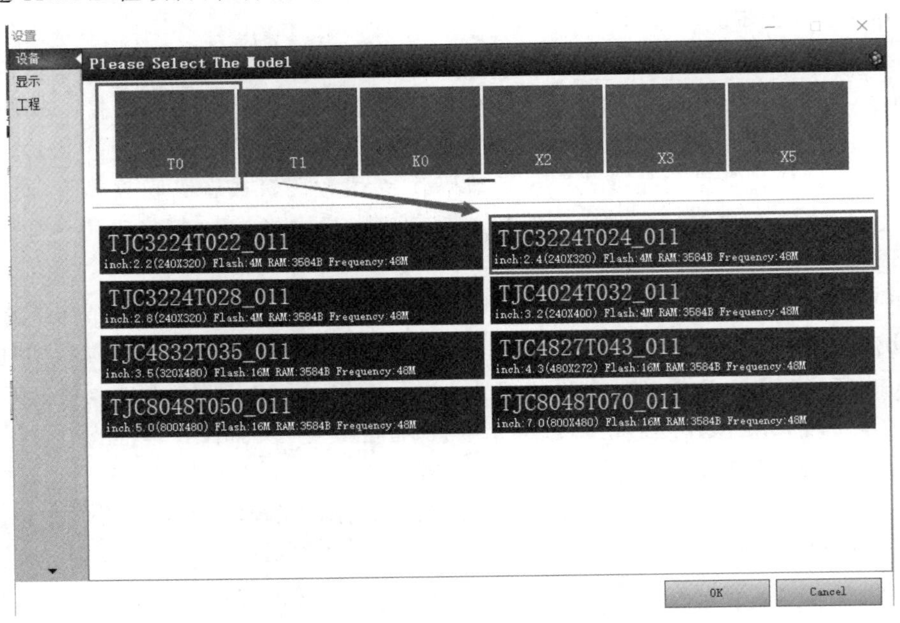

图 5-12　选择当前使用的设备型号

单击 OK 按钮，在弹出的对话框中设置显示方向及字符编码方式（一般显示内容包含中文信息时，多选择 GB2312 编码），如图 5-13 所示。

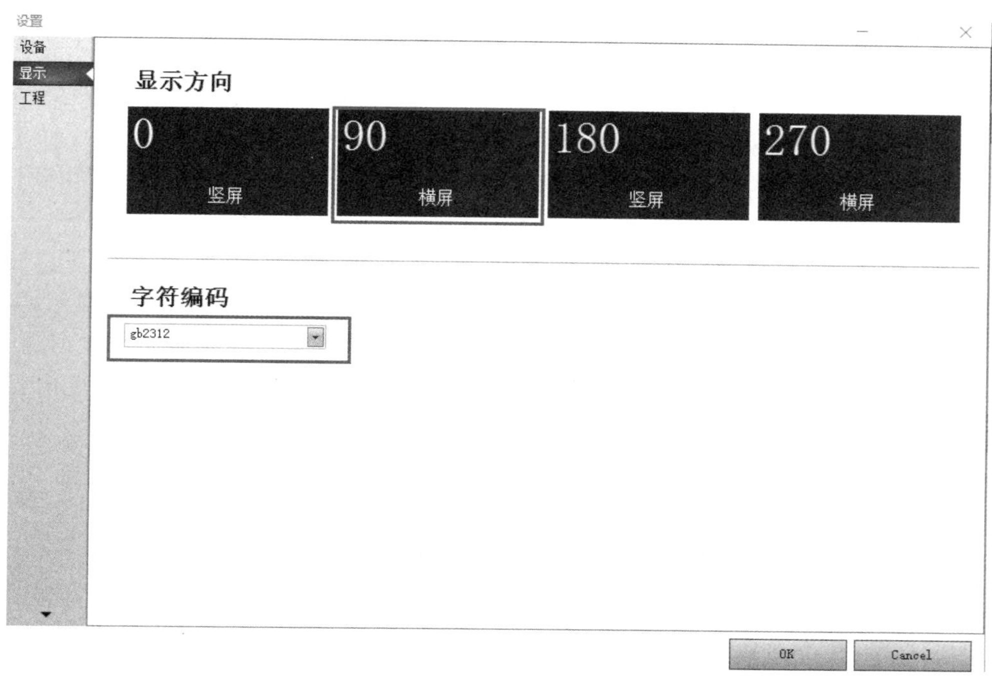

图 5-13　设置显示方向及字符编码方式

单击 OK 按钮，进入如图 5-14 所示的串口屏新建项目操作界面。

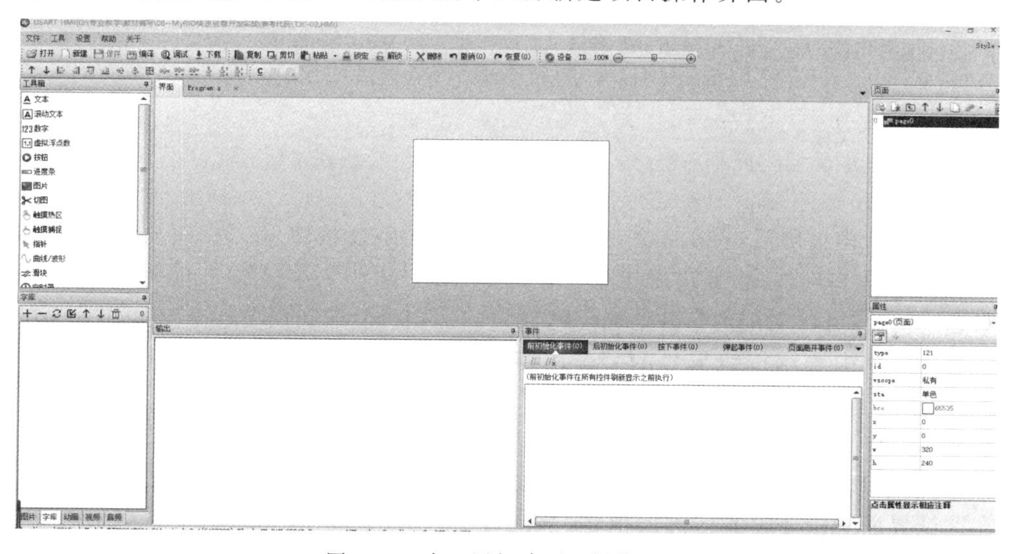

图 5-14　串口屏新建项目操作界面

控件工具箱中选择"文本""双态按钮"(按下、弹起两种状态)两类控件,拖曳至空白窗口,设置控件属性,完成如图5-15所示的串口屏显示控制界面。

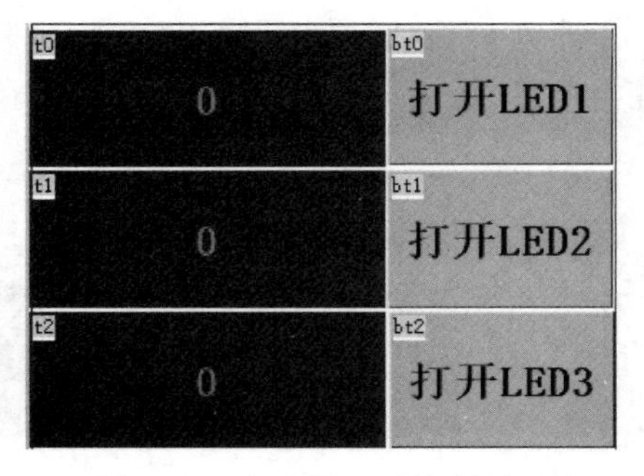

图 5-15　串口屏显示控制界面

文本控件t0、t1、t2用来显示来自myRIO的采集数据,双态按钮bt0、bt1、bt2被单击时,串口屏根据按钮状态值,向myRIO发送对应的控制指令,实现myRIO板载LED的亮灭控制。

需要注意的是,串口屏显示控制界面中无论是按钮还是文本控件,都需要装载已经生成的字库,才能实现有关文本的正常显示。

串口屏作为显示装置时,由myRIO发送控制指令,对于有关控件的属性数据进行设定,实现信息显示功能。控制指令由"指令内容"+"结束符"两部分组成。"指令内容"为ASCII格式的显示信息设定,通过设置文本控件txt属性的方式设定其显示内容。比如t0的显示信息设定指令如下:

```
t0.txt = " **** "// *** 为显示内容,本条指令设定文本控件 t0 的显示内容
```

"结束符"为HEX格式指令FF FF FF,表示一条指令的结束。

myRIO依次完成两部分指令的发送,即可完成文本控件t0的显示内容的设定和刷新。

串口屏作为输入装置时,是指对于串口屏显示界面中有关控件的操作事件进行处理。本案例中选择显示界面中双态按钮控件bt0,在其事件处理代码编写区域键入如下代码:

```
if(bt0.val == 1)//
{
  bt0.txt = "打开 LED1"
  printh FF 01 01 EE//FF 命令头,01 表示 LED1,01 表示打开,EE 命令尾
}else//
{
  bt0.txt = "关闭 LED1"
  printh FF 01 00 EE//FF 命令头,01 表示 LED1,00 表示关闭,EE 命令尾
}
```

项目下载至串口屏后,首次单击串口屏显示界面中双态按钮bt0,按钮显示文本设定为"打开LED1",串口屏发出16进制指令FF 01 01 EE。

双态按钮bt1、bt2对应的事件处理代码与bt0控件相同,区别仅在于按钮操作过程中按钮显示文本及指令中表示按钮编号的字节内容。其中bt1按钮按下事件处理代码如图5-16所示。

完成串口屏界面设计和有关控件事件处理代码设计后,单击串口屏集成开发环境USART HMI工具栏"调试"按钮,进入如图5-17所示的串口屏项目调试界面。

在调试界面的指令输入区键入指令:t0.txt="21",单击"执行所有代码"按钮,文本控件t0显示内容被设置为121。单击串口屏显示界面中双态按钮bt0,其显示内容由"打开LED1"改变为"关闭LED1",模拟器返回数据区域显示内容为FF 01 01 EE。这一结果与预

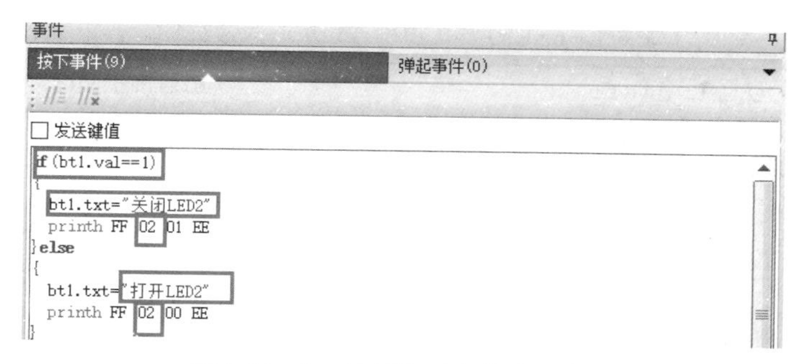

图 5-16 bt1 按钮按下事件处理代码

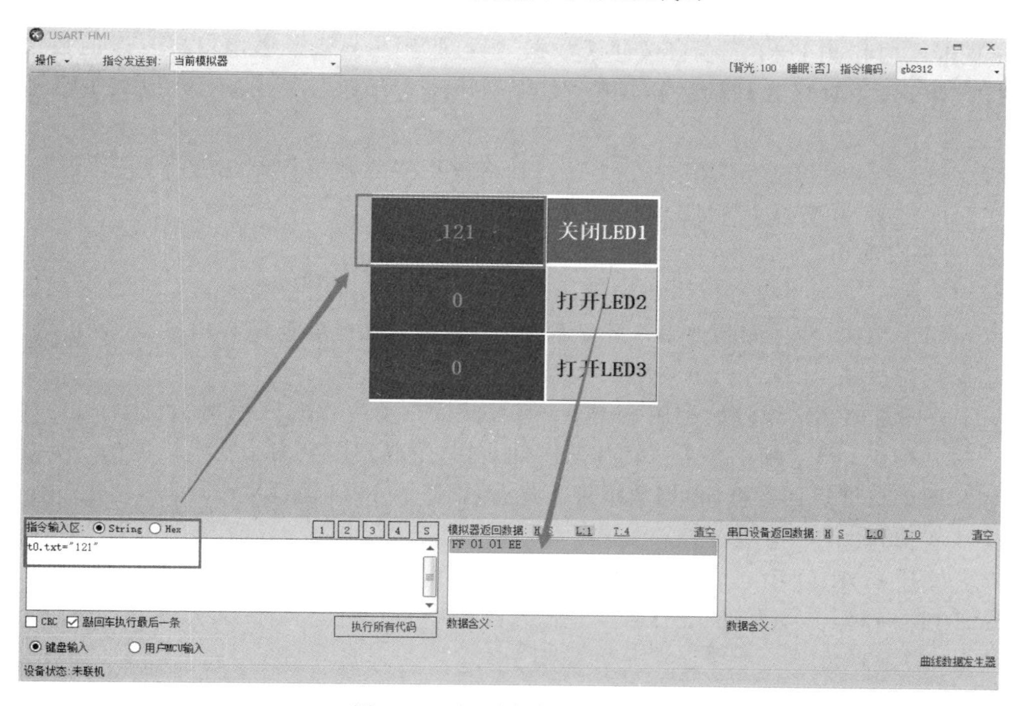

图 5-17 串口屏项目调试界面

期设计目标完全一致,则可以单击工具栏"下载"按钮将测试正确的项目文件下载至串口屏。

完成上述准备工作之后,即可开启 myRIO 连接淘晶驰串口屏的应用程序设计。

1) 设计目标

作为验证 myRIO 与串口屏相关功能的应用例程,本案例中 myRIO 每 200ms 采集一次板载三轴加速度传感器数据,将采集数据发送至串口屏中文本控件 t0、t1、t2 显示;同时 myRIO 接收来自串口屏的指令,分析指令内容,控制板载 LED 灯的亮灭。

2) 硬件连线

本案例选择淘晶驰 TJC3224T024_011 串口屏,选择 myRIO 开发平台 A 口提供的 UART 接口,myRIO 与串口屏连接引脚对应关系如表 5-1 所示。

表 5-1 myRIO 与串口屏连接引脚对应关系

myRIO(A 口 UART)	串口屏 UART 接口
A 口 Pin1(+5V)	+5V
A 口 Pin10(UART.RX)	TX
A 口 Pin14(UART.TX)	RX
A 口 Pin12(DGND)	GND

3) 设计思路

利用 myRIO 新建项目的程序模板,在 While 循环结构内,实时检测板载三轴加速度计采集结果,将其格式化为控制淘晶驰串口屏的显示指令,通过 UART 端口发送至淘晶驰串口屏;同时实时检测 UART 端口缓冲区数据,当接收到来自淘晶驰串口屏发送的数据时,读取接收数据,并对接收到的数据进行解析,利用解析结果控制 myRIO 板载 LED 显示状态。

程序设计中将生成显示指令封装为子 VI,将解析接收数据控制 LED 封装为子 VI,可简化主程序框图,并增强 LabVIEW 程序的可读性。

4) 程序实现

程序实现可分解为程序总体结构设计、打开 myRIO 串口、板载加速度计数据采集、淘晶驰显示指令生成、发送淘晶驰串口屏显示指令、淘晶驰串口屏返回数据接收、解析淘晶驰返回数据控制板载 LED、myRIO 重置等步骤。

(1) 程序总体结构设计。利用 myRIO 项目模板自动生成的三帧程序结构。第一帧中配置并打开串口;第二帧中采集三轴加速度计数据,生成发送至淘晶驰串口屏的指令,同时接收淘晶驰串口屏返回数据,根据数据解析结果控制 myRIO 板载 LED 显示;第三帧中进行设备重置操作。

(2) 打开 myRIO 串口。程序框图初始化帧中,调用函数节点“VISA 配置串口”(函数→myRIO→Low Level→UART),设置输入参数“VISA 资源名称”为 myRIO 开发平台 A 口对应的 UART 端口。

(3) 板载加速度计数据采集。保持新建的 myRIO 项目自动生成的三轴加速度数据采集程序不变,作为后续发送至淘晶驰串口屏的数据来源。

(4) 淘晶驰显示指令生成。板载加速度计采集的 3 个数据作为淘晶驰串口屏的显示内容,需要将其封装为淘晶驰显示指令。为了增强程序可读性,该功能进行模块化设计,将其设计为子 VI。子 VI 有关设计信息如下。

输入参数 1:浮点类型数据 d0。

输入参数 2:浮点类型数据 d1。

输入参数 3:浮点类型数据 d2。

输出参数:字符串(通过 UART 端口发送的数据)。

子 VI 文件名称:CreateSendData.vi。

按照如下步骤完成子 VI 设计。

子 VI 调用函数节点"格式化字符串"(函数→编程→字符串→格式化字符串)、节点"字符串至字节数组转换"(函数→编程→字符串→路径/数组/字符串转换→字符串至字节数组转换)及节点"数组插入"(函数→编程→数组→数组插入),将传入的浮点数转换为串口屏刷新文本控件显示内容的指令格式。

调用函数节点"数组插入"(函数→编程→数组→数组插入)将采集数据(子 VI 输入参数,数值类型)对应的串口屏更新文本控件显示内容指令进行合并。

调用函数节点"字节数组至字符串转换"(函数→编程→字符串→路径/数组/字符串转换→字节数组至字符串转换),将合并指令转换为串口可发送的字符串类型数据(子 VI 输出参数)。

对应的 myRIO 发送串口屏指令生成子 VI 程序实现如图 5-18 所示。

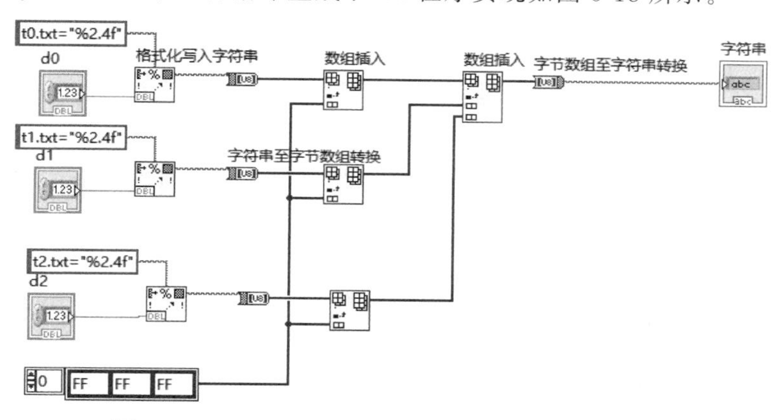

图 5-18　myRIO 发送串口屏指令生成子 VI 程序实现

(5)发送淘晶驰串口屏显示指令。调用函数节点"VISA 写入"(函数→myRIO→Low Level→UART→VISA 写入),实现 myRIO 采集数据的连续发送功能,其中发送内容由 Step4 中自定义 VI 生成。

(6) 淘晶驰串口屏返回数据接收。调用属性节点"VISA 串口字节数"(函数→myRIO→Low Level→UART→VISA 串口字节数),实现 myRIO 串口缓冲区读取字节数的实时监测。当串口接收到串口屏返回的数据时,调用函数节点"VISA 读取"(函数→myRIO→Low Level→UART→VISA 读取)接收全部缓冲区数据。由于串口屏实际返回数据为字节数组类型,而 LabVIEW 串行通信接收的数据全部为字符串类型,调用函数节点"字符串至字节数组转换"(函数→编程→字符串→路径/数组/字符串转换),将串口接收的字符串类型数据转换为字节数组。

(7) 解析淘晶驰返回数据控制板载 LED。将(6)中接收字节数组内容控制板载 LED 亮灭功能封装为子 VI,子 VI 有关设计信息如下。

输入参数:字节数组。

子 VI 文件名称:ReceivDisp. vi。

按照如下步骤完成子 VI 设计。

调用函数节点“索引数组”(函数→编程→数组→索引数组),设定 2 个索引值分别为 1 和 2,提取字节数组中第 2 个和第 3 个数据元素。

添加条件结构,其分支选择器连接字节数组中第 2 个数据元素,用以判断驱动哪个 LED。

条件结构内,添加选择结构,判断字节数组中第 3 个数据元素是否等于 0,并根据判断结果驱动回应的 LED。

当字节数组第 2 个数据元素值为 1 时,对应的 myRIO 接收指令解析程序实现如图 5-19 所示。

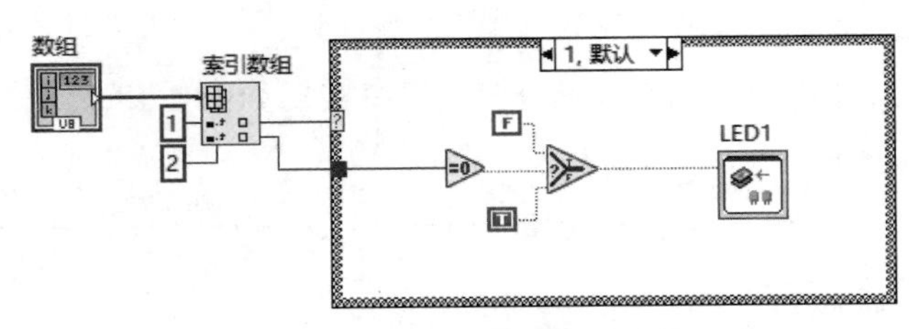

图 5-19　myRIO 接收指令解析程序实现

当串口接收字节数组的第 2 字节取值为 2、3 时,可参照修改程序自行实现。

调用 ExpressVI LED 实现基于接收指令解析结果控制板载 LED 的功能。双击 ExpressVI LED 节点图标,配置当前程序控制对象为 LED0,如图 5-20 所示。

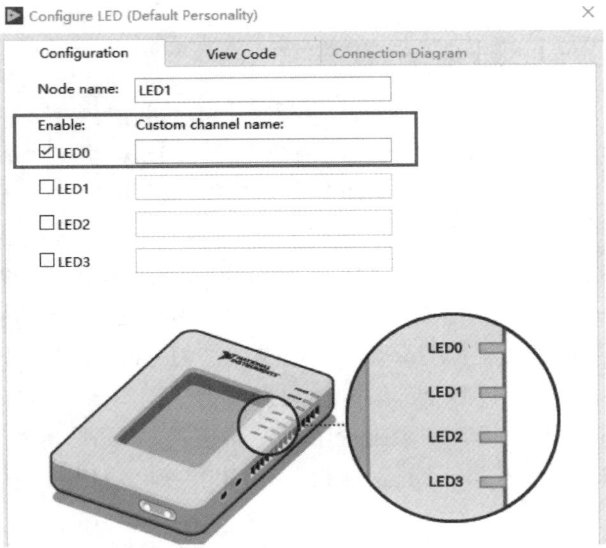

图 5-20　配置当前程序控制对象为 LED0

(8) myRIO 设备重置。在程序第三帧中调用函数节点 Reset myRIO(函数→myRIO→Device management→Reset)完成 myRIO 开发平台的复位工作。

完整的 myRIO 与串口屏交互程序如图 5-21 所示。

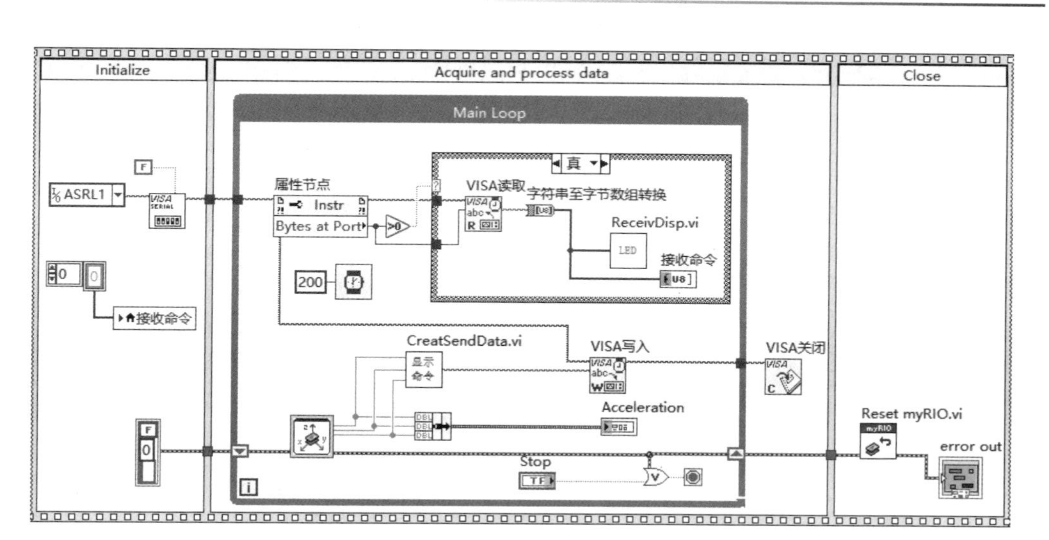

图 5-21　myRIO 与串口屏交互程序

运行程序，myRIO 与串口屏交互程序执行结果如图 5-22 所示。

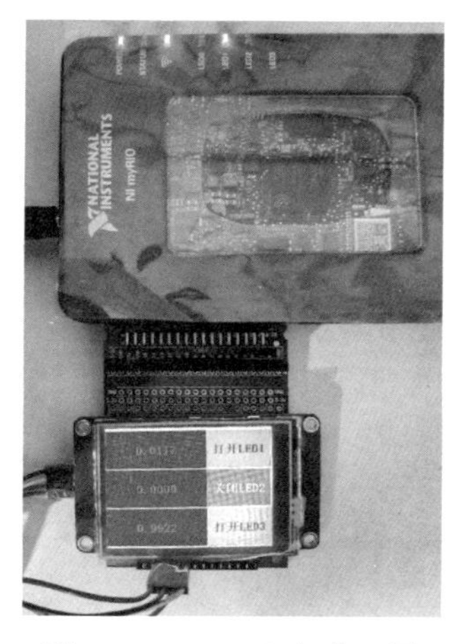

图 5-22　myRIO 与串口屏交互程序执行结果

微课视频

由图 5-22 可见，板载三轴加速度传感器测量数据得以实时显示，而且用户单击淘晶驰串口屏中双态按钮，可以控制对应的 myRIO 板载 LED 亮灭。实践结果证明了串口屏既可以作为输出显示装置，亦可作为数据输入装置，极大地方便了 myRIO 有关功能的扩展。

3. myRIO 与蓝牙设备之间的通信

如前所述，串口屏可以极其简单方便地实现 myRIO 的显示功能，但是总有一些应用场景下串口屏和 myRIO 之间无法直接连线，导致 myRIO 相关应用系统依旧存在显示功能需求无法解决的问题。此时可以借助具有透传功能的 UART 接口无线通信电路模块，将直接连线的串口屏转换为无线串口屏，进一步扩展 myRIO 的显示功能。

具有透传功能的 UART 接口无线通信电路模块可选对象比较多，比如蓝牙、WiFi、ZIGBEE、LORA 等。这里选择蓝牙模块实现 myRIO 和串口屏之间的无线连接，从而实现 myRIO 蓝牙无线串口屏。这一显示功能拓展的 myRIO 实现分为三个阶段——蓝牙模块配对、串口屏开发、myRIO 程序设计。

首先进行蓝牙模块的配对。使用一对 HC05 蓝牙模块，在 AT 指令模式下设置其中一个为主模式，另一个为从模式（HC05 为主从一体，出厂默认为从模式）。重新上电后，HC05 自动配对、自动连接。

蓝牙模块 HC05 配置为主模式工作状态常用的 AT 指令如表 5-2 所示。

表 5-2 HC05 配置为主模式工作状态常用的 AT 指令

步骤	发送命令	返回结果	结果含义
1	AT+\r\n	OK	设备正常,可以进行下一步操作
2	AT+ORGL\r\n	OK	设备已经恢复出厂设置
3	AT+VERSION?\r\n	VERSION:3.0-20170601	返回设备版本信息
4	AT+PSWD?\r\n	+PIN:"1234" OK	返回蓝牙模块默认连接密码
5	AT+PSWD="1010"\r\n	OK	设置新连接密码成功,可再次调用 AT+PSWD?\r\n 指令查看连接密码
6	AT+ROLE=1\r\n	OK	设置该模块为主模式工作(0 为从模式)
7	AT+ROLE?\r\n	+ROLE:1 OK	查询模块工作模式,1 表示为主模式
8	AT+UART?\r\n	+UART:9600,0,0 OK	查询模块波特率,当前设置为 9600
9	AT+CMODE=0\r\n	OK	设置模块连接模式为固定地址连接模式
10	AT + BIND = 98d3, 33, 813aca\r\n	OK	设置绑定地址(该地址需要第二块蓝牙模块通过 AT 指令查询获得,查询指令 AT+ADDR? \r\n),第一个逗号前地址不足 4 位时,需在前补 0 凑足 4 位
11	AT+BIND?	+BIND:18,E4,400006 OK	查询当前绑定的蓝牙地址

串口调试助手中完成上述操作之后,相应的蓝牙模块被设置成为主模式,并且绑定地址为 98d3,33,813aca 的蓝牙模块,通信速率为 9600b/s。

进一步地,蓝牙模块配置为从模式工作状态常用的 AT 指令如表 5-3 所示。

表 5-3 HC05 配置为从模式工作状态常用的 AT 指令

步骤	发送命令	返回结果	结果含义
1	AT+\r\n	OK	设备正常,可以进行下一步操作
2	AT+ORGL\r\n	OK	设备已经恢复出厂设置
3	AT+VERSION?\r\n	VERSION:3.0-20170601	返回设备版本信息
4	AT+PSWD?\r\n	+PIN:"1234" OK	返回蓝牙模块默认连接密码
5	AT+PSWD="1010"\r\n	OK	设置新连接密码成功,可再次调用 AT+PSWD?\r\n 指令查看连接密码,主模式和从模式的密码需要保持一致
6	AT+ROLE=0\r\n	OK	设置该模块为从模式工作(0 为从模式)
7	AT+ROLE=?\r\n	+ROLE:0 OK	查询模块工作模式,0 表示为从模式
8	AT+UART=9600,0,0\r\n	OK	设置模块波特率,当前设置为 9600
9	AT+ADDR?\r\n	+ADDR:=98d3,33,813ac OK	查询模块物理地址(该地址主模块绑定时需要)

重新上电后进入常规工作模式，等待1～2s，指示灯两闪一停，表示自动完成配对。两个蓝牙模块一旦上电后自动配对工作完成，就可以完全替代原来有线连接的串行端口，变身为无线串口，使用极为方便。

然后进行串口屏开发。打开串口集成开发环境USART HMI，创建蓝牙串口屏项目显示界面如图5-23所示。

显示界面由"曲线/波形"控件及3个"虚拟浮点数"控件构成。"曲线/波形"控件用于显示myRIO板载三轴加速度传感器测量数值的趋势曲线，3个"虚拟浮点数"控件分别显示三轴加速度传感器每个轴向测量数值。

在屏幕前初始化事件处理中，清空控件"曲线/波形"显示内容，并对3个"虚拟浮点数"控件进行初始化操作，对应的串口屏前初始化事件相关代码如图5-24所示。

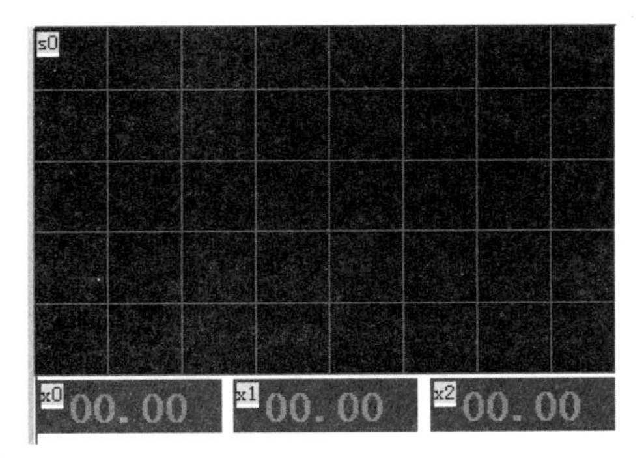

图5-23 蓝牙串口屏项目显示界面

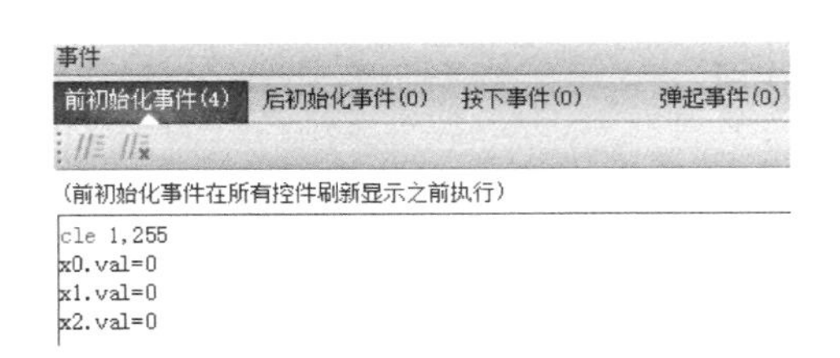

图5-24 串口屏前初始化事件相关代码

由于控件"曲线/波形"需要显示3路数据波形，因此设置其属性ch值为3，表示3个波形显示的数据通道。其他属性亦可根据需要进行修改，如3条曲线的颜色属性：pco0、pco1、pco2的设置，控件"曲线/波形"主要属性配置结果如图5-25所示。

参考淘晶驰公司提供的USART HMI集成开发环境中各类控件使用说明，控件"曲线/波形"用于在串口屏上显示波形或者曲线。该控件涉及指令add、cle、addt。cle指令用于清除曲线控件中的数据。串口屏执行指令"cle 1,0"，可清除ID为1的曲线控件的0通道数据，执行指令"cle 1,255"，可清除ID为1的曲线控件的所有通道数据(参数255意为全部通道)。

add指令用于向曲线控件逐点添加显示数据，串口屏执行指令"add 1,0,30"，实现ID为1的曲线控件通道0添加新的显示数据30。该指令第一个参数1表示曲线控件的ID，如有多个曲线控件同屏显示，则该参数区别不同的曲线控件(每个page页面最多支持4个曲线控件)。第2个参数0表示当前曲线控件的数据通道0(每个曲线控件最多支持4个通道，可以连续发送数据，控件会自动平推显示数据)，第3个参数30表示曲线控件中需要新显示的数据是30。需要说明的是，控件"曲线/波形"接收0～255的单字节整数，实际采集的数据一般需要进行数据类型转换和区间映射才能正确显示。

控件"虚拟浮点数"用于在串口屏上显示浮点数(只是显示效果是浮点数，本质是整数)。该控件浮点数显示参数设置如图5-26所示。

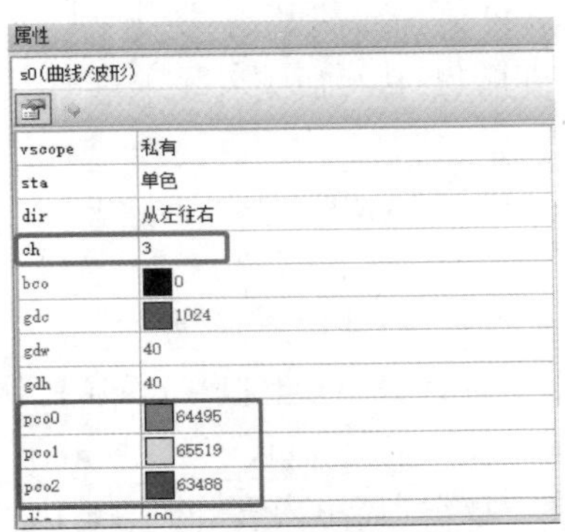

图 5-25 控件“曲线/波形”主要属性配置结果

bco	41831
pco	65535
xcen	居中
ycen	居中
val	123
vvs0	0
vvs1	2

图 5-26 浮点数显示参数设置

其中属性 val 指定控件显示的数值，vvs1 指定显示数据的小数点位数。本案例中 val 值设置为 123，因为 vvs1 属性(小数位数)设置为 2，所以控件实际显示的数据为 1.23。

这类控件显示的数据需要刷新时，需要程序对于实际的浮点数进行格式化操作，将其转换为控件指定小数位数的浮点数，然后放大 100 倍取整，作为控件 val 取值。例如，程序中拟显示的浮点数取值为 1.2312，则首先将其格式化为小数点后取 2 位，得到浮点数 1.23，然后放大 100 倍取整，得到整数 123。此时程序向串口屏发送指令 x0.val=123，设置控件的 val 属性值为 123。串口屏接收该数据后，按照控件设置的 2 位小数位数规则，设置屏幕最终显示数据为 1.23。

完成上述准备工作后，即可开展基于蓝牙串口屏的 myRIO 应用程序设计相关工作。

1）设计目标

根据上述淘晶驰串口屏使用方法，编写 myRIO 应用程序采集板载三轴加速度传感器数值并显示，将采集的数据封装为刷新串口屏的显示指令，通过 UART 通信端口发出，用以驱动串口屏分别以趋势曲线、实时数值 2 种方式分别显示 3 个轴向的加速度测量值。由于 UART 端口连接已经配对连接的蓝牙模块，因此显示指令可借助蓝牙模块无线传输至串口屏，从而实现 myRIO 采集数据的蓝牙无线串口屏显示功能。

2）硬件连线

完成配对连接的蓝牙模块使用方法与计算机自身配置的串口使用方法完全一致，只要会编写串行通信程序，就能借助蓝牙模块实现数据的短距离无线传输。分别将 2 个 HC05 蓝牙模块与 myRIO 和淘晶驰串口屏连接，对应的蓝牙无线串口屏硬件连接如图 5-27 所示。

myRIO 与蓝牙模块连接引脚对应关系如表 5-4 所示。

表 5-4 myRIO 与蓝牙模块连接引脚对应关系

myRIO(A 口 UART)	蓝牙模块 HC05
A 口 Pin1(+5V)	VCC
A 口 Pin10(UART.RX)	TXD
A 口 Pin14(UART.TX)	RXD
A 口 Pin12(DGND)	GND

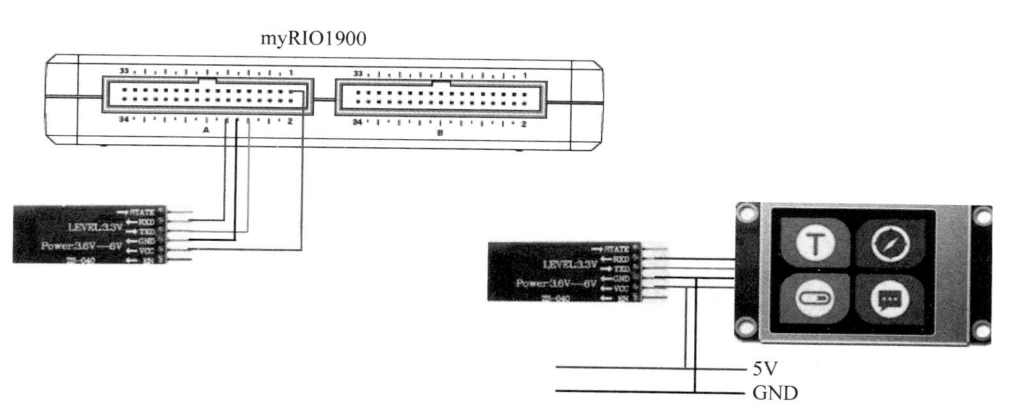

图 5-27 蓝牙无线串口屏硬件连接

串口屏与蓝牙模块连接引脚对应关系如表 5-5 所示。

表 5-5 串口屏与蓝牙模块连接引脚对应关系

蓝牙模块 HC05	串口屏 UART 接口
VCC	VCC
TXD	RXD
RXD	TXD
GND	GND

注：串口屏、蓝牙模块 HC05 均需要独立供电，表 5-4 中 VCC、GND 引脚的连接关系，表示 2 个引脚并联至对应的电源线。

3）设计思路

利用 myRIO 新建项目中自动生成的程序模板，保留其三帧程序基本结构。第一帧为初始化帧，打开并配置连接蓝牙模块的 UART 通信端口；第二帧为主程序帧，在该帧 While 循环结构内，实时检测板载三轴加速度计数据，并将采集的数据进行区间线性映射，转换为淘晶驰串口屏趋势曲线显示数据，并进一步将映射后的数据封装为驱动淘晶驰串口屏对应的显示指令，通过 UART 通信端口发送，进而实现基于蓝牙通信技术无线串口屏显示 myRIO 采集数据功能；第三帧为程序后处理帧，实现 myRIO 程序运行结束后的设备重置工作。

4）程序实现

程序实现可分解为初始化处理、主程序结构设计、串口屏显示指令生成与封装、串口屏显示指令发送、myRIO 设备重置等步骤。

（1）初始化处理。初始化帧中，调用函数节点“VISA 配置串口”（函数→myRIO→Low Level→UART→VISA 配置串口），设置其参数“VISA 资源名称”为 A 口对应的 UART 通信端口，设置其参数“启用终止符”为逻辑假（默认为逻辑真），其他通信参数均可采用默认值。

（2）主程序结构设计。主程序帧中，While 循环结构中实时采集板载三轴加速度计数据，将采集的数据分别封装为用于淘晶驰串口屏曲线显示指令、数值显示指令，并将两条指令合并为一条发送至淘晶驰串口屏的命令，调用函数节点“VISA 写入”（函数→myRIO→Low Level→UART→VISA 写入），完成串口数据发送。

（3）串口屏显示指令生成与封装。串口屏显示指令生成与封装分为“实时数据显示指令生成与封装”和“趋势曲线显示指令生成与封装”两部分完成。

串口屏显示指令生成与封装子 VI 设计信息如下。

输入参数 1：浮点类型数据 d1。

输入参数 2：浮点类型数据 d2。

输入参数 3：浮点类型数据 d3。

输出参数：字符串（通过 UART 端口发送的数据）。

子 VI 文件名称：CreatData. vi。

按照如下步骤完成子 VI 设计。

“实时数据显示指令生成与封装”设计时，首先将 3 个采集数据乘 100，再调用函数节点“格式化字符串”（函数→编程→字符串→格式化字符串），将其转换为刷新 3 个“虚拟浮点数”控件的指令，调用函数节点“字符串至字节数组转换”（函数→编程→字符串→路径\数组\字符串转换→字符串至字节数组转换），将 ASCII 字符串形式的“虚拟浮点数”控件刷新指令转换为字节数组，并调用函数节点“数组插入”（函数→编程→数组→数组插入），在指令字节数组后插入 3 字节 FF FF FF，形成一条完整显示指令。进一步调用函数节点“字节数组至字符串转换”（函数→编程→字符串→路径\数组\字符串转换→字节数组至字符串转换），将完整的指令转换为串行通信可发送的字符串数据类型，从而完成一个“虚拟浮点数”控件数据刷新显示指令的生成。

类似方法完成剩余 2 个“虚拟浮点数”控件数据刷新指令的生成，然后调用函数节点“连接字符串”（函数→编程→字符串→连接字符串），将 3 条“虚拟浮点数”控件的数据刷新指令进行组合。

“趋势曲线指令生成与封装”设计时，由于“曲线/波形”控件只能接收 0～255 的单字节整数，而采集的加速度数值最小为 0，最大一般不超过 5g，直接显示采集数据，必然导致数据波形位于控件底部，不宜观测。因此采取区间映射的方式，将实际采集的 0～5 数据映射至 20～200，而且大于 200 的数据钳位至 200。可按照如下公式进行采集数据与显示数据之间的映射。

$$y=\frac{200-20}{5-0}x+20=36x+20$$

调用函数节点“格式化字符串”（函数→编程→字符串→格式化字符串），将 3 个采集的数据分别格式化为“曲线/波形”控件 3 个数据通道刷新显示的指令，再将 ASCII 指令转换为字节数组，最后添加后缀 FF FF FF，然后转换为串口发送需要的字符串类型。

将上述两部分指令再次调用函数节点“连接字符串”，形成完整的显示驱动指令，对应的串口屏显示驱动子 VI 程序如图 5-28 所示。

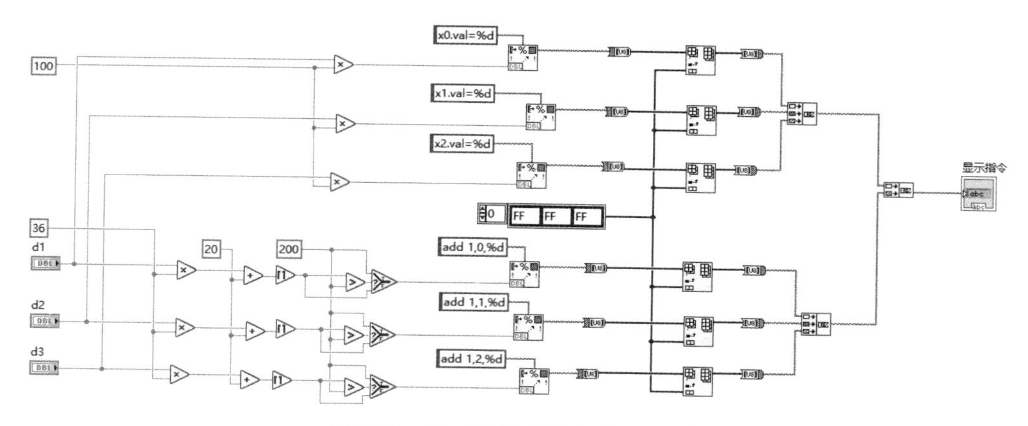

图 5-28　串口屏显示驱动子 VI 程序

(4)串口屏显示指令发送。调用函数节点“VISA 写入”(函数→myRIO→Low Level→UART→VISA 写入),发送封装好的串口屏显示驱动指令,实现 myRIO 对于串口屏显示内容的控制。

主程序帧中,While 循环结束后调用函数节点“VISA 关闭”(函数→myRIO→Low Level→UART→VISA 关闭),释放通信程序所占用的资源。

(5) myRIO 设备重置。第三帧中,调用函数节点“Reset myRIO”(函数→myRIO→Device management→Reset),实现程序结束后设备的复位操作。完整的蓝牙无线串口屏显示程序如图 5-29 所示。

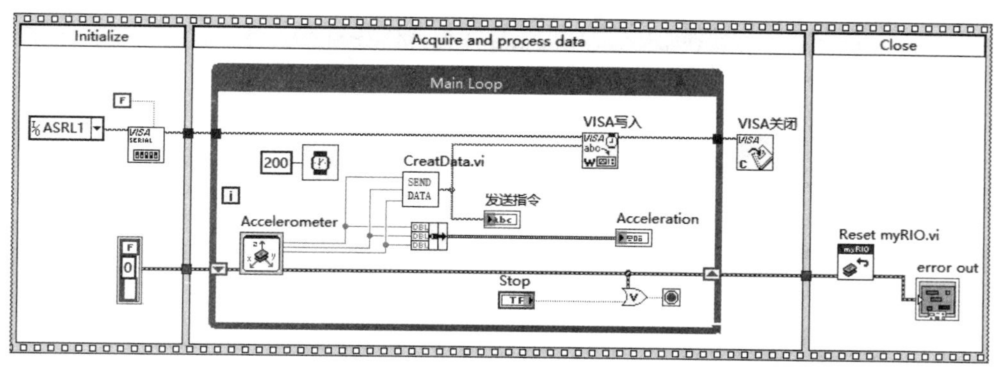

图 5-29　蓝牙无线串口屏显示程序

运行程序,蓝牙无线串口屏显示程序界面如图 5-30 所示。

由图 5-30 可见 myRIO 发出的串口屏控制指令(指令后缀 FF FF FF 不可见)。指令中有关数据完全符合放大取整及区间映射预期。进一步地,串口屏中可观测到虚拟浮点数控件实际显示的数值与 myRIO 测量结果完全一致,“曲线/波形”控件显示波形也处于 20～200 的数值区间(实际上只具备了波形趋势观测的意义),串口屏显示效果如图 5-31 所示。

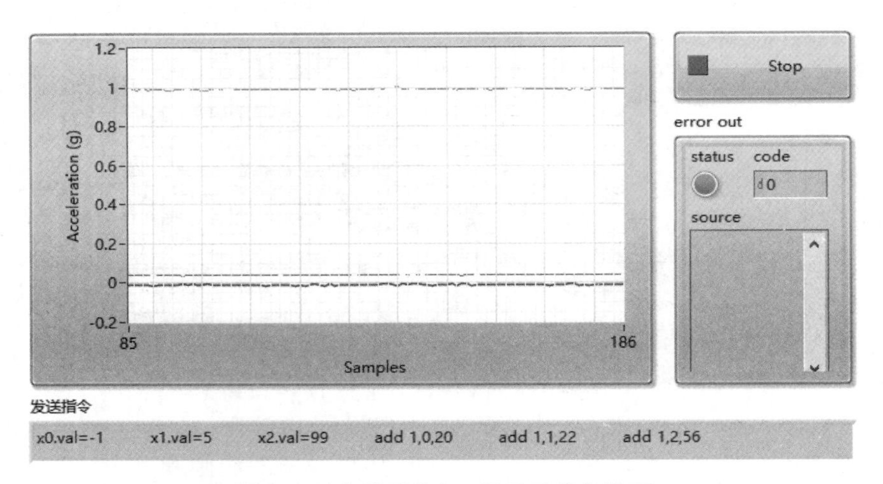

图 5-30　蓝牙无线串口屏显示程序界面

图 5-31　串口屏显示效果

5.2　WiFi 通信技术及应用

myRIO 内置的 WiFi 模块使其具备了强大的系统级通信能力，借助内置的 WiFi 模块，myRIO 可以轻而易举地创建无线局域通信网络或者接入无线因特网，进而实现 myRIO 与其他应用系统之间无线通信，是扩展 myRIO 应用系统技术规模的重要途径，尤其对于物联网相关的应用开发具有重要的意义。本节主要介绍 WiFi 通信技术基本概念，myRIO 中基于 WiFi 通信的 TCP、UDP、HTTP 通信程序设计相关 VI，并针对 myRIO 开发时 WiFi 通信技术的应用场景，将 WiFi 通信技术应用分为无线局域网、物联网 2 类应用模式，并通过无线局域网应用场景下 TCP 客户端应用、TCP 服务器应用、UDP 广播通信等实例及物联网应用场景下基于 TCP、UDP、HTTP、MQTT 协议的应用实例介绍基于 WiFi 连接的通信程序设计的基本方法。

5.2.1 WiFi 通信技术概述

WiFi(Wireless Fidelity)技术是一种典型的短距离无线连网的技术，最初主要用于替代传统网线，快速部署无线局域网。常见的连网方式是通过一个无线路由器构建热点，热点发射信号覆盖的有效范围都可以采用 WiFi 的连接方式接入热点，形成无线局域网，进行相关设备之间的数据通信。

WiFi 技术遵循 IEEE 所制定的 802.11x 系列标准，主要由 802.11a、802.11b、和 802.11g 3 个标准组成。WiFi 通信技术采用 2.4GHz 频段，链路层采用以太网协议为核心，以实现百米范围内多设备之间的信息传输。WiFi 通信技术传输速度较高，达到 11Mbps，有效传输距离也满足绝大部分场景下的无线通信需求，因而受到厂商和用户的青睐，占据着无线传输的主流地位。WiFi 无线网络的基本组成为 AP 热点＋无线网卡，也可配合现有的有线架构分享网络资源实现更大范围的数据通信。

myRIO 中搭载了 WiFi 模块，可以灵活设置为“接入无线网络”“创建无线网络”两种方式中的任何一种。

“接入无线网络”方式多用于实现 myRIO 终端接入无线互联网或无线局域网的功能。“创建无线网络”方式多用于实现 myRIO 终端作为 WiFi 热点，与其他电子设备构建无线局域网的功能。

5.2.2 主要函数节点

一旦建立基于 WiFi 的无线通信网络，其通信程序的设计方法与常规的以太网通信并无不同，可以直接调用 LabVIEW 中提供的常用网络通信协议相关函数节点，包括 TCP、UDP、HTTP 等函数选板中提供的全部函数节点。

LabVIEW 中有关 TCP 通信程序编写的函数节点如图 5-32 所示。

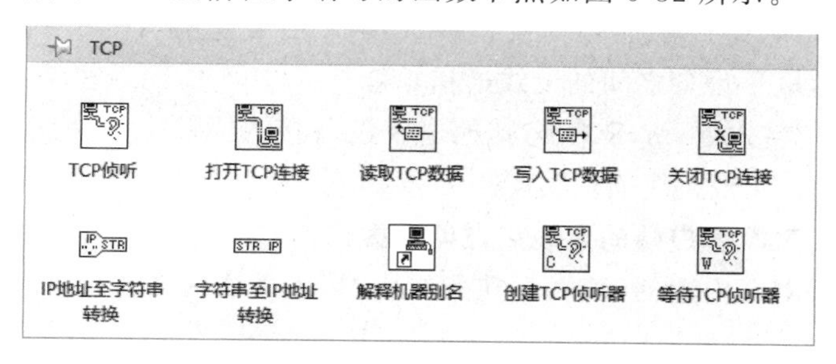

图 5-32 TCP 通信相关函数节点

LabVIEW 中有关 UDP 通信程序编写的函数节点如图 5-33 所示。

LabVIEW 中有关 HTTP 通信程序编写的函数节点如图 5-34 所示。

需要指出的是，myRIO 中的 WiFi 通信技术实现的前提条件是 myRIO 中的 WiFi 模块得到正确的配置。

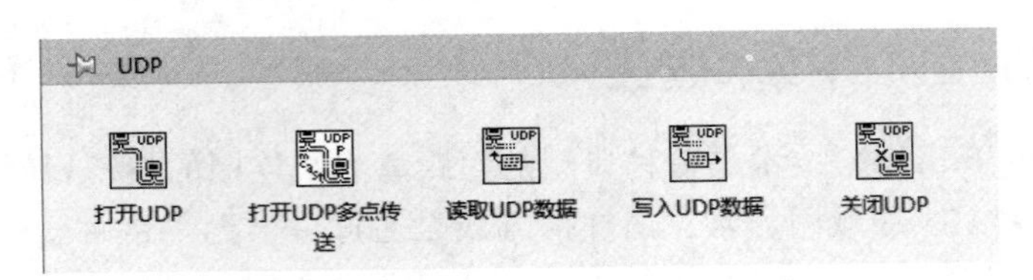

图 5-33　UDP 通信相关函数节点

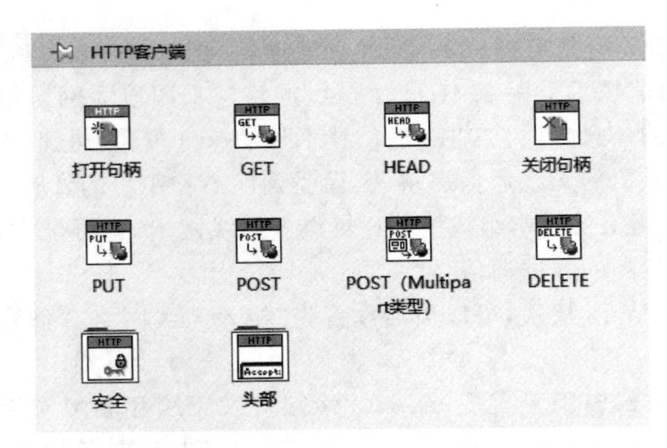

图 5-34　HTTP 通信相关函数节点

5.2.3　基于 WiFi 的局域网通信应用实例

myRIO 实现 WiFi 环境下的局域网络通信，一般主要用于 myRIO 和其他电子系统之间的通信。使用 WiFi 通信技术，需要对 myRIO 内置的 WiFi 模块进行配置，配置方法可参见 2.4 节相关内容。myRIO 中应用 WiFi 通信技术，分为“创建无线网络”“连接无线网络”两种应用模式。

“创建无线网络”模式下，其他电子设备接入 myRIO 创建的 AP 热点，形成无线局域网，实现 myRIO 和其他电子设备之间的无线通信功能。

“连接无线网络”模式下，myRIO 与其他电子设备接入同一无线网络，形成无线局域网或者连接无线互联网，实现无线通信功能。

微课视频

1. myRIO 作为 TCP 客户端的无线局域网数据通信

本案例中将 myRIO 内置的 WiFi 模块配置为“接入无线网络”，与计算机或者手机接入同一个无线网络。无线局域网中 myRIO 作为 TCP 客户端，计算机或者手机作为 TCP 服务器。作为 TCP 客户端，myRIO 接入无线网络后分配的 IP 地址可通过 MAX 软件查看（本案例中 myRIO 开发平台分配的 IPv4 地址为 192.168.0.107）。

1）背景知识

TCP 客户端应用程序开发，其基本结构由“打开 TCP 连接”“写入 TCP 数据”和“关闭 TCP 连接”三个函数节点组成。

（1）函数节点“打开 TCP 连接”主要用于建立与服务器端的 TCP 连接，需要设置服务器端 IP 地址及服务器监听的端口。

（2）函数节点“写入 TCP 数据”用于向服务器端发送数据。需要说明的是，LabVIEW 中，通信数据都必须转换为字符串才能发送。

（3）函数节点“关闭 TCP 连接”用于释放 TCP 通信所占用的资源。

如果客户端需要连续向服务器端发送数据，一般循环前调用函数节点“打开 TCP 连接”；循环结构中调用函数节点“写入 TCP 数据”。循环结束后调用函数节点“关闭 TCP 连接”。这一程序结构设计避免了连续发送中频繁建立连接、释放资源，有助于提高程序运行效率。

2）设计目标

myRIO 与计算机接入同一 WiFi 热点，构建无线局域网。myRIO 作为客户端，计算机作为服务器。myRIO 向服务器发起连接请求，建立连接后，myRIO 采集两路数据，并将采集的两路数据转变为以“,”间隔的字符串，发送至服务器。服务器端记录 myRIO 采集的数据以备后续使用。

篇幅所限，这里使用网络调试助手软件工具模拟服务器端应用程序。打开 Windows 操作系统控制面板，选择“网络和 Internet→WLAN→硬件属性”，可以查看计算机分配获得 IPv4 地址：192.168.0.102。该地址作为 TCP 通信服务器 IP 地址。

TCP 通信首先运行服务器端应用程序。计算机端打开网络调试助手，按照图 5-35 所示方式将网络调试助手配置为服务器模式。

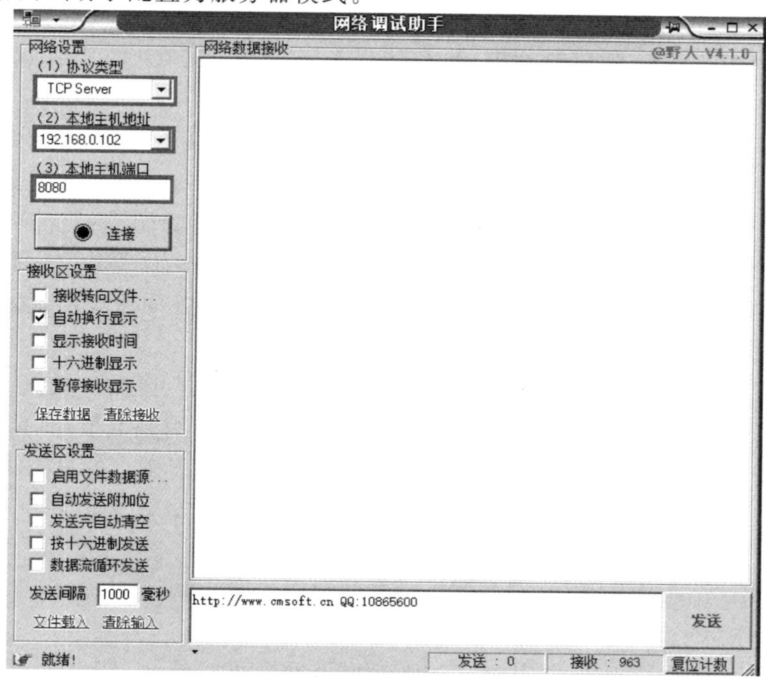

图 5-35　配置网络调试助手为 TCP Server 模式

3）设计思路

利用 myRIO 新建项目自动生成的程序模板，保留其三帧程序基本结构。第一帧为初始化帧，主要用于有关数据、控件的初始赋值，建立 myRIO 与服务器之间的 TCP 连接；第二帧为主程序帧，完成应用程序的核心业务功能的开发，程序基于 While 循环结构实现数据采集、TCP 通信报文封装、TCP 数据发送等功能；第三帧为后处理帧，实现 myRIO 应用程序结束运行后的设备重置功能。

4）程序实现

程序实现可分解为初始化、采集数据、发送报文封装、TCP 发送、本地显示、定时控制、设备重置等步骤。

（1）初始化。调用函数节点“打开 TCP 连接”（函数→数据通信→协议→TCP→打开 TCP 连接），建立 myRIO 和计算机之间的 TCP 连接，借助局部变量完成采集数据显示相关控件的初始化赋值。

（2）采集数据。为了聚焦 TCP 通信程序编写，这里采取 0～100 随机数产生的方式模拟数据采集过程。

（3）发送报文封装。调用函数节点“数值至十进制数字符串转换”（函数→编程→字符串→数值字符串转换→数值至十进制数字符串转换）将采集的数据转换为字符串格式，再调用函数节点“连接字符串”（函数→编程→字符串→连接字符串）构造以符号“,”为间隔的发送报文。

（4）TCP 发送。将第(3)步封装的发送报文作为函数节点“写入 TCP 数据”（函数→数据通信→协议→TCP→写入 TCP 数据）的发送内容，完成基于 TCP 的 myRIO 采集数据向服务器发送功能。

（5）本地显示。为了显示采集数据，使用“量表”控件显示 2 路采集参数，并将 2 路采集数据借助函数节点“捆绑”（函数→编程→簇、类与变体→捆绑）封装为簇类型数据，作为“波形图表”控件的显示内容，从而实现 2 路采集数据波形趋势曲线的显示。

（6）定时控制。为了便于观测，在 While 循环中添加函数节点“等待”（函数→编程→定时→等待），设置等待参数为 1000ms，实现每秒采集一次数据，并向服务器端发送一次数据帧的基本功能。

（7）设备重置。在第三帧中，调用函数节点“关闭 TCP 连接”（函数→数据通信→协议→TCP→关闭 TCP 连接），释放 TCP 通信程序所占用的资源，调用函数节点“Reset myRIO”（函数→myRIO→Device management→Reset）完成 myRIO 开发平台的复位工作。

完整的 TCP 客户端数据采集与发送程序实现如图 5-36 所示。

运行程序，TCP 客户端程序执行结果如图 5-37 所示。

此时网络调试助手作为 TCP 服务器接收到的数据如图 5-38 所示。

微课视频

2. myRIO 作为 TCP 服务器的无线局域网数据通信

myRIO 作为 TCP 服务器时，其所在的无线局域网既可以是 myRIO 创建的无线网络，也可以是 myRIO 选择接入的已有无线局域网。

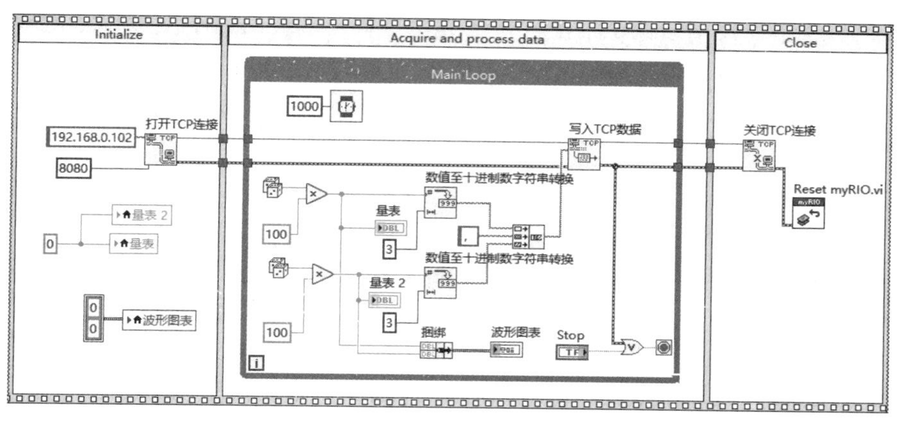

图 5-36 TCP 客户端数据采集与发送程序实现

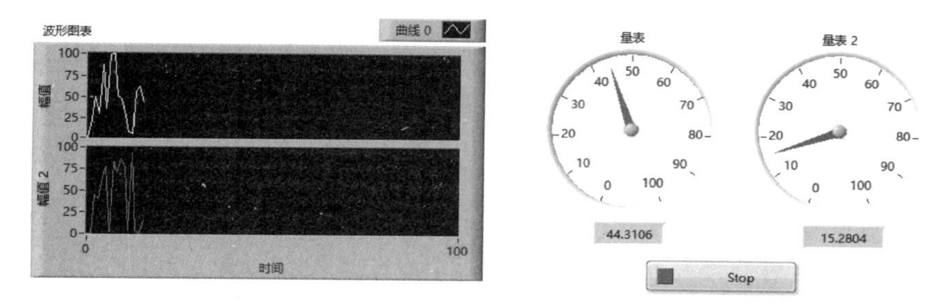

图 5-37 TCP 客户端程序执行结果

图 5-38 网络调试助手作为 TCP 服务器接收的数据

篇幅所限，这里使用网络调试助手软件工具模拟客户端应用程序。打开 Windows 操作系统控制面板，选择“网络和 Internet→WLAN→硬件属性”，可以查看无线局域网中计算机分配的 IPv4 地址为 192.168.0.102。该地址作为 TCP 通信客户端 IP 地址。

1）背景知识

TCP 服务器应用程序开发，其基本结构由“TCP 侦听”“读取 TCP 数据”和“关闭 TCP 连接”三个函数节点组成。

（1）节点“TCP 侦听”用于创建侦听器，等待接受 TCP 连接，该节点的使用需要指定服务器侦听的端口。

（2）函数节点“读取 TCP 数据”用于读取客户端发送的数据。

（3）函数节点“关闭 TCP 连接”用于释放 TCP 通信所占用的资源。

如果服务器需要连续接收客户端发送的数据，一般循环前调用函数节点“TCP 侦听”，循环中调用函数节点“读取 TCP 数据”，循环结束后调用函数节点“关闭 TCP 连接”。循环结构内调用函数节点“读取 TCP 数据”实现基于 TCP 的数据连续接收功能。这一程序结构设计，避免了连续发送中频繁建立连接、释放资源，有助于提高程序运行效率。

2）设计目标

这个案例中，将 myRIO 的 WiFi 连接配置为“接入无线网络”，myRIO 作为 TCP 服务器，监听指定端口（通过 MAX 软件，可以查看 myRIO 接入无线网络后获取的 IP 地址为 192.168.0.107），等待客户端连接请求。当客户端发起连接请求时，myRIO 建立其与客户端之间的 TCP 通信连接，并接收、显示来自客户端发送的数据。

3）设计思路

利用 myRIO 新建项目自动生成的程序模板，保留其三帧程序基本结构。第一帧为初始化帧，实现有关数据、控件的初始赋值，并启动指定端口的 TCP 监听，等待客户端连接请求；第二帧为主程序帧，完成应用程序的核心业务功能的开发，当读取指定字节数或者读取到回车换行符号时，程序将读取的数据作为一帧客户端发送的数据，按照预定的帧结构进行处理和显示；第三帧为程序后处理真，实现 myRIO 程序运行结束后的设备重置工作。

4）程序实现

程序实现可分解为初始化、TCP 读取、TCP 读取数据的类型转换、提取数组中测量值、myRIO 设备重置等步骤。

（1）初始化。调用函数节点“TCP 侦听”（函数→数据通信→协议→TCP→TCP 侦听），等待其他终端的连接请求，并借助局部变量完成采集数据显示相关控件的初始化赋值。

（2）TCP 读取。假设客户端发送的数据格式为“IP 地址：端口-数据 1-数据 2”＋CRLF 的字符串，所以调用函数节点“读取 TCP 数据”（函数→数据通信→协议→TCP→读取 TCP 数据），并设置其读取模式为“CRLF”及永不超时，即当读取到回车换行字符时，结束一帧数据的读取。

（3）TCP 读取数据的类型转换。读取到的字符串调用函数节点“电子表格字符串至数组转换”（函数→编程→字符串→电子表格字符串至数组转换），设置参数“分隔符”为“-”，设置参数“格式字符串”为“%d”，设置参数“数组类型”为一维整型数组常量，完成字符串至字节数组转换。

(4) 提取数组中测量值。调用函数节点“索引数组”(函数→编程→数组→索引数组)，读取转换结果数组中的第 2 个和第 3 个数据元素，即客户端发送的采集数据 1、采集数据 2，借助仪表控件的方式显示接收客户端采集的数据。

(5) myRIO 设备重置。在程序第三帧中调用函数节点“关闭 TCP 连接”(函数→数据通信→协议→TCP→关闭 TCP 连接)，释放 TCP 通信程序所占用的资源，调用函数节点 Reset myRIO(函数→myRIO→Device management→Reset)完成 myRIO 开发平台的复位工作。

完整的 TCP 服务器程序如图 5-39 所示。

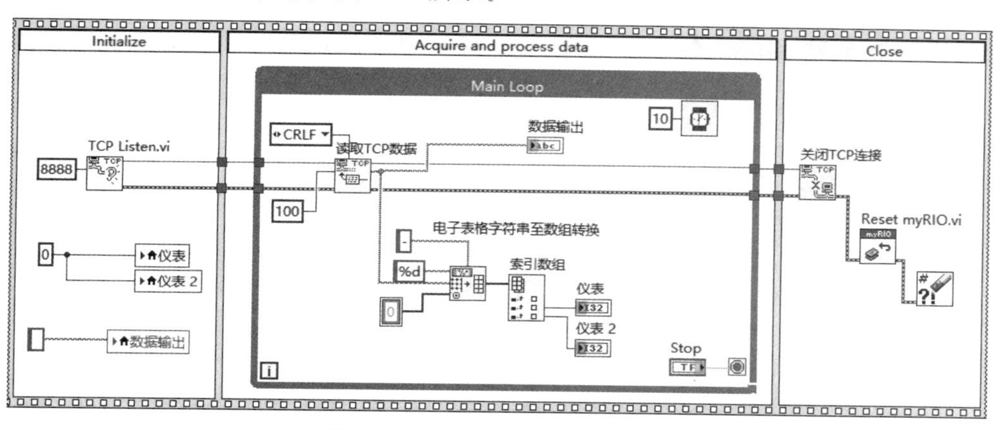

图 5-39 完整的 TCP 服务器程序

运行 myRIO 服务器端应用程序，等待客户端的连接请求。然后打开网络通信调试助手，设置“协议类型”为 TCP Client，设置远程主机地址为 myRIO 开发平台的 IP 地址及其侦听的端口号“192.168.0.107:8888”，单击“连接”按钮，建立计算机与服务器 myRIO 的 TCP 连接。

完成上述设置后，网络调试助手数据发送区输入字符串“192.168.0.102:3338-42-53”及回车换行符号，单击“发送”按钮，完成一次客户端模拟电子设备发送采集数据的操作，如图 5-40 所示。

此时，打开 myRIO 运行界面，myRIO 接收、解析并显示客户端发送数据结果如图 5-41 所示。

需要注意的是，客户端发送的数据如果忘记附加 CRLF(回车换行)，myRIO 应用程序中无法观测接收的数据——直至接收字节数达到 100 或者接收到回车换行字符。

3. myRIO 进行 UDP 广播发送的无线局域网数据通信

UDP 是局域网通信常用的协议，相比于 TCP，UDP 以其简单易用而广受欢迎。myRIO 使用 UDP 进行数据通信，同样首先必须配置其内置 WiFi 模块接入无线网络，该无

图 5-40 网络调试助手作为 TCP 客户端发送数据

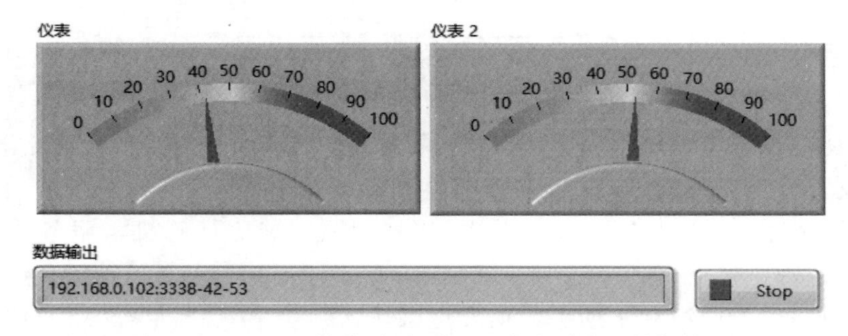

图 5-41 myRIO 接收、解析并显示客户端发送数据结果

线网络既可以是 myRIO 创建的无线网络，也可以是 myRIO 选择接入的无线局域网。

1) 背景知识

UDP 通信应用程序开发，其基本结构由“打开 UDP”“写入 UDP 数据”和“关闭 UDP”三个函数节点组成。

(1) 函数节点“打开 UDP”用于打开端口或服务名称的 UDP 套接字，该节点的使用需要指定本地通信端口。

(2) 函数节点“写入 UDP 数据”将采集的数据写入 UDP 套接字。由于 LabVIEW 中数据通信均以字符串的形式进行，如果发送数据为非字符串格式，则需要进行转换。

(3) 函数节点“关闭 UDP”用于释放 UDP 通信所占用的资源。

如果 myRIO 需要连续向其他终端发送采集的数据，一般在循环前调用函数节点“打开 UDP”，循环结构内调用函数节点“写入 UDP 数据”实现基于 UDP 的数据连续发送功能，循环结束后调用函数节点“关闭 UDP”。这一程序结构设计，避免了连续发送中频繁建立连接、释放资源，有助于提高程序运行效率。

2) 设计目标

这个案例中，将 myRIO 内置的 WiFi 模块配置为“接入无线网络”(通过 MAX 软件可以查看接入无线网络后分配的 IPv4 地址为 192.168.0.107)。myRIO 采集数据，将采集数据以 UDP 通信报文的形式进行“广播”操作，使得同一网段内所有终端均可接收到 myRIO 采集的数据。

3) 设计思路

利用 myRIO 新建项目自动生成的程序模板，保留其三帧程序基本结构。第一帧为初始化帧，打开 UDP 通信套接字，设置 UDP 通信端口，设置 UDP 广播通信 IP 地址；第二帧为主程序帧，在该帧 While 循环结构内，以产生随机数的方式模拟实时数据采集，并将采集的数据以 UDP 数据报文的形式进行广播，同时通过实时曲线形式显示采集数据；第三帧为程序后处理帧，实现 myRIO 程序运行结束后的设备重置工作。

4)程序实现

篇幅所限，这里使用网络调试助手软件工具模拟其他 UDP 应用程序，为了检验广播机制效果，同时也使用手机端安装的网络调试助手模拟同一网段内不同 IP 地址的 UDP 应用程序。

myRIO 程序实现可分解为初始化、采集数据、定时控制、采集数据本地显示、UDP 发送数据、设备重置等步骤。

(1) 初始化。调用函数节点“打开 UDP”(函数→数据通信→协议→UDP→打开 UDP)，设置本地 UDP 通信端口为 9999。由于意图实现 myRIO 采集的数据向局域网内所有终端发送，调用函数节点“字符串至 IP 地址转换”将广播地址“255.255.255.255”转换为节点“写入 UDP 数据”可用的 IP 地址，并设置指数数值常量 8080 作为节点“写入 UDP 数据”需要设置的通信端口。

(2) 采集数据。为了简化程序设计，聚焦 UDP 通信，这里采取借助 While 循环结构中产生随机数的方式模拟采集数据，并调用函数节点“数值至小数字符串转换”(函数→编程→字符串→数值字符串转换→数值至小数字符串转换)，将其转换为字符串类型数据。

(3) 定时控制。为了便于观测，While 循环结构内调用函数节点“等待”(函数→编程→定时→等待)，设置等待时长为 1000ms，实现每秒采集一次数据，UDP 广播一次的功能。

(4) 采集数据本地显示。采集的数据借助波形图表和数值显示控件进行显示——实际上这一步骤并不是必需的，因为 myRIO 应用程序独立部署运行过程中不可能在计算机上查看程序运行情况，初学阶段这样处理可以用来诊断应用程序的执行过程，而部署运行时，可以删除前面板相关显示功能。

（5）UDP 发送数据。调用函数节点“写入 UDP 数据”（函数→数据通信→协议→UDP→写入 UDP），将采集数据转换为字符串的结果在局域网内进行广播，完成 UDP 通信数据报文的发送。

（6）设备重置。在程序第三帧中调用函数节点“关闭 UDP”（函数→数据通信→协议→UDP→关闭 UDP），释放 UDP 通信程序所占用的资源，调用函数节点“Reset myRIO”（函数→myRIO→Device management→Reset）完成 myRIO 开发平台的复位工作。

完整的 myRIO 数据采集及 UDP 广播程序实现如图 5-42 所示。

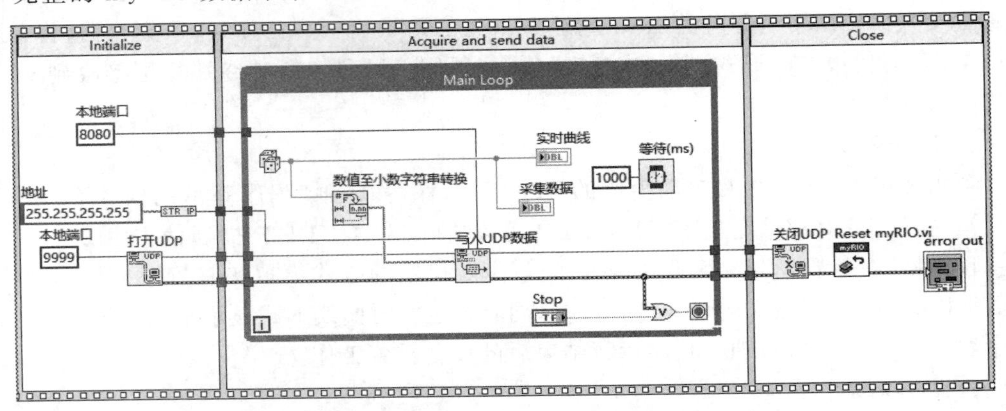

图 5-42　myRIO 数据采集及 UDP 广播程序实现

编译运行程序，myRIO 端数据采集及 UDP 广播程序执行结果如图 5-43 所示。

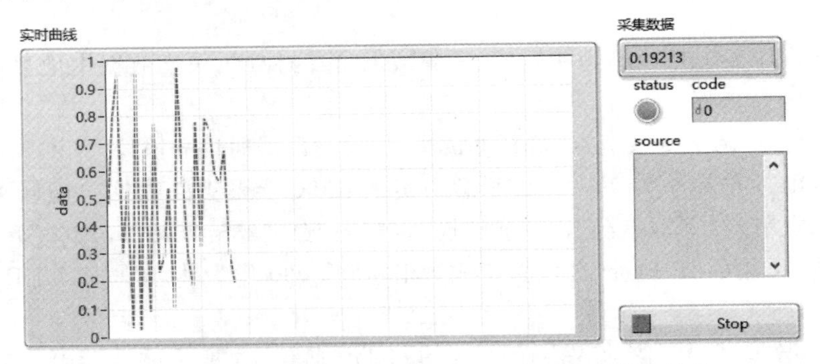

图 5-43　myRIO 端数据采集及 UDP 广播程序执行结果

打开 Windows 操作系统中网络调试助手，设置协议类型为 UDP，设置本地主机端口与 myRIO 发送端口保持一致，设置为 8080，单击“连接”按钮，启动 UDP 终端监听程序，可以观测到计算机端网络调试助手接收 myRIO 发送 UDP 数据包如图 5-44 所示。

打开手机端安装的“网络调试助手”（安卓操作系统），创建 UDP 服务端，设置端口 8080，与 myRIO 发送端口保持一致，进入 UDP 监听模式，可以观测到手机端网络调试助手接收到的 16 进制 UDP 数据包，如图 5-45 所示。

可以看到安卓系统中网络调试助手最后一次接收的 ASCII 编码格式的数据 30 2E 31

39 32 31 33 30，对应的 10 进制数据为 0.192130，这一结果与计算机端网络调试助手接收的数据、myRIO 端采集的数据完全一致，说明了 myRIO 采集的数据可以广播至局域网内全部终端。这一功能对于分布式数据采集系统的设计与开发具有十分重要的实践意义。

图 5-44 计算机端网络调试助手接收 myRIO 发送 UDP 数据包

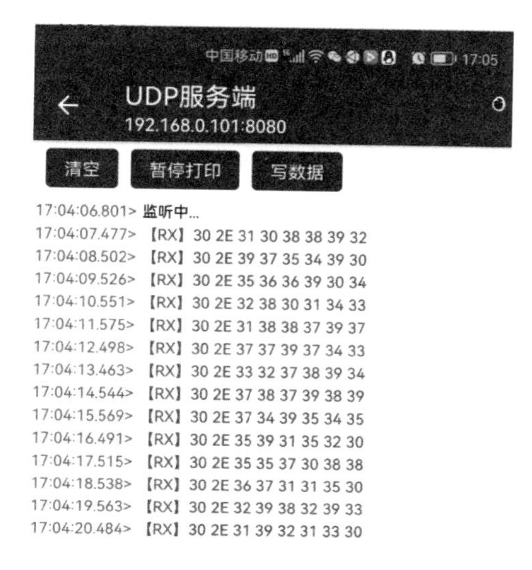

图 5-45 手机端网络调试助手接收到的 16 进制 UDP 数据包

当然，如果希望进行点对点通信，只需要在程序设计时将上述程序框图中的广播地址255.255.255.255 更改为局域网内目标终端的 IP(192.168.0. *)即可。

5.2.4 基于 WiFi 的物联网通信应用实例

如果配置 myRIO 的 WiFi 模块为“连接无线网络”，而其连接的热点由接入互联网的路由器提供，则 myRIO 可以在无线局域网通信的基础上，进一步实现互联网通信。典型的应用场景就是 myRIO 作为智能终端采集数据，利用内置的 WiFi 模块接入互联网，将采集的数据上传至物联网平台，或者接收物联网平台推送的消息。这样一来，开发者可以借助物联网平台，将单机环境 myRIO 应用程序升级改造为“云、网、端”技术架构下的 myRIO 应用程序，从而使得 myRIO 嵌入式平台可以在各大应用系统规模下发挥更加重要的作用。

目前市面上可以供使用的物联网云平台有很多，如中移物联(OneNET)、TLink、机智云、阿里云、百度云、涂鸦云、传感云、乐为物联及巴法云等。其中，对开发者比较开放的物联网平台为 TLink 和机智云。

TLink 物联网平台是一个免费开放的设备连接平台，主要应用于工业领域。对于初学者或者开发者来说，TLink 物联网平台最大的特点是提供丰富的联网方式，支持 TCP/UDP/HTTP/MQTT/ ModBus/COAP/MB TCP/NB-IOT 等主流物联网通信协议，包含工业应用的几乎所有场景，具有重要的学习与实践价值。

基于物联网平台的应用系统开发，一般分为两个阶段——第一阶段为云平台物联网设备创建，第二阶段为物联网终端设备开发。

第一阶段：物联网平台云端设备创建。

注册后进入控制台。首先在控制台左侧导航栏选择“设备管理→添加设备”，打开 TLink 物联网平台云端设备创建页面，如图 5-46 所示。

图 5-46 TLink 物联网平台云端设备创建页面

云端设备创建页面中需要依次设置以下 6 类参数。

(1) 设备分组。对设备进行分组,分组之后在设备管理页面进行调整。

(2) 设备名称。开发者可自定义云端设备的名称。

(3) 链接协议。选择云端设备支持的通信协议。

(4) 掉线延时。此时间只与“已连接”和“未连接”状态有关系,如果在该时间范围内没有数据传到平台,那么该设备连接状态显示“未连接”。所以此时间要设置为比实际上行数据间隔要大,才不会在正常传输数据过程中出现“未连接”。最小值 60s。

(5) 传感器。添加不同类型的数值,用来显示设备的不同变量,一个传感器代表设备的一个变量,比如 PLC 的寄存器变量。

(6) 位置信息。给设备标注一个地理位置,可以通过搜索框输入地名、搜索框输入经纬度、地图上单击一个位置等任何一种方式完成设备位置标注。

完成云端设备创建,即可按照链接协议定义的云端通信数据帧格式,由本地计算机或者嵌入式终端,向云端设备发送数据或接收云端返回的信息。值得注意的是,TLink 物联网平台中云端设备通信协议支持用户自定义,图 5-47 为自定义协议示例。

图 5-47 自定义协议示例

该协议规定云端设备通信数据帧格式为字节数组类型,帧头为 FF,帧尾为 EE,每帧数据包含 2 个传感器测量数据,均由一字节表示测量值。

用户自定义协议设计方法,详情参见 TLink 物联网平台开发者中心相关文档说明。

第二阶段:物联网终端设备开发。

物联网终端设备开发可以基于单片机、嵌入式、PC 等任意一种开发平台,当然也包括本书所介绍的 myRIO 开发平台。物联网终端设备一般为数据采集终端,也可以是控制终端，还可以是数据采集和自动控制二者兼备的复杂终端。物联网终端设备的关键在于能够基于物联网相关通信协议，将采集数据发布于物联网平台或访问物联网平台获取其他终端发布信息，并根据获取信息执行相应的动作，实现跨平台多终端协同的复杂应用。物联网云平台支持的联网协议较多，如 TCP、UDP、HTTP、MQTT 等，给了开发者极大的选择自由。本书将通过实例分别介绍基于 myRIO 的典型物联网应用程序开发。

微课视频

1. 基于 TCP 的采集数据上传物联网平台

如前所述，基于 TCP 的采集数据上传物联网云平台功能开发分为两个阶段。首先是 TLink 物联网平台云端 TCP 设备创建。

登录后进入控制台。控制台左侧导航栏选择“设备管理→添加设备”，打开 TLink 物联网平台云端设备创建页面，创建云端 TCP 设备，如图 5-48 所示。

图 5-48　创建云端 TCP 设备

TCP 设备的创建意味着各类终端可以通过 TCP 实现采集数据上报至 TLink 物联网平台（图中 TCP 设备包含 2 个传感器）的基本功能。

然后在控制台左侧导航栏选择“设备管理→设备列表”，选择创建的 TCP 设备，单击所选设备行操作链接“设备连接”，进入云端 TCP 设备的通信连接设置页面，获取设备连接参数信息，定义云端 TCP 设备用户数据协议，如图 5-49 所示。

设备连接参数包括云端 TCP 设备服务器 IP、端口号及设备序列号。TLink 物联网平台 TCP 服务器地址为 tcp. tlink. io，监听端口号为 8647。

当前协议部分可查看或者创建云端 TCP 设备对应数据协议的结构形式（具体创建方法参见 TLink 物联网平台开发者文档有关说明）。本节案例中数据协议为字节数组类型，该协议规定每个数据帧由 4 字节组成：字节 1 为数据帧为帧头，由 0xFF 组成；字节 2 表示传感器 1 测量值；字节 3 表示传感器 2 测量值；字节 4 为帧尾，由 0xEE 组成。

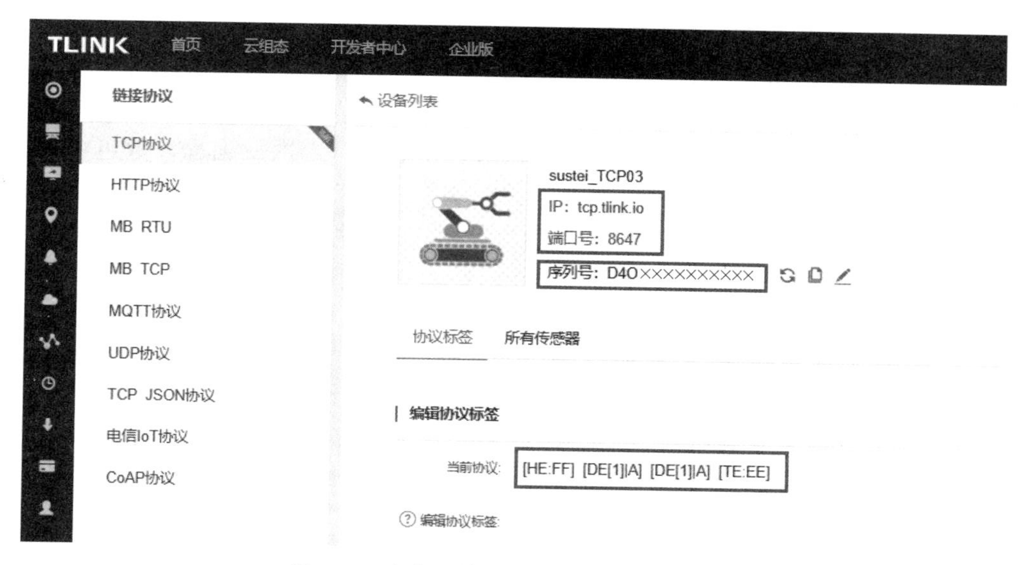

图 5-49 定义云端 TCP 设备用户数据协议

TLink 物联网平台规定，向云端 TCP 设备上报测量数据，首先以字符数据发送方式上传设备序列号，然后再按照预先定义的数据帧结构，以字节数组的形式上传测量数据。

完成上述准备工作之后，即可开启基于 TCP 的 myRIO 采集数据云端发布应用程序设计。

1）设计目标

该案例设计的目标就是 myRIO 作为物联网数据采集终端，按照 TLink 物联网平台中创建的云端 TCP 设备对应的数据协议，将采集的数据封装为云端 TCP 设备可用的数据帧，以 TCP 通信的方式将数据帧上传至 TLink 物联网平台，奠定多终端共享数据的基础。

2）设计思路

利用 myRIO 新建项目自动生成的程序模板，保留其三帧程序基本结构。第一帧为初始化帧，借助局部变量完成采集数据显示相关控件的初始化赋值，建立 myRIO 和 TLink 物联网平台中 TCP 设备服务器之间的连接；第二帧为主程序帧，在该帧 While 循环结构内，以产生随机数的方式模拟 2 路实时数据采集，并将采集的数据封装为上报物联网云平台的数据帧，完成数据帧的 TCP 发送；第三帧为程序后处理帧，实现 myRIO 程序运行结束后的设备重置工作。

3）程序实现

myRIO 程序实现可分解为初始化、采集数据、生成 TCP 上传数据帧、TCP 发送、采集数据本地显示、定时控制、设备重置等步骤。

（1）初始化。调用函数节点“打开 TCP 连接”（函数→数据通信→协议→TCP→打开 TCP 连接），设置服务器 IP 地址为 tcp. tlink. io，设置服务器端口为 8647，设置本地通信端口为 8888，建立 myRIO 和 TLink 物联网平台中 TCP 设备服务器之间的 TCP 连接；创建局部变量，完成程序前面板显示控件初始化操作。

（2）采集数据。采取产生 0～255 的随机数并调用函数节点“转换为无符号单字节整型”（函数→编程→数值→转换→转换为无符号单字节整型），模拟整数型数据采集过程。

（3）生成 TCP 上传数据帧。调用函数节点“创建数组”（函数→编程→数组→创建数组）构造[FF][D1][D2][EE]形式的字节数组类型数据帧，完成云端 TCP 设备数据帧结构的通信报文创建；然后调用函数节点“字节数组至字符串转换”（函数→编程→字符串→路径\数组\字符串转换→字节数组至字符串转换），将创建的数据帧转换为字符串类型数据，作为节点“写入 TCP 数据”的发送内容。

（4）TCP 发送。特别需要指出的是，按照 TLink 物联网平台规定，向云端 TCP 设备上报数据，必须首先发送对应的 TCP 设备序列号，因此在发送数据帧之前首先调用函数节点“写入 TCP 数据”（函数→数据通信→协议→TCP→写入 TCP 数据）完成字符串类型的 TCP 设备序列号发送，延时 50ms，再开始（3）中创建的数据帧发送，实现采集数据向 TLink 物联网平台的上报功能。

（5）采集数据本地显示。为了显示采集数据数值，设置滑动条显示 2 路采集参数，并将 2 路采集数据借助节点“捆绑”（函数→编程→簇、类与变体→捆绑）封装为簇类型数据，作为“波形图表”控件的显示内容，实现 2 路采集数据波形的实时显示。

（6）定时控制。为了便于观测，While 循环中添加函数节点“等待”（函数→编程→定时→等待），设置等待参数为 3000ms，实现每 3 秒采集一次数据，并向云端 TCP 设备上传一次数据的基本功能（物联网平台为了避免恶意上报导致网络阻塞影响用户使用体验，禁止高速刷新设备数据）。

（7）设备重置。在 myRIO 程序第三帧中调用函数节点“关闭 TCP 连接”（函数→数据通信→协议→TCP→关闭 TCP 连接），释放 TCP 通信程序所占用的资源，调用函数节点“Reset myRIO”（函数→myRIO→Device management→Reset）完成 myRIO 开发平台的复位工作。

myRIO 采集数据并上报云端 TCP 设备的完整程序如图 5-50 所示。

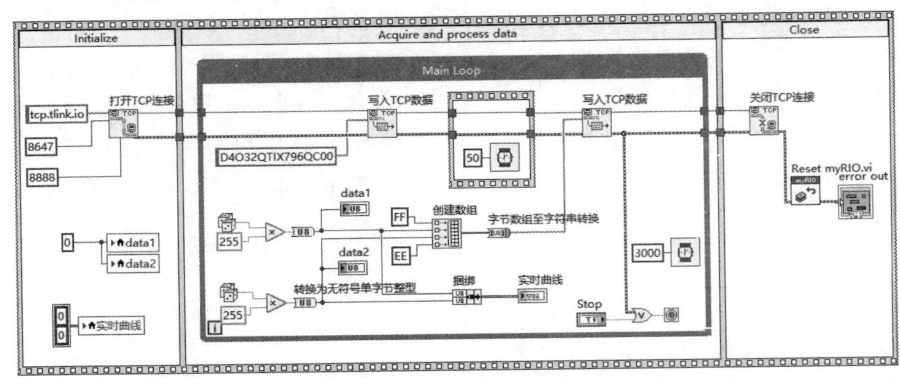

图 5-50　myRIO 采集数据并上报云端 TCP 设备的完整程序

运行程序，myRIO 端显示数据采集结果如图 5-51 所示。

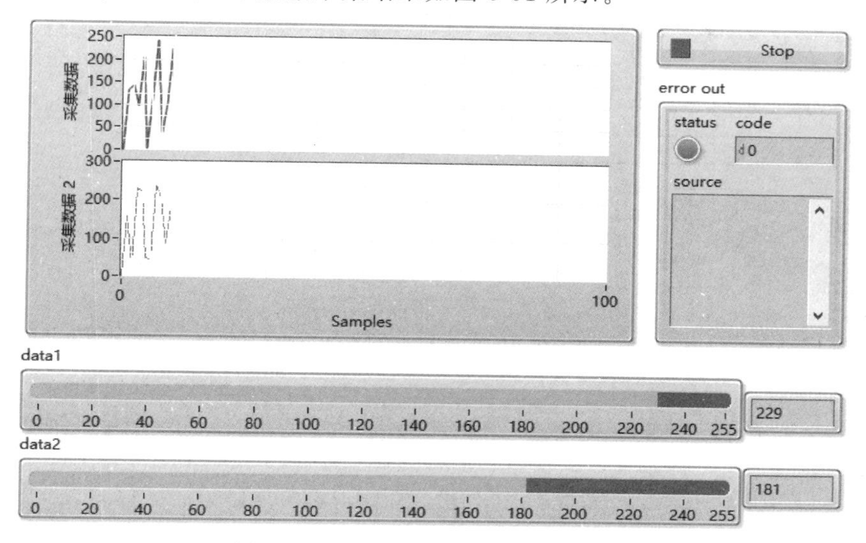

图 5-51 myRIO 端显示数据采集结果

此时登录 TLink 物联网平台，打开监控中心，可观测到对应的云端 TCP 设备名称已经由默认的灰色转变为黑色(表示基于 myRIO 的实体设备与物联网平台云端虚拟设备已经连接)，对应的传感器连接状态指示显示“已连接”，云端 TCP 设备数据接收结果与 myRIO 采集数据完全一致，如图 5-52 所示。

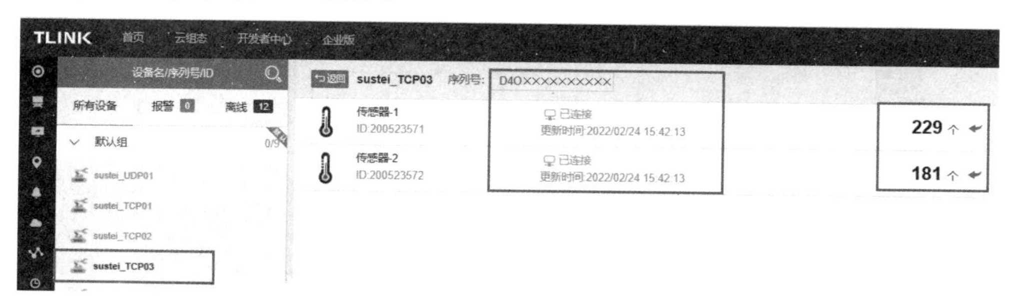

图 5-52 云端 TCP 设备数据接收结果

2. 基于 UDP 的采集数据上传物联网平台

如前所述，基于 UDP 的采集数据上传物联网云平台功能开发分为两个阶段。首先是 TLink 物联网平台云端 UDP 设备创建。

登录后进入控制台。控制台左侧导航栏选择“设备管理→添加设备”，打开 TLink 物联网平台云端设备创建页面，创建云端 UDP 设备，如图 5-53 所示。

UDP 设备的创建意味着各类终端可以通过 UDP 实现采集数据上报至 TLink 物联网平台(图 5-53 中 UDP 设备包含 2 个传感器)的基本功能。

图 5-53　创建云端 UDP 设备

然后在控制台左侧导航栏选择“设备管理→设备列表”，选择创建的 UDP 设备，单击所选设备行操作连接，进入云端 UDP 设备的通信连接设置页面，获取设备连接参数信息，定义云端 UDP 设备用户数据协议，如图 5-54 所示。

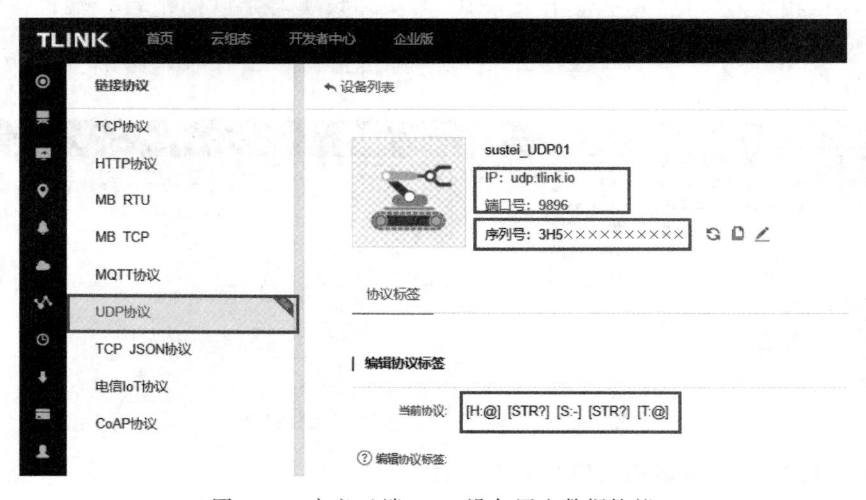

图 5-54　定义云端 UDP 设备用户数据协议

设备连接参数包括云端 UDP 设备服务器 IP、端口号及设备序列号。TLink 物联网平台 UDP 服务器地址为 udp. tlink. io，监听端口号为 9896。

当前协议部分可查看或者创建云端 UDP 设备对应数据协议的结构形式(具体创建方法参见 TLink 物联网平台开发者文档有关说明)。本案例中数据协议为 ASCII 编码字符串类型，每个数据帧由 5 个字符串子串组成：子串 1 为数据帧为帧头，由字符@组成；子串 2 为传感器 1 测量值转换的字符串；子串 3 为间隔符号“-”，子串 4 为传感器 2 测量值转换的字符串；子串 5 为帧尾，由字符@组成。TLink 物联网平台规定，向云端 UDP 设备上报测量数据，如果定义数据帧结构为字符串，则将设备序列号和数据帧 2 个字符串类型数据进行连接，形成完整的云端 UDP 设备通信数据报文。

完成上述准备工作之后，即可开启基于 UDP 的 myRIO 采集数据云端发布应用程序设计。

1）设计目标

本案例设计的目标是 myRIO 作为物联网数据采集终端，按照 TLink 物联网平台中创建的云端 UDP 设备对应的数据协议，将采集的数据封装为云端 UDP 设备可用的数据帧，以 UDP 通信的方式将数据帧上传至 TLink 物联网平台，奠定多终端共享数据的基础。

2）设计思路

利用 myRIO 新建项目自动生成的程序模板，保留其三帧程序基本结构。第一帧为初始化帧，借助局部变量完成采集数据显示相关控件的初始化赋值，打开 UDP 通信套接字；第二帧为主程序帧，在该帧 While 循环结构内，按照指定的时间间隔，以产生随机数的方式模拟 2 路实时数据采集，并将采集的数据封装为上报物联网云平台的 UDP 数据报文，完成数据报文的 UDP 发送；第三帧为程序后处理帧，实现 myRIO 程序运行结束后的设备重置工作。

3）程序实现

myRIO 程序实现可分解为初始化、采集数据、生成上传数据报文、UDP 发送、采集数据本地显示、定时控制、设备重置等步骤。

（1）初始化。调用函数节点“打开 UDP”（函数→数据通信→协议→UDP→打开 UDP 连接），设置本地端口 8888，创建 myRIO 连接 TLink 物联网平台的 UDP 套接字，并借助局部变量完成采集数据显示相关控件的初始化赋值。

（2）采集数据。采取 0～100 随机数产生的方式模拟数据采集过程，调用函数节点“数值至小数字符串转换”（函数→编程→字符串→数值字符串转换→数值至小数字符串转换）将采集的数据转换为字符串类型。

（3）生成上传数据报文。调用函数节点“连接字符串”（函数→编程→字符串→连接字符串）构造“设备序列号@采集数据 1-采集数据 2@”格式的 UDP 设备数据帧结构的通信报文。

（4）UDP 发送。调用函数节点“写入 UDP 数据”（函数→数据通信→协议→UDP→写入 UDP 数据）完成数据帧发送。特别需要指出的是，TLink 中 UDP 服务器 IP 地址字符串“47.106.61.135”需要通过函数节点“字符串至 IP 地址转换”（函数→数据通信→协议→TCP→字符串至 IP 地址转换）设置节点“写入 UDP”所需的远程主机 IP 地址参数值。设置节点“写入 UDP”所需的远程主机端口号为 TLink 物联网平台 UDP 设备服务器端口 9896。

实际上，TLink 物联网平台中仅提供了其 UDP 设备服务器对应的域名“udp.tlink.io”而 UDP 通信程序编写时使用的函数节点“写入 UDP 数据”仅接受 IP 地址，并不接受域名。可在命令行窗口中键入“ping udp.tlink.io”，查看 TLink 物联网平台 UDP 服务器 IP 地址，如图 5-55 所示。

```
C:\WINDOWS\system32\cmd.exe
Microsoft Windows [版本 10.0.18363.1556]
(c) 2019 Microsoft Corporation。保留所有权利。

C:\Users\EIE>ping udp.tlink.io

正在 Ping udp.tlink.io [47.106.61.135] 具有 32 字节的数据:
来自 47.106.61.135 的回复: 字节=32 时间=35ms TTL=89
来自 47.106.61.135 的回复: 字节=32 时间=37ms TTL=89
来自 47.106.61.135 的回复: 字节=32 时间=36ms TTL=89
来自 47.106.61.135 的回复: 字节=32 时间=35ms TTL=89
```

图 5-55　命令行 ping 指令查看 UDP 远程主机 IP 地址

(5) 采集数据本地显示。为了显示采集数据数值，设置仪表控件显示 2 路采集参数，并将 2 路采集数据借助节点“捆绑”(函数→编程→簇、类与变体→捆绑)封装为簇类型数据，作为“波形图表”控件的显示内容，从而实现 2 路采集数据波形的实时显示。

(6) 定时控制。为了便于观测，While 循环中添加节点“等待”(函数→编程→定时→等待)，设置等待参数为 3000ms，实现每 3 秒采集一次数据，并向云端 UDP 设备上传一次数据的基本功能(物联网平台为了避免恶意上报导致网络阻塞影响用户使用体验，禁止高速刷新设备数据)。

(7) 设备重置。在程序第三帧中调用函数节点“关闭 UDP 连接”(函数→数据通信→协议→UDP→关闭 UDP 连接)，释放 UDP 通信程序所占用的资源，调用函数节点“Reset myRIO”(函数→myRIO→Device management→Reset)完成 myRIO 开发平台的复位工作。

myRIO 采集数据并上报云端 UDP 设备的完整程序如图 5-56 所示。

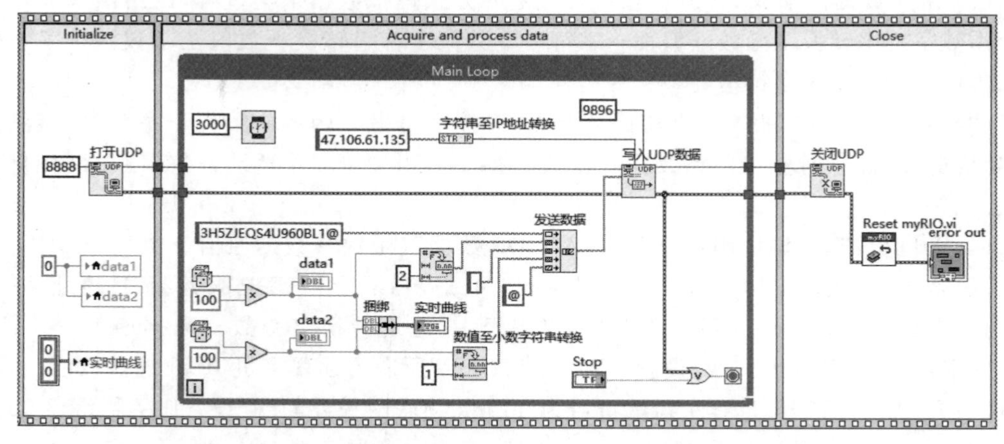

图 5-56　myRIO 采集数据并上报云端 UDP 设备的完整程序

运行程序，myRIO 端程序执行结果如图 5-57 所示。

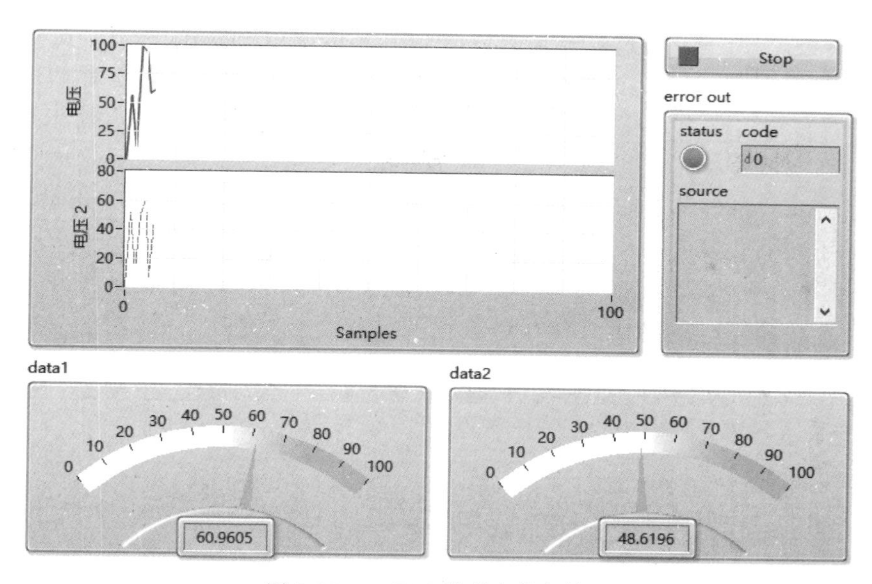

图 5-57　myRIO 端程序执行结果

此时登录 TLink 物联网平台，打开监控中心，可观测到对应的 UDP 设备名称已经由默认的灰色转变为黑色（表示基于 myRIO 的实体设备与物联网平台云端虚拟 UDP 设备已经连接），对应的传感器连接状态指示显示“已连接”，云端 UDP 设备数据接收结果与 myRIO 采集数据完全一致，如图 5-58 所示。

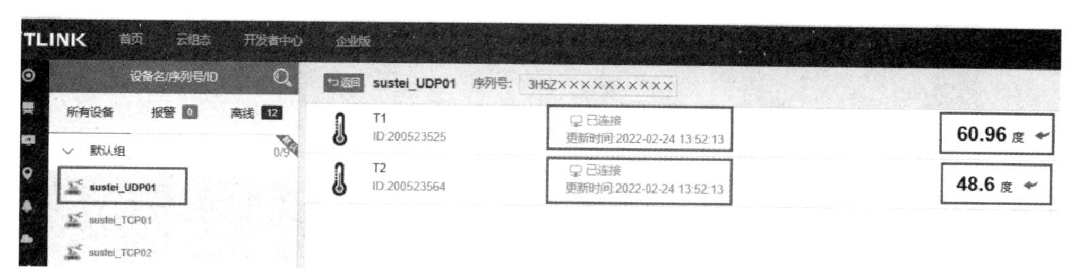

图 5-58　云端 UDP 设备数据接收结果

3. 基于 HTTP 的采集数据上传物联网平台

基于 HTTP 的采集数据上传物联网平台应用程序是一个典型的 HTTP 客户端应用程序。应用程序基本结构由“打开句柄”“POST”或“GET”“关闭句柄”三个函数节点组成。如果需要特别设置 HTTP 请求头部参数，则还需要调用函数节点“添加头”。

(1) 函数节点“打开句柄”用于创建一个 HTTP 请求的引用。

(2) 函数节点“POST”用于向服务器端发送服务请求数据。

(3) 函数节点“添加头”用于设置 HTTP 请求必需的头部参数。

(4) 函数节点“关闭句柄”用于释放 HTTP 通信所占用的资源。

如果客户端需要连续向服务器端发送 HTTP 请求，一般将节点“打开句柄”置于循环结构之外。循环前调用函数节点“打开句柄”,必要时,还会调用函数节点“添加头”;循环结束后调用函数节点“关闭句柄”;循环结构内调用函数节点“POST”实现连续发起 HTTP 服务请求。这一程序结构设计,避免了连续发送中频繁建立连接、释放资源,有助于提高程序运行效率。

如前所述,基于 HTTP 的采集数据上传物联网云平台功能开发首先需要完成物联网平台云端 HTTP 设备创建。

登录后进入控制台。控制台左侧导航栏选择“设备管理→添加设备”,打开 TLink 物联网平台云端设备创建页面,创建云端 HTTP 设备,如图 5-59 所示。

图 5-59 创建云端 HTTP 设备

HTTP 设备的创建意味着各类终端可以通过 HTTP 实现采集数据上报至 TLink 物联网平台(图 5-59 中 TCP 设备包含 2 个传感器)的基本功能。

TLink 中创建的 HTTP 设备,理所当然地使用 HTTP 进行数据发布和访问。基于 HTTP 完成传感器数据上报相关申请信息如下。

请求方式:POST。

API 地址:http://api.tlink.io/api/device/sendDataPoint。

需要设置以下 4 个头部参数。

Authorization:Bearer+空格+Access Token,注意 Bearer 后面的空格。

TLinkAppId:客户端 clientId。

Content-Type:application/json。

cache-control:no-cache。

HTTP 请求 Body 参数为 JSON 格式,根据采集数据常见的数值类型、定位类型、开关类型、字符串型,制定了基本规范如下所示。

```
{
  "userId":20 ***** 080,                     //用户 ID,必选
  "addTime":"2019 - 10 - 28 12:01:00",       //上报时间,可选
  "deviceNo":"2U8 ****** N8I9Z",              //设备序列号,必选
  "sensorDatas":[//上报的数据集合
  {//数值型,档位型
      "sensorsId":20 **** 003,                //传感器 ID
      "value":"10.0"                          //数值型数值
  },
  {//定位型
      "sensorsId":20 ****** 6,                //传感器 ID
      "lat":39.9,                             //定位型纬度
      "lng":116.3                             //定位型经度
  },
  {//开关型
      "sensorsId":20 **** 597,                //传感器 ID
      "switcher":"1"                          //开关型数值
  },
  {//字符串型
      "sensorsId":20 ****** 98,               //传感器 ID
      "string":"字符 ABCabc"                  //字符串数据
  }
 ]
}
```

应用系统开发时,可根据实际数据采集的数据类型对上述规范进行裁剪,可以仅包含数值类型数据,亦可包含全部四种数据类型。

本案例查看 TLink 个人账号信息可得知用户 ID,定义的 HTTP 设备序列号为"A7A××××××××××",该设备包括 2 个传感器参数,其传感器 ID 分别为 200585202 和 200585203,因此可构造其 Body 参数如下所示。

```
{
  "userId":200033466,                         //必须填写
  "deviceNo": "A7A××××××××××",                //设备序列号,必选
  "sensorDatas": [                            //上报的数据集合
    {
      "sensorsId": 200585202,                 //传感器 ID
      "value":"10.0"                          //数值型数值
    },
    {
      "sensorsId": 200585203,                 //传感器 ID
      "value": "20.0"                         //数值型数值
    }
  ]
}
```

物联网平台中 HTTP 设备的访问、数据发布可以使用任何标准的 HTTP 客户端访问 TLink 提供的相关 API 接口。为了增强 HTTP 安全机制,TLink 物联网平台 HTTP 相关

API接口访问使用了 OAuth 2.0 的权限管理，即基于 HTTP 访问相关 API，需要提供 Access Token 方可调用。

AccessToken 是客户端访问资源服务器的令牌。拥有这个令牌代表得到用户的授权。然而，这是个临时授权，有一定有效期。Access Token 限定一个较短的有效期可以降低因 Access Token 泄露而带来的风险。

为了安全，Oauth 2.0 引入 Refresh token 和 Client Secret 两个措施，刷新 Access Token 时，需要验证 Client Secret，Refresh Token 的作用是刷新 Access Token。Refresh Token 的有效期非常长，会在用户授权时随 Access Token 一起重定向到回调 url，传递给客户端。

首次获取 Access Token，必须先查找 TLink 物联网平台个人账号信息中的 Client ID、secret。TLink 物联网平台注册后，用户中心可以查看到账号相关信息。

首次获取 accessToken 需要可以使用 HTTP 调试助手 PostMan。打开 PostMan，选择认证类型，设置为 OAuth 2.0，如图 5-60 所示。

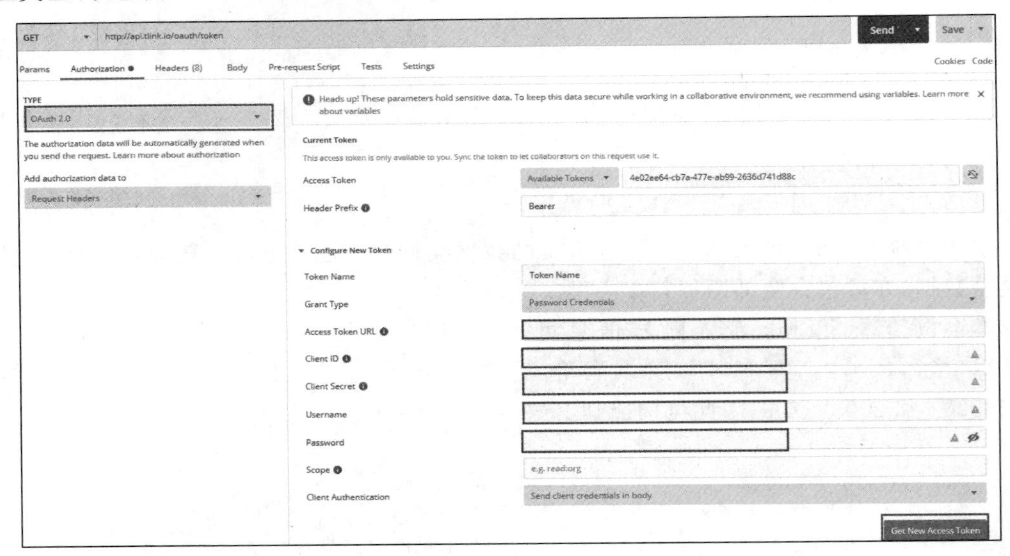

图 5-60 PostMan 中 OAuth 2.0 生成访问令牌配置窗口

单击“Get New Access Token”按钮，弹出如图 5-61 所示的窗口，图中 Access Token 就是获取的访问令牌。

由于 Access Token 具有一定的使用期限，因此过期后不能继续使用。幸运的是，申请 Access Token 时，还返回一个 refresh_token（57a883b8-9417-4b68-bcbb-5d646a70d2e9），refresh_token 可以保持在很长一段时间内（60 天）不改变。TLink 物联网平台提供了利用 refresh_token 获取最新 Access Token，可以通过向服务器发出 HTTP POST 请求的方式进行。

POST 请求地址如下所示。

图 5-61 访问令牌创建结果

http://api.tlink.io/oauth/token?grant_type=refresh_token&refresh_token=***&client_id=***&client_secret=***

将请求地址中的***替换为用户账号中对应的信息,并发起一个请求,返回结果如图 5-62 所示。

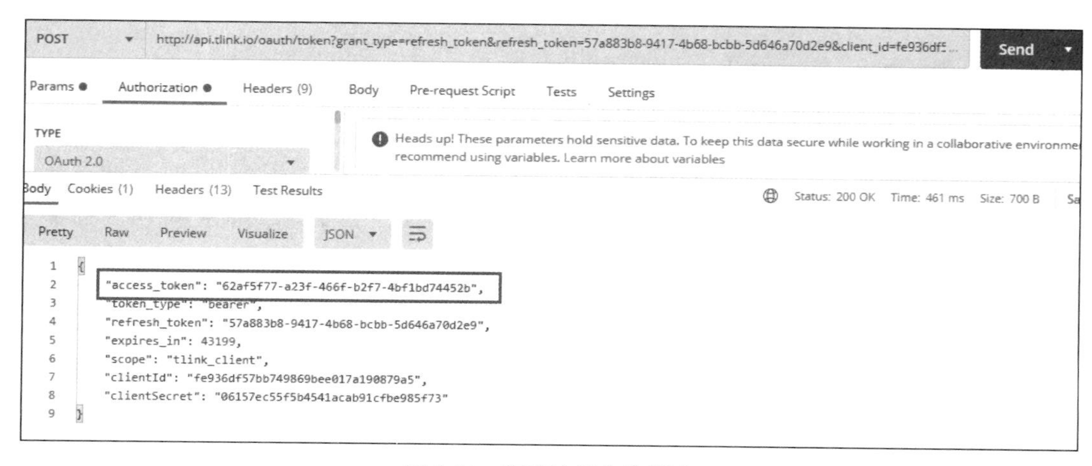

图 5-62 刷新访问令牌测试

可以获取刷新后的 access_token 为"62af5f77-a23f-466f-b2f7-4bf1bd74452b",亦可观测到对应的 refresh_token 为"57a883b8-9417-4b68-bcbb-5d646a70d2e9"。

根据前述 TLink 中 HTTP 设备访问 API 接口相关参数说明及 HTTP 访问 API 接口的安全机制,调用 API 接口必须使用最新的 Access Token 或者使用 refresh_token 获取最新 Access Token。

完成上述准备工作之后，即可开启基于 HTTP 的 myRIO 采集数据云端发布应用程序设计。

1）设计目标

本案例设计的目标是 myRIO 作为物联网数据采集终端，按照 TLink 物联网平台中创建的云端 HTTP 设备对应的数据协议，将采集的数据封装为云端 HTTP 设备可用的数据报文，以 HTTP 通信的方式将数据帧上传至 TLink 物联网平台，奠定多终端共享数据的基础。

2）设计思路

利用 myRIO 新建项目自动生成的程序模板，保留其三帧程序基本结构。第一帧为初始化帧，完成 HTTP 客户端创建以及头部参数设置；第二帧为主程序帧，在该帧 While 循环结构内，按照指定的时间间隔，以产生随机数的方式模拟 2 路实时数据采集和数据显示，并将采集的数据封装为物联网平台云端 HTTP 设备数据报文，上报物联网云平台 HTTP 设备服务器；第三帧为程序后处理帧，实现 myRIO 程序运行结束后的设备重置工作。

3）程序实现

myRIO 程序实现可分解为初始化、采集数据、生成 HTTP 请求体、POST 请求、采集数据本地显示、定时控制、设备重置等步骤。

（1）初始化。调用函数节点“打开句柄”，建立 myRIO 和 TLink 物联网平台中 HTTP 设备服务器之间的 HTTP 连接引用，并连续三次调用函数节点“添加头”，依次设置 HTTP 请求的头部参数 Content-Type 取值为 application/json；头部参数 Authorization 取值为 Bearer AccessToken；头部参数 TLinkAppId 取值为 TLink 中用户的 Client ID。

其中 AccessToken 调用自定义函数节点 GetAccessToken. vi 获取。该函数节点的实现思路就是按照 TLink 中的 Access Token 刷新 API 使用方法，调用函数节点“POST”，设置其参数 url 取值为 API 接口地址及 refreshToken、client_id、client_secret 等参数合并结果。HTTP 请求结果调用 JSON API 工具包中提供的函数节点解析出 JSON 格式的请求结果中成员 access_token 的取值，作为最新的 Access Token 取值。自定义函数节点 GetAccessToken. vi 程序实现如图 5-63 所示。

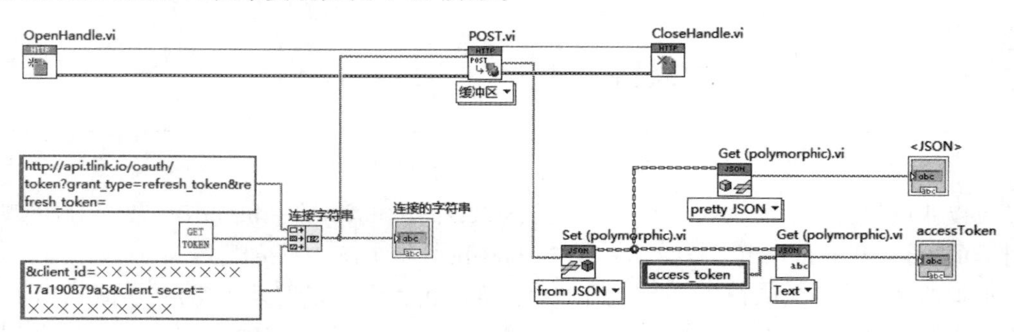

图 5-63　自定义函数节点 GetAccessToken. vi 程序实现

自定义函数节点 GetAccessToken.vi 中使用了自定义函数节点 GetRefreshToken.vi(节点图标显示文本 GET TOKEN),该函数节点的功能就是读取用户载入 myRIO 板载硬盘的文件 RefreshToken.txt,获取处于生命周期内的 refreshtoken,作为刷新 Access Token 对应的 API 调用参数。自定义函数节点 GetAccessToken.vi 程序实现如图 5-64 所示。

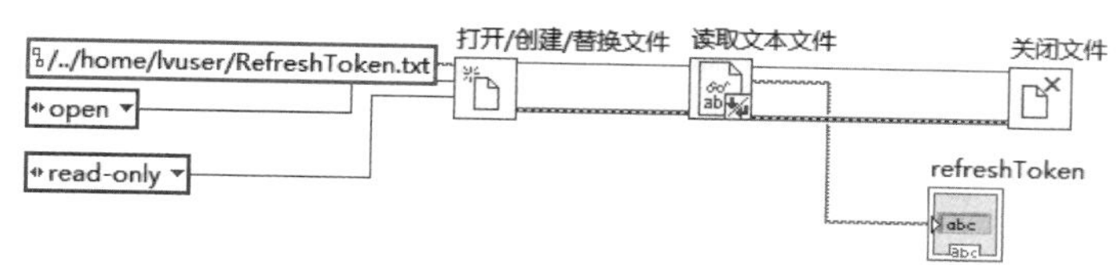

图 5-64 自定义函数节点 GetAccessToken.vi 程序实现

本案例中,myRIO 首先通过 Refresh Token 及 Client ID 等参数刷新鉴权服务器,获取最新 Access Token。为了便于 myRIO 应用程序使用处于生命周期内的 Refresh Token,将 Refresh Token 存储为 txt 格式的文本文件,以 RefreshToken.txt 为文件名,并在部署应用程序之前,装载进 myRIO 板载硬盘文件夹/home/lvuser/下。程序运行时,myRIO 首先读取指定路径下的文件/home/lvuser/RefreshToken.txt,获取当前用户装载的 Refresh Token。然后访问鉴权服务器,利用 Refresh Token 获取最新 Access Token,最后利用最新的 Access Token 参数访问 TLink 中 HTTP 设备,将采集数据上传至物联网平台。

(2) 采集数据。在第二帧主程序帧中,采取产生 0～100 的随机数及调用函数节点"转换为无符号单字节整型"(函数→编程→数值→转换→转换为无符号单字节整型)的方式模拟整数型数据采集过程。

(3) 生成 HTTP 请求体。在 HTTP 设备刷新设备数据的 API 接口中,Body 参数为 JSON 格式字符串,因此设计自定义函数节点 CreateBody.vi,将采集的 2 个整数数据封装为 API 接口中定义的 JSON 格式请求数据(为了简化程序设计,这里采取字符串连接的方式,封装 HTTP 请求 Body 参数),对应的自定义函数节点 CreateBody.vi 程序实现如图 5-65 所示。

(4) POST 请求。调用函数节点"POST"(函数→数据通信→协议→HTTP 客户端→POST),设置输入端口"缓冲区"为(3)中自定义子 VI 生成的请求数据,设置输入端口 url 为 TLink 中 HTTP 设备 API 接口地址,实现采集数据的云端发布功能。

(5) 采集数据本地显示。为了显示采集数据数值,设置滑动条显示 2 路采集参数,并将 2 路采集数据借助节点"捆绑"(函数→编程→簇、类与变体→捆绑)封装为簇类型数据,作为"波形图表"控件的显示内容,从而实现 2 路采集数据波形的实时显示。

(6) 定时控制。为了便于观测,While 循环中添加节点"等待"(函数→编程→定时→等待),设置等待参数为 3000ms,实现每 3 秒采集一次数据,并向服务器端上报一次数据的基本功能(物联网平台为了避免恶意上报导致网络阻塞影响用户使用体验,禁止高速刷新设备数据)。

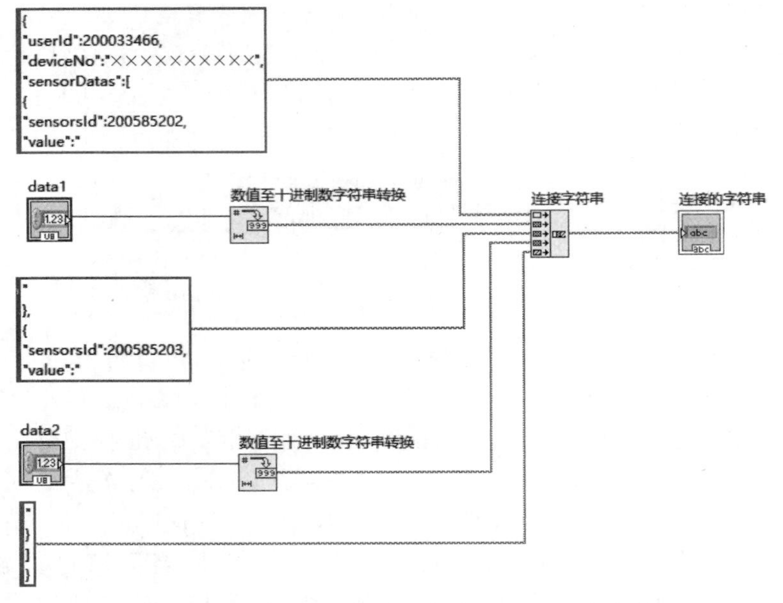

图 5-65　自定义函数节点 CreateBody. vi 程序实现

(7) 设备重置。在程序第三帧中调用函数节点“关闭句柄”(函数→数据通信→协议→HTTP 客户端→关闭句柄)，释放 HTTP 通信程序所占用的资源，调用函数节点 Reset myRIO(函数→myRIO→Device management→Reset)完成 myRIO 开发平台的复位工作。

myRIO 采集数据并上报云端 HTTP 设备的完整程序实现如图 5-66 所示。

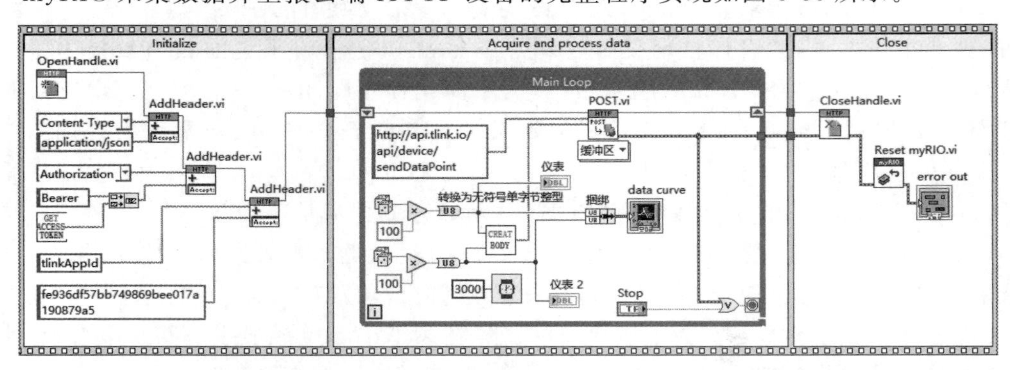

图 5-66　myRIO 采集数据并上报云端 HTTP 设备的完整程序实现

运行程序，myRIO 端基于 HTTP 的数据采集并上报云端设备程序执行结果如图 5-67 所示。

此时登录 TLink 物联网平台，打开监控中心，可观测到对应的 HTTP 设备名称已经由默认的灰色转变为黑色(表示基于 myRIO 的实体设备与物联网平台虚拟 HTTP 设备已经连接)，对应的传感器连接状态指示显示“已连接”，云端 HTTP 设备数据接收结果与 myRIO 采集数据完全一致，如图 5-68 所示。

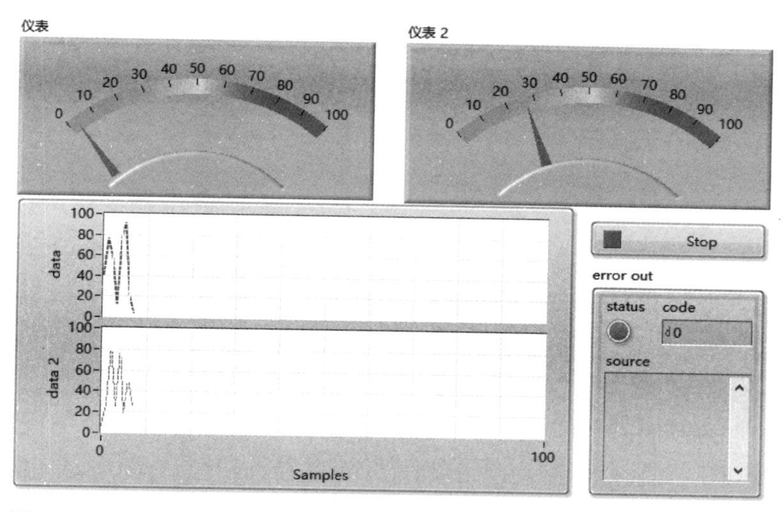

图 5-67 myRIO 端基于 HTTP 的数据采集并上报云端设备程序执行结果

图 5-68 云端 HTTP 设备数据接收结果

4. 基于 MQTT 协议的采集数据发布物联网平台

MQTT(Message Queuing Telemetry Transport,MQTT)是由 IBM 公司主导开发的一种发布/订阅范式的物联网即时通信协议。MQTT 协议基于 TCP 实现,运行在 TCP 长连接的基础上,可为网络设备提供低开销、低带宽的有序、可靠、双向连接的网络连接保障,在物联网领域具有重要的地位。

MQTT 协议的程序设计有两种实现途径。一种是借助 MQTT 工具包实现(相对简单,需要熟悉 MQTT 协议),另一种是基于 TCP 通信自行封装 MQTT 报文(还需要进一步熟悉 MQTT 协议的 14 种数据帧格式)实现 MQTT 协议通信。本案例使用 NI 提供的 MQTT 工具包实现。

MQTT 工具包提供的函数节点如图 5-69 所示。

物联网终端向物联网平台发布其采集数据的功能实现主要使用以下 5 类函数节点。

(1) api_mqttInit. vi,用于 MQTT 通信初始化设置,设置 MQTT 通信服务器 IP、端口并设置 MQTT 协议通信需要的用户名、密码等参数。

(2) api_mqttConnect. vi,用于连接 MQTT 服务器。

(3) api_mqttPublish. vi,用于向 MQTT 服务器发布数据。

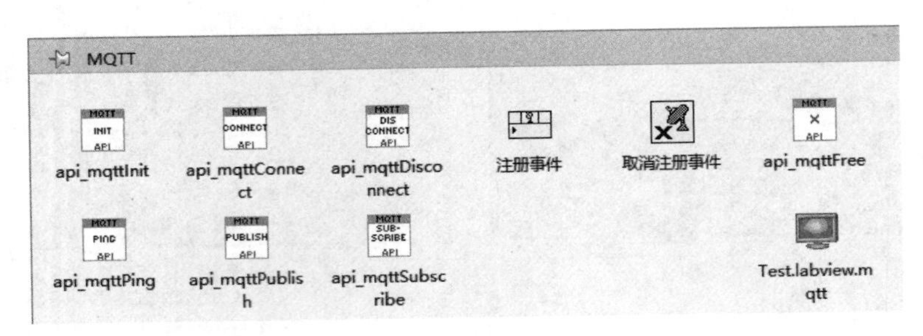

图 5-69　MQTT 工具包提供的函数节点

(4) api_mqttDisconnect. vi,用于断开 MQTT 服务器连接。

(5) api_mqttFree. vi,用于释放 MQTT 通信占有的资源。

基于 MQTT 协议的采集数据上传物联网平台功能开发,首先需要完成物联网平台云端 MQTT 设备创建。

登录后进入控制台。控制台左侧导航栏选择"设备管理→添加设备",打开 TLink 物联网平台云端设备创建页面,完成云端 MQTT 设备的创建。然后在控制台左侧导航栏选择"设备管理→设备列表",选择创建的 MQTT 设备,单击所选设备行操作链接"设备连接",可观测到云端 MQTT 设备通信连接相关信息如图 5-70 所示。

图 5-70　云端 MQTT 设备通信连接相关信息

MQTT 设备的创建意味着各类终端可以通过 MQTT 协议实现采集数据上报至 TLink 物联网平台的基本功能。物联网终端采集的数据上报云端 MQTT 设备,需要使用 MQTT 服务器 IP 地址(mq. tlink. io)、监听端口(1883)、MQTT 设备序列号 3 个通信连接参数。

单击物联网平台 MQTT 设备管理页面"生成示例"按钮,即可弹出窗口显示物联网终端上报物联网平台云端 MQTT 设备的数据报文组成结构样例，如图 5-71 所示。

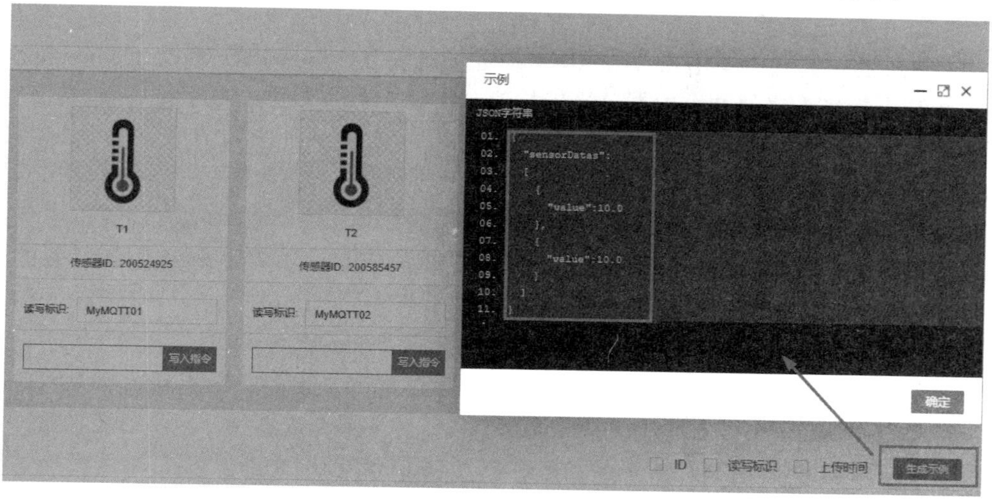

图 5-71 上报物联网平台云端 MQTT 设备的数据报文组成结构样例

从图 5-71 可见，物联网终端向物联网平台 MQTT 设备发布的消息为 JSON 格式字符串，具体内容与生成协议时是否勾选“ID”“读写标识”“上传时间”等选项有关。

完成上述准备工作，即可开始基于 MQTT 的 myRIO 采集数据云端发布应用程序设计。

1）设计目标

本案例设计的目标是 myRIO 作为物联网数据采集终端，遵循 TLink 物联网平台中创建的云端 MQTT 设备上传数据报文结构，将采集的数据封装为云端 MQTT 设备可处理的消息，实现 MQTT 协议的消息发布功能，奠定多终端共享数据的基础。

2）设计思路

利用 myRIO 新建项目自动生成的程序模板，保留其三帧程序基本结构。第一帧为初始化帧，创建 MQTT 连接的引用，设置 MQTT 连接参数；第二帧为主程序帧，在该帧 While 循环结构内，按照指定的时间间隔，以产生随机数的方式模拟 2 路实时数据采集和数据显示，并将采集的数据封装为 JSON 格式的物联网平台云端 MQTT 设备可处理的数据报文，完成 MQTT 协议消息发布；第三帧为程序后处理帧，主程序结束后断开 MQTT 连接，并实现 myRIO 程序运行结束后的设备重置工作。

3）程序实现

myRIO 程序实现可分解为初始化、采集数据、生成发布消息、完成消息发布、本地消息显示、定时控制、设备重置等步骤。

（1）初始化。调用函数节点 api_mqttInit. vi 创建 MQTT 连接的引用；调用函数节点 api_mqttConnect. vi 建立 myRIO 和 TLink 物联网平台中 MQTT 设备服务器之间的连接（IP 地址：mq. tlink. io；端口：1883）。

(2) 采集数据。采取 0～200 的随机数产生的方式模拟浮点型 2 个传感器数据采集过程。

(3) 生成发布消息。调用函数节点“格式化写入字符串”(函数→编程→字符串→格式化写入字符串),将采集的 2 个数据分别转换为带 1 位小数位的浮点数字符串、整数字符串;调用函数节点“连接字符串”(函数→编程→字符串→连接字符串),将采集的数据封装为 JSON 格式 MQTT 设备发布消息。

特别需要指出的是,按照 TLink 物联网平台规定,向 MQTT 设备发布消息,需要指定消息对应的 Topic,TLink 物联网平台中 MQTT 设备的 Topic 实际上就是该设备的序列号。如果发布消息仅指定 MQTT 设备的某一传感器值,则 Topic 为“设备序列号/传感器 ID”格式的字符串。

(4) 完成消息发布。调用函数节点 api_mqttPublish. vi,设置该节点输入参数 Topic 为 TLink 中创建的 MQTT 设备序列号;设置该节点输入参数 value 为上一步封装的 JSON 格式 MQTT 设备数据链接协议对应的字符串,实现采集数据的发布功能;该节点输出参数 success 连接布尔类型圆形指示灯、连接 myRIO 函数选板中提供的 Express VI LED(函数→myRIO→LED)(仅勾选 LED3),实现消息发布成功后,程序界面显示提醒及 myRIO 板载第 4 颗 LED 发光提醒功能。

(5) 本地消息显示。为了显示采集数据数值,设置滑动条显示 2 路采集参数,并将 2 路采集数据借助节点“捆绑”(函数→编程→簇、类与变体→捆绑)封装为簇类型数据,作为“波形图表”控件的显示内容,从而实现 2 路采集数据波形的实时显示。

(6) 定时控制。为了便于观测,向 While 循环中添加节点“等待”(函数→编程→定时→等待),设置等待参数为 2000ms,实现每 2 秒采集一次数据,并向云端 MQTT 设备发布一次消息的基本功能。

(7) 设备重置。程序第三帧中调用函数节点 api_mqttDisconnect. vi 断开 MQTT 连接,调用函数节点 api_mqttFree. vi 释放占用资源,调用函数节点 Reset myRIO(函数→myRIO→Device management→Reset)完成 myRIO 开发平台的复位工作。

myRIO 采集数据并向云端 MQTT 设备发布消息的完整程序实现如图 5-72 所示。

运行程序,myRIO 端数据采集及 MQTT 消息发布结果如图 5-73 所示。

此时登录 TLink 物联网平台,打开监控中心,可观测到对应的 MQTT 设备名称已经由默认的灰色转变为黑色(表示 myRIO 实体设备与物联网平台云端虚拟 MQTT 设备已经连接),对应的传感器连接状态指示显示“已连接”,云端 MQTT 设备数据接收结果与 myRIO 采集数据完全一致,如图 5-74 所示。

5. 基于 MQTT 协议的物联网平台信息订阅

微课视频

MQTT 协议中消息订阅指的是客户端关注了 MQTT 服务器某一主题,一旦该主题有新消息发布,则订阅了该主题的客户端会接收到其订阅主题最新发布的消息。本案例使用 NI 提供的 MQTT 工具包进行 MQTT 服务器连接、消息订阅等功能的程序设计。工具包中用于消息订阅相关的函数节点如下所示。

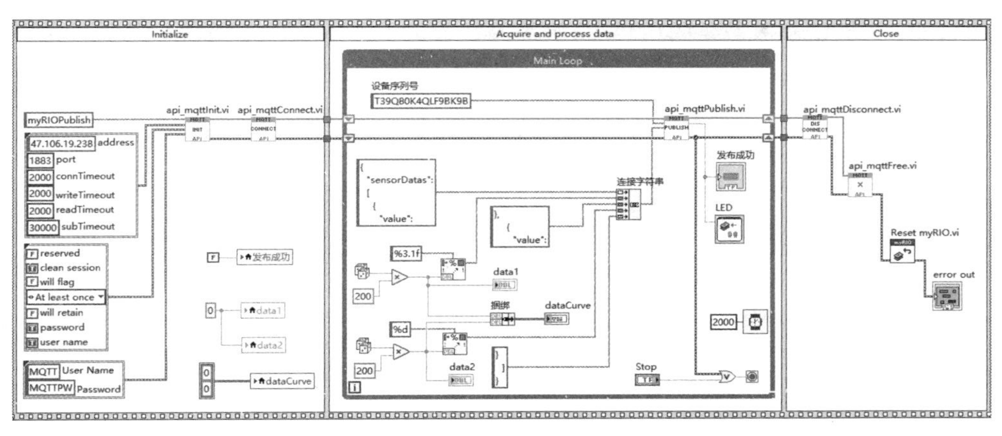

图 5-72 myRIO 采集数据并向云端 MQTT 设备发布消息

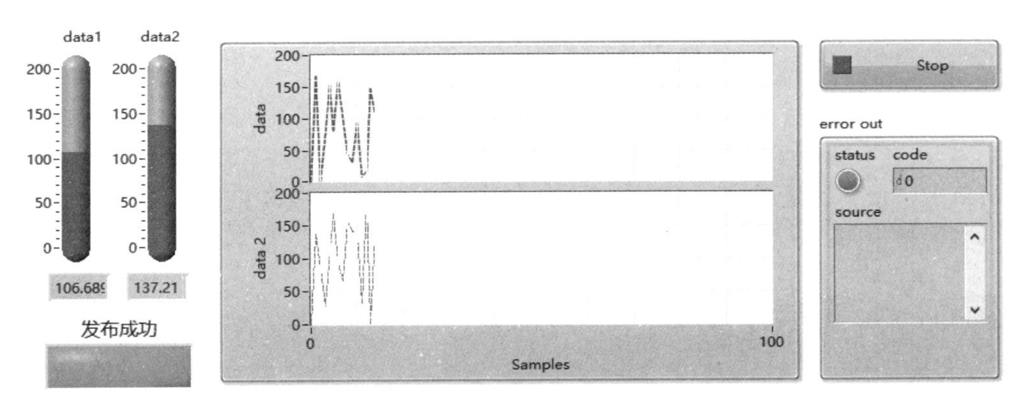

图 5-73 myRIO 端数据采集以及 MQTT 消息发布结果

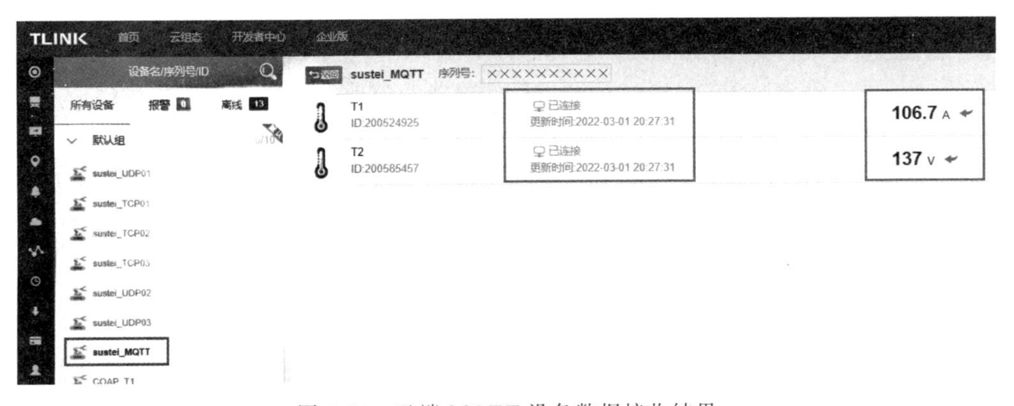

图 5-74 云端 MQTT 设备数据接收结果

(1) api_mqttInit. vi,用于 MQTT 通信初始化设置,设置 MQTT 通信服务器 IP、端口并设置 MQTT 协议通信需要的用户名、密码等参数。

(2) api_mqttConnect. vi,用于连接 MQTT 服务器。

(3) api_mqttSubscribe. vi,用于向 MQTT 服务器订阅数据。

(4) api_mqttDisconnect. vi,用于断开 MQTT 服务器连接。

(5) api_mqttFree. vi,用于释放 MQTT 通信占用的资源。

另外,订阅主题消息还需要使用 2 个功能节点。

(1) "注册事件",用于创建 MQTT 通信时的动态事件处理。

(2) "取消注册事件",用于结束程序运行时销毁动态事件所占用资源。

基于 MQTT 协议的采集数据上传物联网云平台功能开发,首先需要完成物联网平台云端 MQTT 设备创建。具体方法与上一案例完全相同,读者可以根据项目需要模仿上一案例完成 TLink 物联网平台云端 MQTT 设备创建,这里不再赘述。

完成上述准备工作,即可开始基于 MQTT 的 myRIOmyRIO 物联网平台消息订阅应用程序设计。

1) 设计目标

本案例设计的目标是 myRIO 作为物联网控制终端,连接 TLink 物联网平台 MQTT 服务器,并订阅感兴趣的主题,实时获取该主题最新发布的消息,提取消息内容,当消息中传感器测量值大于设定的阈值时,myRIO 控制板载 LED 显示报警,实现根据订阅消息实施自动控制的功能模拟。

2) 设计思路

利用 myRIO 新建项目自动生成的程序模板,保留其三帧程序基本结构。第一帧为初始化帧,创建 MQTT 连接的引用,设置 MQTT 连接参数,完成订阅 MQTT 消息的动态事件注册;第二帧为主程序帧,在该帧 While 循环结构内,通过事件结构处理 MQTT 消息对应的动态事件,提取订阅 MQTT 消息中 Topic 和 value,其中 value 的取值为 JSON 格式的 MQTT 协议消息体,myRIO 解析并获取消息中需要的数据,并根据需要对提取的数据进行处理,根据处理结果控制板载 LED 亮灭;第三帧为程序后处理帧,主程序结束后断开 MQTT 连接,并实现 myRIO 程序运行结束后的设备重置工作。

3) 程序实现

myRIO 程序实现可分解为初始化、订阅消息获取与应用、订阅消息解析子 VI 设计、释放 MQT 资源与设备重置等步骤。

(1) 初始化。初始化部分由 2 个顺序帧组成,第一帧中对有关数据、控件的初始赋值,并且恢复板载 LED 显示状态,对应的程序实现如图 5-75 所示。

第二帧中调用函数节点 api_mqttInit. vi、节点"注册事件"、节点 api_mqttConnect. vi 及节点 api_mqttSubscribe. vi,完成 TLink 物联网平台中 MQTT 服务器的连接、消息订阅、订阅消息处理的动态事件注册(IP 地址:mq. tlink. io;端口:1883),如图 5-76 所示。

特别需要指出的是,按照 TLink 物联网平台规定,订阅 MQTT 设备消息,需要指定消

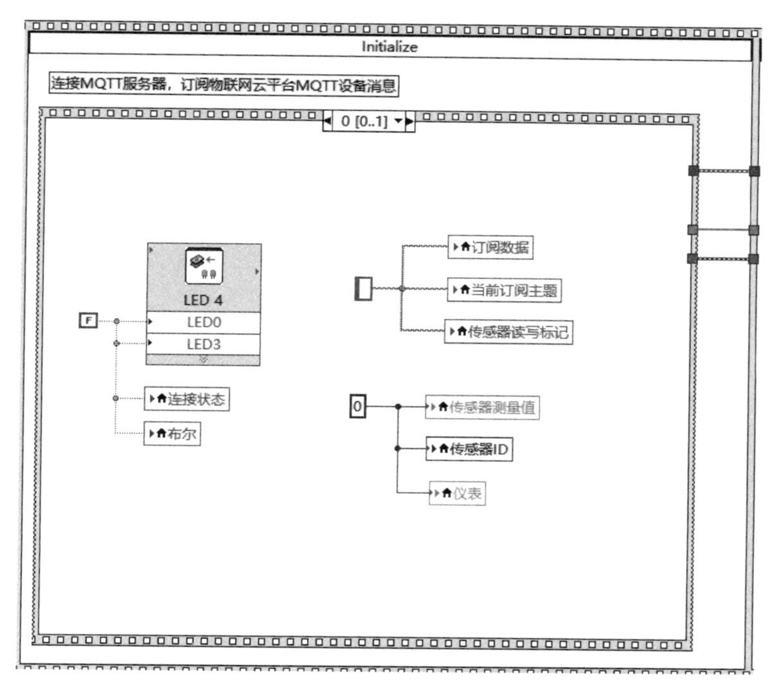

图 5-75　MQTT 订阅程序初始化部分第一帧程序框图

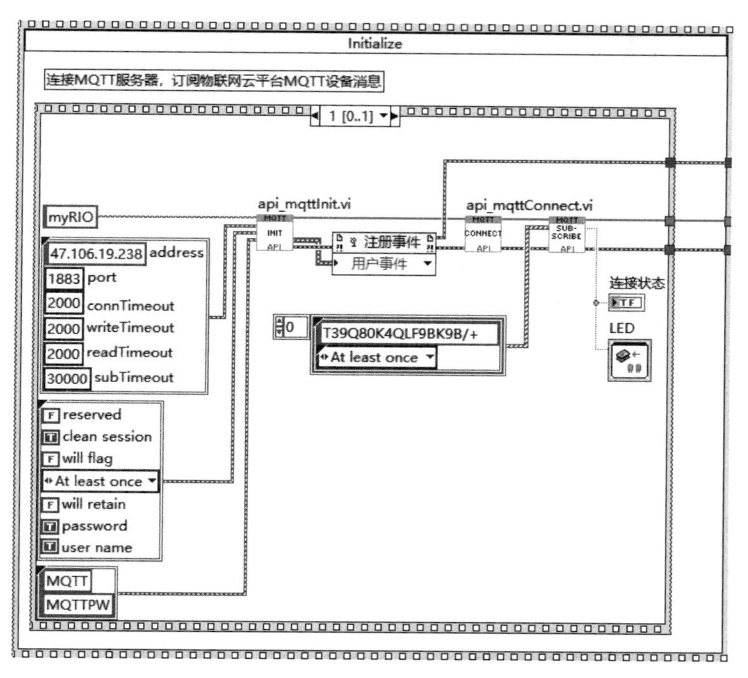

图 5-76　MQTT 订阅程序初始化部分第二帧程序框图

息对应的 Topic——TLink 中 MQTT 设备的 Topic 实际上就是该设备对应的序列号。Topic 为“设备序列号/传感器 ID”格式的字符串。本案例中订阅消息时设置订阅主题为“××××××××××××/+”,“+”为通配符,表示序列号为“××××××××××××”的 MQTT 设备所有传感器均处于客户端的订阅、监听状态。

(2) 订阅消息获取与应用。MQTT 协议订阅消息的获取,第二帧为主程序帧,为 While 循环结构下的应用程序核心业务功能开发,需要监听 MQTT 用户事件,获取用户事件中 Topic、value 等参数值。

MQTT 协议中接收到订阅消息需要通过主程序帧中 While 循环结构内的事件结构对于初始化帧中注册的多态事件监听实现。

右击 while 循环结构中的事件结构,选择“显示动态事件接线端”,实现事件结构中动态事件接线端的添加。动态事件接线端输入端口连接节点“注册事件”,输出端口连接节点“事件注册引用句柄”,此时右击事件结构“选择器标签”选择“添加事件分支”,在弹出对话框中选择“多态→MQTT < event >用户事件”→“确定”,完成订阅消息接收事件处理子框图的创建。

事件结构内动态事件处理程序子框图左侧的事件数据节点中可见 value、topic 等参数。如图 5-77 所示。

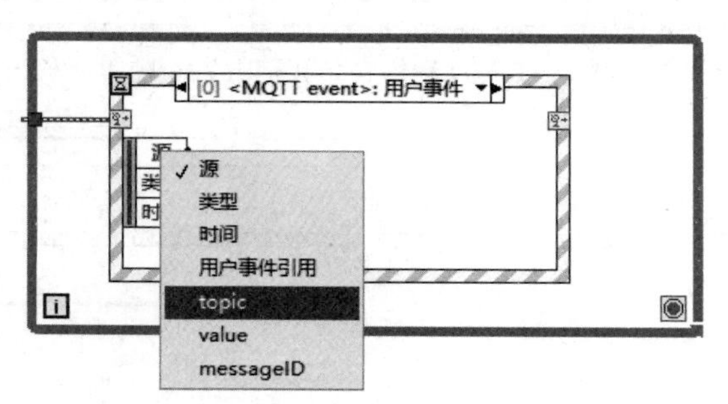

图 5-77　动态事件处理程序子框图左侧的事件数据节点

对于事件数据节点中提供的 topic、value 进行解析处理,可获得订阅消息的主题名称、消息体。对于消息体进行解析,获取消息体中包含的 2 个传感器最新测量值。如果传感器测量值大于指定阈值,则控制布尔圆形指示灯显示报警,并且控制板载第 4 颗 LED(LED3)显示报警,对应的 MQTT 订阅消息处理与显示相关程序实现如图 5-78 所示。

(3) 订阅消息解析子 VI 设计。步骤(2)中事件数据节点提供的参数“value”取值为 JSON 格式的 MQTT 服务器下行消息,因此设计子 VI 对 JSON 格式消息进行解析,获取消息体中包含的传感器 ID 、传感器读写标记、传感器测量值等信息,并根据给定的阈值输出越限报警信息,完整的订阅信息解析子 VI 程序实现如图 5-79 所示。

(4) 释放 MQT 资源与设备重置。在程序第三帧中调用函数节点 api_mqttDisconnect. vi 断开 MQTT 连接,调用函数节点“取消事件注册”停止动态事件的监听和处理,调用函数节点 api_ mqttFree. vi 释放占用资源,调用函数节点 Reset myRIO(函数→myRIO→Device

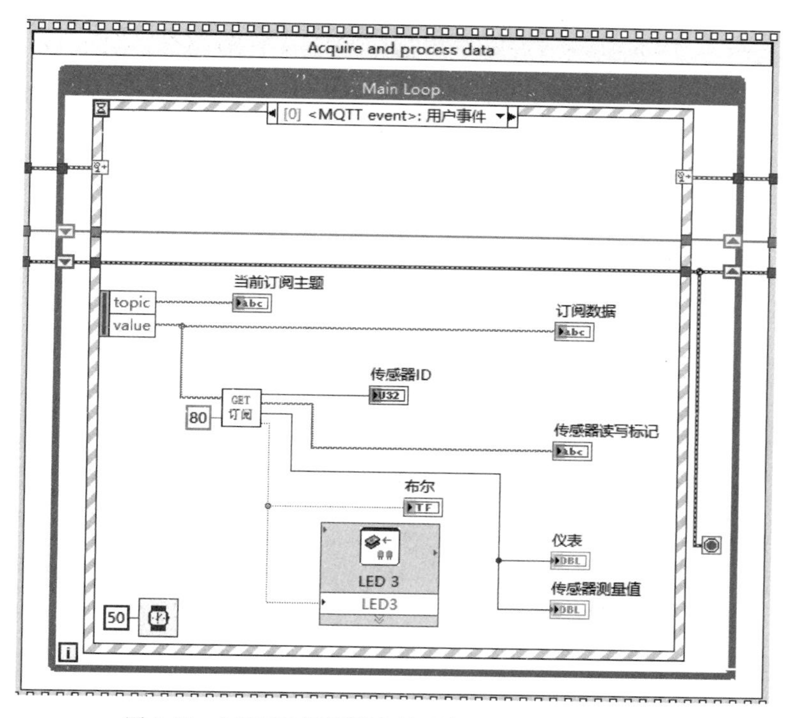

图 5-78 MQTT 订阅消息处理与显示相关程序实现

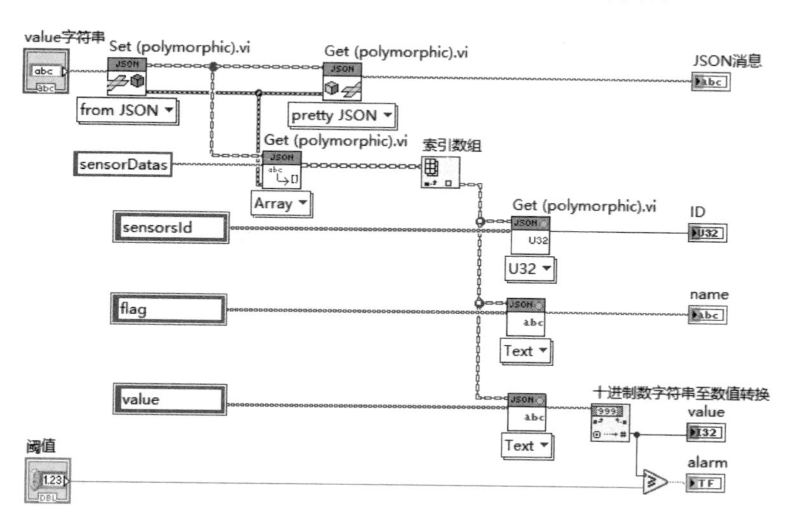

图 5-79 订阅信息解析子 VI 程序实现

management→Reset)完成 myRIO 开发平台的复位工作。对应的释放 MQT 资源与设备重置程序实现如图 5-80 所示。

myRIO 订阅云端 MQTT 设备消息的完整程序实现如图 5-81 所示。

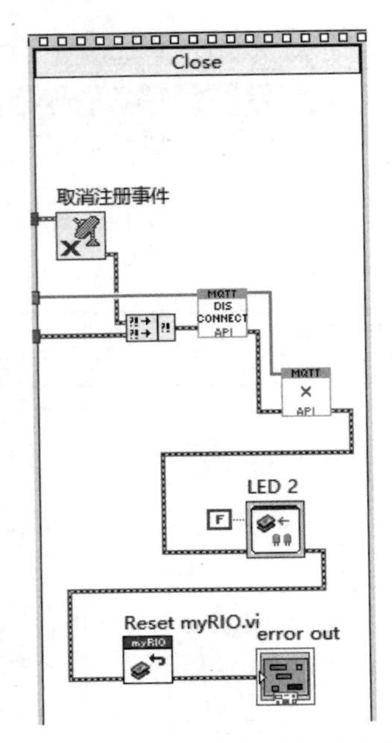

图 5-80　释放 MQT 资源与设备重置程序实现

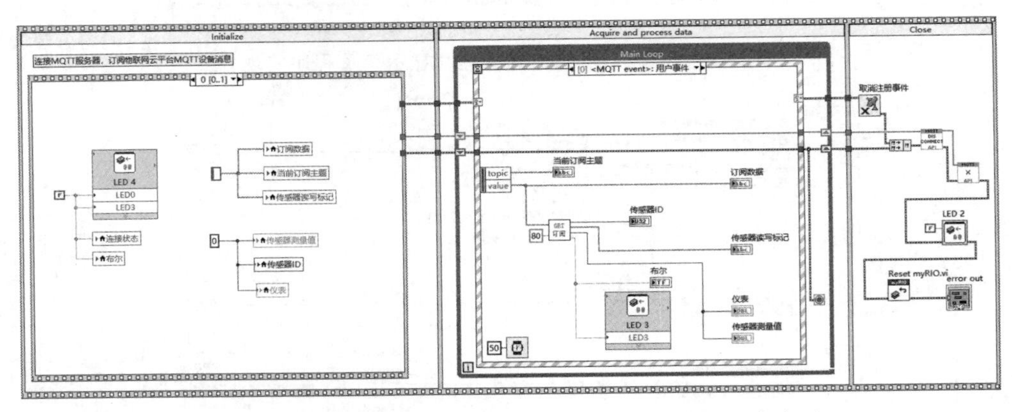

图 5-81　myRIO 订阅云端 MQTT 设备消息的完整程序实现

运行程序，myRIO 建立与 TLink 物联网平台 MQTT 服务器连接，并订阅指定主题的消息。打开 TLink 物联网平台，进入对应的 MQTT 设备链接协议页面，选择传感器，输入传感器最新取值 55，单击“写入指令”按钮，模拟 TLink 物联网平台中 MQTT 设备传感器消息发布，如图 5-82 所示。

此时打开 myRIO 应用程序界面，可见 myRIO 终端成功连接 MQTT 服务器，并且捕获到订阅主题的 JSON 格式消息及主题名称。程序对 JSON 格式消息进行解析，获取消息体中传感器 ID、测量值、读写标记等信息，根据设定的阈值判断是否报警。myRIO 订阅云端 MQTT 设备消息程序执行结果如图 5-83 所示。

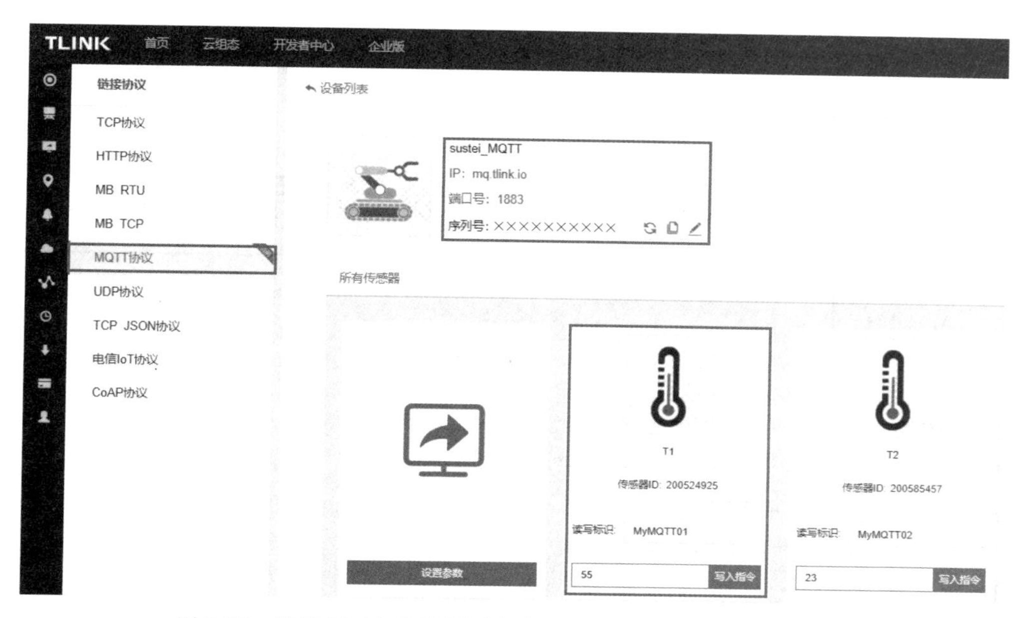

图 5-82 模拟 TLink 物联网平台中 MQTT 设备传感器消息发布

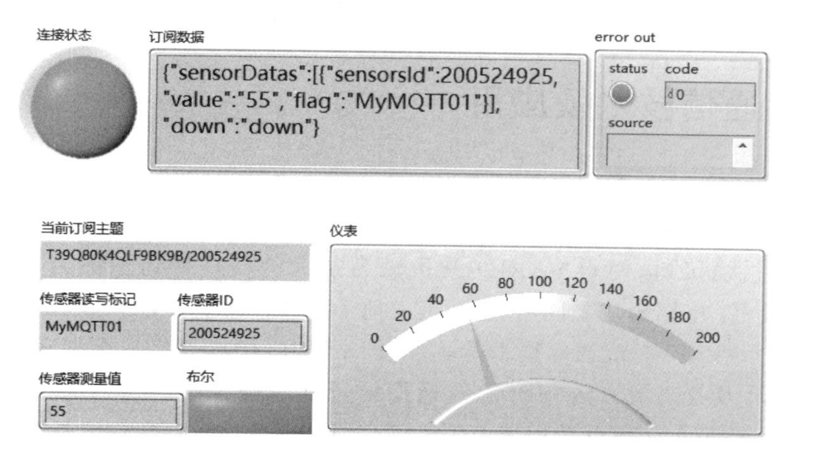

图 5-83 myRIO 订阅云端 MQTT 设备消息程序执行结果

第 6 章 myRIO 器件级通信技术应用

主要内容

- SPI 通信基本原理，myRIO 中 SPI 接口配置情况；
- myRIO 工具包中 SPI 通信 ExpressVI、底层 VI 配置和使用方法；
- SPI 通信技术相关工程项目开发实战；
- I2C 通信基本原理，myRIO 中 I2C 接口配置情况；
- myRIO 工具包中 I2C 通信 ExpressVI、底层 VI 配置和使用方法；
- I2C 通信技术相关工程项目开发实战。

6.1 SPI 通信技术及应用

嵌入式开发过程中经常需要与外设 IC、电路模块之间进行通信，这类通信往往借助于嵌入式开发平台提供的 SPI、I2C 等总线接口实现，一般称之为器件级通信。myRIO 提供了 2 组 SPI、I2C 总线接口，使得 myRIO 具备较为强大的器件级通信能力，可以快速开发 myRIO 与外设 IC、电路模块之间的通信，极大地丰富和扩展了 myRIO 应用功能。

本节主要介绍 SPI 总线通信技术基本原理，myRIO 中 SPI 接口配置情况，SPI 总线通信的 ExpressVI 及其调用方法、SPI 总线通信的若干底层 VI 及其应用一般流程，并结合 LCD 显示驱动、光照度传感器数据读取等实例介绍实现 SPI 数据通信的基本方法。

6.1.1 SPI 通信技术概述

SPI(Serial Peripheral Interface，SPI)意为串行外围设备接口，是一种同步串行外设接口，可以使得单片机或嵌入式系统能够与外部设备以串行方式进行通信完成信息交换。SPI 总线式通信技术被传感器、ADC、DAC、移位寄存器等多类外设 IC 广泛采用，能够以较低的代价实现嵌入式系统与不同厂家生产的多种外设 IC 的通信，是扩展嵌入式系统功能的重要技术。

SPI 接口一般使用串行时钟线(SCK)、主机输入从机输出数据线(MISO)、主机输出从机输入数据线(MOSI)及低电平有效的从机选择线(CS/SS)4 条线建立嵌入式/单片机与外设 IC 之间的通信连接。SPI 通信典型 4 线连接方式如图 6-1 所示。

部分 SPI 总线使用双向数据线(SDA)、时钟线(CLK)、片选线(CS/NSS)3 条线建立通信连接,SPI 通信典型 3 线连接方式如图 6-2 所示。

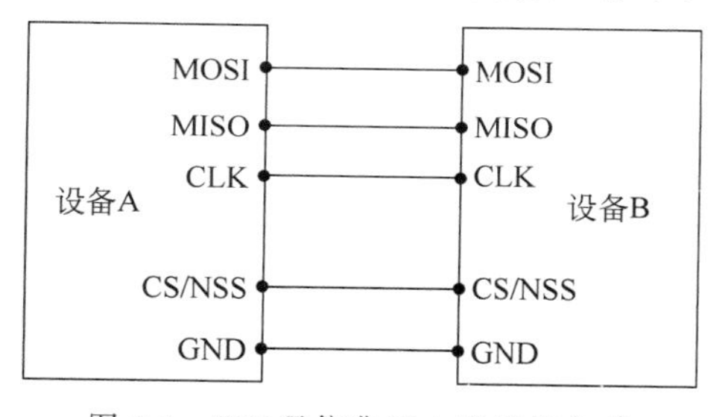

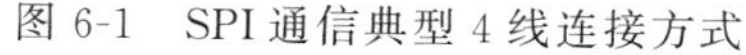
图 6-1 SPI 通信典型 4 线连接方式

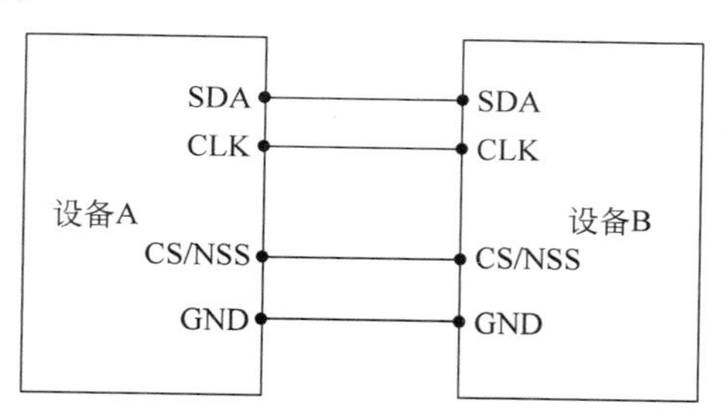

图 6-2 SPI 通信典型 3 线连接方式

SPI 通信过程中,时钟线 CLK 提供时钟脉冲,四线制的 MOSI、MISO 或者三线制的 SDA 则基于该脉冲完成数据传输。在 SPI 总线上,某一时刻可以出现多个从机,但只能存在一个主机,主机通过片选线来确定要通信的从机。这就要求从机的 MISO 接口、MOSI 接口或 SDA 接口具有三态特性,使得该接口在器件未被选通时表现为高阻抗。

典型的 SPI 总线多设备通信连接方式如图 6-3 所示。

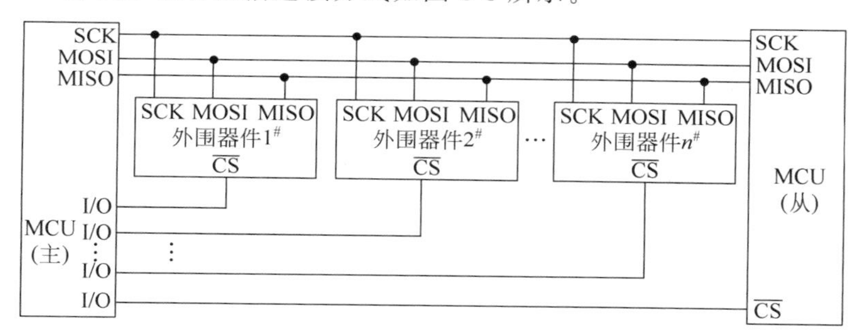

图 6-3 SPI 总线多设备通信连接方式

在图 6-3 所示的连接模式下,主机需要为每个从机提供单独的片选信号。一旦主机使能(拉低)片选信号,MOSI/MISO 线上的时钟和数据便可用于所选的从机。

SPI 通信接口内部一般提供 3 个寄存器:控制寄存器(SPCR)、状态寄存器(SPSR)、数据寄存器(SPDR)。SPI 总线设备间通信通过移位寄存器来实现。主机和从机各有一个移位寄存器,且二者连接成环。随着时钟脉冲,数据按照从高位到低位的方式依次移出主机寄存器和从机寄存器,并且依次移入从机寄存器和主机寄存器。当寄存器中的内容全部移出时,相当于完成了两个寄存器内容的交换。不同设备的寄存器或为 16 位或为 8 位,具体情况查看有关设备说明。

SPI 通信有 4 种不同的模式,通过 CPOL(时钟极性,用来配置 SCLK 的电平处于哪种状态时是空闲态或者有效态)和 CPHA(时钟相位,用来配置数据采样是在第几个边沿)控制主设备的通信模式。

(1) Mode0。这种模式 CPOL=0,CPHA=0。当 SCLK=0 时处于空闲态,SCLK 处于高电平时处于有效状态,数据采样是在第 1 个边沿,数据发送在第 2 个边沿。

(2) Mode1。这种模式 CPOL=0,CPHA=1。当 SCLK=0 时处于空闲态,SCLK 处于高电平时处于有效状态,数据采样是在第 2 个边沿,数据发送在第 1 个边沿。

(3) Mode2。这种模式 CPOL=1,CPHA=0。当 SCLK=1 时处于空闲态,SCLK 处于低电平时为有效状态;数据采样是在第 1 个边沿,数据发送在第 2 个边沿。

(4) Mode3。这种模式 CPOL=1,CPHA=1。当 SCLK=1 时处于空闲态,SCLK 处于低电平时为有效状态;数据采样是在第 2 个边沿,数据发送在第 1 个边沿。

myRIO 提供了 2 个 SPI 接口,一个是 A 口提供的 SPI 接口,由 Pin21(SPI. CLK)、Pin23(SPI. MISO)和 Pin25(SPI. MOSI)组成,另一个是 B 口提供的 SPI 接口,其引脚分布与 A 口完全相同。myRIO 中的 SPI 接口引脚分布如图 6-4 所示。

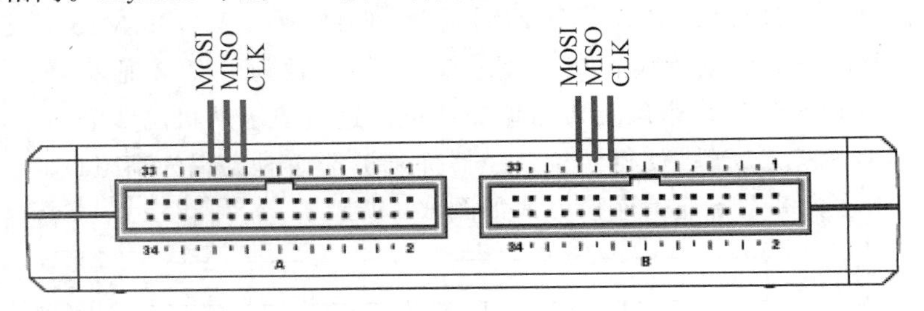

图 6-4 myRIO 中的 SPI 接口引脚分布

6.1.2 主要函数节点

myRIO 中 SPI 通信程序实现有两种方法,第一种方法是使用 myRIO 工具包中的 SPI 通信 ExpressVI,如图 6-5 所示。

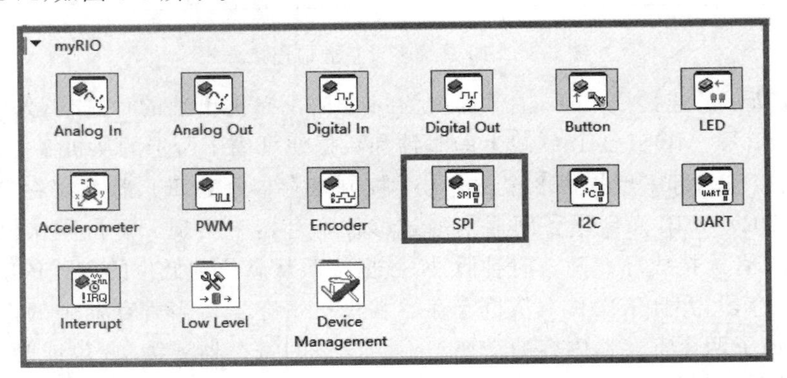

图 6-5 SPI 通信 ExpressVI

将该节点拖曳至程序框图,即可弹出如图 6-6 所示的 SPI 通信参数配置窗口。

第二种实现方法就是基于 myRIO 提供的底层函数(myRIO→Low Level→SPI)实现 SPI 通信,底层函数子选板中的 SPI 通信相关节点如图 6-7 所示。

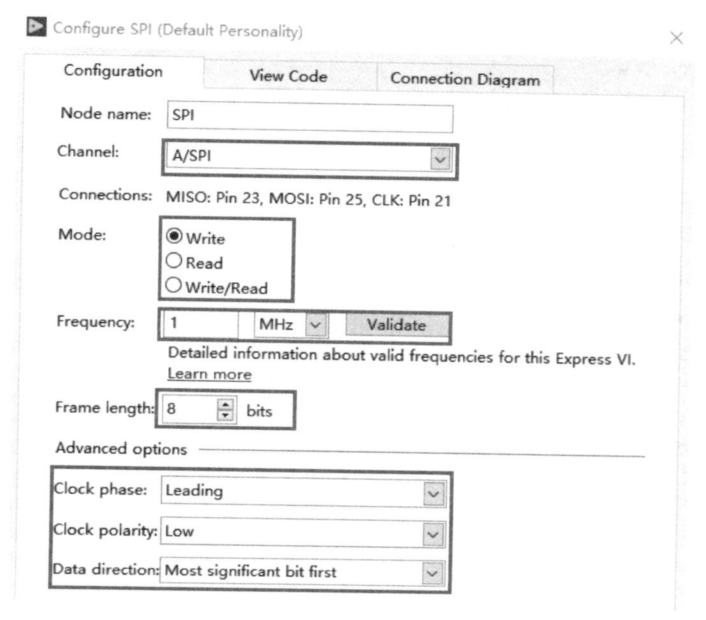

图 6-6　SPI 通信参数配置窗口

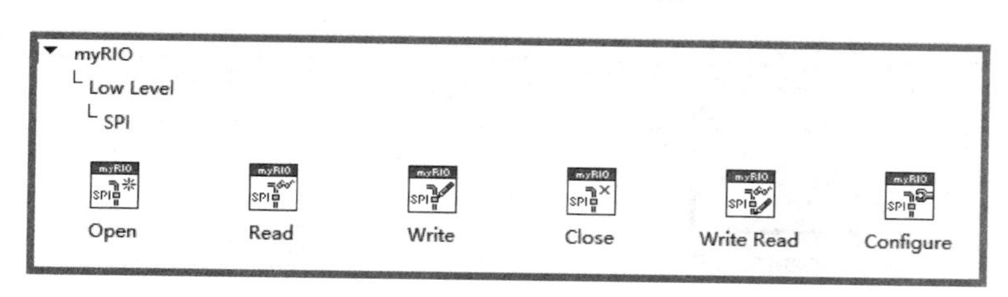

图 6-7　SPI 通信底层函数

基于底层函数进行 SPI 通信时，其数据发送基本流程为"打开 SPI 接口→配置 SPI 接口→SPI 接口读/写→关闭 SPI 接口"。如果需要连续读写 SPI 接口，则将 SPI 接口读/写操作置于 While 循环结构中即可。

6.1.3　SPI 通信技术应用实例

myRIO 连接 SPI 接口外部设备，主要存在以下两种情况。

一种是 myRIO 作为主机通过 SPI 总线写出命令，由 SPI 接口外部设备作为从机执行命令，即所谓的 MOSI 模式。另一种是 myRIO 作为主机通过 SPI 总线读取信息，由 SPI 接口外部设备作为从机向主机反馈自身状态信息，即所谓的 MISO 模式。

1. SPI 接口通信之主机发送程序设计(MOSI)

1）设计目标

本案例拟实现 myRIO 采集板载三轴加速度计数值及 myRIO 内置按钮操作状态值，通过连接 SPI 接口的液晶显示屏(PmodCLS 模块)，编写 SPI 通信程序，实现基于 SPI 通信技

术的采集数据的实时显示功能。

2）硬件连线

本案例使用 Digilent 公司出品的 PmodCLS 模块（基于 Atmel ATmega48 微控制芯片的字符型 LCD 模块，与 LCD1602 显示屏具有相同功能）作为采集数据的显示装置。PmodCLS 提供 SPI、I2C、UART 接口实现对显示内容和显示方式的控制，可以通过 SPI 接口通信实现 16×2 字符显示功能。模块通过跳线设置使得开发者可以在 UART、SPI、I2C 总线接口之间进行选择。使用 SPI 接口通信技术进行采集数据显示时，需要首先设置跳线 MD2、MD1、MD0 取值位 1 1 0。

由于本案例中 myRIO 只需要通过 SPI 总线接口发送显示指令，PmodCLS 模块接收来自 SPI 接口的显示指令，即可完成 myRIO 采集数据的显示功能，因此 PmodCLS 模块与 myRIO 开发平台的连接方案中，只需要连接两种设备的 MOSI 线和时钟线即可。即 PmodCLS 模块引脚 SI 连接 myRIO 开发平台 A 口 SPI. MOSI(Pin25)；引脚 CK 连接 myRIO 开发平台 A 口 SPI. CLK(Pin21)；引脚 V 连接 myRIO 开发平台 A 口 3. 3V (Pin33)；引脚 G 连接 myRIO 开发平台 A 口 DGND(Pin16)。myRIO 驱动 SPI 接口的 LCD 模块硬件连线如图 6-8 所示。

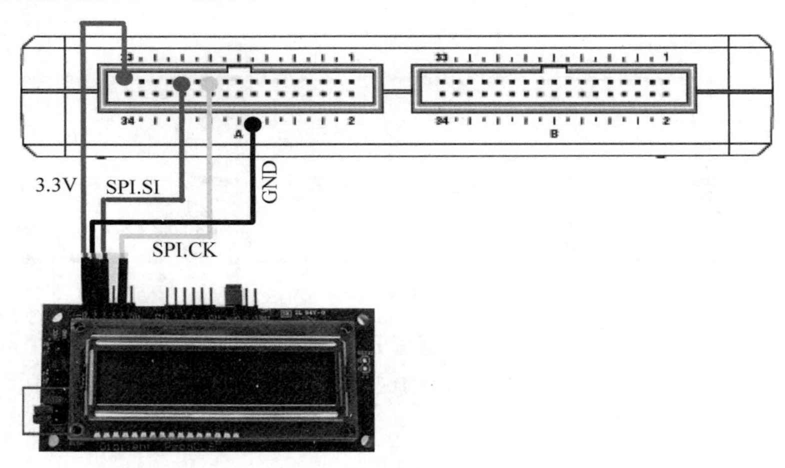

图 6-8　myRIO 驱动 SPI 接口的 LCD 模块硬件连线

3）设计思路

利用 myRIO 新建项目的程序模板，在 While 循环结构内，实时检测板载按钮状态，读取三轴加速度测量值，将两类检测结果格式化为 PmodCLS 模块的显示内容，借助 SPI 通信技术将显示内容字符串发送至 PmodCLS 模块，实现检测结果的液晶屏显示功能。

4）程序实现

程序实现分解为程序总体结构设计、初始化模块设计、实时监测与输出显示模块设计、myRIO 重置等步骤。

（1）程序总体结构设计。利用 myRIO 项目模板自动生成的 3 帧程序结构及三轴加速度计数据采集程序，第一帧中完成PmodCLS模块的初始化操作；第二帧While循环中读取三轴加速度传感器与板载按钮状态，将采集数据格式化为PmodCLS模块的显示命令字符串，通过SPI接口发送显示命令；第三帧重置myRIO。

（2）初始化模块设计。创建转义字符串常量作为初始化PmodCLS显示模块转义序列指令（PmodCLS模块LCD转义序列指令含义可网络查询有关资料），并调用函数节点“字符串至字节数组转换”（函数→编程→字符串→路径/数组/字符串转换→字符串至字节数组转换），将转义序列指令（用于清空显示内容并复位光标显示位置）转换为字节数组。由于SPI总线接口的PmodCLS显示模块使用16位寄存器，因此进一步调用函数节点“转换为无符号双字节整型”（函数→编程→数值→转换→转换为无符号双字节整型），将字节数组类型的显示指令转换为双字节整型数组类型的显示指令。

调用ExpressVI SPI（函数→myRIO→SPI），设置输入参数Frames to Write为双字节整型数组存储的转义序列显示指令，完成初始状态下PmodCLS显示模块清空显示内容的功能。

（3）实时监测与输出显示模块设计。调用ExpressVI Button（函数→myRIO→Button），调用函数节点“布尔值至(0,1)转换”（函数→编程→布尔→布尔值至(0,1)转换），将Button状态转换为数值；进一步调用函数节点“格式化字符串”（函数→编程→字符串→格式化字符串），设定格式字符串为“X:%5.2f Y:%5.2f Z:%5.2f Button:%d”，将板载三轴加速度计的读数与Button按钮状态值格式化为PmodCLS模块显示的字符串，进而调用“字符串至字节数组转换”（函数→编程→字符串→路径/数组/字符串转换→字符串至字节数组转换）、“转换为无符号双字节整型”（函数→编程→数值→转换→转换为无符号双字节整型），将格式化后的显示内容转换为双字节整数数组类型的数据，通过ExpressVI“SPI”发送至PmodCLS模块。

添加函数“等待”（函数→编程→定时→等待），设置等待时长为200ms，实现PmodCLS模块每间隔200ms刷新显示内容的实时显示功能。

（4）myRIO重置。调用函数节点Reset myRIO（函数→myRIO→Device management→Reset）实现程序结束后的设备重置功能。

myRIO驱动SPI接口显示屏实现采集数据的实时显示完整程序如图6-9所示。

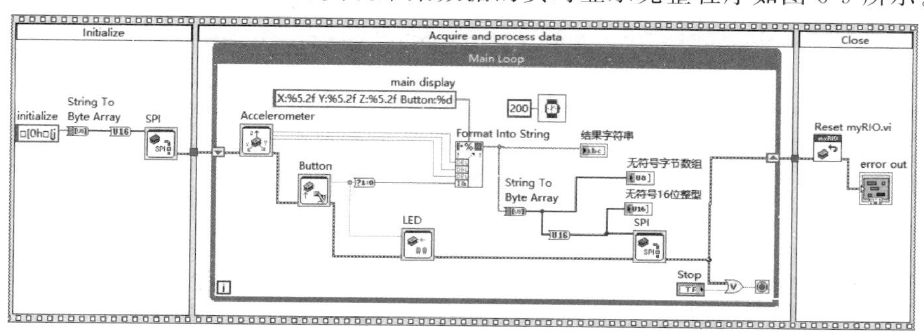

图6-9　myRIO驱动SPI接口显示屏实现采集数据的实时显示完整程序

myRIO 中的 SPI 通信函数节点高度集成，省却了开发者不少麻烦，只需要熟悉 SPI 接口设备通信协议，即可快速开发相关应用程序。

微课视频

2. SPI 接口通信之主机接收程序设计（MISO）

1）设计目标

本案例拟实现 myRIO 连接 SPI 接口的光照度传感器，通过 SPI 总线读取传感器数据寄存器，对数据进行解析处理，从而实现基于 SPI 总线的光照度传感器数据读取功能。

2）硬件连线

本案例使用 Digilent 公司出品的 PmodALS 模块作为 SPI 接口传感器数据读取的测试对象。PmodALS 是一款简单的环境光照度传感器，可以将模块所处环境当前的光照度转换为 8 位分辨率的数字数据，通过 SPI 端口进行输出。这种传感器能让机器感知一般光照条件、跟踪和跟随光源、跟随画线的路径，使得机器具备基本的类似于生物“眼睛”的功能。

PmodALS 是只读模块，SPI 协议中唯一需要的连线是芯片选择（CS）、主输入从输出（MISO）和串行时钟线（SCLK）。PmodALS 要求 SCLK 的频率在 1～4MHz，读取数据前通过拉低 CS 引脚完成模块的使能操作，模块在 16 个 SCLK 时钟周期内提供一个单一的读数。

由于本案例中 myRIO 只需要通过 SPI 总线接口发送显示指令，PmodCLS 模块接收来自 SPI 接口的显示指令，即可完成 myRIO 采集数据的显示功能，因此在 PmodCLS 模块与 myRIO 开发平台的连接方案中，只需要连接两种设备的 MOSI 线和时钟线即可。

由于本案例中 myRIO 只需要通过 SPI 总线通信技术读取 PmodALS 模块输出的数据，mRIO 以 MISO 的工作模式接收数据，所以作为主机的 myRIO 进行 SPI 总线通信时，在与 PmodALS 模块的连线方案中，最简连线方式下只需要连接两种设备的 MISO 线和时钟线即可。本案例中 PmodALS 引脚 VCC 连接 myRIO 开发平台 B 口 3.3V(Pin33)，PmodALS 引脚 GND 连接 myRIO 开发平台 B 口 DGND(Pin30)，PmodALS 引脚 SCL 连接 myRIO 开发平台 B 口 SPI. CLK(Pin21)，PmodALS 引脚 SDO 连接 myRIO 开发平台 B 口 SPI. MISO (Pin23)，PmodALS 引脚 CS 连接 myRIO 开发平台 B 口 DIO 0(Pin11)。myRIO 读取 SPI 接口传感器数据硬件连线如图 6-10 所示。

3）设计思路

利用 myRIO 新建项目的程序模板，删除自动生成的三轴加速度计数据采集相关内容，保留三帧程序基本结构。在 While 循环结构内，按照 200ms 的时间间隔，调用 SPI 填写 ExpressVI，读取 SPI 接口的光照度传感器测量数据，将解析的测量值通过“仪表盘”“数值显示”等控件进行显示。当测量值高于指定阈值或者低于指定阈值时，设置布尔指示灯闪亮提示。

4）程序实现

程序实现分为程序总体结构设计、初始化模块设计、实时监测与输出显示模块设计、myRIO 重置等步骤。

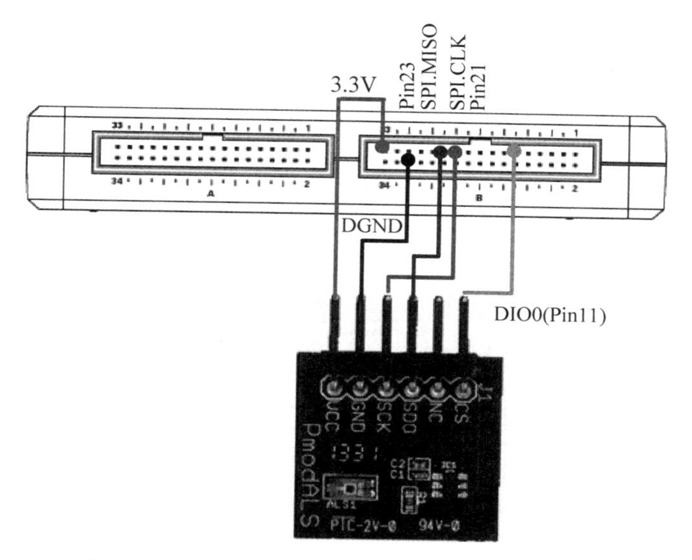

图 6-10　myRIO 读取 SPI 接口传感器数据硬件连线

(1) 程序总体结构设计。利用 myRIO 项目模板自动生成的 3 帧程序结构，第一帧中完成前面板显示控件的初始化操作；第二帧 While 循环中读取光照度传感器测量数据、解析测量数据、显示测量数据，测量值超出设定阈值予以报警；第三帧重置 myRIO。

(2) 初始化模块设计。创建前面板布尔值指示灯"太亮了""太暗了"对应的局部变量，初始赋值为布尔类型假常量；创建前面板数值类控件"测量值""读取数据"对应的局部变量，初始赋值为整数型常量 0，完成程序初始化操作。

(3) 实时监测与输出显示模块设计。读取 PmodALS 模块测量数据，必须首先设置其片选信号 CS 引脚为低电平，以使能 SPI 接口的 PmodALS 模块。调用 ExpressVI Digital Out(函数→myRIO→Digital Out)，设置其输出通道为 B 口 Pin11，输出值为逻辑假，实现 CS 引脚拉低功能，达成 SPI 器件使能目的。myRIO 控制片选信号的数字输出引脚配置如图 6-11 所示。

程序框图中控制片选信号的数字输出节点图标如图 6-12 所示。

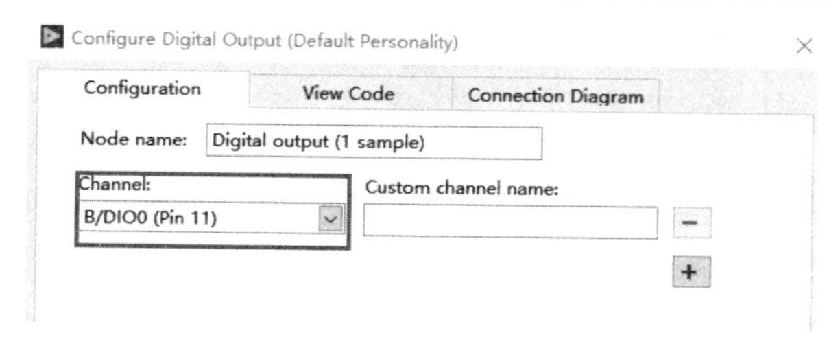

图 6-11　myRIO 控制片选信号的数字输出引脚配置

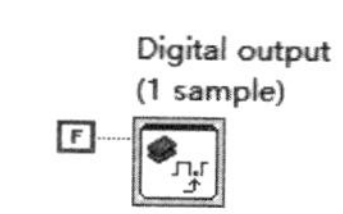

图 6-12　程序框图中控制片选信号的数字输出节点图标

使能 SPI 接口的光照度传感器 PmodALS 后，调用 ExpressVI SPI(函数→myRIO→

SPI)，按照光照度传感器 PmodALS SPI 通信协议，配置 SPI 接口通信参数如图 6-13 所示。

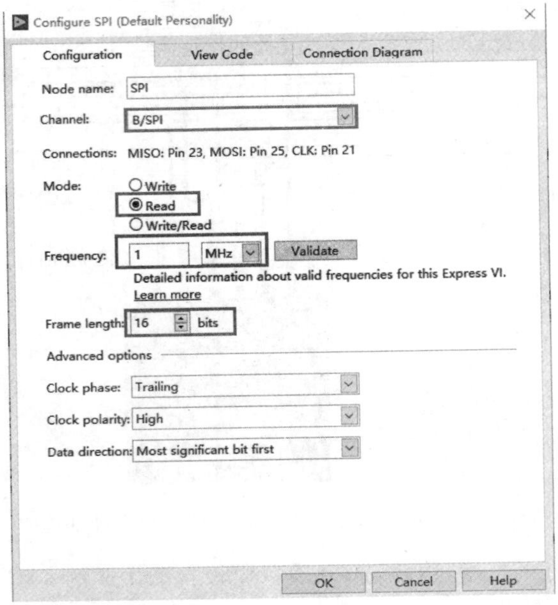

Configure SPI (Default Personality)
Configuration　View Code　Connection Diagram
Node name: SPI
Channel: B/SPI
Connections: MISO: Pin 23, MOSI: Pin 25, CLK: Pin 21
Mode: Write / Read / Write/Read
Frequency: 1 MHz　Validate
Detailed information about valid frequencies for this Express VI.
Learn more
Frame length: 16 bits
Advanced options
Clock phase: Trailing
Clock polarity: High
Data direction: Most significant bit first
OK　Cancel　Help

图 6-13　SPI 接口通信参数

通信参数配置完毕后，设置 SPI 节点读取数据帧数为 1，此时程序框图中读取 SPI 接口数据的节点图标如图 6-14 所示。

图 6-14　程序框图中读取 SPI 接口数据的节点图标

调用函数节点“索引数组”(函数→编程→数组→索引数组)，获取 SPI 接收数据元素的第一个数据元素，即模块返回的第一帧测量数据。

按照光照度传感器 PmodALS 模块通信协议，该模块返回的数据为 16 位整型数据，其中前 3 位为前导码 000，中间 8 位为测量值，后 5 位为补 0 数据。

程序提取 1 帧数据中的测量值时，只需要对其进行右移 5 位操作，即可得到真实的光照度测量数据(0～255，0 表示低光度，255 表示高光度)。调用函数节点“逻辑移位”(函数→编程→数值→数据操作→逻辑移位)，设置移位参数位－5，实现数据右移位操作；为了在光照度传感器数据读取过程中进一步便于开发者熟悉其二进制数据位构成规则，设置数值型显示控件显示格式为二进制显示模式，如图 6-15 所示。

对于移位操作处理后获取的真实测量值，进一步按照如下阈值进行判断。

当测量值大于 150 时，布尔值指示灯“太亮了”亮，否则灭；当测量值小于 50 时，布尔值指示灯“太暗了”亮，否则灭。

调用函数节点“等待”(函数→编程→定时→等待)，设定等待时长为 200ms，实现应用程序按照 200ms 时间间隔采集环境光照度值的功能。

(4) myRIO 重置。调用函数节点 Reset myRIO(函数→myRIO→Device management→Reset)实现程序结束后设备重置功能。

图 6-15 数值型显示控件显示格式配置

myRIO 读取 SPI 接口传感器数据的完整程序如图 6-16 所示。

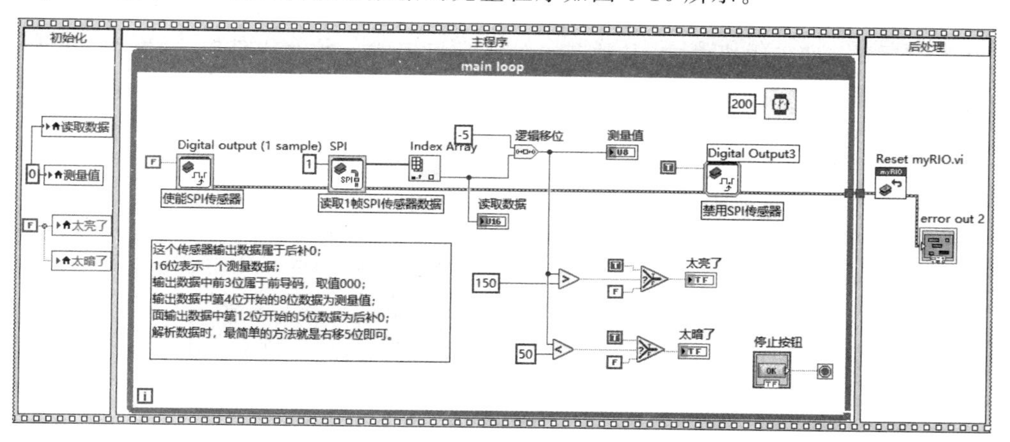

图 6-16 myRIO 读取 SPI 接口传感器数据的完整程序

运行程序，myRIO 读取 SPI 接口传感器程序执行结果如图 6-17 所示。

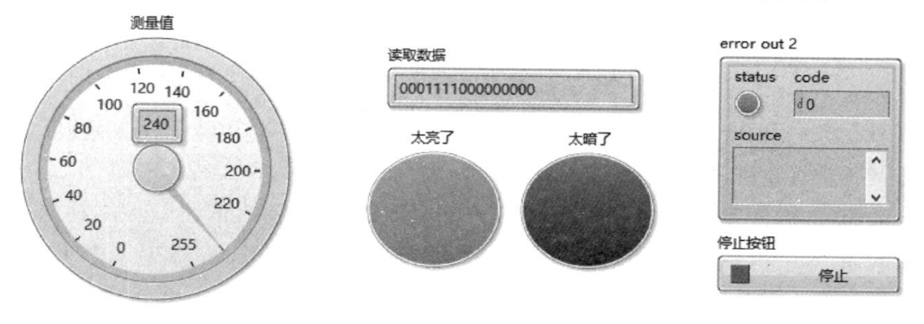

图 6-17 myRIO 读取 SPI 接口传感器程序执行结果

6.2 I2C 通信技术及应用

同样作为嵌入式开发平台实现器件级通信的主流技术之一，I2C 总线式通信技术使用的线路更少，能够以更低的代价实现嵌入式系统与不同厂家生产的多种 I2C 接口外设之间的通信，也成为扩展嵌入式系统功能的重要技术。本节简要介绍 I2C 总线通信技术基本原理，myRIO 中 I2C 接口配置情况、I2C 总线通信的 ExpressVI 及其调用方法、I2C 总线通信的若干底层 VI 及其应用一般流程，并结合 LCD 显示驱动、陀螺仪 MPU6050 数据读取等实例介绍实现 I2C 数据通信程序设计的基本方法。

6.2.1 I2C 通信技术概述

I2C(Inter-Integrated Circuit，I2C 或 IIC)是由 Philips 公司开发的一种简单、双向二线制同步串行总线，主要用于嵌入式、微控制器及其外围器件/模块之间的通信。I2C 总线由 SDA(串行数据线)、SCL(串行时钟线)2 条线路组成。其中 SCL 串行时钟线用于提供同步时序，SDA 数据线用于连接到总线上的器件/模块间消息传递。

I2C 总线通信时，连接在总线上的节点设备有主机模式和从机模式两种角色。同一时刻只能有一个节点处于主机模式，其他节点处于从机模式。通常情况下，将带有 I2C 接口的 CPU 作为主设备，挂接在总线上的其他设备作为从设备。I2C 总线通信物理连接比较简单，如图 6-18 所示。

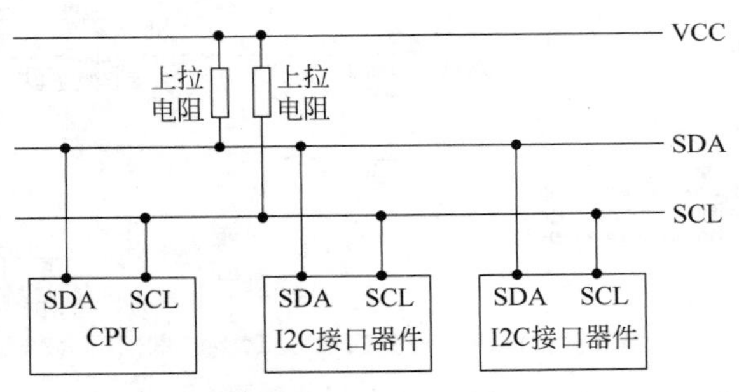

图 6-18 I2C 通信连接方法

I2C 总线上连接的每个设备都有一个唯一的地址，主从设备之间的通信必须指定设备地址。绝大多数设备的地址为 7bit，I2C 总线规定给 7bit 地址再添加一个最低位，用以表示数据传输方向，0 表示主设备向从设备写数据，1 表示主设备读取从设备数据。比如典型的 I2C 芯片 TVP5158，7bit 地址依次为 bit6、bit5、bit4、bit3、bit2、bit1、bit0，最低三位可配，如果全部物理接地，则地址取值为 101 1000，即该设备的地址为 0x58。

总线上数据的传送都是由主机发起的。主机首先发送起始信号，然后发送 1 字节指定从机地址和数据传送方向，其中高 7 表示从机位地址，然后是第 8 位表示数据方向(0 表示主机发送，1 表示主机接收)。被寻址的从机发回应答信号，主机接收到应答信号则回应从机，如此循环往复，直至主机发送停止信号结束通信。

myRIO 提供了 2 组 I2C 接口，一个是 A 口的 Pin34(SDA)和 Pin32(SCL)，B 口的 I2C 接口引脚编号与 A 口完全一致，myRIO 中的 I2C 接口引脚分布如图 6-19 所示。

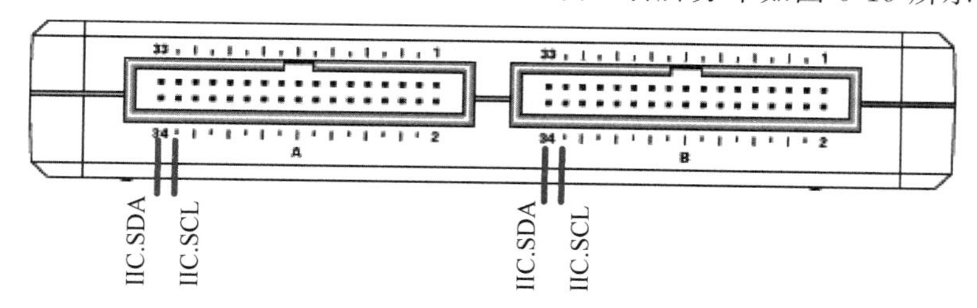

图 6-19 myRIO 中的 I2C 接口引脚分布

6.2.2 主要函数节点

myRIO 中 I2C 总线通信程序实现有两种方法，第一种方法是使用 myRIO 工具包中的 I2C 通信 ExpressVI，如图 6-20 所示。

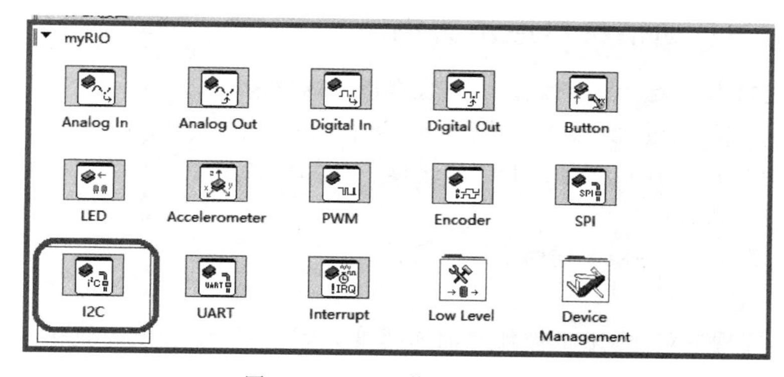

图 6-20 I2C 通信 ExpressVI

将该节点拖曳至程序框图，即可弹出如图 6-21 所示的 I2C 通信参数配置窗口。

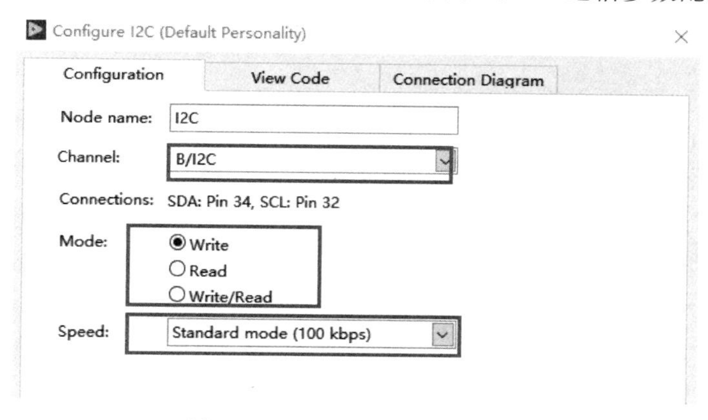

图 6-21 I2C 通信参数配置窗口

第二种实现方法是基于 myRIO 提供的底层函数(myRIO→Low Level→I2C)实现 I2C 通信,底层函数子选板中的 I2C 通信相关节点如图 6-22 所示。

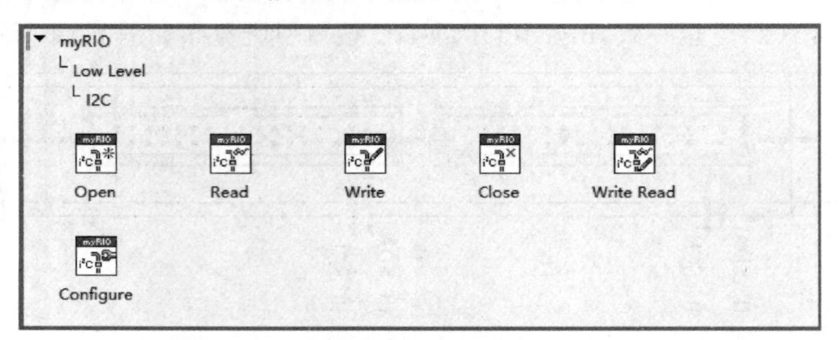

图 6-22　底层函数子选板中的 I2C 通信相关节点

基于底层函数进行 I2C 通信时,其数据发送基本流程为"打开 I2C 接口→配置 I2C 接口→I2C 接口读/写→关闭 I2C"。如果需要连续读写 I2C 接口,则将 I2C 接口读/写操作置于 While 循环结构中即可。

6.2.3　I2C 通信技术应用实例

myRIO 连接 I2C 接口外部设备,主要存在以下两种情况。

一种是 myRIO 通过 I2C 总线向外部 IC、器件、模块等写出命令,I2C 接口的外部设备执行命令。另一种是 myRIO 通过 I2C 总线读取外部设备信息,由 I2C 接口的外部设备向 myRIO 反馈自身状态信息。

微课视频

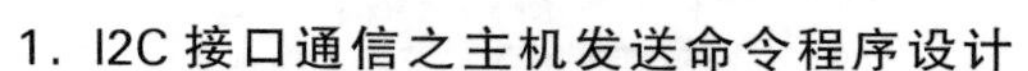

1. I2C 接口通信之主机发送命令程序设计

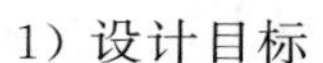

1）设计目标

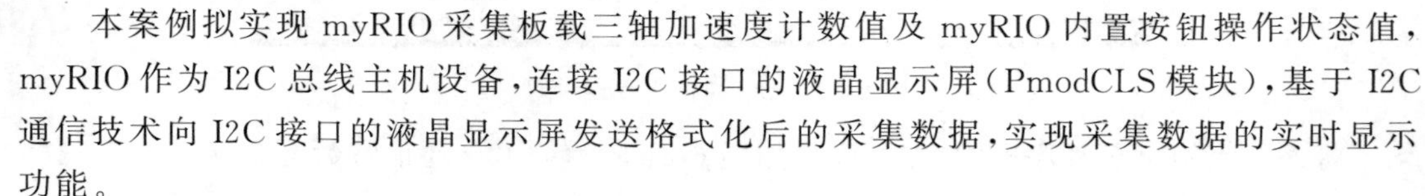

本案例拟实现 myRIO 采集板载三轴加速度计数值及 myRIO 内置按钮操作状态值,myRIO 作为 I2C 总线主机设备,连接 I2C 接口的液晶显示屏(PmodCLS 模块),基于 I2C 通信技术向 I2C 接口的液晶显示屏发送格式化后的采集数据,实现采集数据的实时显示功能。

2）硬件连线

本案例使用 Digilent 公司出品的 PmodCLS 模块作为采集数据的显示装置。如前所述,该模块提供 SPI、I2C、UART 接口实现对于显示内容和显示方式的控制,可以通过 I2C 接口通信实现 16×2 字符显示功能。使用 I2C 接口通信技术进行采集数据显示时,需要首先设置跳线 MD2、MD1、MD0 取值位 1 0 0,PmodCLS 模块 I2C 通信地址为 0x48。

将 PmodCLS 模块与 myRIO 开发平台 A 口 I2C 总线接口连接。即 PmodCLS 模块引脚 SD 连接 myRIO 开发平台 A 口 SDA(Pin34),PmodCLS 模块引脚 SC 连接 myRIO 开发平台 A 口 SCL(Pin32),引脚 V 连接 myRIO 开发平台 A 口 3.3V(Pin33),引脚 G 连接 myRIO 开发平台 A 口 DGND(Pin16)。myRIO 驱动 I2C 接口的 LCD 模块硬件连线如图 6-23 所示。

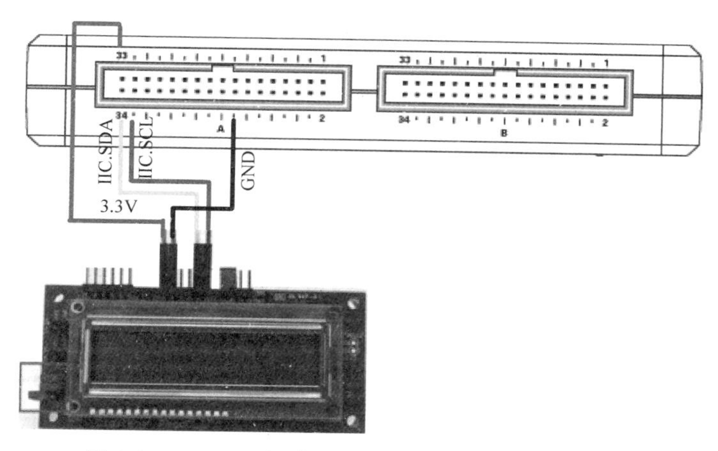

图 6-23 myRIO 驱动 I2C 接口的 LCD 模块硬件连线

3）设计思路

利用 myRIO 新建项目的程序模板，在 While 循环结构内，实时检测板载按钮状态，读取三轴加速度测量值，将两类检测结果格式化为 PmodCLS 模块的显示内容，借助 I2C 通信技术将显示内容字符串发送至 PmodCLS 模块，实现检测结果的液晶屏显示功能。

4）程序实现

程序实现分为程序总体结构设计、初始化模块设计、实时监测与输出显示模块设计、myRIO 重置等步骤。

(1) 程序总体结构设计。利用 myRIO 项目模板自动生成的 3 帧程序结构及三轴加速度计数据采集程序，第一帧中基于 I2C 总线发送转义字符序列完成 PmodCLS 模块的初始化操作；第二帧 While 循环中读取三轴加速度传感器与板载按钮状态，将其封装为显示信息字符串，通过 I2C 接口发送至 PmodCLS 模块；第三帧重置 myRIO。

(2) 始化模块设计。创建转义字符串常量作为初始化 PmodCLS 显示模块转义序列指令(转义序列指令具体含义可网络查询有关资料)，并调用函数节点“字符串至字节数组转换”(函数→编程→字符串→路径/数组/字符串转换)，将用于清空 PmodCLS 模块显示内容并复位光标显示位置的转义序列指令转换为 I2C 接口通信使用的字节数组。

调用 ExpressVI I2C(函数→myRIO→I2C)，设置输入参数“从机地址(Slave Address)”为十六进制整数常量 0x48，LCD 显示方式控制字符串类型转换所得字节数组作为输入参数 Bytes to Write 内容。

(3) 实时监测与输出显示模块设计。调用 ExpressVI Button(函数→myRIO→Button)，调用函数“布尔值至(0,1)转换”(函数→编程→布尔→布尔值至(0-1)转换)将 Button 状态转换为数值；进一步调用函数节点“格式化字符串”(函数→编程→字符串→格式化字符串)，设定格式字符串为“X：%5.2f Y：%5.2f Z：%5.2f Button：%d”，将板载三轴加速度计读数与 Button 按钮状态值格式化为 LCD1602 显示的字符串，进而调用“字符串至字节数组转换”(函数→编程→字符串→路径/数组/字符串转换)和 ExpressVI I2C(从机地址依旧设置为0x48)，将显示内容转换为通过I2C总线接口发生的数据。添加函数"等待"(函数→编程→定时→等待)，设置等待时长为200ms，实现PmodCLS模块每间隔200ms刷新显示内容的实时显示功能。

(4) myRIO重置。调用函数节点Reset myRIO(函数→myRIO→Device management→Reset)实现程序结束后设备重置功能。

myRIO驱动I2C接口LCD模块实现采集数据的实时显示完整程序如图6-24所示。

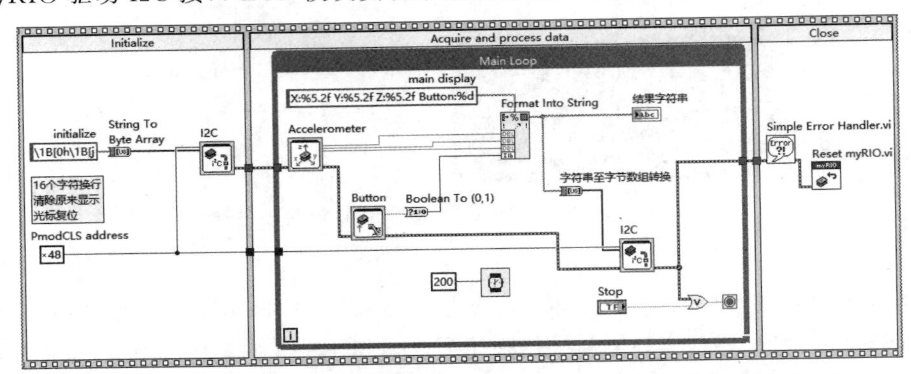

图6-24 myRIO驱动I2C接口LCD模块实现采集数据的实时显示完整程序

2. I2C接口通信之主机接收数据程序设计

微课视频

1) 设计目标

本案例拟实现myRIO连接I2C接口的MPU6050陀螺仪，myRIO寻址并访问MPU6050相关寄存器，获取陀螺仪三轴加速度值，实现myRIO中基于I2C总线通信技术的传感器数据读取功能。

2) 硬件连线

MPU6050是InvenSense公司推出的全球首款整合性6轴运动处理组件，内置3轴陀螺仪、3轴加速度传感器及1个内嵌的温度传感器。MPU6050中的陀螺仪和加速度计分别使用三个16位的ADC，将其测量的模拟量转化为可输出的数字量。该芯片由于体积小、功能强、精度高，广泛应用于工业生产和各类航模，用以测量设备当前运动姿态。MPU6050功能极为强大，使用了多种寄存器保存测量数据、配置工作模式、设置工作参数，这些寄存器可通过地址参数进行区别。

MPU6050工作模式配置相关的主要寄存器定义如表6-1所示。

表6-1 MPU6050工作模式配置相关的主要寄存器定义

寄存器地址	寄存器功能	备　注
0X6B	电源管理寄存器	0X00，正常启动
0X19	陀螺仪采样频率分频	0X07，选择8分频预分频
0X1A	配置寄存器	0X06，低通滤波器设置
0X1B	陀螺仪配置寄存器	0X18，不自检，2000°/s
0X1C	加速度传感器配置	0X01，测量范围为2g，5Hz

MPU6050 数据寄存器定义如表 6-2 所示。

表 6-2 MPU6050 数据寄存器定义

寄存器地址	寄存器功能	备　注
0X3B～0X3C	X 轴加速度数据	3B 存储高字节在前，3C 存储低字节
0X3D～0X3E	Y 轴加速度数据	3D 存储高字节在前，3E 存储低字节
0X3F～0X40	Z 轴加速度数据	3F 存储高字节在前，40 存储低字节
0X41～0X42	温度传感器数据	41 存储高字节在前，42 存储低字节
0X43～0X44	X 轴旋转角速度	43 存储高字节在前，44 存储低字节
0X45～0X46	Y 轴旋转角速度	45 存储高字节在前，46 存储低字节
0X47～0X48	Z 轴旋转角速度	47 存储高字节在前，48 存储低字节

MPU6050 设备的总线地址默认为 0X68。每次读写 MPU6050 时不但需要指定设备地址，还需要指定寄存器地址。读取寄存器数据时，还需要指定读取寄存器的个数。例如，读取 MPU6050 温度寄存器数据时，需要首先设置设备地址 0X68，寄存器地址 0X41，读取字节数为 2，则可获取 0X41～0X42 两个寄存器中存放的 MPU6050 测量的温度数据。

需要指出的是，对陀螺仪和加速计分别用了三个 16 位的 ADC，将其测量的模拟量转换为可输出的数字量。为了精确跟踪快速和慢速运动，传感器的测量范围是可控的，陀螺仪可测范围为±250，±500，±1000，±2000°/s，加速计可测范围为±2，±4，±8，±16g（重力加速度）。

MPU6050 各个寄存器输出值并不是真正的加速度和角速度的值。由于 MPU6050 使用的是 16 位 AD 量程可程控的设备，其实际输出与程控参数设置有关。如果设置加速度传感器的测量量程为±2g，则意味着 16 位寄存器最大输出值 32768 对应 2g，16 位寄存器最小输出值－32768 对应－2g 的实际测量值。因此还需要用如下公式实现加速度寄存器输出值转换为加速度实际测量值：

实际加速度＝寄存器输出值×19.6（测量范围）/32768

如果设置陀螺仪的量程为±2000°/s，则意味着寄存器输出 32768 对应 2000°/s 的实际测量值，寄存器输出－32768 对应－2000°/s 的实际测量值。因此还需要用如下公式实现陀螺仪寄存器输出值转换为陀螺仪实际测量值：

实际角速度＝寄存器输出值×2000°（测量范围）/32768

I2C 接口的 MPU6050 六轴姿态传感器与 myRIO 连接时，MPU6050 引脚 VCC 和 GND 分别与 myRIO 中的 A 口＋5V（Pin1）和 DGND（Pin6）相连，MPU6050 引脚 SDA 和 SCL 分别与 myRIO 中的 A 口 SDA（Pin34）和 SCL（Pin32）相连。myRIO 读取 I2C 接口 MPU6050 测量数据的硬件连线如图 6-25 所示。

3）设计思路

I2C 设备通信读取数据时，一般首先进行 I2C 设备工作参数配置，然后才能读取 I2C 设备指定地址编码的寄存器数据。按照这一规则，myRIO 读取 MPU6050 数据的程序设计利用 myRIO 新建项目程序模板，在初始化帧中完成 MPU6050 工作模式配置；在第二帧

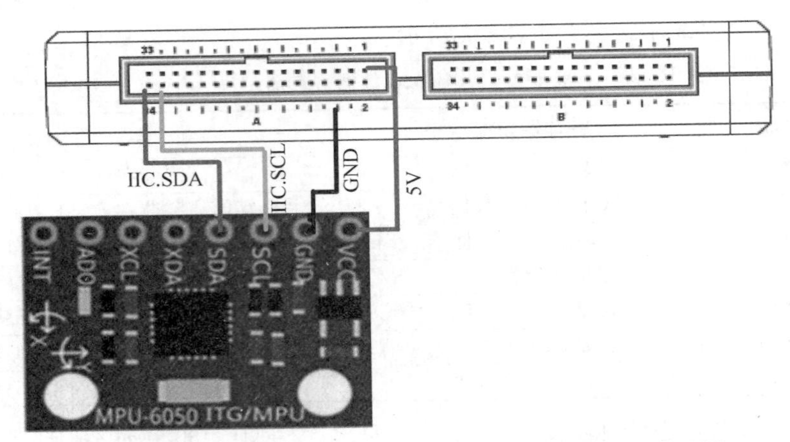

图 6-25 myRIO 读取 I2C 接口 MPU6050 测量数据的硬件连线

While 循环结构内,实时读取 MPU6050 数据寄存器中三轴加速度的测量值,读取 I2C 接口的 MPU6050 数据寄存器,对读取结果进行解析,得出当前设备测量结果,并实现基于 I2C 总线通信技术的 MPU6050 测量值实时读取与显示功能。

4) 程序实现

根据上述思路,将程序实现分为程序总体结构设计、初始化模块设计、数据读取与解析、myRIO 重置等步骤。

(1) 程序总体结构设计。利用项目模块自动生成的顺序结构将程序分为 3 帧,第一帧中完成 I2C 总线的相关配置及 MPU6050 相关寄存器配置;第二帧 While 循环中读取 MPU6050 三轴加速度寄存器数据,并对读取结果进行解析、调理和实时显示;第三帧程序结束运行时进行 myRIO 设备重置。

(2) 初始化模块设计。调用 I2C 相关函数节点 Open(myRIO→Low level→I2C→Open),打开 I2C 设备;调用 Configure(myRIO→Low level→I2C→Configure),设置 I2C 通信模式为 Standard mode(100kbps),完成 I2C 通信参数设置。

初始化阶段还需要完成 I2C 接口的 MPU6050 相关工作参数配置,主要是对 5 个寄存器取值进行设置(电源管理、采样分频、滤波器、陀螺仪配置、加速度计配置)。创建十六进制字节类型二维数组常量,用以设置 5 个寄存器的地址和初始参数。按照 MPU6050 使用手册中参数配置说明,设置 MPU6050 寄存器地址及其参数初始值如图 6-26 所示。

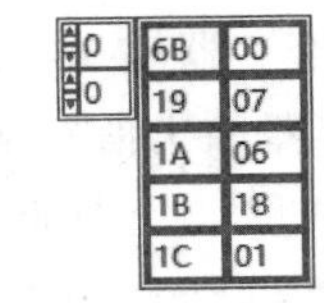

图 6-26 MPU6050 寄存器地址及其参数初始值

根据 MPU6050 使用手册,这一配置设定陀螺仪测量范围为 2000°/s,加速度测量范围为 2g,5Hz 数据更新速率。

利用 For 循环一次读入每个寄存器地址及其取值(二维数组中的一行),调用 I2C 子选板中的函数节点 Write(myRIO→Low level→I2C→Write),将初始化配置参数写入寄存器,完成 MPU 的初始配置。

(3) 数据读取与解析。MPU6050 加速度数据寄存器地址为 0x3B、0x3C、0x3D、0x3E、0x3F、0x40，相邻两个寄存器分别存储 X、Y、Z 三个轴向的加速度值高字节和低字节。

温度数据寄存器地址为 0x41、0x42，分别存储温度数据高字节和低字节。

角度数据寄存器地址为 0x43、0x44、0x45、0x46、0x47、0x48，相邻两个寄存器分别存储 X、Y、Z 三个轴向的旋转角速度值高字节和低字节。

因此，调用函数节点 Write Read(myRIO→Low level→I2C→Write Read)，设置其输入参数 Slave Address 取值为十六进制字节类型数值 0x68(MPU6050 默认地址)；设置向 MPU6050 发送的数据为加速度传感器数据寄存器首地址 0x3B；设置 MPU 返回的字节数为 14，即读取 3 个轴向的加速度传感器高字节、低字节对应的全部 6 字节数据，温度数据寄存器 2 字节数据，以及 3 个轴向的旋转角速度传感器高字节、低字节对应的全部 6 字节数据，总计 14 字节数据。

函数节点 Write Read 以数组形式输出读取各个寄存器的 14 字节数据，调用函数节点"索引数组"(函数→编程→数组→索引数组)，依次提取每字节的数据。调用函数节点"整数拼接"(函数→编程→数值→数据操作→整数拼接)，将相邻的 2 字节合并为整数，进一步调用"转换为双字节整型"，将合并结果转换为 16 位有符号整数。这一转换结果对应的正是寄存器中存储的 3 个轴向加速度值、温度数值及 3 个轴向旋转角速度值。根据 MPU6050 使用手册，寄存器中获取数据还需进一步解算，才能获得实际测量值。

温度寄存器数据按照如下公式处理，得出实际温度测量值

$$实际温度 = 36.53 + 寄存器输出值 / 340$$

由于初始帧配置 MPU6050 角速度测量范围为 2000°/s，所以其寄存器读出的 3 个轴向角速度数据按照如下公式进行处理，得出实际角速度测量值

$$实际角速度 = 寄存器输出值 \times 2000/32768$$

由于初始帧配置 MPU6050 陀螺仪测量范围为 2g(19.6)，所以其寄存器读出的 3 个轴向加速度数据按照如下公式进行处理，得出实际加速度测量值

$$实际加速度 = 寄存器输出值 \times 19.6/32768$$

调用函数节点"捆绑"，将三个实际测量值封装为簇数据类型，通过"波形图表"控件进行显示。

为了便于观察和验证读出数据，调用函数节点"等待"，设置等待时长 500ms，实现主循环中每间隔 500ms 读取一次 MPU6050 数据寄存器，并对读取结果进行解算，获取实际测量值的功能。

(4) myRIO 重置。调用函数节点 Reset myRIO(函数→myRIO→Device management→Reset)实现程序结束后设备重置功能。

基于底层函数实现 I2C 接口的 MPU6050 测量值读取完整程序如图 6-27 所示。

运行程序，晃动 MPU6050，即可观测 myRIO 基于 I2C 总线通信技术获取的 MPU6050 陀螺仪、加速度、温度等参数。

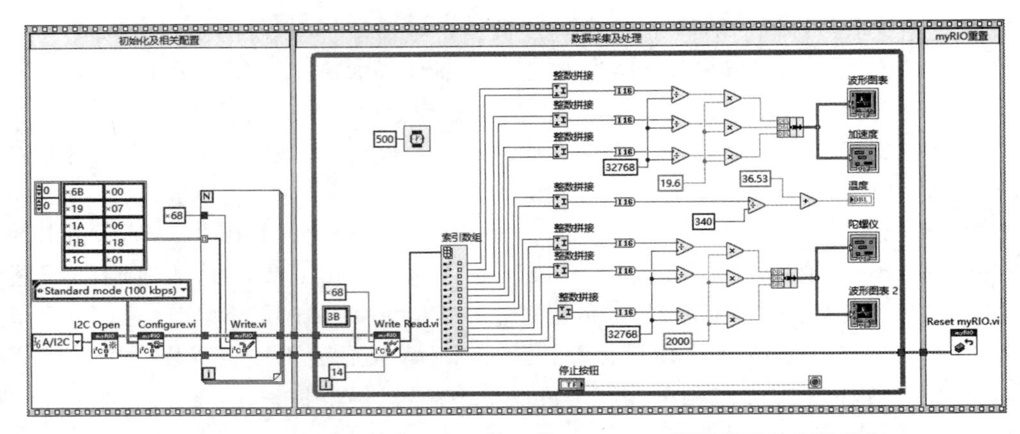

图 6-27　基于底层函数实现 I2C 接口的 MPU6050 测量值读取完整程序

同样功能亦可借助 myRIO 工具包中提供的 ExpressVI I2C(函数→myRIO→I2C)轻松实现。基于 ExpressVI 实现 I2C 接口的 MPU6050 测量值读取完整程序如图 6-28 所示。

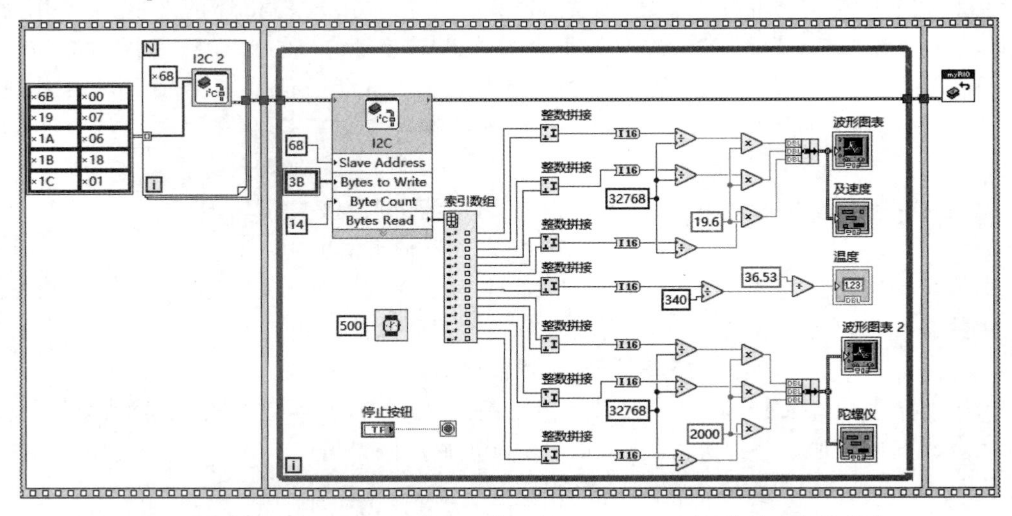

图 6-28　基于 ExpressVI 实现 I2C 接口的 MPU6050 测量值读取完整程序

与底层函数节点实现 I2C 通信不同的是,ExpressVI 虽然好用,但是每次操作都内含打开 I2C 设备、关闭 I2C 设备等操作,使得程序执行效率比较低。对于实时性较强的应用,建议使用底层函数节点进行开发。

篇幅所限,本案例仅基于 I2C 接口读出了 MPU6050 中三轴加速度传感器的测量值,读者可以按照本案例所述方法进一步扩充程序,读出 MPU6050 中三轴旋转角速度测量值、温度传感器测量值。

熟悉了 MPU6050 测量数据的获取和解算方法,可进一步学习自动控制算法或信号处理算法,进行平衡车、飞行器、计步器等应用系统的设计与开发。

第7章 myRIO声音信号采集与输出

主要内容

- 声音信号采集基本原理、myRIO中声音信号输入、输出接口配置；
- myRIO工具包中声音信号采集ExpressVI、底层VI配置和使用方法；
- myRIO声音采集技术相关工程项目实战；
- myRIO工具包中声音信号输出ExpressVI、底层VI配置和使用方法；
- myRIO声音输出技术相关工程项目实战。

7.1 声音信号采集技术及应用

本节主要介绍声音信号采集的基本概念及两种典型声音信号采集方式，myRIO中声音信号输入端口配置情况，myRIO声音信号采集的ExpressVI及其调用方法，声音信号采集的底层VI及其应用一般方法，并结合立体声信号采集与实时波形显示、立体声声音信号采集与频谱分析等案例介绍声音信号采集与分析的程序实现方法。

7.1.1 声音信号采集技术概述

声音的本质是一种振动波，表现为频率、幅度、相位等物理量的连续变化，属于典型的模拟信号。人耳能够听见的声音信号频率范围一般为20Hz～20kHz，人耳最敏感的声音信号频率范围为1～3kHz。声音信号在现实生活中普遍存在，比如消费领域的各类电子录播设备、医学领域的超声探测、工业领域的故障诊断等都与声音信号有关。

如果说常规模拟信号、数字信号的采集使机器具备了触觉，那么声音信号的采集将使机器具备听觉。

myRIO中有两种采集声音的方式。一种是myRIO通过AUDIO IN接口，借助3.5mm标准音频信号线连接手机、计算机或者其他声音播放装置，myRIO读取AUDIO IN接口数据实现声音信号的采集，另一种是myRIO通过模拟输入端口连接传声器（俗称咪头），读取AI端口数据实现声音信号的采集。

两种声音信号采集方式中，第一种方法最为简单，第二种方法有助于深刻理解数据采集技术。第一种方法中使用的 myRIO 标配 3.5mm 标准双声道声音信号输入接口如图 7-1 所示。

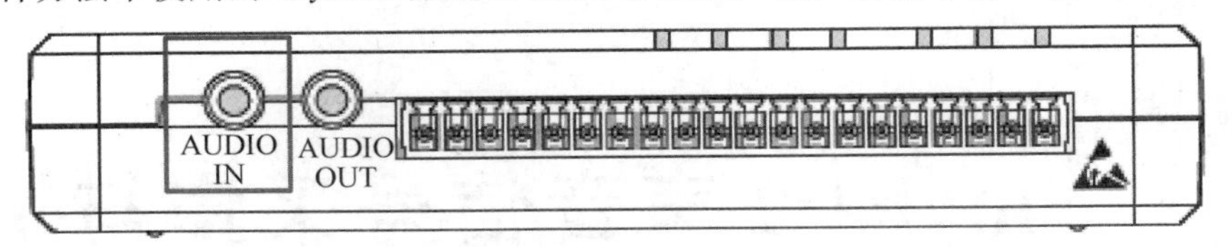

图 7-1 myRIO 标配 3.5mm 标准双声道声音信号输入接口

7.1.2 声音信号采集函数节点

在 LabVIEW2018 版本对应的 myRIO 工具包中，并未直接提供声音信号采集函数节点，而是与模拟信号采集共用一个函数节点 Analog In（函数→myRIO→Analog In），这也是无可厚非的——声音信号本质上讲就是一种相对比较特殊的模拟信号。该函数节点可配置为声音通道的模拟输入，从而实现声音信号的采集功能。

右击程序框图空白处，函数选板中选择“函数→myRIO→Analog In”，调用模拟输入 ExpressVI。初次调用该节点或者双击节点，在弹出的模拟输入端口配置对话框中，单击下拉列表 Channel，可以看到除了 10 个标准 AI 端口，还提供了 AudioIn/Left、AudioIn/Right 两个声音信号通道选项。模拟输入端口配置窗口中的声音信号通道如图 7-2 所示。

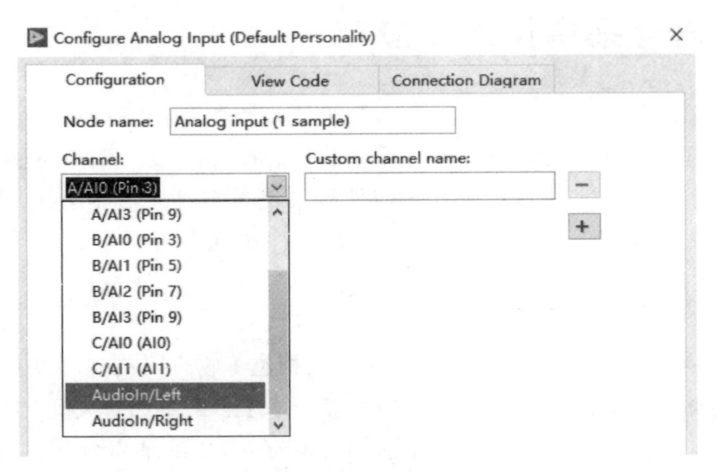

图 7-2 模拟输入端口配置窗口中的声音信号通道

选择 AudioIn/Left，函数节点可采集板载声音输入端口的左声道信号，选择 AudioIn/Right，函数节点可采集板载声音输入端口的右声道信号。

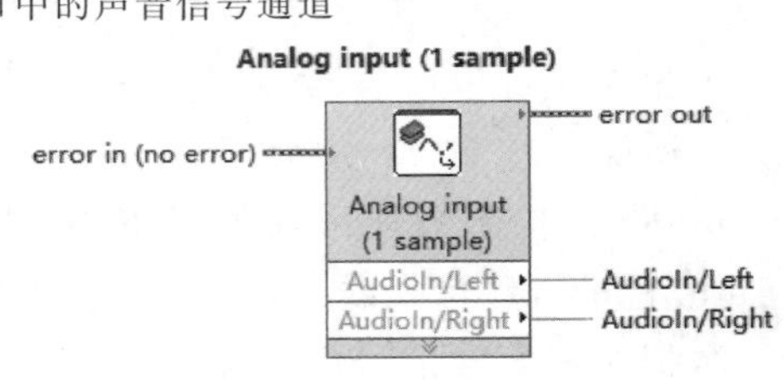

图 7-3 程序框图中声音信号采集节点图标

配置操作完成后，程序框图中声音信号采集节点图标如图 7-3 所示。

按照当前配置，每次调用该节点可以读取音

频输入端口左声道、右声道各一个数据。除了 Express VI 可用于实现声音信号的采集，myRIO 工具包中提供的底层函数中 Analog Input 1 Sample(函数→myRIO→Low Level)函数子选板提供的函数节点亦可实现声音信号采集。与一般模拟信号采集不同之处仅在于子选板中的函数节点 Open 调用时，其数据通道参数需设置为板载声音输入左声道或者右声道。

7.1.3 声音信号采集技术应用实例

myRIO 中提供的 AUDIO IN 接口为标准 3.5mm 双声道输入端口，使用双 3.5mm 插头的音频线连接音源和 myRIO 中提供的 AUDIO IN 接口，即可进行双声道声音信号的采集。

为了验证声音采集数据的正确性，可以将采集的数据直接通过 AUDIO OUT 接口输出，然后连接 3.5mm 标准的耳机或音箱监听 myRIO 输出的声音信号并进行判断。

1. myRIO 立体声音乐采集与波形显示

1）设计目标

微课视频

本案例拟实现 AUDIO IN 端口数据的读取，实现声音信号的采集功能，并通过显示采集数据的波形，增强声音信号采集过程的可观测性。

2）硬件连线

使用手机播放音乐，利用双 3.5mm 插头的音频线将手机声音输出端口与 myRIO 声音采集端口 AUDIO IN 连接，完成声音信号采集的硬件连线，如图 7-4 所示。

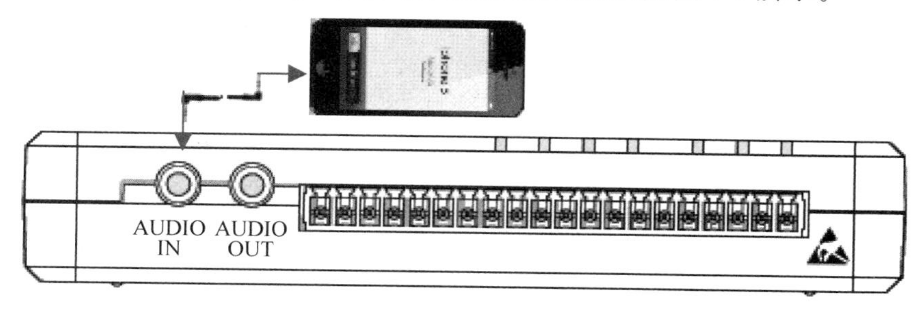

图 7-4 声音信号采集的硬件连线

3）设计思路

创建 myRIO 新项目，在 While 循环结构内，使用“定时循环”结构，实现对声音信号采样周期的精确控制(运行于 myRIO 实时系统的定时循环结构可以将定时精度提高至 μs 级，远远高于 Windows 操作系统下定时循环结构默认的 ms 级定时精度)。如 100μs 的定时循环采样周期，意味着每秒钟采样 10000 点数据，与声音信号常用采样频率 11025Hz 基本接近。“定时循环”结构中采样 1000 点，完成一次 While 循环中的声音信号采集。

4）程序实现

程序实现分为程序总体结构设计、定时循环结构配置、信号采集端口配置、采集信号波形显示等步骤。

(1) 程序总体结构设计。为了简化程序设计，删除 myRIO 项目模板自动生成的三帧程序结构，仅保留 While 循环结构。While 循环结构中添加“定时循环”结构，实现 While 循环中按照指定采样周期连续采集指定数量声音信号数据的目标。另外，程序前面板添加波形图显示控件，用以显示采集声音信号的波形。

(2) 定时循环参数配置。人耳最敏感的声音信号频率范围为 1～3kHz，按照奈奎斯特采样定理，采集这一频率范围的数据，采样速率至少为信号最高频率的 2 倍。双击定时循环结构左侧输入参数节点，弹出如图 7-5 所示的配置定时循环对话框。对话框中选择内部时钟源为 myRIO 实时系统提供的 1MHz 时钟，设置循环周期为 100μs，可以实现 10kHz 的采样速率，完全满足奈奎斯特定理要求。

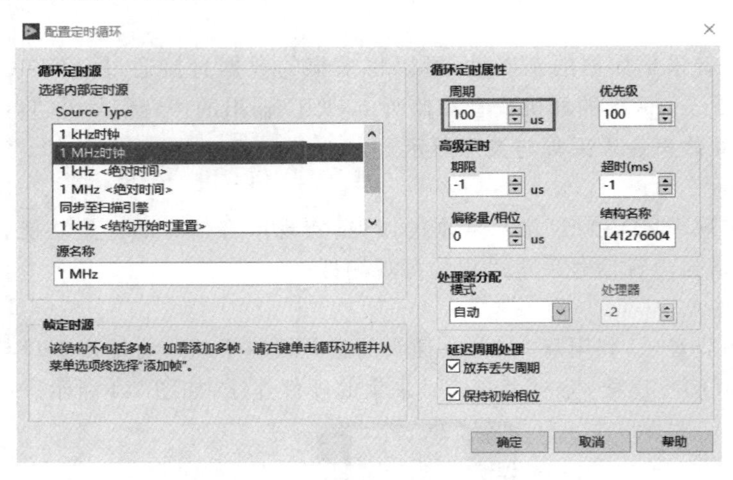

图 7-5 配置定时循环

(3) 信号采集端口配置。定时循环结构中，添加 ExpressVI Analog In(函数→myRIO→Analog In)，弹出如图 7-6 所示的声音信号采集通道配置窗口。选择通道 AudioIn/Left，单击右侧“+”，继续添加通道 AudioIn/Right，完成双声道声音采集配置。

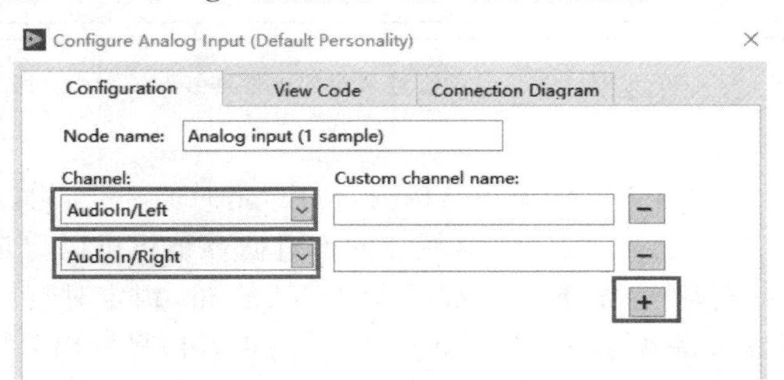

图 7-6 声音信号采集通道配置

(4) 采集信号波形显示。将配置好的 ExpressVI 节点 Analog In(函数→myRIO→Analog In)拖曳进定时循环结构，由于配置该节点时选择了双声道，因此节点输出 2 个浮点型参数,分别表示左声道、右声道一次数据采集节点输出的浮点类型声音数据。采集获取的左、右声道连接定时循环结构右侧边框,并将数据隧道模式默认的"最终值"修改为"索引",以数组的形式输出左声道采样数据、右声道采样数据的功能。

为了实现定时循环中按照 10kHz 的采样速率连续采集 1000 点双声道数据的功能,设置定时循环结构停止条件为循环计数器等于 1000。如此设置,在外层 While 循环的每次循环中,定时循环累计执行 1000 次,用时 0.1s,完成一轮声音信号采集。定时循环结构外调用函数节点"创建数组"(函数→编程→数组→创建数组),作为"波形图"控件现实的数据源。

为了检验 Express VI 节点 Analog In 采集的数据确实为声音信号,定时循环中可添加 Express VI 节点 Analog Out(函数→myRIO→Analog Out),配置函数节点 Analog Out 数据输出至 myRIO 板载 AUDIO OUT 接口。myRIO 声音信号输出接口连接耳机或音箱,即可收听 myRIO 输出的声音信号,实现对采样数据正确性的验证。

基于 Express VI 的声音信号采集完整程序如图 7-7 所示。

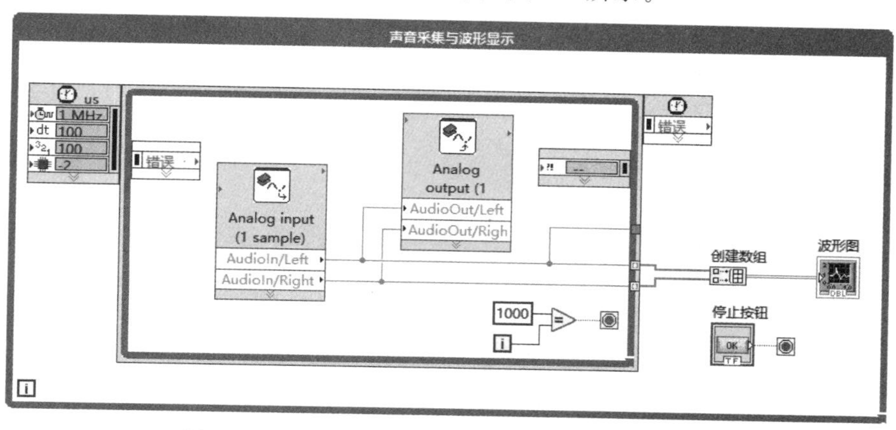

图 7-7 基于 Express VI 的声音信号采集完整程序

手机中播放音乐,运行 myRIO 程序,实时采集的声音信号波形如图 7-8 所示。

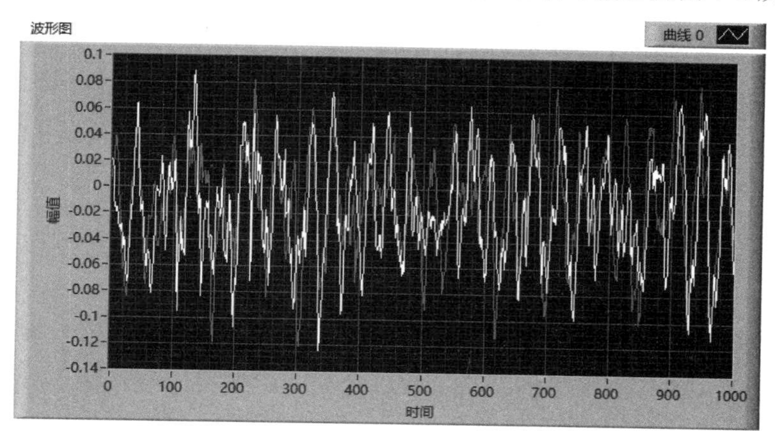

图 7-8 实时采集的声音信号波形

同样功能亦可使用底层函数实现，基于底层函数节点的声音信号采集的完整程序如图 7-9 所示。

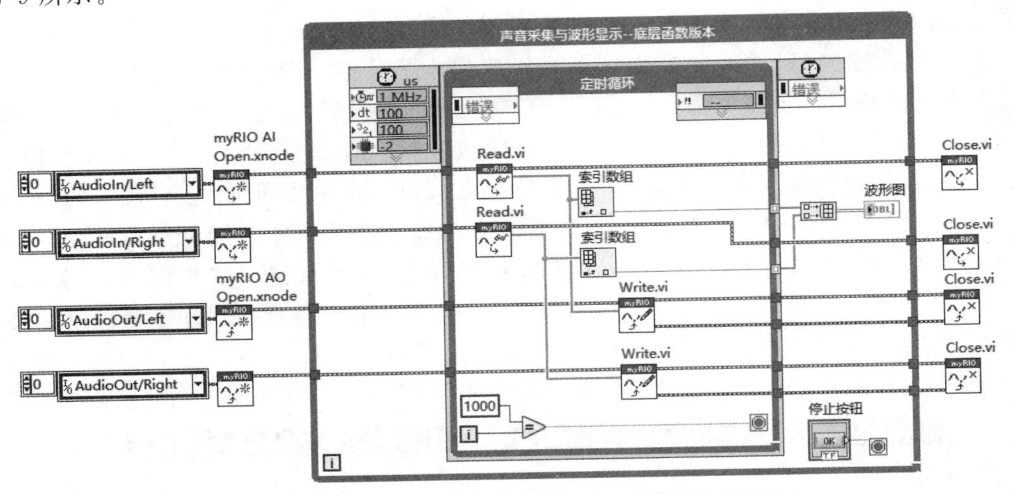

图 7-9　基于底层函数节点的声音信号采集的完整程序

手机中播放音乐，运行程序，基于底层函数采集的声音信号波形如图 7-10 所示。

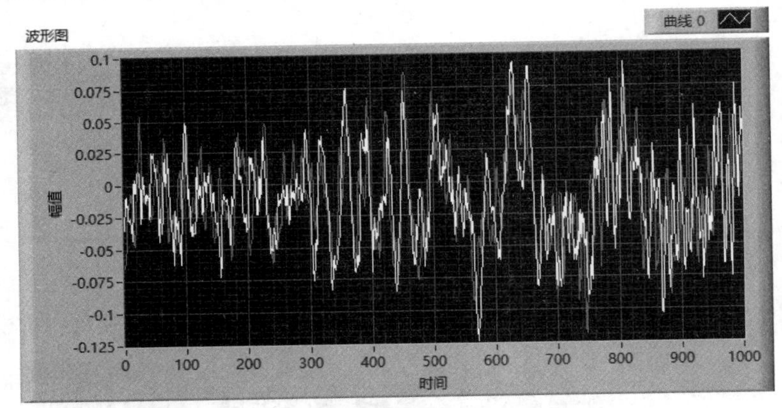

图 7-10　基于底层函数采集的声音信号波形

打开连接 AUDIO OUT 接口的音响设备，同样可以听见 myRIO 采集并输出的立体声音乐。

2．myRIO 立体声音乐波形采集与频谱显示

微课视频

无论是使用底层函数还是 Express VI，都可以完美地实现声音信号的采集。但是很多时候，采集声音的目的并非仅仅是播放或者显示波形，而是需要分析其时域、频域特征，并利用这些特征信息进行对应的处理。

1）设计目标

本案例使用 myRIO 工具包中提供的模拟输入（Analog In）、模拟输出（Analog Out）相关底层函数，实现双通道声音信号的采集与输出，在实时显示采集信号波形的同时，对采集到的双声道信号进行频谱测量，并显示采集信号的频谱图。

2）硬件连线

硬件设计的目的依旧是声音信号的采集。外部设备及其连线与图 7-4 完全一致。

3）设计思路

创建 myRIO 新项目后，在 While 循环结构内，使用周期为 100μs 的“定时循环”结构进行 1000 点声音信号的实时采集。通过波形图控件显示 1000 点双声道声音信号趋势曲线。调用函数节点“创建波形”（函数→编程→波形→创建波形）将采样信号重新合成为波形数据，然后调用 ExpressVI“频谱测量”（函数→Express→信号分析→频谱分析）获取采集声音信号的频谱信息。

4）程序实现

程序实现分为程序总体结构设计、声音采集与输出通道配置、定时循环结构配置、采集信号波形显示、频谱测量与显示等步骤。

（1）程序总体结构设计。为了简化程序设计，删除 myRIO 项目模板自动生成的三帧程序结构，仅保留 While 循环结构。While 循环结构中添加节点“定时循环”（函数→编程→结构→定时结构→定时循环），实现 While 循环中按照指定采样周期连续采集声音信号的目标。另外，程序前面板添加 2 个波形图控件，用以显示采集声音信号的波形及其频谱。

（2）声音采集与输出通道配置。While 循环结构左侧调用 myRIO 模拟信号采集底层函数节点 Open（函数→myRIO→LowLevel→Analog In→Open），右击函数节点输入端子 Channel Names，选择“创建常量”，设置输入通道数组元素分别为 AudioIn/Left、AudioIn/Right，完成双声道声音信号采集通道配置，如图 7-11 所示。

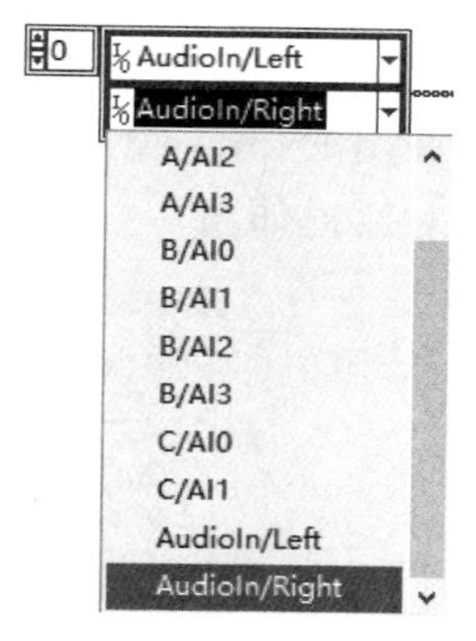

图 7-11　双声道声音信号采集通道配置

类似地，调用 myRIO 模拟信号输出底层函数节点 Open（函数→myRIO→LowLevel→Analog Out→Open），完成声音信号输出通道设置。

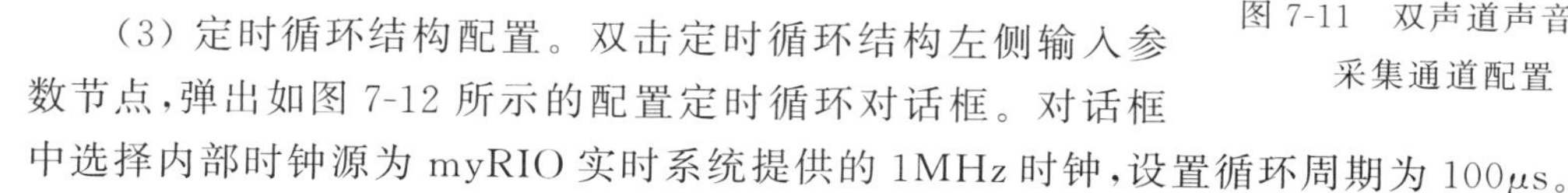

（3）定时循环结构配置。双击定时循环结构左侧输入参数节点，弹出如图 7-12 所示的配置定时循环对话框。对话框中选择内部时钟源为 myRIO 实时系统提供的 1MHz 时钟，设置循环周期为 100μs。

（4）采集信号波形显示。定时循环结构中，调用 myRIO 模拟信号采集底层函数 Read（函数→myRIO→LowLevel→Analog In→Read），读取双声道采样数据，调用模拟信号输出底层函数节点 Write（函数→myRIO→LowLevel→Analog Out→Write）完成向声音信号输出通道直接写出底层函数“Read”采集的数据。

由于 Read 函数输出的采集数据为数组类型，调用函数“索引数组”（函数→编程→数组→索引数组），提取左声道、右声道数据，通过定时循环结构数据通道向外输出，并设置数据通道为索引模式，实现定时循环中左右声道各 1000 点数据的整体输出。再次调用函数“创建数组”（函数→编程→数组→创建数组）将定时循环结构输出的左右声道数据合成二维数组，

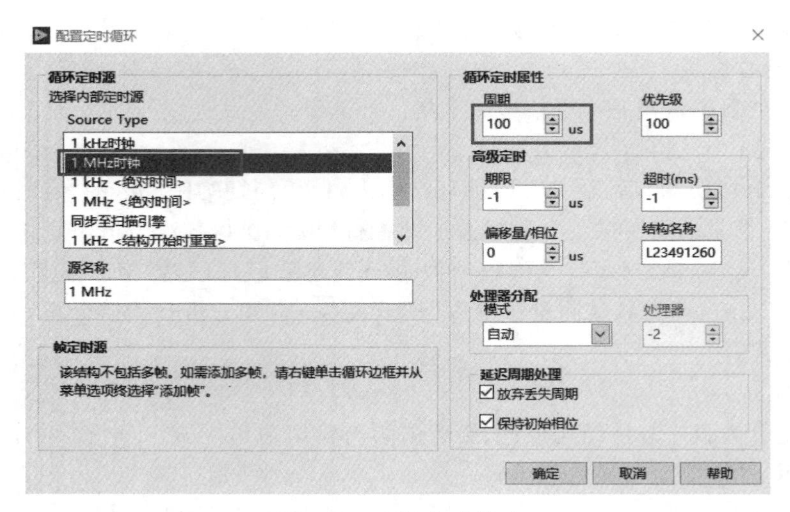

图 7-12　配置定时循环

连接波形图控件，实现左右声道采集数据波形的同屏显示。

(5) 频谱测量与显示。调用函数节点"创建波形"(函数→编程→波形→创建波形)，设置输入参数 dt 取值 0.0001(定时循环的采样间隔)，将定时循环结构输出的左右声道采集数据封装为波形数据。

调用 ExpressVI"频谱测量"(函数→Express→信号分析→频谱测量)，弹出的配置频谱测量对话框如图 7-13 所示。

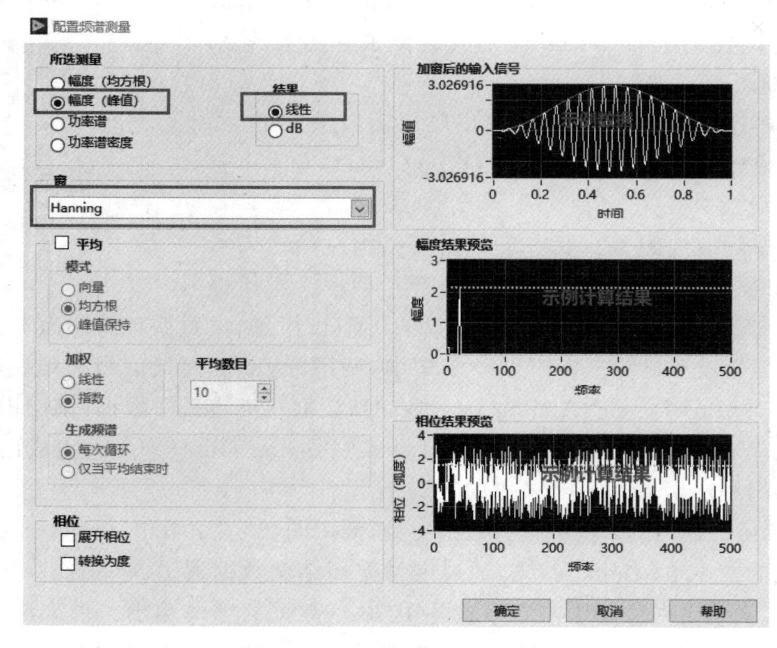

图 7-13　配置频谱测量对话框

完成采集信号的频谱参数测量和结果输出。左右声道的频谱测量结果合并为数组，连接波形图控件，实现左右声道信号频谱同屏显示功能。

基于底层函数的声音信号采集与频谱测量完整程序如图 7-14 所示。

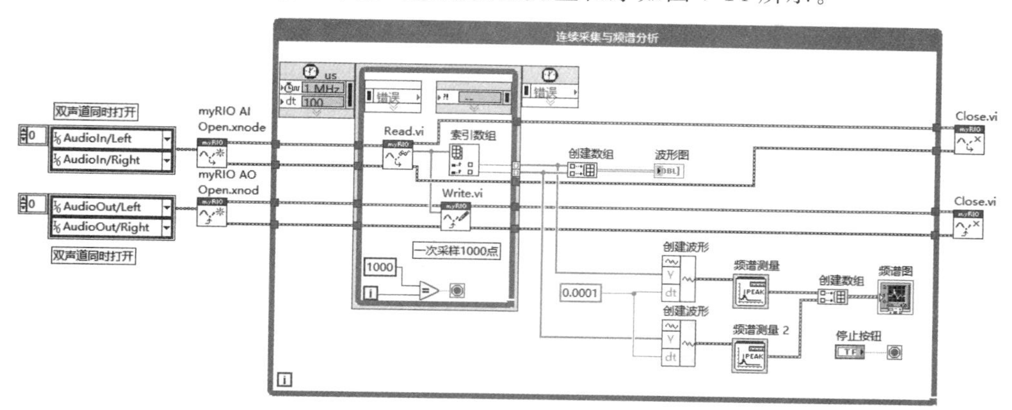

图 7-14　基于底层函数的声音信号采集与频谱测量完整程序

运行程序，基于底层函数的声音信号采集与频谱测量持续执行结果如图 7-15 所示。

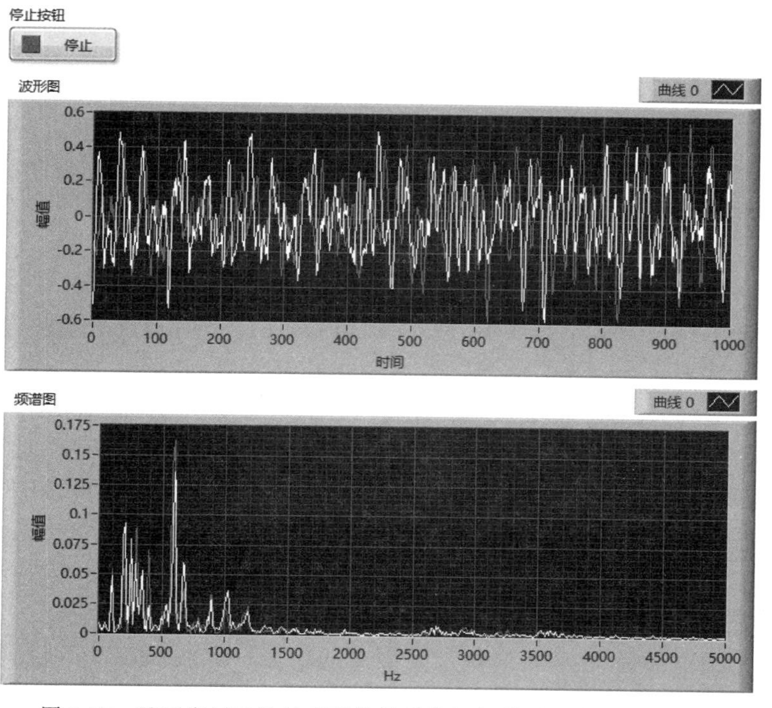

图 7-15　基于底层函数的声音信号采集与频谱测量持续执行结果

可见 myRIO 可以极其简便地实现音频信号的采集及时域/频域的分析处理功能。感兴趣的读者可在此案例基础上进一步拓展，实现更加复杂、实用的功能。

7.2 声音信号输出技术及应用

本节简要介绍声音信号输出的基本概念，myRIO 中声音信号输出接口配置情况，myRIO 声音信号输出的 ExpressVI 及其调用方法，声音输出集的底层 VI 及其应用的一般方法，并结合虚拟电子琴、三段音频均衡器等案例介绍实现声音信号输出的程序实现方法。

7.2.1 声音信号输出技术概述

myRIO 中有两种输出声音信号的方式：一种是通过 AUDIO OUT 接口，连接音箱或者耳机，由 myRIO 程序控制音频范围的信号输出；另一种是通过模拟输出端口，连接并驱动发声电子元器件，由 myRIO 程序控制音频范围的信号输出。限于篇幅，本书仅以 AUDIO OUT 接口输出音频信号为例说明。

myRIO 提供的 3.5mm 标准双声道音频信号输出接口，如图 7-16 所示。

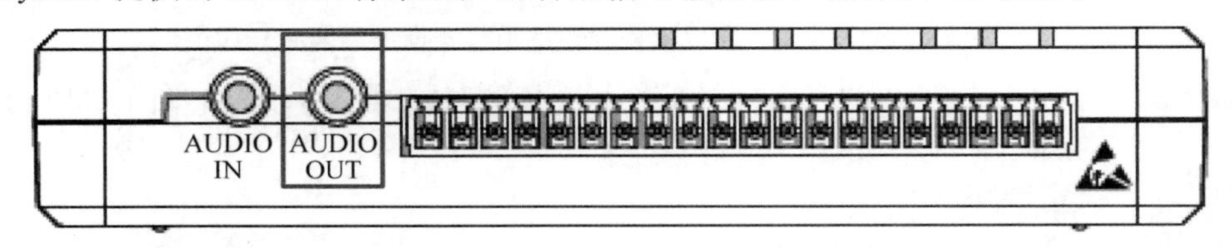

图 7-16 myRIO 中 3.5mm 标准双声道音频信号输出接口

myRIO 声音信号输出接口使用的音源信号既可以是声音文件的播放输出，又可以是程序运行过程中产生的音频范围内的波形数据输出。不同的音源信号对应 myRIO 的不同应用形式。

如前所述，声音的本质也是一种特殊频率范围的模拟信号。因此，声音信号输出技术的关键在于如何产生这种特殊频率范围内的模拟信号，怎样借助 myRIO 提供的输出函数将产生的模拟信号发送至对应的 I/O 端口或 AUDIO OUT 接口。

7.2.2 声音信号输出函数节点

在 LabVIEW2018 版本对应的 myRIO 工具包中，并未直接提供声音信号输出函数节点，而是声音信号输出与模拟信号输出共用一个函数节点 Analog Out（函数→myRIO→Analog Out），这也是无可厚非的——声音信号本质上讲就是特定频率范围的模拟信号。该函数节点可配置为声音通道的模拟输出，从而实现声音信号的输出功能。

右击程序框图空白处，在弹出的函数选板中选择 myRIO→Analog Out，调用模拟输出 Express VI。在如图 7-17 所示的模拟输出端口配置对话框中，单击下拉列表 Channel，可以看到除了 7 个标准 AO 端口，还提供了 AudioOut/Left、AudioOut/Right 两个选项。

选择 AudioOut/Left，可以控制信号通过 myRIO 声音输出接口左声道信号进行输出；选择 AudioOut/Right，可以控制信号通过 myRIO 声音输出接口右声道信号进行输出。

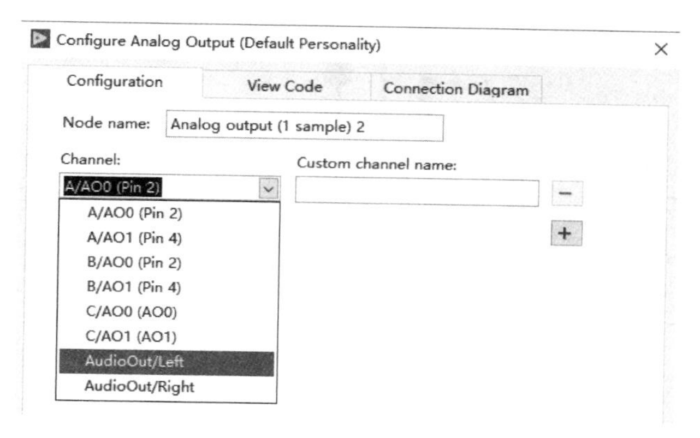

图 7-17 模拟输出端口配置对话框

配置操作完成后，程序框图中的声音输出 ExpressVI 节点图标如图 7-18 所示。

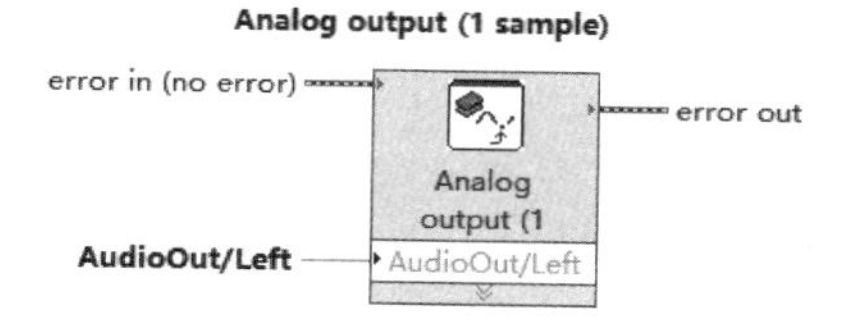

图 7-18 程序框图中的声音输出 ExpressVI 节点图标

按照当前配置，每次调用该节点可以向音频输出端口左声道输出一个数据。

7.2.3 声音信号输出技术应用实例

myRIO 中提供的 AUDIO OUT 接口为标准 3.5mm 双声道输出端口，既可以连接一般双声道耳机，也可以连接双声道音箱进行 myRIO 声音输出效果测试。

1. myRIO 虚拟电子琴设计

1）设计目标

电子琴是电子信息技术在音乐领域的一个代表作。电子琴每个琴键的按下都会产生一个音阶，动人的音乐其实可视为由若干音阶组成的序列化数据，而每个音阶本质上是对应一个特定频率的波形信号。简单 7 音阶的频率对应关系为 Do(262Hz)、Re(294Hz)、Mi(330Hz)、Fa(349Hz)、Sol(392Hz)、La(440Hz)、Si(494Hz)。

本案例拟设计的程序界面中包含 7 个琴键，不同的按键按下，产生对应频率的波形信号（正弦、三角、方波、锯齿均可），将波形信号写入 AUDIO OUT 端口，实现声音信号的输出，进而实现虚拟的电子琴的功能。

2）硬件连线

本案例使用 3.5mm 标准耳机连接 myRIO 提供的 AUDIO OUT 端口，用以监听、测试输出的声音信号。声音信号输出硬件连线如图 7-19 所示。

3）设计思路

创建 myRIO 新项目后，删除默认的三轴加速度检测程序框图，构建基于 While 循环结

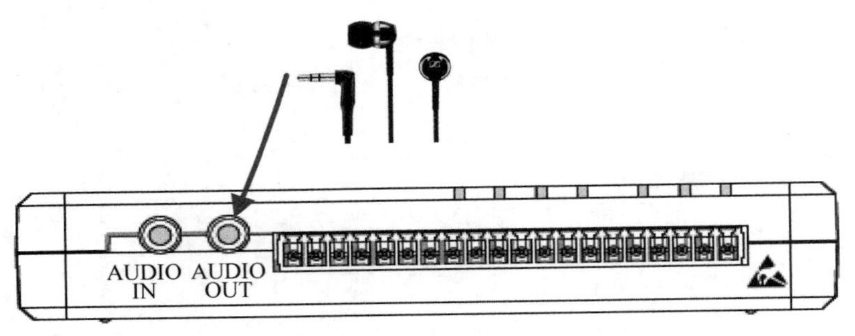

图 7-19　声音信号输出硬件连线

构的程序总体结构。在 While 循环结构内，检测 Do、Re、Mi、Fa、Sol、La、Si 7 个音阶对应按键的单击状态。如果某一按键按下，则产生对应频率的正弦波信号，将产生的正弦波信号按照指定的时间间隔通过函数节点 Analog Out 进行发送，从而实现“检测按键→输出声音”的电子琴功能。

4）程序实现

程序实现分为程序总体结构设计、按键检测与声波信号产生、声音输出端口配置、声音信号输出等步骤。

（1）程序总体结构设计。为了简化程序设计，删除 myRIO 项目模板自动生成的三帧程序结构，仅保留 While 循环结构，并在 While 循环中调用函数节点“等待”（函数→编程→定时→等待），设置等待时长为 100ms，以轮询的设计模式实现“检测按键→输出声音”的基本功能。

（2）按键动作检测与声波信号产生。为了提高程序的可读性，节省程序框图版面，将 7 音阶按键单击事件的检测和对应声波信号生成功能封装为一个子 VI。子 VI 以 7 个按键的状态为输入参数，任何一个按键按下，子 VI 均会输出一个布尔参数，用以表示监测到按键输入。

同时任何一个按键被单击（取值为真），则调用函数节点“正弦波形”（函数→信号处理→波形生成→正弦波形）产生对应的波形信号，设置波形信号采样率为声波常用采样率 11025S/s，采样 5000 点。如果按键未被单击，则输出频率为 0 的正弦波形。

将 7 个按键产生的波形进行合成（累加方式实现），得出最终的播放新信号波形。该波形数据作为子 VI 的第二个输出参数。

按键对应的输出波形控制子 VI 程序框图如图 7-20 所示。

该子 VI 调用时，首先判断 7 个布尔类型按键单击检测结果，如果此值为逻辑假，表示未检测任何按键单击，则后续程序不予任何处理，否则表示有按键单击，则合成输出每个按键对应频率的波形信号。

（3）声音输出端口配置。右击程序框图空白处，在弹出的函数选板中选择“函数→myRIO→Analog Out”，将模拟输出 ExpressVI 拖曳至程序框图。在模拟输出 ExpressVI 配置窗口中，选择物理通道为“AudioOut/left”，将其配置为声音信号输出节点，如图 7-21 所示。

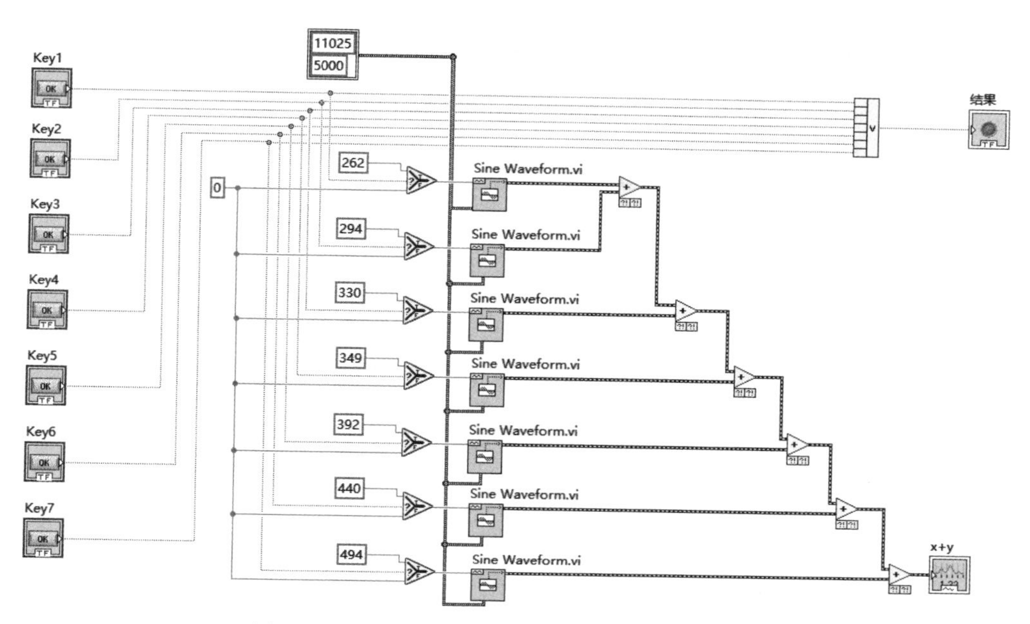

图 7-20 按键对应的输出波形控制子 VI 程序框图

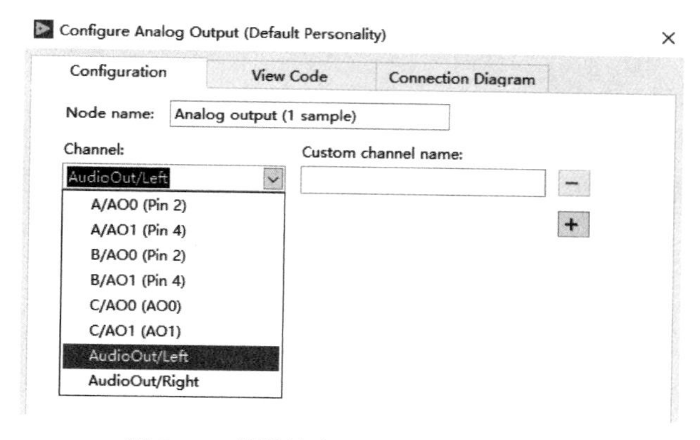

图 7-21 模拟输出 ExpressVI 配置窗口

(4) 声音信号输出。在(2)中已经检测按键并产生了采样率 11025S/s 的 5000 点波形数据，调用函数节点“获取波形成分”(函数→编程→波形→获取波形成分)，提取波形数据中的数组数据。由于产生波形数据时的采样率是 11025S/s，采样点之间的时间间隔约为 90μs。因此，输出该波形数据时，也按照对应的时间间隔逐点输出 5000 点波形数据。

为了实现这一目的，调用“定时循环”(函数→编程→结构→定时结构→定时循环)，实现高精度定时状态下的周期性数据输出。双击“定时循环”输入数据部分，弹出如图 7-22 所示的定时循环参数配置对话框。对话框中选择内部时钟为 myRIO 实时系统提供的 1MHz 时钟，设置循环周期为 100μs，完成声音信号输出定时循环结构基本参数配置。

函数节点“获取波形成分”输出的数组连线定时循环左侧边框，并修改数据通道属性为

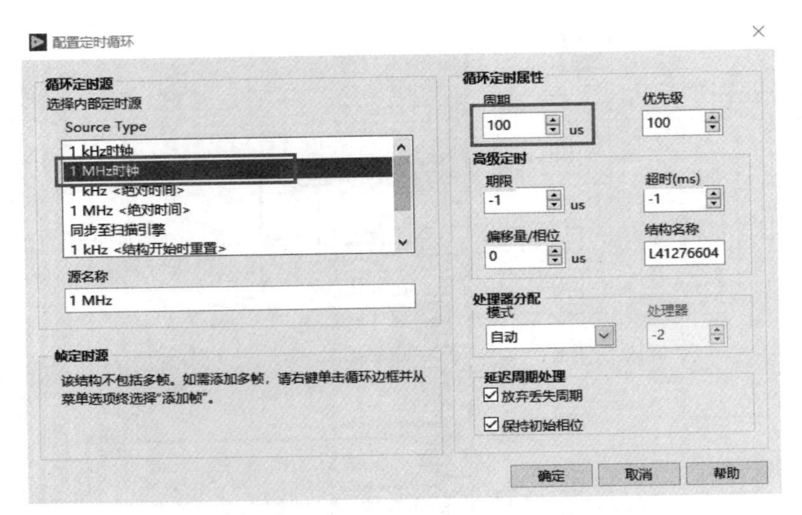

图 7-22 声音信号输出定时循环结构基本参数配置

"启用索引"，定时循环结构中调用函数节点 Analog Out(函数→myRIO→Analog Out)逐点输出数组数据内容。

调用函数节点"数组大小"(函数→编程→数组→数组大小)，获取节点"获取波形成分"输出数组数据元素个数，并在定时循环中判断循环计数器是否等于数组数据元素个数，以作为定时循环结束的条件。

虚拟电子琴的完整程序如图 7-23 所示。

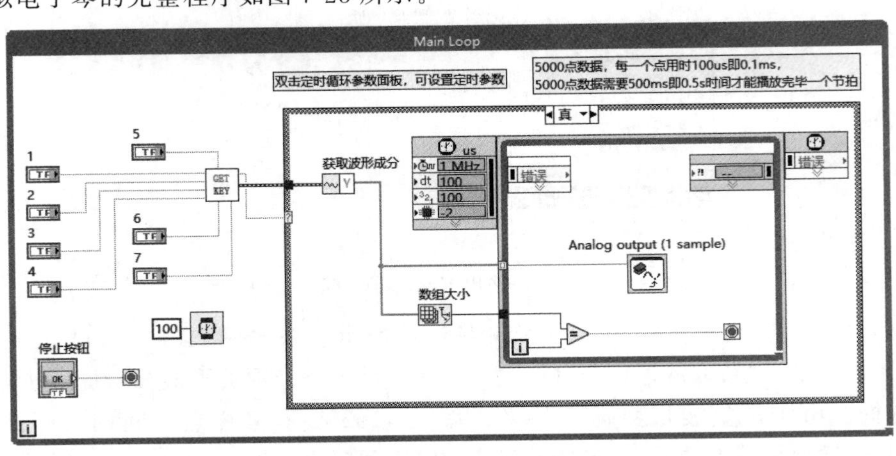

图 7-23 虚拟电子琴的完整程序

如前所述，限于篇幅，这里以程序界面按键操作代替物理琴键动作。实际上应该设计 myRIO 外部按键电路，检测物理按键状态，根据物理按键状态产生对应频率的声波信号输出，才能算是完整的电子琴。读者可以在该程序基础上将程序界面按钮的状态检测替换为物理按键的状态检测，进一步完善电子琴设计。

2. myRIO 音频均衡器设计

音频均衡器是一种可以分别调节音频信号中各种频率成分放大量的电子设备，可以使得用户更加方便地按照自己的音乐欣赏习惯对音乐信号的不同频率成分进行调整。一般情况下是将获取的音频信号按照频率进行分段滤波增益，达到对音源信号进行补偿和调整的目的。典型的音频信号频段划分方式如表 7-1 所示。

表 7-1　音频信号频段划分

频　段	频率范围	音　效
极低频	0～40Hz	强有力
低频	40～150Hz	基础组成部分
中低频	150～500Hz	人声
中频	500Hz～2kHz	乐器的低次谐波
中高频	2～5kHz	弦乐特征音
高频	5～8kHz	层次感
极高频	8～20kHz	通透感

1）设计目标

音频均衡器类型比较多，按照其频率分段数量，音频均衡器从最简单的三段均衡器到复杂的三十一段均衡器都有实际的产品存在。其中三段均衡器将声音信号频段划分为低频(0～500Hz)、中频(500～3000Hz)及高频(3000～10000Hz)3 个频率段。本案例使用 myRIO 工具包中提供的模拟信号采集 ExpressVI 进行音频/声音信号采集，对于采集信号进行三段滤波增益控制，最后将分段滤波结果数据进行叠加，使用 myRIO 工具包中提供的模拟信号输出 ExpressVI 输出叠加后的信号，同时对比显示信号处理前后的波形图、频谱图，实现一种基于 myRIO 的三段均衡器。

2）硬件连线

使用手机播放音乐，利用 3.5mm 音频连接线连接手机声音输出端口与 myRIO 声音采集接口 AUDIO IN，完成声音信号采集的硬件连线。使用音箱或耳机连接 myRIO 声音输出接口 AUDIO OUT，用以监听、测试均衡化处理后的输出音频信号。具体连线如图 7-24 所示。

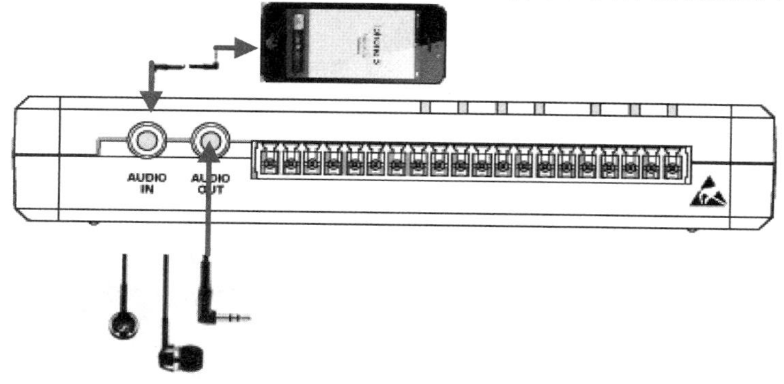

图 7-24　音频均衡器硬件连线

3）设计思路

创建 myRIO 新项目，在 While 循环结构内，使用周期为 100μs 的“定时循环”结构进行 1000 点声音信号的定时、连续采集。采集的声音信号调用“Butterworth 滤波器（逐点）”分别进行低通、带通、高通滤波处理，滤波结果进行 0～1 区间系数的放大调节，然后叠加三个频段增益调节后的信号，调用 ExpressVI“模拟输出”，设置其输出物理通道为声音输出，实现均衡化处理后的声音信号播放功能。

4）程序实现

程序实现分为程序总体结构设计、定时循环结构配置声音采集参数配置、滤波器设计、增益调节与信号叠加、频谱测量与显示等步骤。

（1）程序总体结构设计。为了简化程序设计，删除 myRIO 项目模板自动生成的三帧程序结构，仅保留 While 循环结构。While 循环结构中添加“定时循环”结构，实现 While 循环中按照指定采样周期连续采集指定数量音频信号数据的目标。

程序前面板添加 2 个波形图控件，用以显示均衡化处理后的声音信号波形、频谱信息。添加 3 个数值旋钮控件，设置其数据范围为 0～1，用以调节信号低频段、中频段、高频段的放大倍数。

（2）定时循环结构配置。声音信号采集一般需要至少提供 8kHz 的采样速率，调用“定时循环”（函数→编程→结构→定时结构→定时循环），实现高精度定时状态下的周期性数据输出。双击“定时循环”输入节点部分，弹出如图 7-25 所示的配置定时循环对话框。对话框中选择内部时钟为 myRIO 实时系统提供的 1MHz 时钟，设置循环周期为 100μs，则可实现基于定时循环结构的 10kHz 声音信号采样速率。

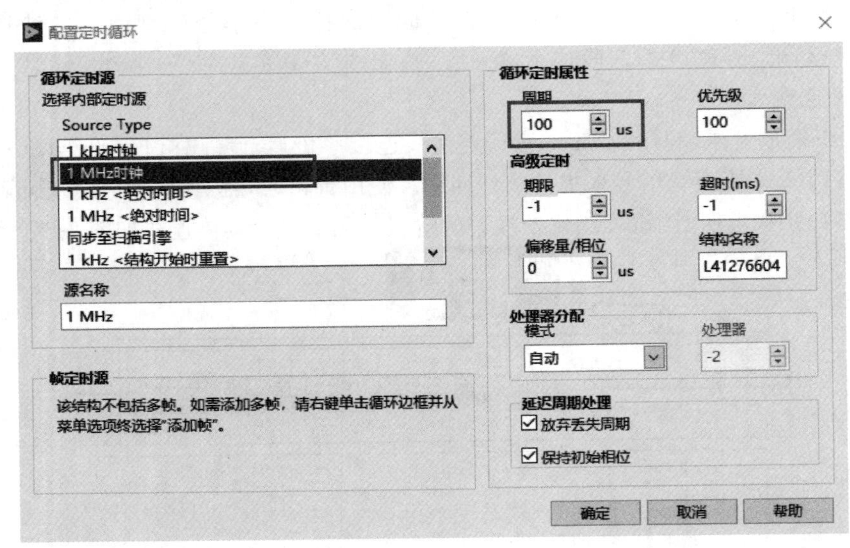

图 7-25　配置定时循环

（3）声音采集参数配置。调用 myRIO 工具包中提供的 ExpressVI Analog In 实现声音信号采集。初次使用该节点或者双击节点图标，弹出如图 7-26 所示的声音信号采集通道配置窗口。在配置窗口中选择声音信号通道 AudioIn/Left，完成左声道声音信号采集设置。右声道声音信号采集设置方法与此完全一致，不再赘述。

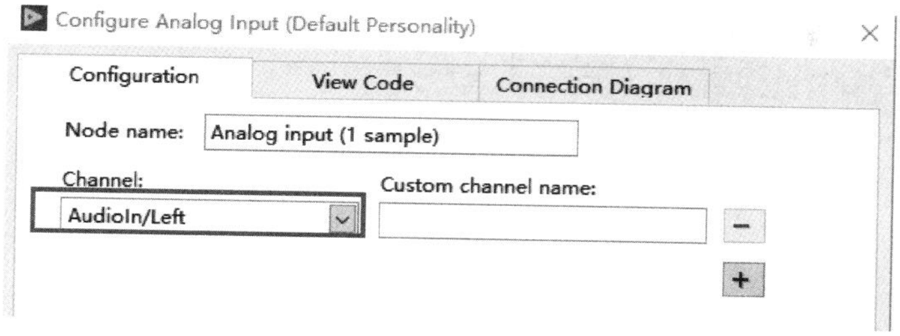

Configure Analog Input (Default Personality)
Configuration | View Code | Connection Diagram
Node name: Analog input (1 sample)
Channel: AudioIn/Left
Custom channel name:

图 7-26 音频信号采集通道配置

(4) 滤波器设计。由于定时循环结构中每次调用 ExpressVI Analog In 只能读取一个采样数据，所以对信号滤波调用函数“Butterworth 滤波器(逐点)”(函数→信号处理→逐点→滤波器逐点→Butterworth 滤波器)完成低通、带通、高通滤波器设计。

低通滤波时，设置函数“Butterworth 滤波器(逐点)”输入参数“滤波器类型”为 Lowpass，参数“采样频率”为 10000，参数“低截止频率”为 0，参数“高截止频率”为 500，实现 0～500Hz 信号的提取。

带通滤波时，设置函数“Butterworth 滤波器(逐点)”输入参数“滤波器类型”为 Bandpass，参数“采样频率”为 10000，参数“低截止频率”为 500，参数“高截止频率”为 3000，实现 500～3000Hz 信号的提取。

高通滤波时，设置函数“Butterworth 滤波器(逐点)”输入参数“滤波器类型”为 Highpass，参数“采样频率”为 10000，参数“低截止频率”为 3000，参数“高截止频率”为 10000，实现 3000～10000Hz 信号的提取。

(5) 增益调节与信号叠加。低通滤波输出信号与低频调节系数(对应前面板数值旋钮)相乘，实现低频段信号的增益调节。

带通滤波输出信号与中频调节系数(对应前面板数值旋钮)相乘，实现中频段信号的增益调节。

高通滤波输出信号与高频调节系数(对应前面板数值旋钮)相乘，实现高频段信号的增益调节。

累加各个滤波器输出信号，即可实现三段均衡化处理后的音频信号。

(6) 频谱测量与显示。定时循环以“索引”模式输出的直接采集信号、三段均衡化处理的信号为浮点型数组，调用函数节点“创建波形”(函数→编程→波形→创建波形)，设置参数 dt 为 0.0001(100μs 对应的时间间隔，单位为 s)，将其分别恢复为 100μs 采样间隔下的波形数据，然后调用 ExpressVI“频谱测量”(函数→Express→信号分析→频谱测量)，获取直接采集音频信号、三段均衡化处理的音频信号的频谱参数，并通过波形图控件进行显示。

最终完成的三段均衡器程序如图 7-27 所示。

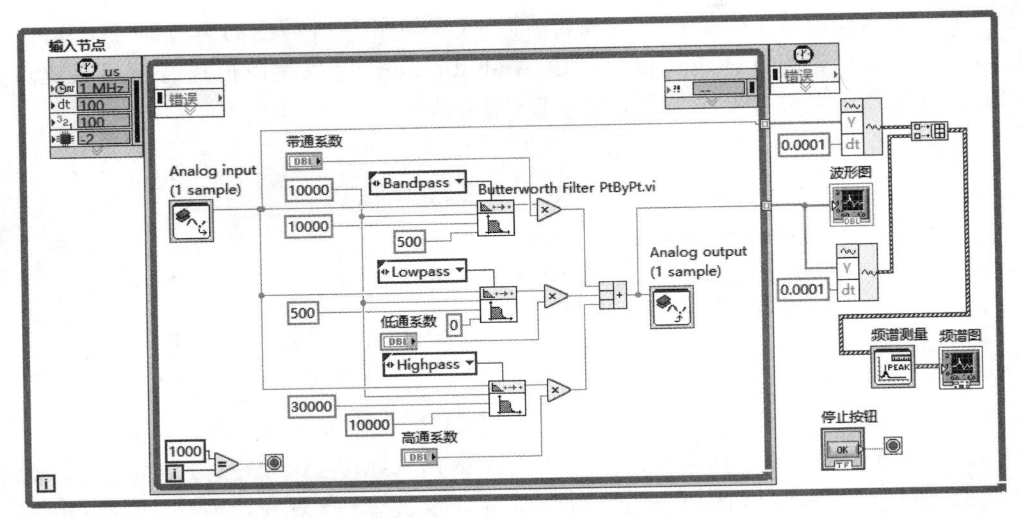

图 7-27　三段均衡器程序

运行程序，myRIO 三段均衡器程序执行结果如图 7-28 所示。

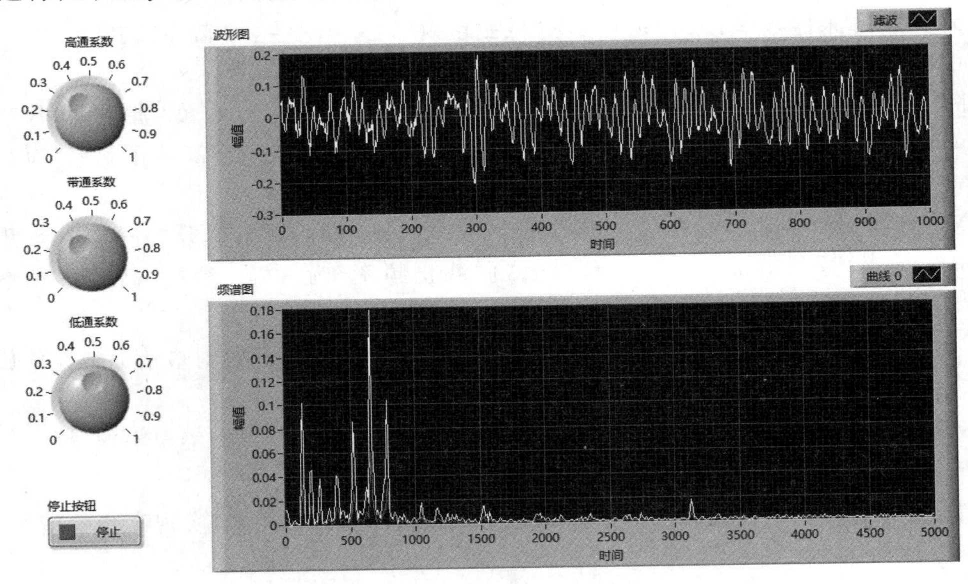

图 7-28　myRIO 三段均衡器程序执行结果

操作低频、中频、高频信号调节系数旋钮，收听、辨析采集信号滤波处理后的效果，体会音频均衡的实际效果。

需要指出的是，作为嵌入式开发平台，myRIO 并不具备显示屏，无法提供显示界面的旋钮操作，独立部署运行时，需要将这里的程序界面旋钮操作替换为 myRIO 模拟输入端口连接的实体旋钮（旋转电位器）。

第 8 章 myRIO 图像采集与机器视觉

主要内容

- 图像采集基本原理；
- myRIO 工具包中图像采集 ExpressVI、底层 VI 的配置和使用方法；
- 图像采集技术相关工程项目实战；
- 机器视觉基本原理；
- myRIO 工具包中机器视觉相关 ExpressVI、底层 VI 的配置和使用方法；
- 机器视觉技术相关工程项目开发实战。

8.1 图像采集技术及应用

本节简要介绍图像采集的基本概念，主要关注的技术指标是图像采集必须安装的软件工具包，图像采集功能测试方法，myRIO 中图像采集 ExpressVI 及其调用方法，图像采集的底层 VI 及其应用的基本方法，并结合连续图像采集、文件存储采集图像、采集图像上传物联网云平台等实例介绍图像采集相关应用的程序实现方法。

8.1.1 图像采集技术概述

图像作为一种传感器的感知结果，可以使得机器具备一定程度的视觉能力。在各类智能系统的设计开发中，图像的采集、分析、处理技术具有极其重要的地位和作用。

图像一般分为单色图像和彩色图像。单色图像以二维数组的形式存储图像数据，数组的每个元素对应图像中的一个像素。数组元素的取值就是像素值，又称为亮度值。亮度值的取值范围由 A/D 转换的位数决定。如果 A/D 转换的位数为 m，则亮度值的取值范围为 $0 \sim 2^m - 1$。$m=8$ 时，亮度值取值范围为 0～255。其中，0 表示黑色，255 表示白色。彩色图像则以三维数组的形式存储图像数据，数组的每个元素对应图像中的一个像素，每个像素点以一维数组的形式表征三个或者四个亮度分量，具体的表征方式与选择的颜色模型有关。常见的颜色模型为 RGB 模型、CMYK 模型等。

图像采集主要关注分辨率、帧速率、位数三个参数。

(1) 分辨率指图像可辨别的最小细节度量,一般使用每单位距离上像素点数来表示。比如 1024×768dpi 的分辨率表示屏幕水平方向像素点数为 1024,垂直方向像素点数为 768。分辨率越高,图像细节越细腻。

(2) 帧速率指每秒钟刷新图像的帧数,单位为 fps。帧速率越高,采集的画面越流畅,越逼真。

(3) 位数指图像中每个像素点的 A/D 转换量化精度,单位为 bit,典型的位数有 RGB24、RGB32 等。RGB24 表示每个像素点由 R、G、B 三个通道表征,每个通道由 8 位表示。

需要注意的是,上述参数并非越高越好,需要根据采集平台的硬件配置做出恰当选择。比如,由于 CPU、内存等条件限制,对于 myRIO 平台上的图像采集而言,这些参数一般都选择较低的水平。

myRIO 可以连接 USB 接口的 Web 摄像头,实现图像信息的捕获,亦可根据需要使用 USB 集线器连接的多个 Web 摄像头。典型的 USB 接口 Web 摄像头与 myRIO 连接方式如图 8-1 所示。

图 8-1 USB 接口 Web 摄像头与 myRIO 连接方式

基于 myRIO 的图像采集应用开发,必须首先在计算机上安装图像采集软件工具包 Vision Acquistion Software。然后连接计算机与 myRIO,运行 MAX 软件,选择 MAX 程序界面中左侧导航栏中"远程系统",选择联机状态的 myRIO,右击其目录下的"软件",选择"添加/删除软件",弹出"LabVIEW Real-Time 软件向导"对话框,如图 8-2 所示。

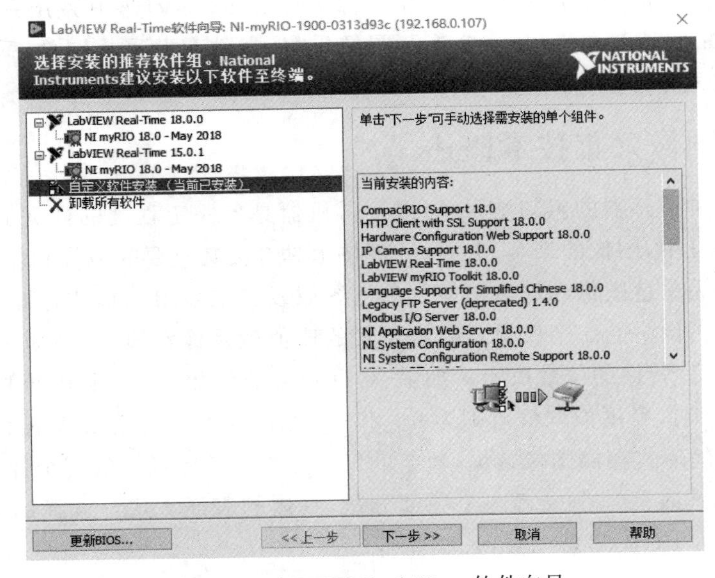

图 8-2 LabVIEW Real-Time 软件向导

选择“自定义软件安装”，单击“NI-IMAQdx 18.0.0”，在弹出的选项中选择“选择安装全部”，完成 myRIO 图像采集组件安装，如图 8-3 所示。

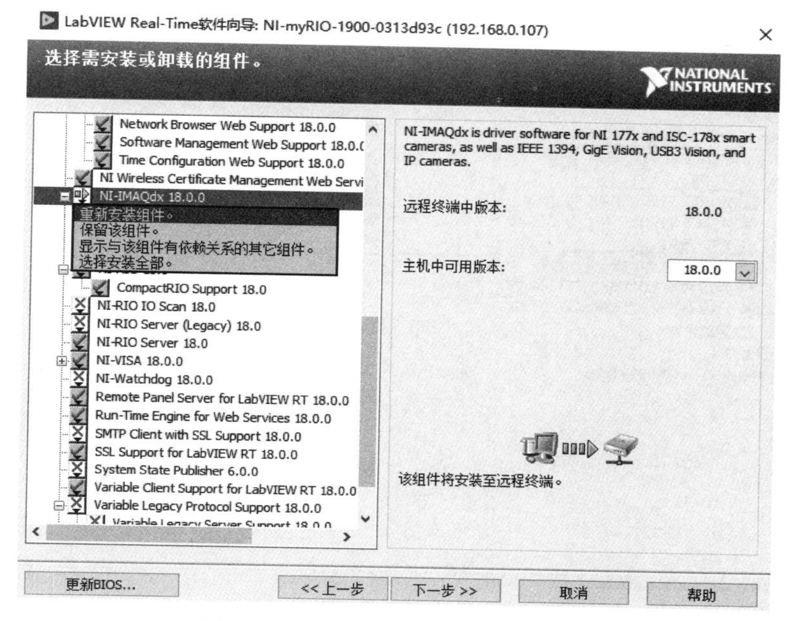

图 8-3 myRIO 图像采集组件的安装

同样方法，完成 myRIO 中“NI VISION RT”组件的安装。安装成功后，即可在 myRIO 中进行图像采集程序的编写工作。

正式启动程序设计之前，可以先行利用 NI MAX 软件测试 myRIO 图像采集功能是否可用。Web 摄像头通过 USB 接口连接至 myRIO，然后运行 NI MAX。NI MAX 界面中左侧导航栏中选择远程设备目录下当前联机状态的 myRIO，再选择“设备与接口”，选择“USB PHY 2.0 cam0”(如果未出现，则意味着摄像头未被 myRIO 识别，存在硬件故障)，右侧窗口中单击工具条中 Grab，即可看到 myRIO 连接摄像头捕捉的图像。NI MAX 中图像采集功能测试结果如图 8-4 所示。

单击导航栏其他选项，停止 NI MAX 图像采集(否则编写程序采集图像时，会因 NI MAX 正在进行图像采集而产生设备冲突)，即可开展 myRIO 图像采集应用程序编写工作。

8.1.2 图像采集函数节点

myRIO 实现图像采集有两种常用方法。一是基于 ExpressVI 简单快速实现图像采集。右击程序框图空白处，在弹出的函数选板中选择“函数→视觉与运动→Vision Express→Vision Acquisition”，即可调用 Express VI Vision Acquisition。函数选板中的 Express VI Vision Acquisition 如图 8-5 所示。

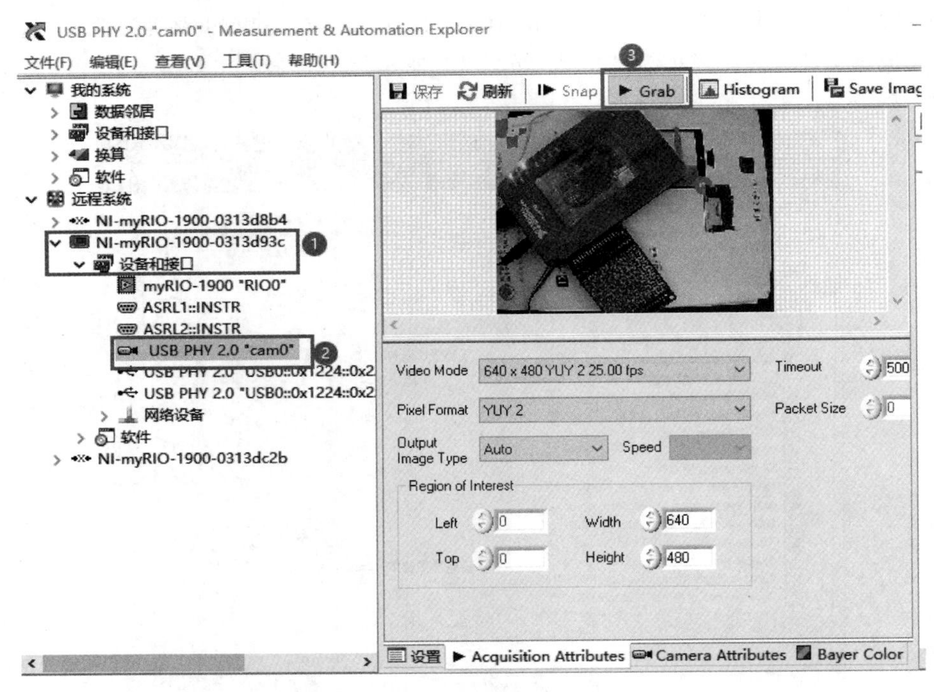

图 8-4 NI MAX 中图像采集功能测试结果

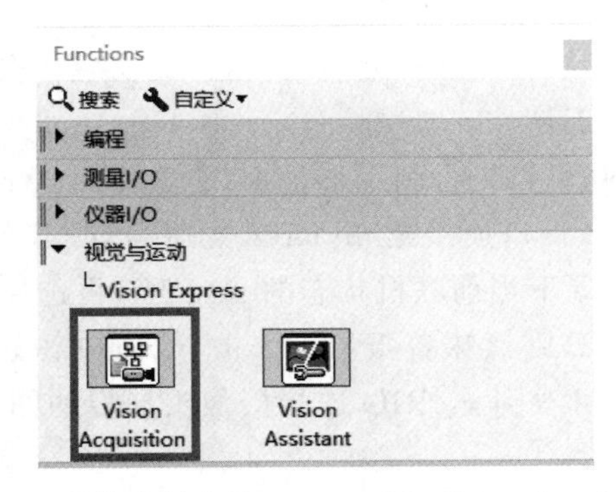

图 8-5 函数选板中的 Express VI Vision Acquisition

程序框图中初次调用或者双击该节点，即可启动节点配置窗口。图像采集配置窗口由顺序完成的 5 步操作组成。

第一步是选择摄像头，如图 8-6 所示。

第二步是设置图像采集模式，如图 8-7 所示。开发者可在单幅图像采集、有限图像采集、连续采集等不同模式之间根据实际需求选择。

第三步是设置并查看图像采集与摄像头的属性信息，如图 8-8 所示。

第四步是设置图像存储相关信息，如图 8-9 所示。

第五步是设置节点的输入输出参数，如图 8-10 所示。

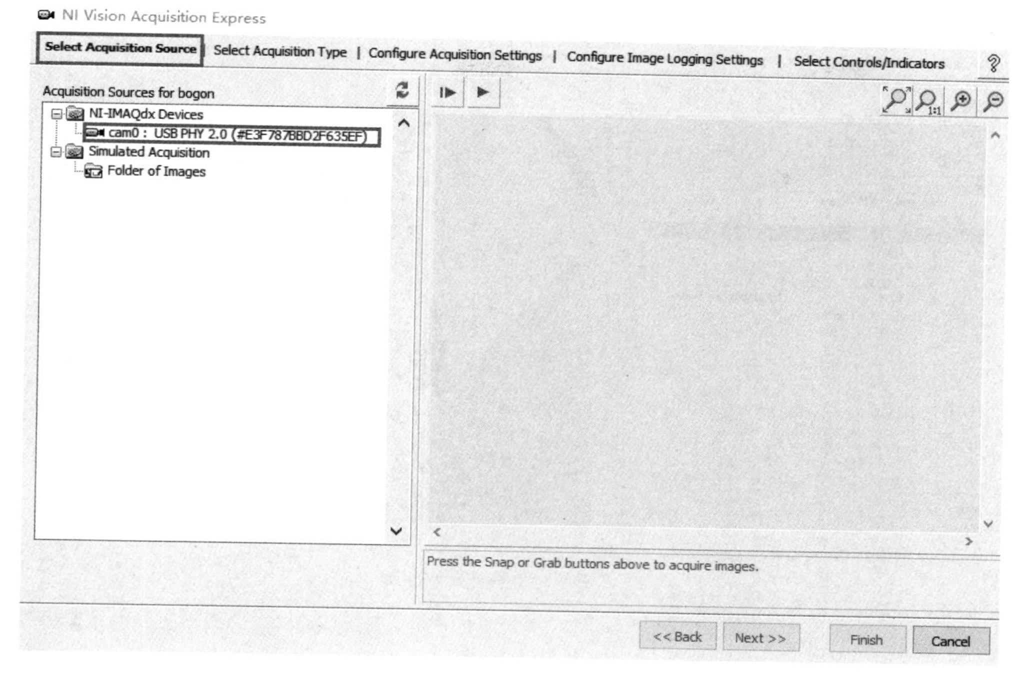

图 8-6　选择摄像头

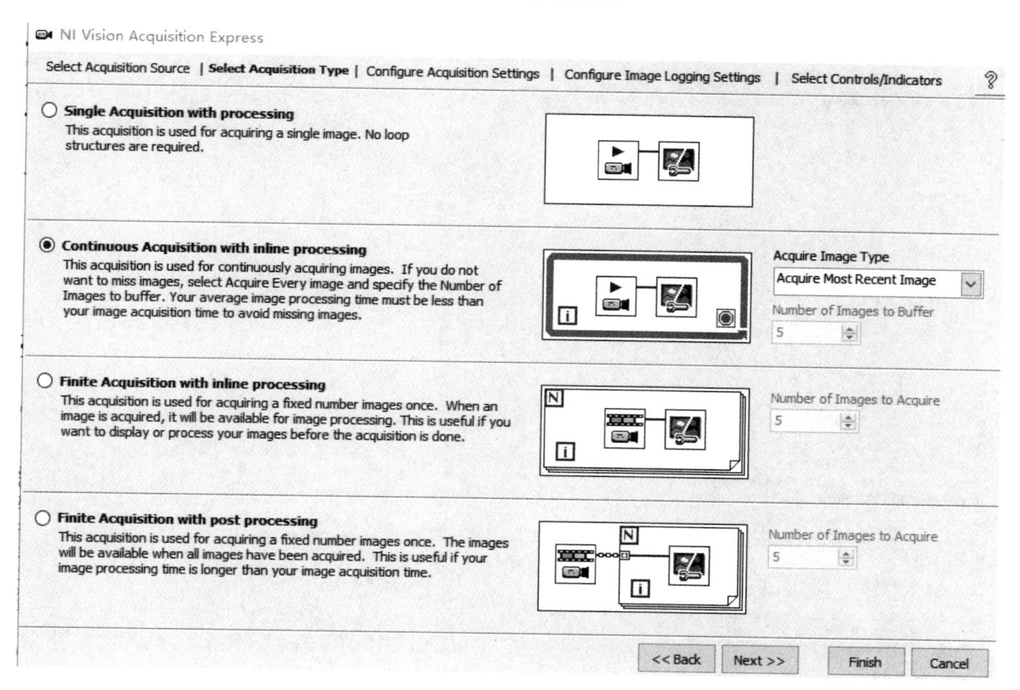

图 8-7　设置图像采集模式

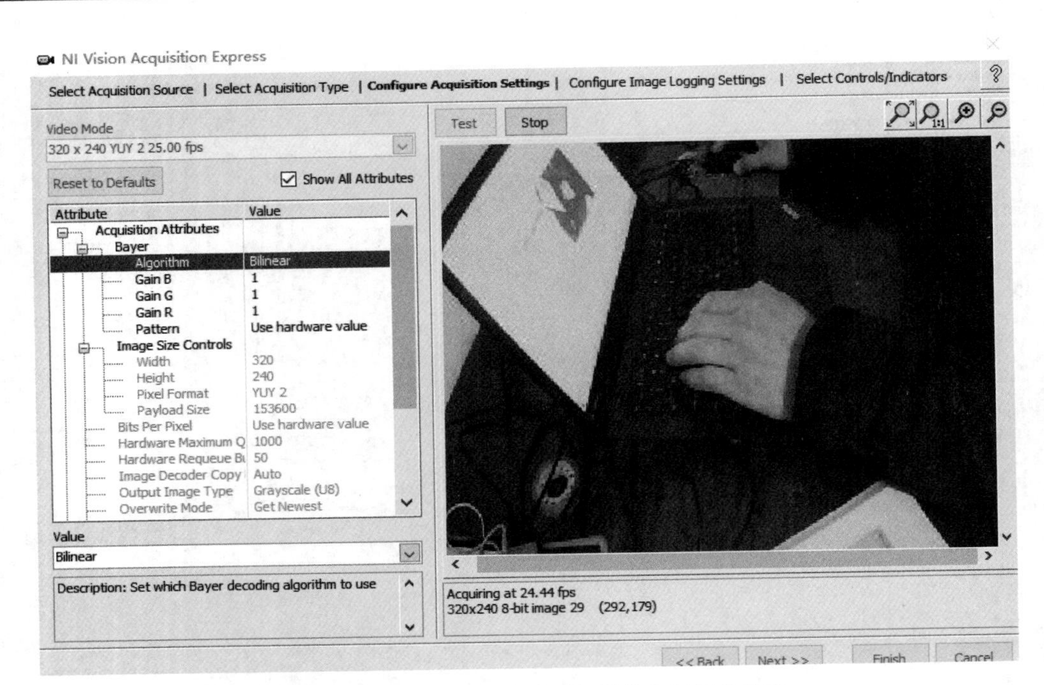

图 8-8 设置并查看图像采集与摄像头的属性信息

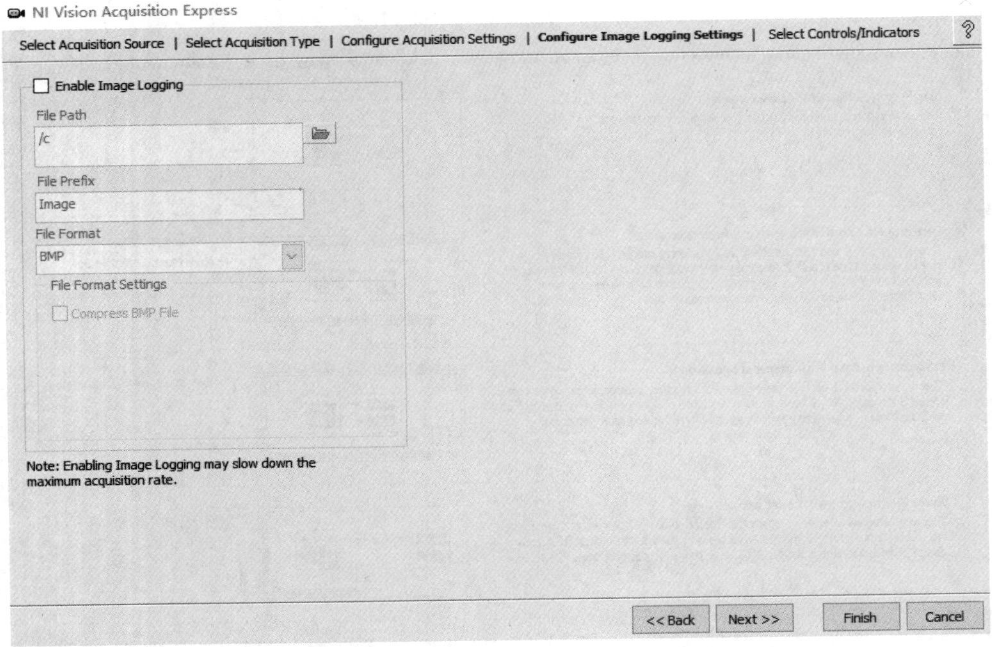

NI Vision Acquisition Express

Select Acquisition Source | Select Acquisition Type | Configure Acquisition Settings | Configure Image Logging Settings | Select Controls/Indicators

Enable Image Logging

File Path

/c

File Prefix

Image

File Format

BMP

File Format Settings

Compress BMP File

Note: Enabling Image Logging may slow down the maximum acquisition rate.

<< Back | Next >> | Finish | Cancel

图 8-9 设置图像存储相关信息

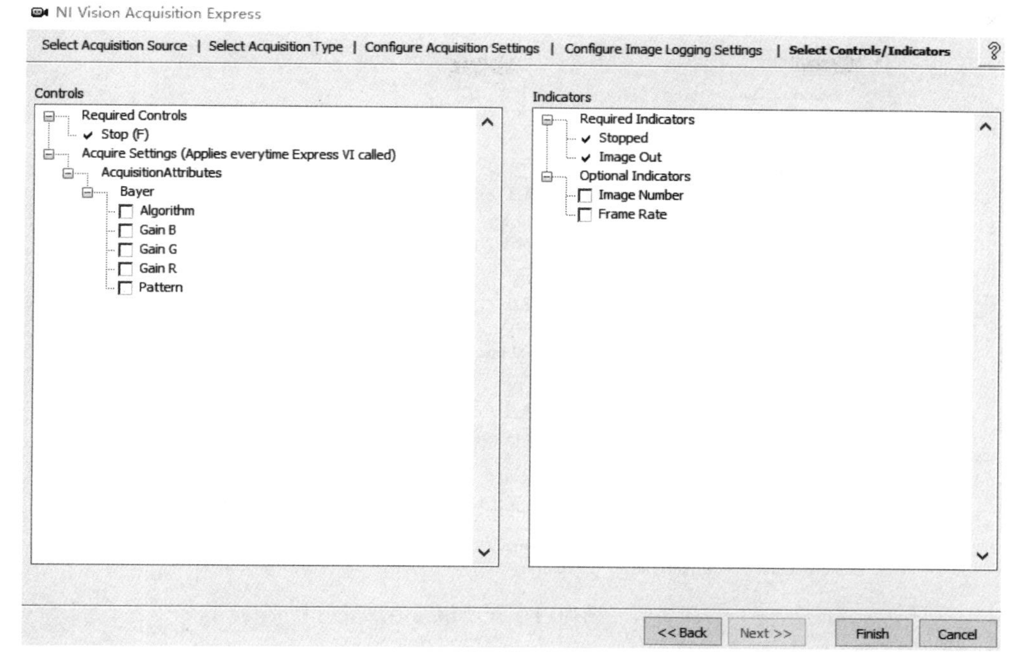

图 8-10　设置节点的输入输出参数

完成上述设置之后，LabVIEW 会根据当前设置自动生成基于 ExpressVI 的图像采集程序框图，如图 8-11 所示。

基于 ExpressVI 进行图像采集，最大的优势就是快速简洁，但是执行效率要稍逊一筹。

另一种常用的实现方法就是基于底层函数实现图像采集。右击程序框图空白处，在弹出的函数选板中选择"函数→视觉与运动→NI-IMAQdx"，可查看图像采集的主要函数节点，如图 8-12 所示。

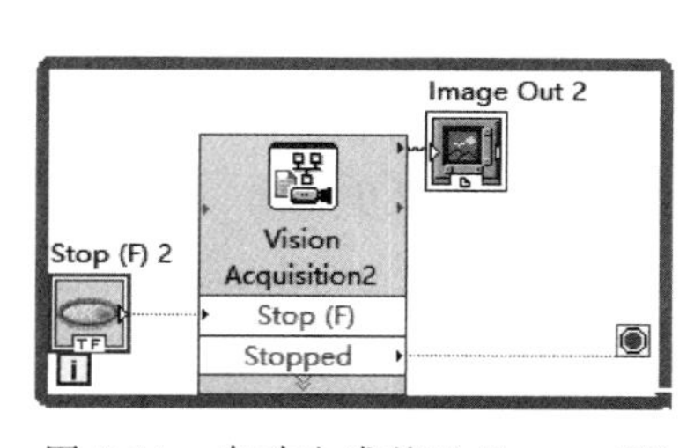

图 8-11　自动生成基于 ExpressVI 的图像采集程序框图

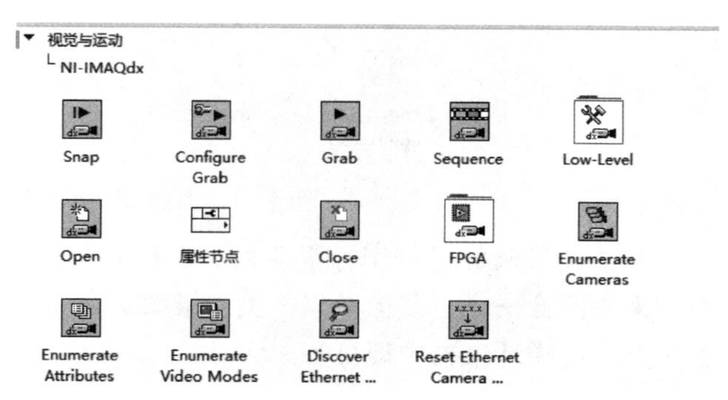

图 8-12　图像采集主要函数节点

由于图像占用内存比较大，LabVIEW 中提供了图像内存管理相关函数节点，右击程序框图空白处，在弹出的函数选板中选择"函数→视觉与运动→Vision Utilities→Image

Management”,可查看图像内存管理相关函数节点,如图 8-13 所示。

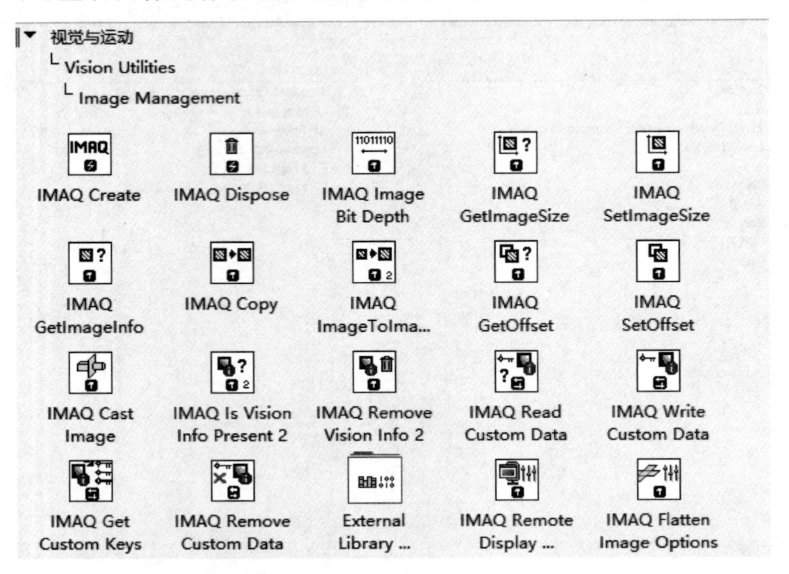

图 8-13 图像内存管理相关函数节点

另外,由于图像采集过程中不可避免地产生文件相关操作,右击程序框图空白处,在弹出的函数选板中选择“函数→视觉与运动→Vision Utilities→Files”,可查看图像文件操作相关函数节点,如图 8-14 所示。

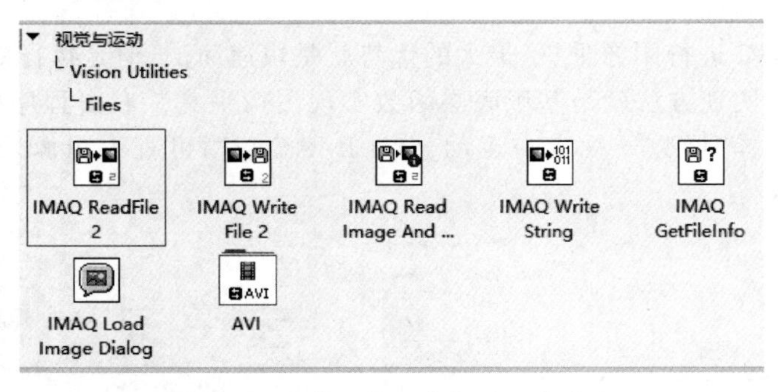

图 8-14 图像文件操作相关函数节点

基于底层函数进行图像采集时,其基本流程为“打开摄像头→配置采集任务→启动采集→采集图像→停止图像采集→关闭摄像头”。如果需要连续采集图像,则将图像采集节点置于 While 循环结构中即可。

8.1.3 图像采集技术应用实例

myRIO 作为典型的嵌入式开发平台,其图像采集一般为连续采集处理。采集的图像可以存储于板载硬盘以备后续使用,可以借助 myRIO 提供的 WiFi 功能接入无线局域网或者互联网，将采集的数据发送给网络中其他计算平台处理或者发布于物联网云平台，实现采集图像的多终端远程监测功能。

1. 连续图像采集

1）设计目标

本案例中 myRIO 通过 USB 接口连接 Web 摄像头，实现连续采集图像、显示图像的功能。

2）设计思路

建立基于 While 循环的轮询式程序结构。While 循环前打开摄像头，配置采集任务，创建采集图像需要的内存空间。While 循环内，调用图像采集函数节点 Grab 实现连续采集和显示。采集任务结束后，While 循环外关闭摄像头，销毁图像占有的内存空间。

3）程序实现

程序实现可分解为程序总体结构设计、打开摄像头、采集任务配置、采集图像存储空间创建、连续采集与显示及采集结束后处理等步骤。

（1）程序总体结构设计。为了简化程序设计，删除 myRIO 项目模板自动生成的三帧程序结构，仅保留 While 循环结构。另外，程序前面板添加 Image Display 控件（控件→Vision→Image Display），用以显示采集图像。

（2）打开摄像头。调用函数节点 Open（函数→视觉与运动→NI IMAQdx→Open）。右击函数输入端口 Session In，选择“创建→常量”，单击常量图标并在弹出的下拉框中选择当前联机的摄像头名称 cam0，打开 myRIO 连接的 USB 摄像头。

（3）采集任务配置。调用函数节点 Configure Grab（函数→视觉与运动→NI IMAQdx→Configure Grab），完成图像采集参数的配置。

（4）采集图像存储空间创建。首先调用函数节点 IMAQ Dispose（函数→视觉与运动→NI IMAQdx→Vision Utilities→Image Management→IMAQ Dispose），设置其参数 All Images 取值为逻辑真，实现应用程序当前所有占用的图像内存空间清空的功能。

调用函数节点 IMAQ -IMAQ Create（函数→视觉与运动→NI IMAQdx→Vision Utilities→Image Management→IMAQ Create），右击节点输入参数 Image Name，在弹出的菜单中选择“创建→常量”；右击节点输入参数 Image Type，选择“创建→常量”，在常量列表中选择 Grayscale（U8），为采集图像创建 8 位灰度图像模式的存储空间。

（5）连续采集与显示。在 While 循环中调用函数节点 Grab（函数→视觉与运动→NI IMAQdx→Grab），完成图像的连续采集，采集结果连线图形显示控件图表 Image。

（6）采集结束后处理。While 循环结束后，图像采集任务完成。调用函数节点 IMAQ Dispose（函数→视觉与运动→NI IMAQdx→Vision Utilities→Image Management→IMAQ Dispose）释放图像占有的内存空间，调用函数节点 Close（函数→视觉与运动→NI IMAQdx→Close）关闭摄像头，释放硬件资源控制权限。

最终完成的 myRIO 连续采集图像程序如图 8-15 所示。

运行程序，myRIO 连续采集图像程序执行结果如图 8-16 所示。

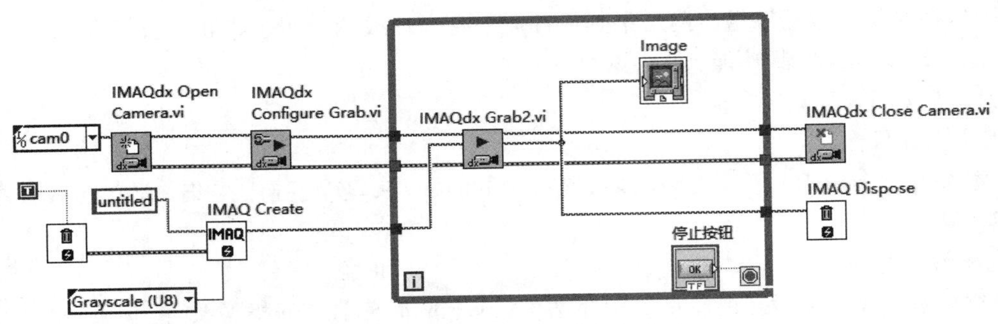

图 8-15　myRIO 连续采集图像程序

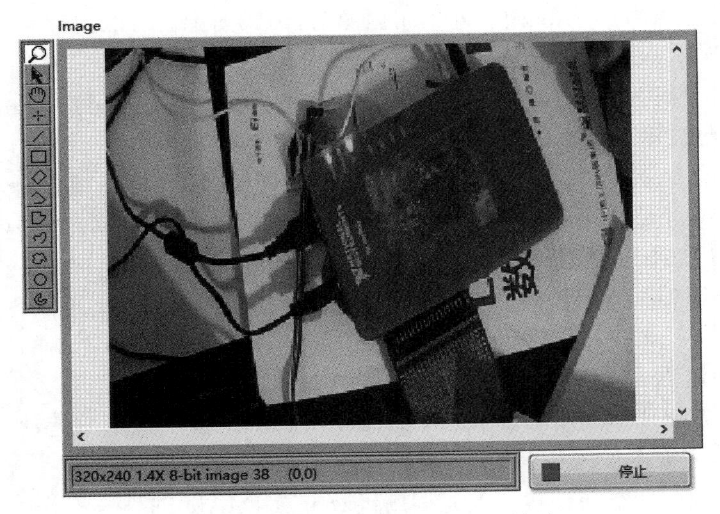

图 8-16　连续采集图像程序执行结果

myRIO 连接的 USB 摄像头可以采集到设定的灰度图像(之所以选择灰度图像,是因为对于 myRIO 的硬件配置水平来说,灰度图像采集相对彩色图像采集能够以更加流畅的方式实现图像的连续采集)。

2. 采集图像的文件存储

1) 设计目标

本案例拟实现 myRIO 连续图像采集基础上的本地文件存储功能,即 myRIO 将采集的图像以 JPG 格式(亦可选择设置其他图像文件格式)的文件存储于 myRIO 板载硬盘(亦可存储于容量几乎不受限制的 U 盘,区别仅在于文件存储时路径参数不同),以备后续查看和使用。硬件连接方式依然为 myRIO 通过 USB 接口连接 Web 摄像头。

2) 设计思路

建立基于 While 循环的轮询式程序结构。While 循环前打开摄像头,配置采集任务,创建采集图像需要的内存空间。While 循环内,调用图像采集函数节点 Grab 实现连续采集和显示;同时监测布尔类型的按钮动作状态,当按钮被按下时,以 JPG 格式将当前采集的图像存储在 myRIO 板载硬盘文件夹/home/lvuser 下。设定图像存储文件名称为固定值，用以实现以覆盖模式保存最新采集文件的目标。采集任务结束后，While 循环外关闭摄像头，销毁图像占有的内存空间。

3）程序实现

程序实现分解为程序总体结构设计、图像实时采集、存储按钮动作状态检测、文件存储等步骤。篇幅所限，这里不再赘述图像采集相关步骤，仅补充说明程序总体结构设计及图像存储功能实现。

（1）程序总体结构设计。为了简化程序设计，删除 myRIO 项目模板自动生成的三帧程序结构，仅保留 While 循环结构，While 循环内实时采集图像，根据按钮状态判决是否存储采集的图像。另外，程序前面板添加 Image Display 控件（控件→Vision→Image Display），用以显示采集图像。添加布尔类型控件“确定按钮”，用以模拟图像采集过程中满足某种条件，启动采集图像的文件存储功能。

（2）采集图像的文件存储。While 循环中添加条件结构，判断“确定按钮”状态，在条件结构“真”分支内，调用函数节点“Image Write File2”（函数→视觉与运动→NI IMAQdx→Vision Utilities→Files→Image Write File2），右击节点端口 File Path，在弹出的菜单中选择“创建→常量”，设置常量取值为“/home/lvuser/myPic. JPG”，单击选择设置本函数节点多态模式中的 JPEG，实现采集图像以 JPG 文件格式存储在 myRIO 板载硬盘的功能。

最终完成的 myRIO 板载硬盘存储采集图像程序如图 8-17 所示。

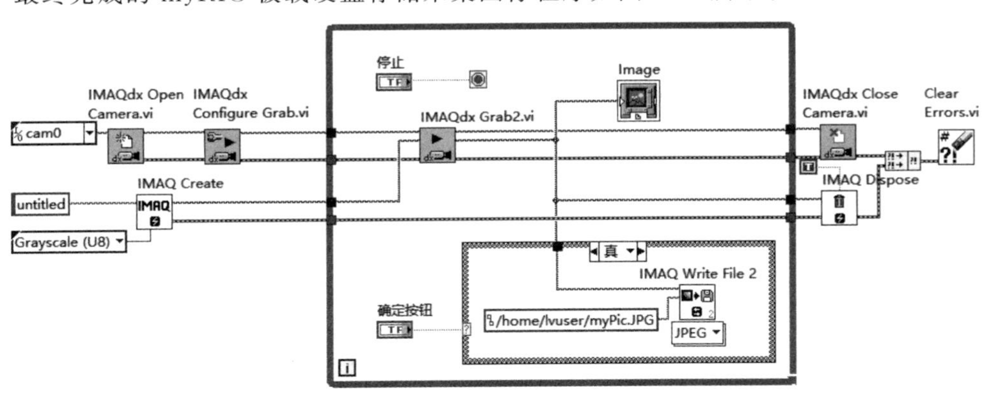

图 8-17 板载硬盘存储采集图像程序

运行程序，myRIO 连续采集图像，单击“保存文件”按钮（确定按钮显示文本为“保存文件”），完成一次采集图像的本地存储。

打开 MAX 软件，右击联机状态的 myRIO，选择“文件传输”，打开 myRIO 板载硬盘文件管理器。在文件夹/home/lvuser/内，可以看到程序存储的 JPG 格式图像文件，如图 8-18 所示。

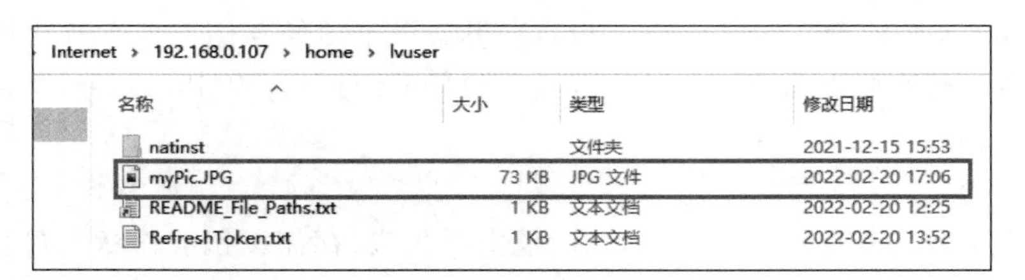

图 8-18　myRIO 程序存储的 JPG 格式图像文件

微课视频

3. 采集图像上传至物联网云平台

1）设计目标

图像采集和本地文件存储很多时候并不能满足现代工程应用的需要。在物联网技术普及应用的时代背景下，"云、网、端"技术架构正成为目前的应用热点。在这种技术架构下，要求图像采集装置能够将本地采集的图像上传至物联网平台，实现基于物联网平台的多终端远程监测系统。

本案例拟实现 USB 摄像头图像连续采集和文件存储基础上的上传物联网平台功能。即将 myRIO 采集的图像借助于物联网常用的通信技术上传至物联网平台，使得采集的图像具备远程多终端查阅的可能。本案例硬件连接方式依然为 myRIO 通过 USB 接口连接 Web 摄像头，同时需要保证 myRIO 的 WiFi 模式配置为接入无线网络，而且接入网络具备连接互联网能力。

2）设计思路

建立基于 While 循环的轮询式程序结构。在 While 循环前打开摄像头，配置采集任务，创建采集图像需要的内存空间。在 While 循环中移植图像采集技术，添加布尔类型按钮状态监测，用以模拟图像采集过程中是否满足某种条件。当按钮被单击时表示在程序运行中满足了特定条件，则以 JPG 格式将当前采集的图像存储在 myRIO 板载硬盘文件夹/home/lvuser 中。设定图像存储文件名称为固定值，然后基于物联网通信技术将采集图像上传至物联网平台。采集任务结束后，While 循环外关闭摄像头，销毁图像占有的内存空间。

3）程序实现

程序实现分为"物联网平台云端图形设备的创建、图云设备通信协议、图像上传子 VI 设计及图片上传子 VI 调用"等步骤。

（1）物联网平台创建图像设备的创建。目前国内外可用的物联网平台比较多，绝大部分对个人用户提供免费服务。在众多的物联网平台中，巴法云以其简单、易用的轻量级发布订阅模式备受创客一族喜欢。

巴法云物联网平台支持 TCP、MQTT、HTTP 等协议的云端设备的创建、管理功能，云端设备既可以是常规的数值类型设备，也可以是图像类型的图云设备。云端的图云设备对应物理世界的图像采集设备。硬件终端采集图像，并建立与巴法云通信连接后，可以按照图云设备通信协议向云端图云设备对应主题发布其采集的图片。同样，硬件终端建立与巴法云通信连接后，可以按照图云设备通信协议，向巴法云发出服务请求，获取图云设备对应主题的最新发布的图片。

使用巴法云进行图像相关物联网应用开发实践前，首先必须按照如下步骤完成物联网云平台的账号注册、图云设备类型选择与主题创建。

① 账号注册。

进入巴法云平台，单击“注册”按钮，按照提示信息完成巴法云用户账号注册，如图 8-19 所示。

图 8-19　巴法云用户账号注册

完成账号注册后，登录进入巴法云平台，可在控制台查看用户账号相关信息，如图 8-20 所示。

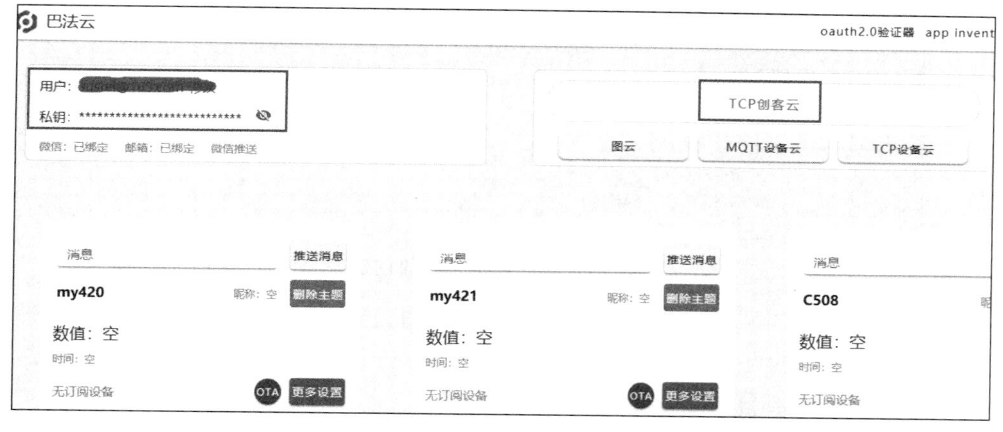

图 8-20　查看用户账号相关信息

② 设备类型选择。

巴法云中提供 TCP 创客云、TCP 设备云、MQTT 设备云及图云设备等四类云端设备的创建。单击图 8-21 中的“图云”按钮（默认 TCP 创客云），确定创建图云类型的云端设备。

③ 创建图云设备主题。

在图云设备控制台中，首先键入拟创建的图云设备主题名称，然后单击“新建主题”按钮，完成图云设备主题的创建，如图 8-22 所示。

完成上述操作后，即可按照图云设备通信协议，将终端采集的图像传输至巴法云，或者从巴法云获取其他终端采集、上传的图像，从而实现图像数据的物联网应用。

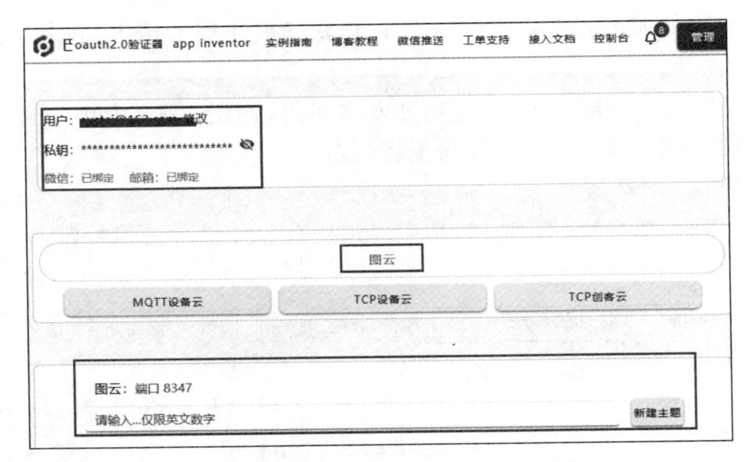

图 8-21 确定创建图云类型的云端设备

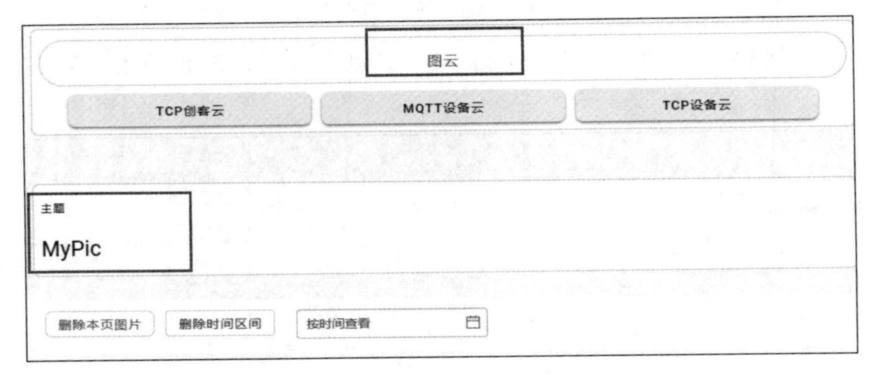

图 8-22 图云设备主题的创建

(2) 图云设备通信协议。查阅巴法云接入文档,图云设备基于 HTTP 实现采集图片上传,HTTP 请求方法为 POST。基于 HTTP 向巴法云图云设备上传图片,还需要设置 HTTP 服务请求的头部参数如表 8-1 所示。

表 8-1 巴法云图云设备 HTTP 上传头部参数设置

头部参数	是否必需	参数值	说明
Content-Type	是	image/jpg	默认 image/jpg
Authorization	是	用户私钥	用户私钥,巴法云控制台获取
Authtopic	是	主题名	主题名,可在控制台创建并获取
wechatmsg	否	自定义消息	自定义需要发送到微信的消息,如果携带此字段,图片会推送到微信公众号
wecommsg	否	自定义消息	自定义需要发送到企业微信的消息,如果携带此字段,图片会推送到企业微信
picpath	否	自定义图片链接	自定义图片上传的链接,如果携带此字段,链接是密钥+主题的 md5 的值+picpath 值

根据巴法云接入文档有关说明，HTTP服务请求的消息体为图片的二进制格式文件内容。因此，图像文件上传值巴法云图云设备，必须将图像文件转换为二进制数据流。

(3) 图像上传子VI设计。图像文件上传至巴法云图云设备，需要编写HTTP通信程序完成。LabVIEW中HTTP程序设计比较简单，一般仅需3～4个函数节点的调用，即可完成一次HTTP请求对应的程序设计。典型的POST请求程序基本结构如图8-23所示。

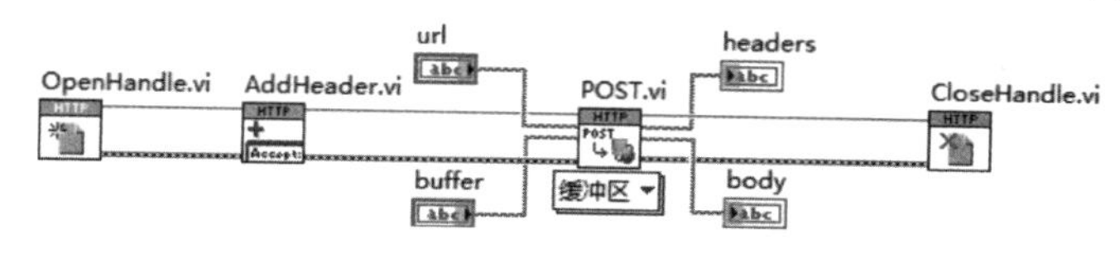

图8-23 POST请求程序基本结构

按照巴法云中图云设备HTTP请求API协议说明，在上述基本流程的基础上，依次添加Content-Type、Authorization、Authtopic 3个头部参数设置函数节点。设置头部参数Content-Type取值为image/jpg；设置头部参数Authorization取值为巴法云个人密钥；设置头部参数Authtopic取值为创建的图云设备主题。

调用函数节点POST(函数→数据通信→协议→HTTP客户端)实现myRIO采集的图像文件上传时，设置其参数url取值为巴法云平台图云设备API接口地址；设置其参数"缓冲区"为采集图片文件的二进制数据读出结果。

为了增强程序可读性，将采集的图像文件上传至巴法云图云设备功能封装为子VI。设置子VI为如下2个输入参数。

① 错误输入。利用错误输入节点作为子VI输入参数，以便于子VI调用时借助错误节点连线实现程序执行的顺序逻辑。

② 文件路径。提供文件路径输入控件作为子VI输入参数，调用函数节点"读取二进制文件"读取图片文件数据内容，作为POST节点参数"缓冲区"取值。

最终完成的图像文件上传巴法云子VI程序如图8-24所示。

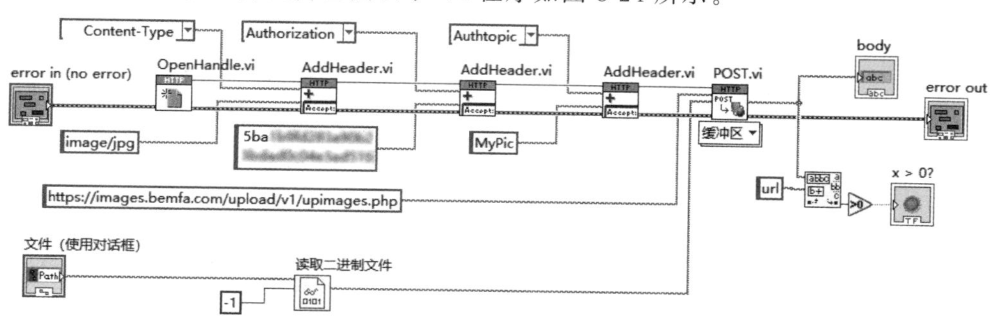

图8-24 图像文件上传巴法云子VI程序

(4) 图片上传子VI调用。在图像采集、存储程序实现的基础上，调用步骤(3)中创建的子VI，其输入参数"错误输入"连接函数节点IMAQWriteFile错误输出端口，实现基于错误信息的函数节点执行的逻辑顺序控制。子VI的输入参数"文件"连接采集图像的存储路径参数,实现采集图像存储完后,调用子 VI,将存储的图像文件以二进制文件读取的方式获取其全部信息,作为 HTTP 请求的数据。

最终完成的 myRIO 采集图像并上传巴法云程序如图 8-25 所示。

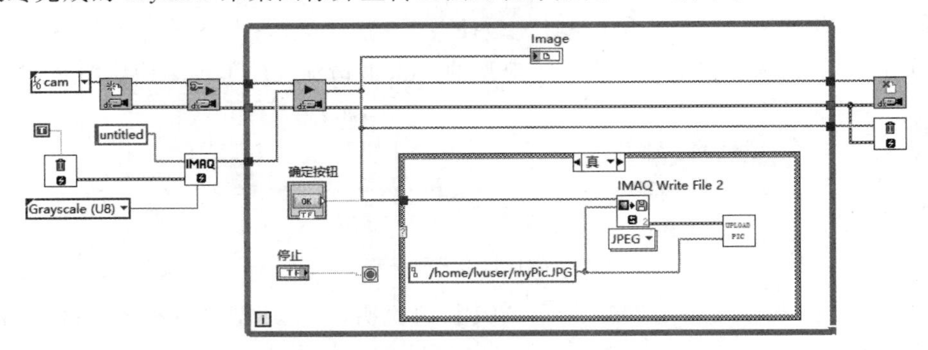

图 8-25　myRIO 采集图像并上传巴法云程序

运行程序,myRIO 端采集的图像如图 8-26 所示。

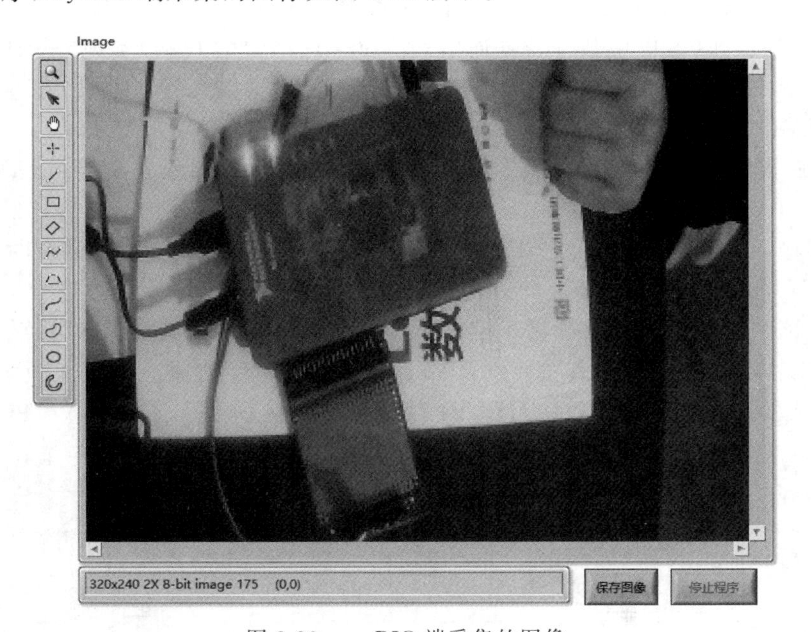

图 8-26　myRIO 端采集的图像

单击"保存图片"按钮,myRIO 向巴法云物联网平台中创建的图云设备发出 HTTP 服务请求,将采集的图片上传至指定主题的图云设备。巴法云中指定主题的图云设备接收到的图像如图 8-27 所示。

本案例可以为互联网+场景下的各类异常情况下图像取证相关应用开发提供参考借鉴。

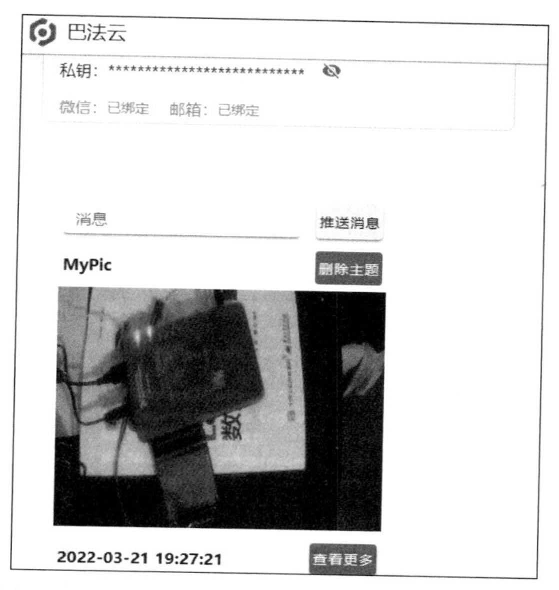

图 8-27 巴法云中指定主题的图云设备接收到的图像

8.2 机器视觉技术及应用

本节简要介绍机器视觉的基本概念，机器视觉开发必须安装的软件工具包，myRIO 中机器视觉开发的 ExpressVI 及其应用方法、机器视觉应用开发相关的底层 VI 及其应用一般方法，并结合直线检测、OCR 应用、模拟仪表读数识别、胶囊药丸技术及零件分类识别等实例介绍机器视觉相关应用的程序实现方法。

8.2.1 机器视觉技术概述

机器视觉无疑是这个时代最具有魅力的智能技术之一。机器视觉是指将生物视觉感知能力赋予机器，使得机器能够和生物一样，通过捕获的客观世界图像，提取其中有用的信息，并对提取的信息进行分析和理解，最终用于构建一个在可控环境中处理特定任务的工程系统。

机器视觉的前提是图像采集，其主要任务就是对图像进行分析处理，提取其中有用信息。LabVIEW 中的视觉开发模块(Vision Development Module，VDM)作为强大的视觉处理库，配置了各种视觉场景应用需求下的函数节点，以其丰富的视觉算法功能支持，使得开发者可以快速实现机器视觉相关技术系统的设计和开发工作。常用的机器视觉应用技术包括边缘检测、颜色识别、文字识别、模式匹配、形状检测、粒子分析等。

8.2.2 机器视觉函数节点

myRIO 机器视觉应用开发有两种常用的实现途径。一种是基于 ExpressVI Vision

Assistant 进行机器视觉应有的开发。右击程序框图空白处，在弹出的函数选板中选择“函数→视觉与运动→Vision Express→Vision Assistant”，即可查看函数选板中的 Express VI Vision Assistant，如图 8-28 所示。

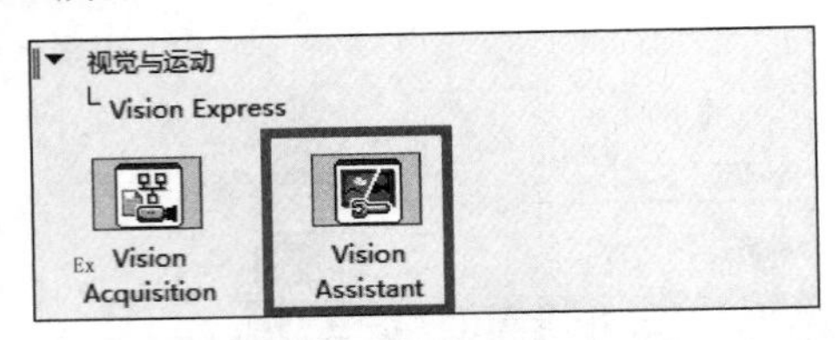

图 8-28　函数选板中的 ExpressVI Vision Assistant

程序框图中初次调用或者双击该节点，即可弹出 ExpressVI Vision Assistant 应用配置的操作界面，如图 8-29 所示。

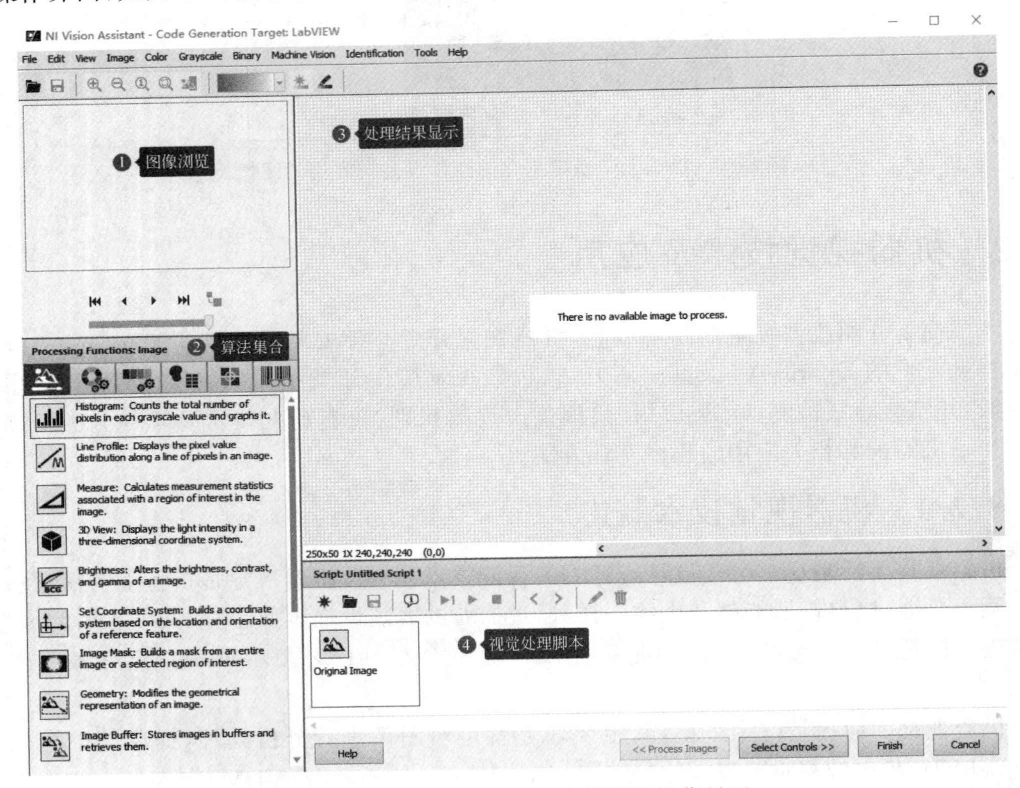

图 8-29　Vision Assistant 应用配置操作界面

ExpressVI Vision Assistant 应用配置的操作界面分为 4 大区域。图 8-29 中区域❶是图像浏览区，用于查看待处理的图像文件。区域❷是算法集合区，列举了机器视觉工具包支持的主要算法。区域❸是处理结果显示区，用以显示机器视觉算法处理后的结果。区域❹是视觉处理脚本区，用以显示机器视觉算法调用的脚本代码。

ExpressVI Vision Assistant 提供了极为丰富、强大的视觉算法支持，分为以下 6 大类。

(1) Image：提供图像直方图、线剖面图、测量、亮度、建立坐标系、图像标定等功能。

(2) Color：提供颜色运算、彩色阈值、抽取颜色、颜色分类、颜色匹配、颜色定位等功能。

(3) GrayScale：提供查找表、滤波器、灰度形态学、FFT、纹理缺陷检测等功能。

(4) Binary：提供粒子滤波、二值化图像、例子分析、形状匹配、圆检测等功能。

(5) Machine Vision：提供边缘检测、找圆边、几何匹配、轮廓分析、形状检测等功能。

(6) Identification：提供字符识别、零件识别、条码识别等功能。

限于篇幅，各类算法的详细使用说明本书不展开介绍，读者可查阅有关资料进一步学习。

完成配置的 ExpressVI Vision Assistant 在程序框图中的节点图标如图 8-30 所示。

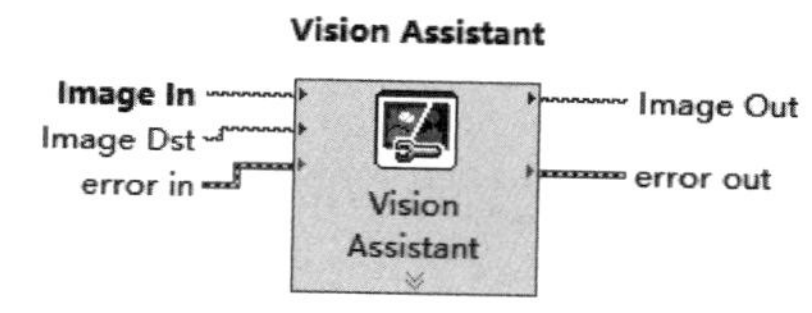

图 8-30 程序框图中 Vision Assistant 节点图标

基于 ExpressVI 进行视觉功能开发，最大的优势就是快速简洁，但是执行效率要稍逊一筹。

另一种实现方法就是基于底层函数实现视觉功能开发。右击程序框图，选择“函数→视觉与运动→Machine Vision”，可查看机器视觉工具包中主要函数节点，如图 8-31 所示。

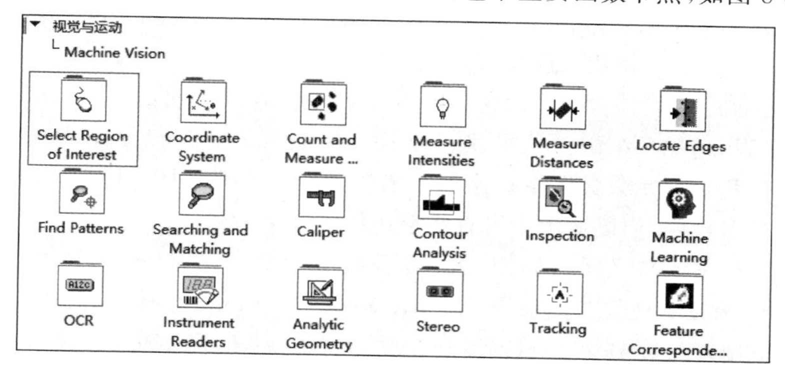

图 8-31 机器视觉工具包中主要函数节点

一般情况下，视觉算法并不会单独使用，而是与图像采集、图像处理等函数有机集成，完成机器视觉应用开发。

基于底层函数进行机器视觉应用系统开发时，其基本流程为“打开摄像头→配置采集任务→启动采集→采集图像→视觉算法处理→停止图像采集→关闭摄像头。”如果需要连续采集图像，则将图像采集相关函数节点、视觉算法处理相关函数节点置于 While 循环结构中即可。

8.2.3 机器视觉技术应用实例

机器视觉应用场景比较常见的有直线检测、OCR、缺陷检测、颜色识别、形状识别等典型视觉技术应用。

微课视频

1. 直线检测算法应用

1）设计目标

LabVIEW中的直线检测就是定位并计算图像中指定的ROI区域中是否存在直线。直线检测实际上是边缘检测功能的一个特例。

本案例拟借助直线检测功能判断通过USB接口连接到myRIO的Web摄像头检测视场中放置的电路板是否已被拿走(拿走则无法检出电路板的直线边缘)，如果被拿走则报警。

2）设计思路

建立基于While循环的轮询式程序结构。While循环前打开摄像头，配置采集任务，创建采集图像需要的内存空间。While循环结构内，实时采集图像，调用配置为直线边缘检测算子的Express VI Vision Assistant，判断采集图像的指定区域内是否存在直线型边缘，如果存在直线型边缘，则意味着图像中存在电路板，否则意味着采集图像中电路板已被拿走，可进一步进行布尔指示灯显示报警处理。While循环外关闭摄像头，销毁图像占有的内存空间。

3）程序实现

程序实现分为程序总体结构设计、图像实时采集与显示、Vision Assistant边缘检测算法配置、Vision Assistant调用及应用程序结束后处理等步骤。

(1) 程序总体结构设计。为了简化程序设计，删除myRIO项目模板自动生成的三帧程序结构，仅保留While循环结构。另外，程序前面板添加Image Display控件(控件→Vision→Image Display)，用以显示采集图像。添加布尔类型显示控件，用以显示是否检测到目标物体。添加数值显示控件，用以显示检出直线型边缘的斜率参数。

(2) 图像实时采集与显示。调用Open(函数→视觉与运动→NI IMAQdx→Open)、Configure Grab(函数→视觉与运动→NI IMAQdx→Configure Grab)、Grab(函数→视觉与运动→NI IMAQdx→Grab)、Close(函数→视觉与运动→NI IMAQdx→Close)等函数节点，其中Grab置于While循环中，其输出图像连接图形显示控件Image，完成图像实时采集与显示功能(还需要调用IMAQ -IMAQ Create、IMAQ Dispose实现图像采集过程中缓存空间的管理功能)。

(3) Vision Assistant边缘检测算法配置。Vision Assistant进行图像中感兴趣区域的找直线功能，需要完成素材采集、打开图片、灰度变换、提取边缘、结果验证、参数配置等阶段。

① 素材采集。打开NI MAX，找到myRIO连接的摄像头，单击“Grab”进行连续采集，再单击“Save Image”保存不同场景下的图片(电路板垂直、斜放、不放)作为开发时的素材库进行验证，完成NI MAX中素材采集与保存，如图8-32所示。

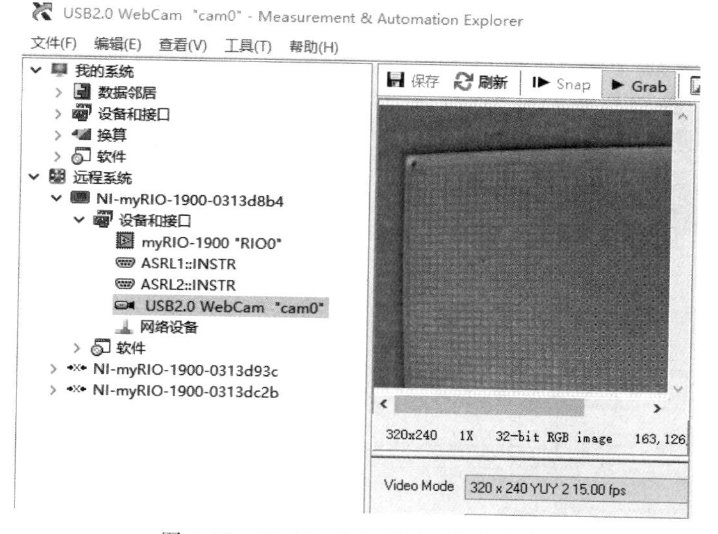

图 8-32　NI MAX 中素材采集与保存

② 打开图片。右击程序框图，调用 ExpressVI Vision Assistant。此时系统自动启动视觉助手配置程序。其启动界面中会弹出一个提示窗口，询问用户待测试图片的来源。Vision Assistant 启动界面如图 8-33 所示。

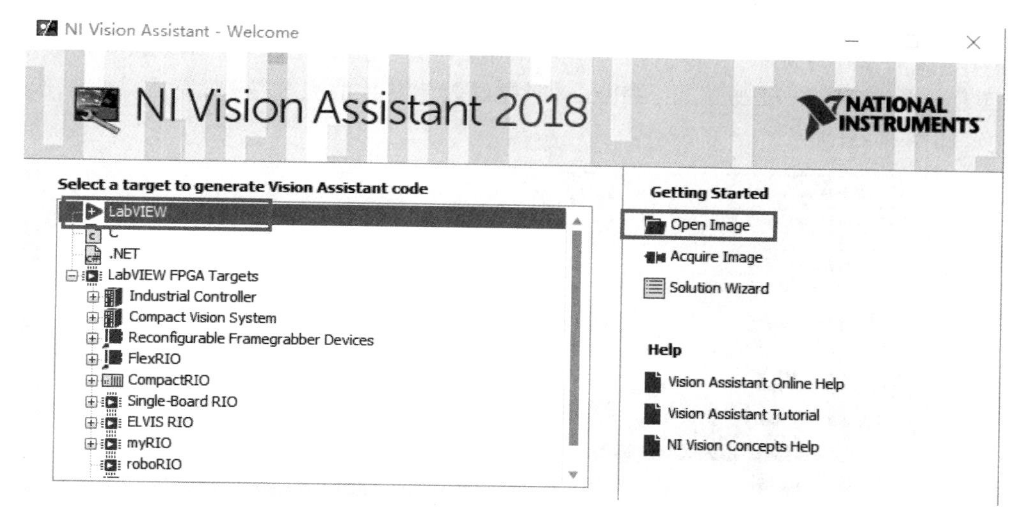

图 8-33　Vision Assistant 启动界面

单击图 8-33 中 Open Image，打开保存的不同场景下的全部图片。进入 Vision Assistant 应用配置界面，查看 Vision Assistant 中载入的图片，如图 8-34 所示。

图 8-34 中区域❶记录每一次操作步骤，区域❷显示每一步处理后图像相应的变化，区域❸提供了各种图像处理的函数。

因为程序最终需要运行在资源有限的 ARM 处理器上，所以选取一种计算量相对较小

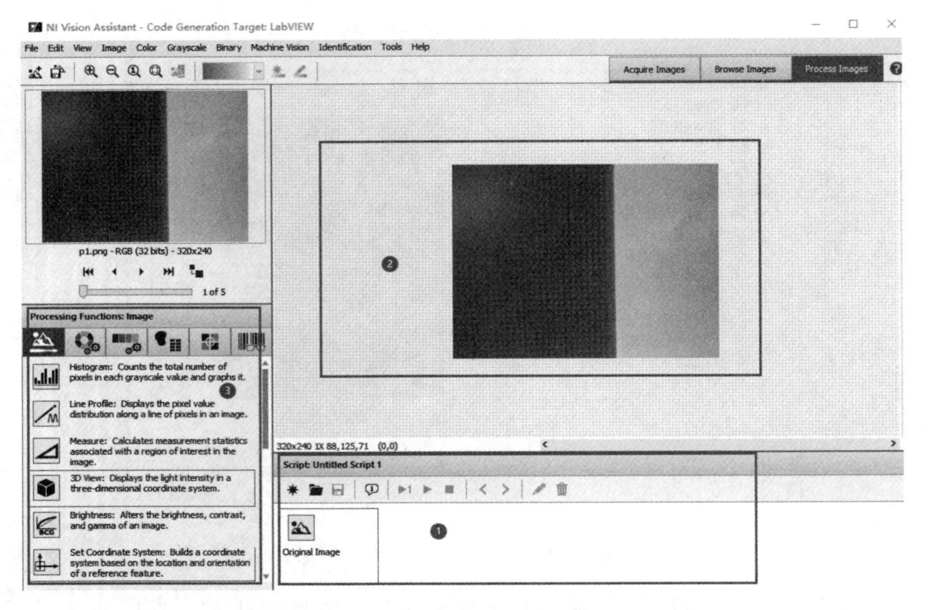

图 8-34　查看 Vision Assistant 中载入的图片

的图像检测方法。这里通过检测摄像头视场中是否存在直线边缘，判断是否存在电路板。

③ 灰度变换。由于边缘检测相关函数一般只能针对灰度图像，因此首先在 Vision Assistant 左侧操作导航栏的视觉算法库中，调用 Color→Color Plane Extraction 函数，设置抽取颜色分量为 HSL→Luminance Plane，即提取彩色图片的亮度信息，完成采集图像的灰度变换，如图 8-35 所示。

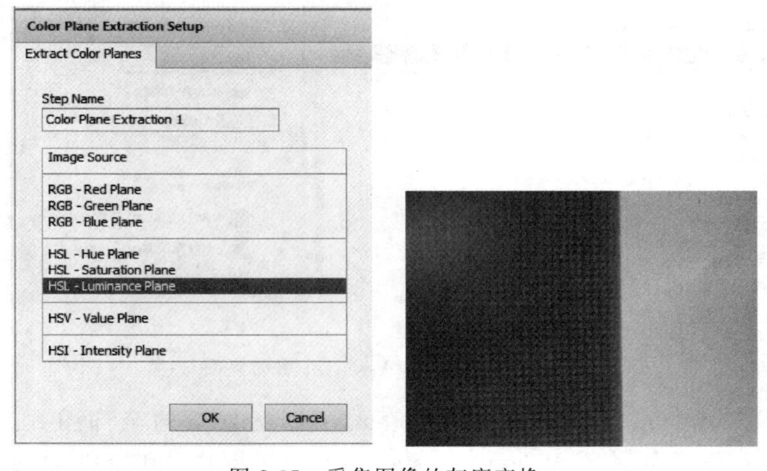

图 8-35　采集图像的灰度变换

④ 提取边缘。在 Vision Assistant 左侧操作导航栏的视觉算法库中，调用 Machine Vision→Find Straight Edge 函数提取电路板边缘。单击之后图片上出现的 ROI(Region of

Interest,ROI)区域,即用户感兴趣的区域,默认 ROI 检测直线边缘结果如图 8-36 所示。

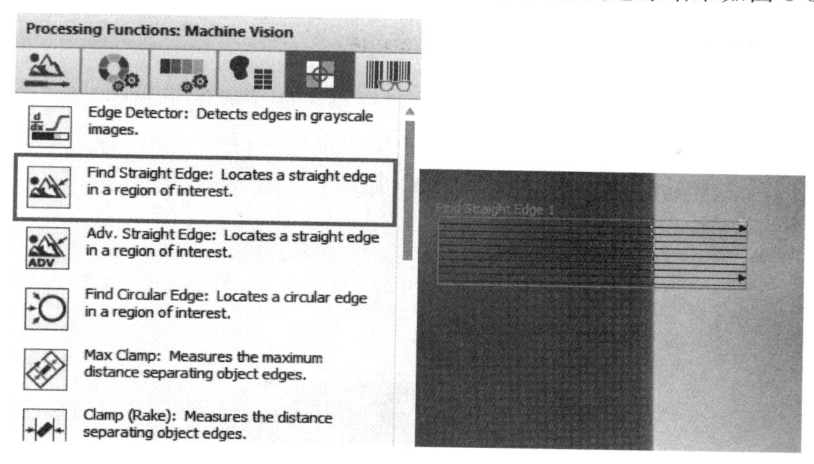

图 8-36　默认 ROI 检测直线边缘结果

ROI 可以根据需要重新选择。为方便处理,可先将图片放大。重新选中绘制好 ROI 后,可在左侧一栏中选择检测方向,例如从右往左检测边缘。而在图片下方的一栏中会显示检测结果,包括检测到的直线上两点的坐标及边缘直线的斜率等信息,单击"OK"按钮完成算法配置。直线边缘检测配置及检测结果如图 8-37 所示。

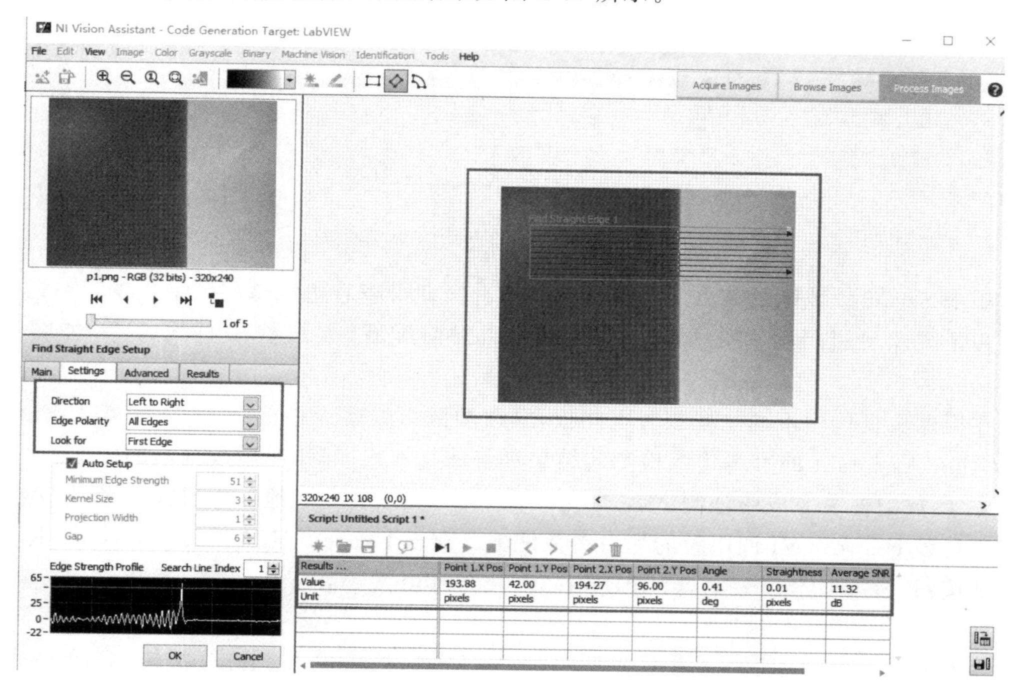

图 8-37　直线边缘检测配置及检测结果

需要注意的是，ROI 的选取非常重要，如果区域太大，可能在非正常情况下也检测到边缘；如果区域太小，可能导致摄像头视场中的电路板稍微有位移就错过需检测边缘。

⑤ 结果验证。程序根据是否能检测到边缘判断电路板是否被拿走。当前已针对一张图片进行了检测，可再检测一下其他的图片以验证是否能正确做出判断。选中第二张图片，在 Script 区域单击"Run Once"，可发现仍然能检测出边缘(图 8-38 中标识的部分即为感兴趣区域找到的直线边缘)，直线边缘检测功能验证结果如图 8-38 所示。

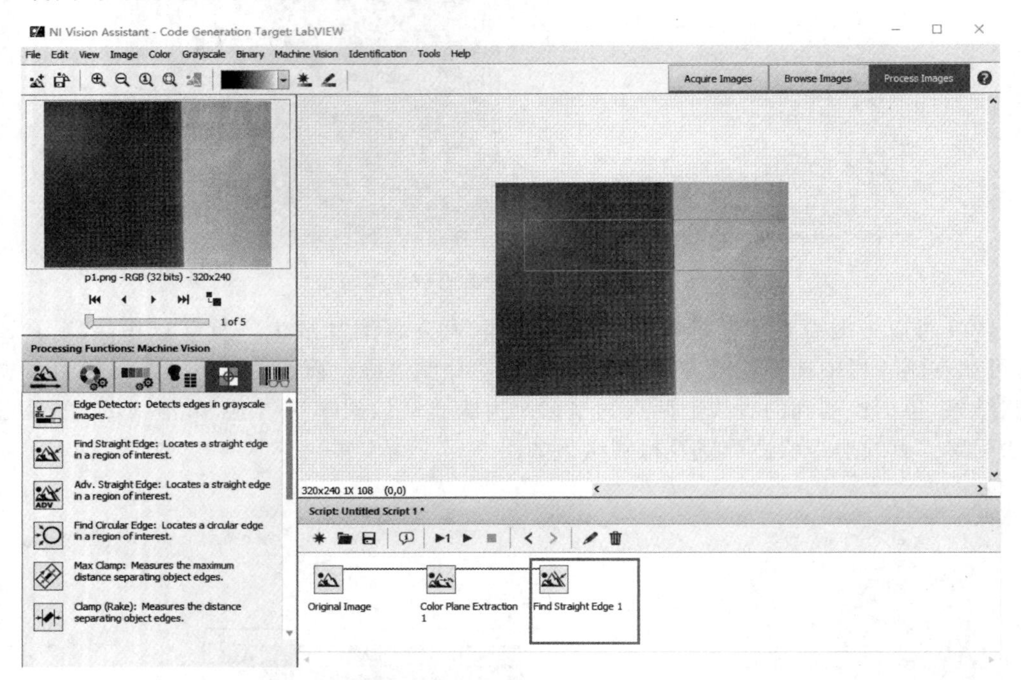

图 8-38　直线边缘检测功能验证结果

双击 Script 区域函数节点 Find Straight Edge，即可查看边缘检测结果数据。对第三张和第四张图片也进行类似的操作，可发现按照当前配置，无法检出直线边缘，如图 8-39 所示。

在摄像头视场中不同位置放置电路板，继续验证直线边缘检测结果，总结基于 Express VI Vision Assistant 的直线边缘检测的结果具备的基本规律，作为后续判断的依据。

⑥ 参数配置。完成验证测试后，如对结果满意，无须补充其他处理所需的函数节点，则可以进行该 Express VI 调用时的接口参数配置。双击 Express VI Vision Assistant 操作界面底部按钮"Select Controls"，启动 Express VI Vision Assistant 的输入、输出参数配置，如图 8-40 所示。

在参数配置窗口中，勾选输出参数 Straight Edge，然后单击 Finish 按钮，完成 Express VI Vision Assistant 输入、输出参数配置，如图 8-41 所示。

配置完成后，程序框图中的 Vision Assistant 节点图标如图 8-42 所示。

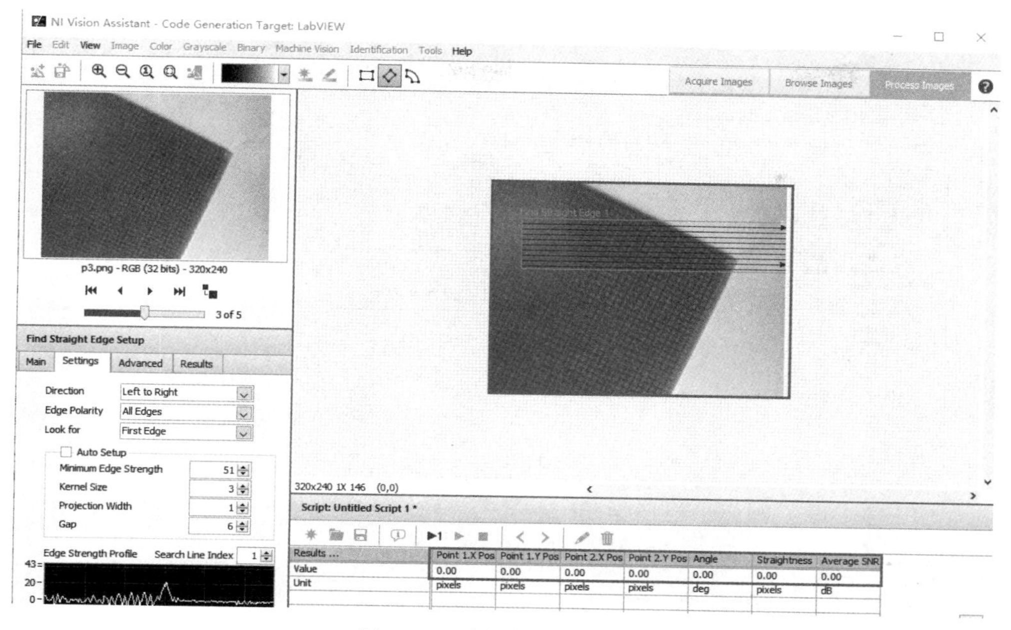

图 8-39 无法检出直线边缘

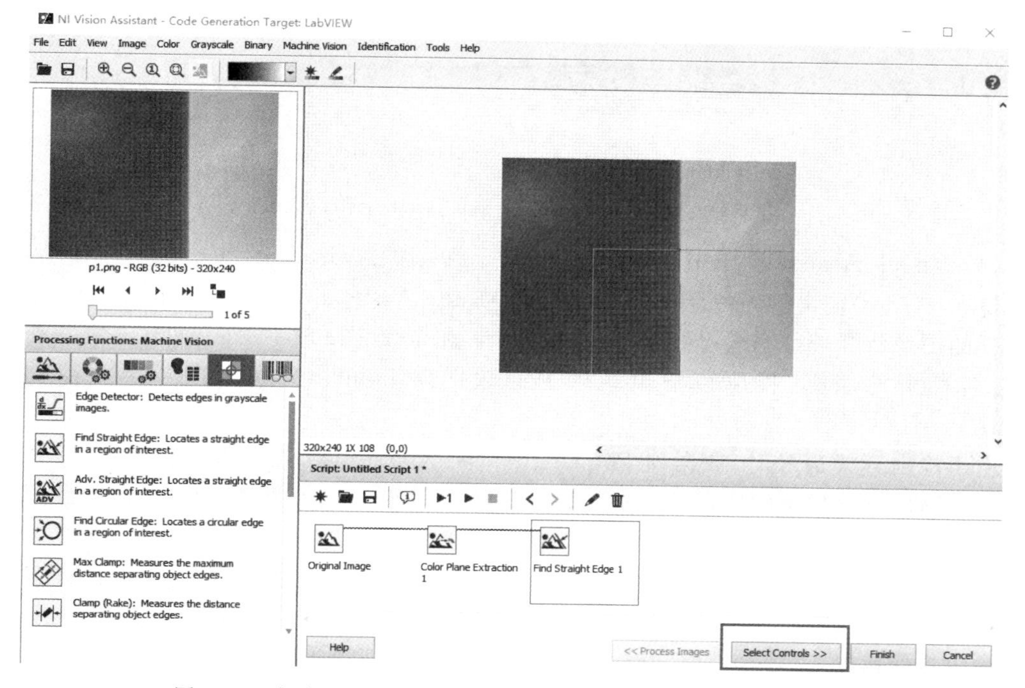

图 8-40 启动 Express VI Vision Assistant 的输入、输出参数配置

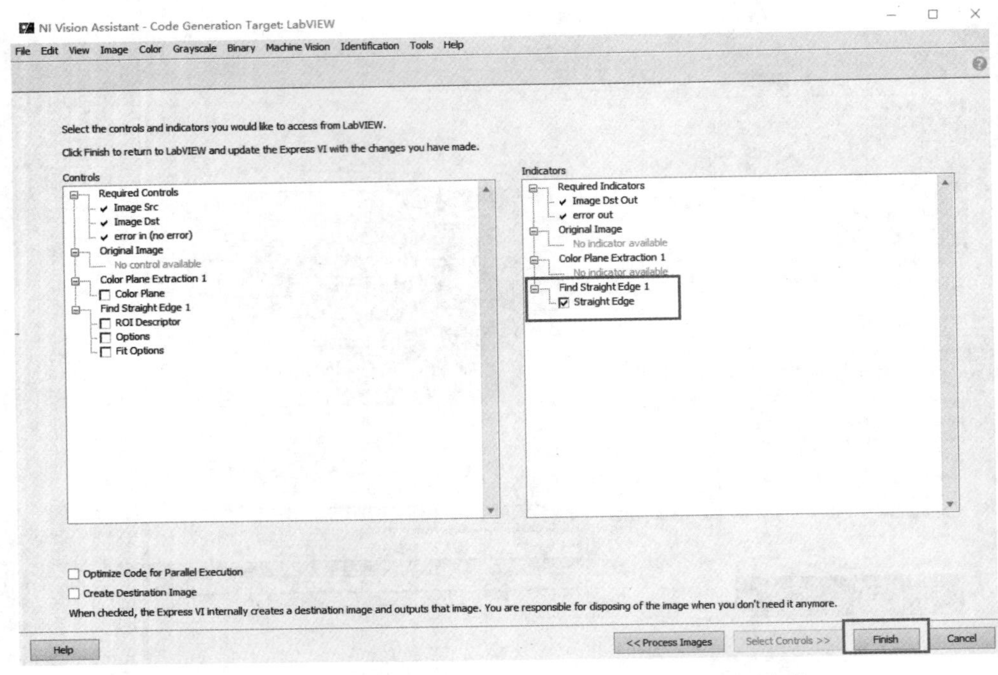

图 8-41 配置 Express VI Vision Assistant 输入、输出参数

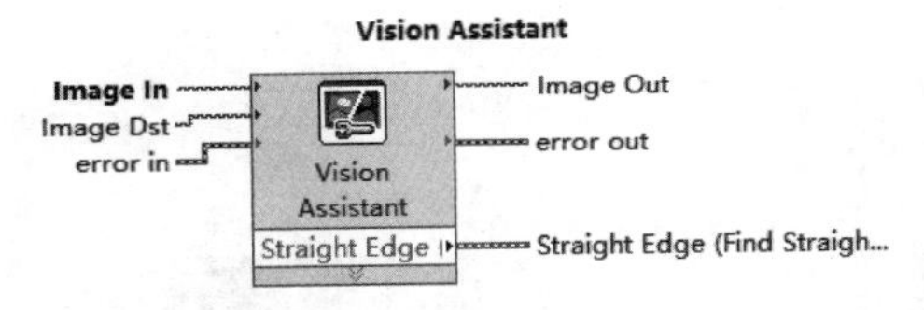

图 8-42 程序框图中的 Vision Assistant 节点图标

(4) Vision Assistant 调用。While 循环中，函数节点 Grab（函数→视觉与运动→NI IMAQdx→Grab）输出的图像连接 Express VI Vision Assistant 输入端口 Image In，对摄像头捕获的图像数据进行直线边缘检测。检测结果由端口 Straight Edge 输出。调用函数节点“按名称解除捆绑”提取该输出结果中的数据项 Point1（Pixels）. X 及 Angle（Real-World）。

由于检出直线边缘时，数据项 Point1（Pixels）. X 非 0，可作为前面板中布尔显示控件“方形指示灯”驱动显示的依据，以提示用户是否检出直线边缘。更进一步，可借助数值显示控件显示检出直线边缘的斜率参数。

需要注意的是，myRIO 实际项目中，并不存在前面板（这里的程序前面板仅具有调试的意义，并无实际部署的价值），可用板载 LED 驱动显示或者连接 DIO 端口的 LED 显示提示是否检出直线边缘。

(5) 应用程序结束后处理。While 循环结束后，图像采集与边缘检测任务完成。调用函数节点 IMAQ Dispose（函数→视觉与运动→NI IMAQdx→Vision Utilities→Image

Management→IMAQ Dispose)释放图像占有的内存空间,调用函数节点关闭摄像头,释放硬件资源控制权限。调用函数节点“合并错误”,将两个函数错误信息进行合并,连接函数节点 Reset myRIO(函数→myRIO→Device management→Reset)和 error out,完成程序结束后设备的复位操作。

最终完成的 myRIO 检测直线边缘程序如图 8-43 所示。

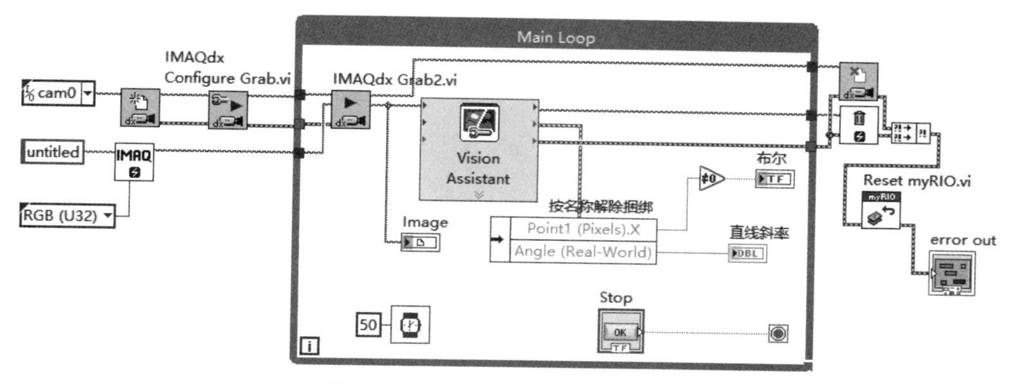

图 8-43 myRIO 检测直线边缘程序

运行程序,镜头下移动电路板,ROI 区域内,myRIO 总是可以快速得出检出直线边缘结果。当未检出直线边缘(无电路板或摆放位置无法检出直线边缘)时,均被视为摄像头视场范围内没有电路板,则布尔类型方形指示灯亮,如图 8-44 所示。

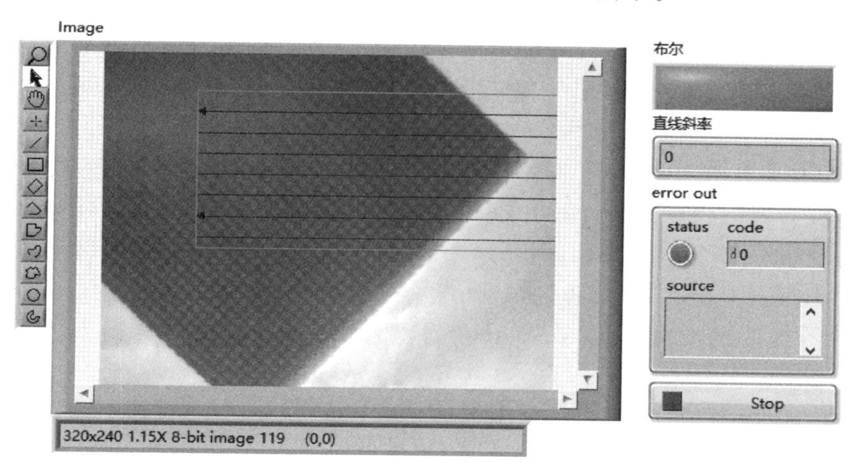

图 8-44 myRIO 直线边缘检测程序执行结果

2. OCR 技术应用

OCR(Optical Character Recognize,光学字符识别)是指利用光学技术、计算机技术识别印刷或者写在纸张上的文字。LabVIEW 中专门提供了 OCR 工具包,可以帮助开发者快速完成文字识别相关应用系统的设计和开发。视觉与运动工具包中的 OCR 相关函数节点如图 8-45 所示。

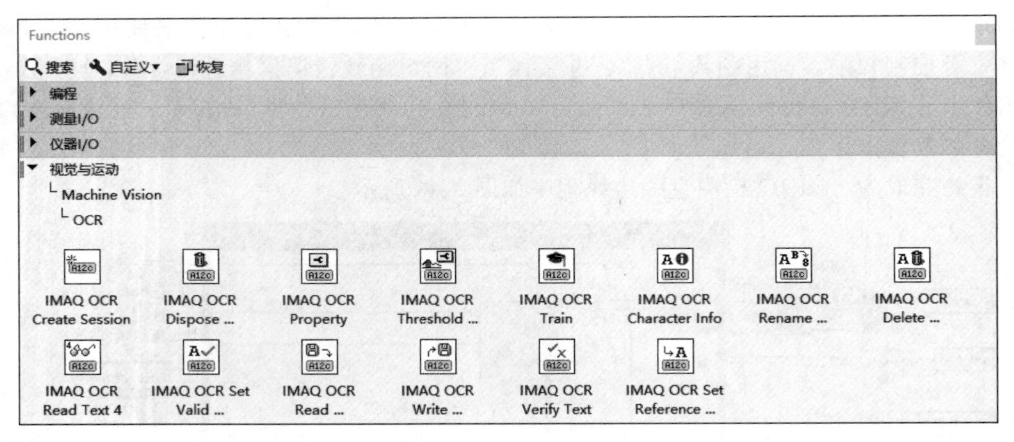

图 8-45 视觉与运动工具包中的 OCR 相关函数节

OCR 相关应用开发，最少需要 IMAQ OCR Create Session（创建 OCR 任务）、IMAQ OCR Read Charactor Set File（读取已经训练好的特征字符集文件）、IMAQ OCR Read Text4（根据训练所得特征字符集对采集图像中文字进行识别）、IMAQ OCR Dispose Session（结束 OCR 任务，释放 OCR 任务所占用系统资源）四个节点才可实现采集图像中文字的识别。

1）设计目标

本案例以识别手机中时钟数字为目标，使用 USB 接口的 Web 摄像头连接 myRIO。myRIO 实时捕获手机显示时钟界面的图像，借助 LabVIEW 提供的 OCR 功能，识别实时刷新显示的手机时钟数字（这一功能可直接用于各类数字仪表读数的智能识别）。

2）设计思路

建立基于 While 循环的轮询式程序结构。在 While 循环前打开摄像头，配置采集任务，创建采集图像需要的内存空间；创建 OCR 任务，载入前期训练的 OCR 特征字符集文件。在 While 循环结构内，实时采集图像，捕获手机时钟界面显示的当前时间信息画面，设置固定的 ROI 区域范围，调用函数选板“函数→视觉与运动→Machine Vision→OCR”中提供的函数，识别并显示当前时间参数；在 While 循环外，关闭摄像头，销毁图像占有的内存空间。

3）程序实现

OCR 相关应用程序的开发分为模型训练、应用程序设计两个阶段。

第一阶段完成 OCR 模型训练。

这一阶段的主要任务为采集图像，完成图像中字符的识别训练、生成文字识别模板文件，并将该模板文件导入 myRIO 板载硬盘 VISION 文件夹下。

（1）NI MAX 采集图像。打开手机时钟显示窗口，将其置于连接 myRIO 的摄像头视场范围内。打开 NI MAX，找到 myRIO 当前连接的摄像头。单击“Grab”按钮启动连续采集，并调整摄像头与手机相对位置，使其可以实时采集手机时钟界面图像，如图 8-46 所示。

由于拟实现对于手机时钟界面时间参数的识别，因此需要连续采集并选择存储若干图

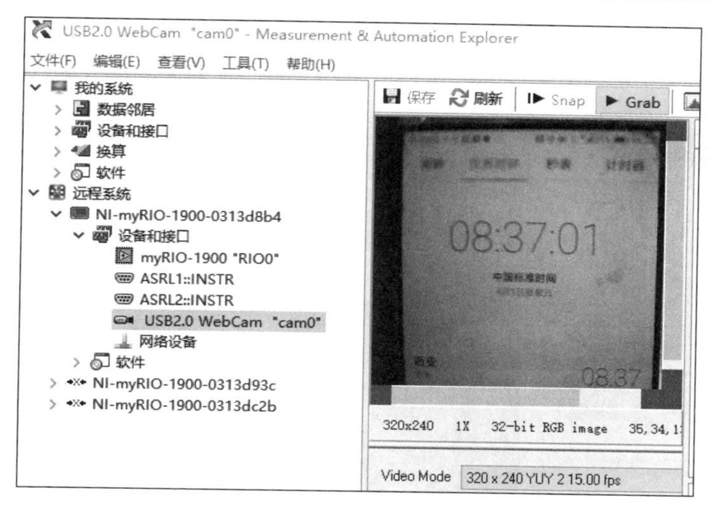

图 8-46　MAX 中实时采集手机时钟界面图像

片，确保存储的全部图片中包含数字 0、1、2、3、4、5、6、7、8、9，以便后续训练阶段每个字符都有对应的样本参与分类器的训练。图 8-46 中所采集的图片只能对数字 0、8、3、7、1 进行特征提取和模型训练，无法识别数字 2、4、5、6、9。

(2) 视觉助手打开图片。右击程序框图，调用 ExpressVI Vision Assistant。在随后启动的视觉助手配置程序中，打开 NI MAX 中采集并保存的全部时钟画面图片，如图 8-47 所示。

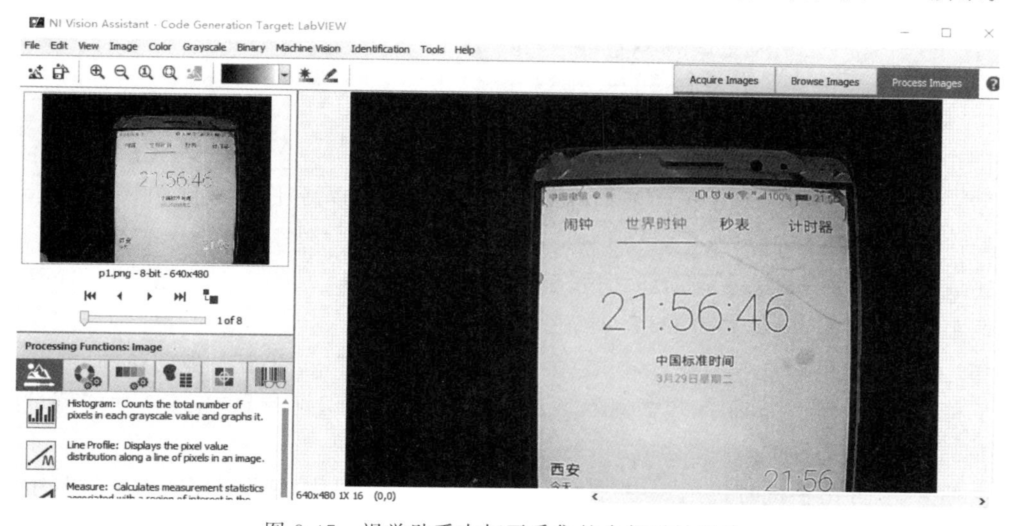

图 8-47　视觉助手中打开采集的全部时钟图片

(3) 启动 OCR 训练窗口。在 Vision Assistant 左侧操作导航栏的视觉算法库中，调用 Identification→OCR/OCV，启动 OCR 训练窗口，如图 8-48 所示。

(4) 启动特征字符集创建。在 OCR/OCV 算法配置页面中，选择 Train 选项卡，单击"New Character Set File..."，启动 OCR 参数配置窗口，创建新的字符集文件，如图 8-49 所示。

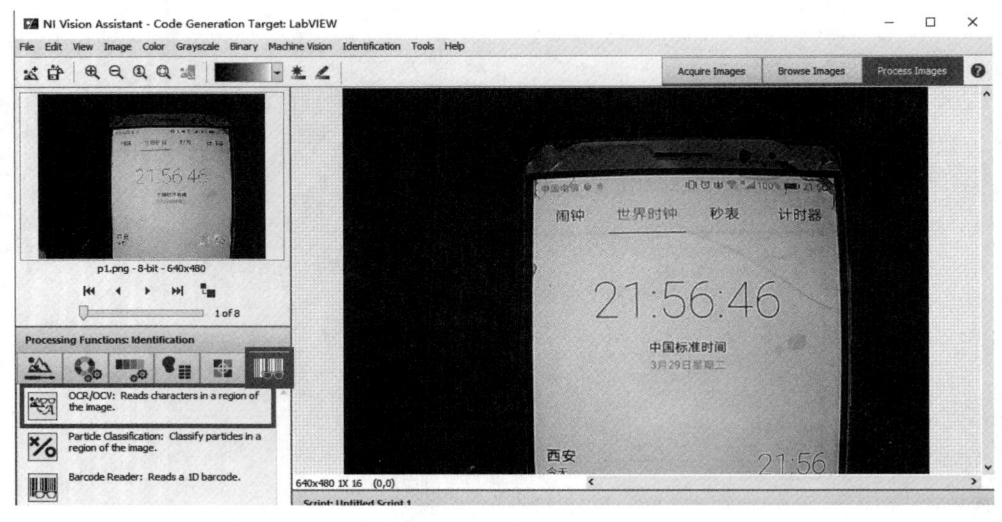

图 8-48　启动 OCR 训练窗口

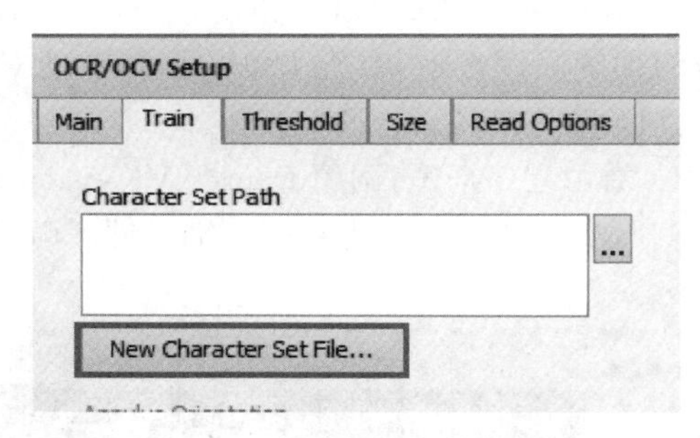

图 8-49　创建新的字符集文件

（5）OCR 功能训练。OCR 功能训练指的是对于采集的每张图片按照图 8-50 所示步骤进行操作，进行 OCR 训练。

完成全部图片中的文字识别训练后，单击 OCR 训练窗口工具栏中的图标，保存训练的特征字符集文件。最后关闭 OCR 训练窗口。

（6）OCR 功能测试。单击 Train 选项卡，单击按钮"..."，打开上一步创建的 OCR 识别特征字符集，打开下一张图片，单击脚本区图标 ▶1，测试其识别效果。OCR 功能测试结果如图 8-51 所示。

由图 8-51 可见手机时钟图片中时间字符被正确分割、识别，说明 OCR 训练过程中产生的特征字符集文件可以有效支持 OCR 识别结果。

（7）特征字符集文件导入 myRIO。由上述 OCR 过程可知，训练生成的以 *.abc 为后缀的特征字符集文件，是完成 OCR 功能的关键。基于 myRIO 的 OCR 应用开发必须首先将训练生成的以 *.abc 为后缀的文件导入 myRIO 板载硬盘，以备 OCR 应用程序读取和使用。

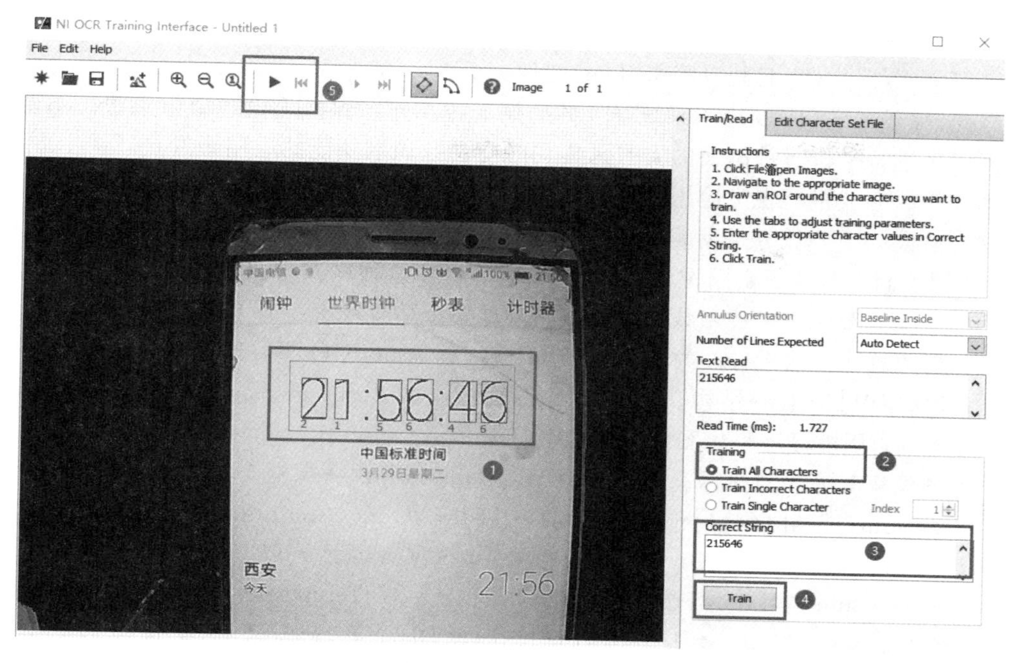

图 8-50　OCR 训练

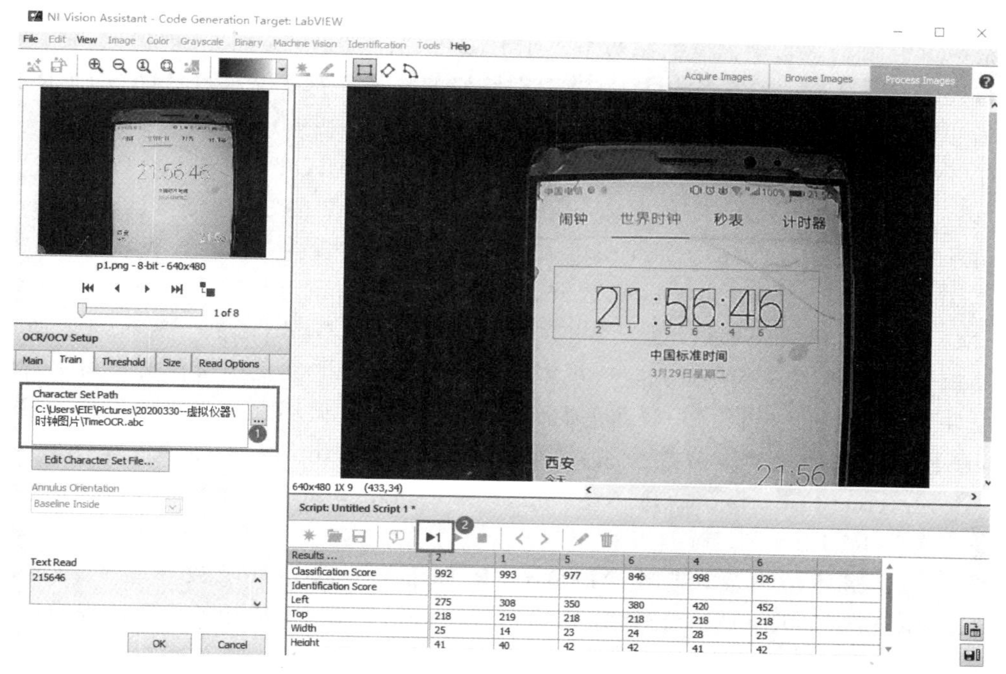

图 8-51　OCR 功能测试结果

在 NI MAX 中，右击联机状态的 myRIO，选择“文件传输”，将以 *. abc 为后缀的 OCR 特征字符集文件导入板载硬盘“VISION”文件夹下。

至此，完成了 myRIO 应用系统开发的前期准备工作。保持手机和摄像头状态不变，即可编写程序进行手机时钟画面的实时采集和时间参数识别功能的应用开发。

第二阶段完成机器视觉应用程序设计。

这一阶段的主要任务是创建 myRIO 新项目，完成图像实时采集、调用机器视觉工具包中 OCR 相关函数节点识别图像中 ROI 区域字符内容。程序实现分为程序总体结构设计、图像实时采集与显示、OCR 函数调用及应用程序结束后处理等步骤。

(1) 程序总体结构设计。为了简化程序设计，删除 myRIO 项目模板自动生成的三帧程序结构，仅保留 While 循环结构。另外，程序前面板添加 Image Display 控件(控件→Vision→Image Display)，用以显示采集图像。添加字符串显示控件，用以显示 OCR 结果。

(2) 图像实时采集与显示。调用函数节点 Open(函数→视觉与运动→NI IMAQdx→Open)、Configure Grab(函数→视觉与运动→NI IMAQdx→Configure Grab)、Grab(函数→视觉与运动→NI IMAQdx→Grab)、Close(函数→视觉与运动→NI IMAQdx→Close)等，其中 Grab 置于 While 循环中，其输出图像连接图形显示控件 Image，完成图像实时采集与显示功能(还需要调用 IMAQ -IMAQ Create、IMAQ Dispose 实现图像采集过程总缓存空间的管理功能)。

(3) OCR 函数节点调用。OCR 功能的实现，需要调用函数→视觉与运动→Machine Vision→OCR 函数选板中提供的函数节点 IMAQ OCR Create Session(创建 OCR 任务)、IMAQ OCR Read Character Set File(读取训练好的特征字符集文件)、IMAQ OCR Read Text4(识别文字)、IMAQ OCR Dispose Session(结束 OCR 任务)。

① IMAQ OCR Create Session(函数→视觉与运动→Machine Vision→OCR→IMAQ OCR Create Session)、IMAQ OCR Read Character Set File(函数→视觉与运动→Machine Vision→OCR→IMAQ OCR Read Character Set File)仅需执行一次，置于 While 循环之外。

② IMAQ OCR Read Text4(函数→视觉与运动→Machine Vision→OCR→IMAQ OCR MAQ OCR Read Text4)置于 While 循环内，实现对 Grab(函数→视觉与运动→NI IMAQdx→Grab)连续采集图片指定区域字符的识别。由于本案例中摄像头和采集对象位置静止不动，变化的只有图像中显示的时间，因此在 While 循环之外调用函数节点 IMAQ Convert Rectangle to ROI(函数→视觉与运动→Vision Utilities→Region of Interest→Region of Interest Conversion→IMAQ Convert Rectangle to ROI)，将指定位置的矩形坐标簇数据设置为 ROI。

③ While 循环结束后，调用 IMAQ OCR Dispose Session(函数→视觉与运动→Machine Vision→OCR→IMAQ OCR Dispose Session)销毁 OCR 任务执行过程中所占用的资源。

(4) 应用程序结束后处理。图像实时采集与 OCR 任务执行完毕后，在 While 循环外再调用“合并错误”“清除错误”(函数→编程→Dialog & User Interface)将摄像头、图像内存管理、OCR 3 条程序执行逻辑中相关节点产生的错误信息进行合并，并采取直接清除的方式处理。

最终完成的手机时钟界面 OCR 程序如图 8-52 所示。

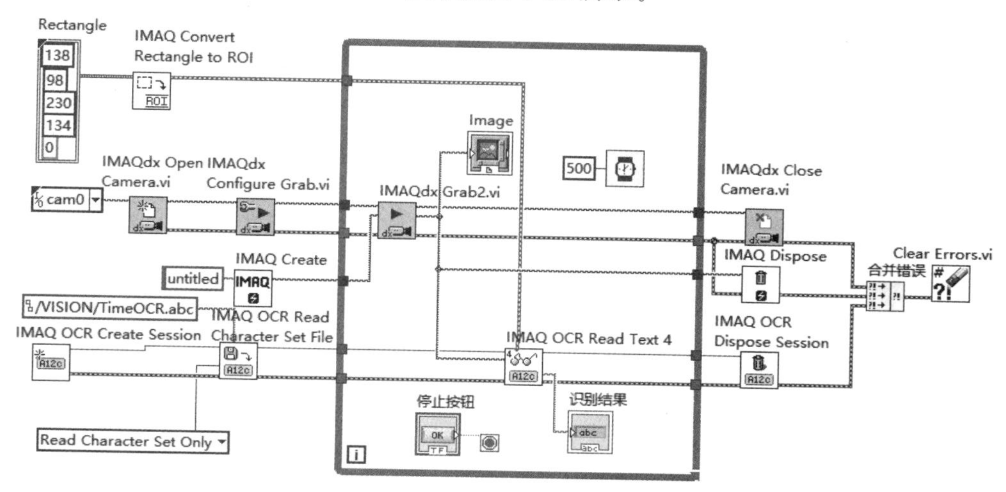

图 8-52　手机时钟界面 OCR 程序

运行程序，手机时钟界面图像采集与 OCR 结果如图 8-53 所示。

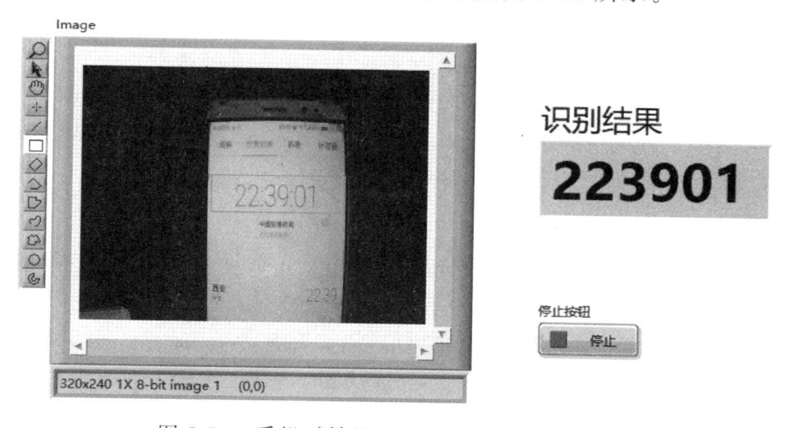

图 8-53　手机时钟界面图像采集与 OCR 结果

本案例所展示的技术实现方案可以直接移植于各类数字仪表读数的识别，而且具有较高的准确度。

3. 模拟仪表读数识别技术应用

测量仪表是工业现场甚至居家生活必不可少的装置。早期的测量仪表大多数是指针式的模拟仪表，绝大多数模拟仪表以其测量准确可靠、价格低廉的特点至今仍然在发挥着重要的作用。但是随着信息化技术的浪潮，改造原有技术系统，进行数字化测量、网络化测量已经势不可挡地成为主流技术。彻底废除原有测量仪表是一种解决方案，而基于机器视觉技

术对模拟仪表进行图像采集和读数识别，则是另外一种不破坏原有技术系统的快速解决方案。

LabVIEW 中视觉与运动工具包中专门提供了模拟仪表、液晶屏显示仪表的读数识别函数，可以帮助开发者快速完成仪表识别相关应用系统的设计和开发，视觉与运动工具包中的仪表读数相关函数节点如图 8-54 所示。

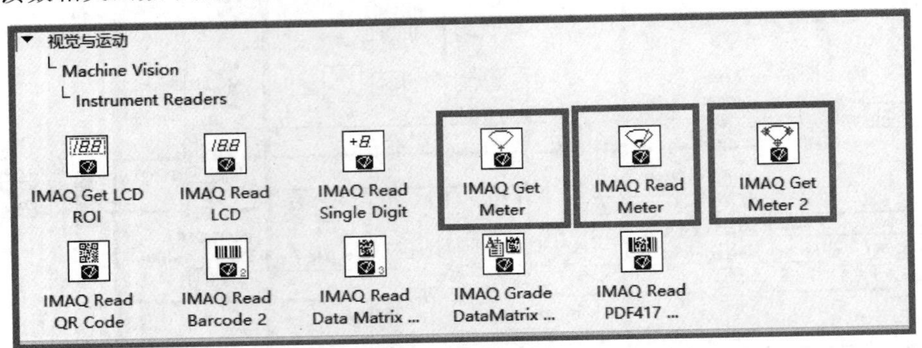

图 8-54　视觉与运动工具包中的仪表读数相关函数节点

其中，模拟仪表读数的识别最少仅需三个节点即可完成。分别是 IMAQ Get Meter（建立双线法识别模拟仪表读数的参数配置）、IMAQ Get Meter 2（建立三点法识别模拟仪表读数的参数配置）、IMAQ Read Meter（仪表读数识别）。

1）设计目标

本案例以识别模拟测量仪表读数为目标，使用 USB 摄像头，基于 myRIO 实时捕获模拟仪表图像，借助 LabVIEW 提供的 Instrument Readers 功能，识别仪表读数，获取其测量值。本案例可直接用于各类模拟仪表读数的智能识别。

2）设计思路

建立基于 While 循环的轮询式程序结构。While 循环前打开摄像头，配置采集任务，创建采集图像需要的内存空间；While 循环结构内，实时采集图像，捕获手机时钟界面图像文件，调用函数选板函数→视觉与运动→Machine Vision→Instrument Readers 中提供的相关函数，读取配置参数，识别并显示模拟仪表测量结果；While 循环外关闭摄像头，销毁图像占有的内存空间。

3）程序实现

模拟仪表读数识别相关应用程序开发分为确定参考坐标、myRIO 应用程序设计两个阶段。

第一阶段：确定参考坐标。

这一阶段的主要任务是确定模拟仪表读数识别时所需要的参考点坐标，包括完成仪表初始值位置坐标、满量程测量值位置坐标及模拟仪表指针圆心位置坐标确定。一般分为 NI MAX 采集图像、坐标拾取两个步骤。

（1）NI MAX 采集图像。固定摄像头，调整其与测量仪表相对位置和距离，打开 NI

MAX，找到 myRIO 联机状态的摄像头。单击“Grab”按钮启动连续采集，实时观测采集、存储若干模拟仪表测量图像。

（2）坐标拾取。确定图像中模拟表盘初始值刻度对应坐标、模拟表盘满刻度值对应坐标及指针圆心坐标。由于这三点值选择的准确度直接决定识别结果的准确性，因此使用画板或其他图像浏览工具软件打开采集的模拟电压表测量图像，借助图形图像类工具软件快速确定模拟仪表指针圆心位置及其坐标、初始值位置及其坐标、满刻度值位置及其坐标（记录三点坐标值，以备后用），三点坐标坐标位置样例如图 8-55 所示。

图 8-55 三点坐标坐标位置样例

第二阶段：myRIO 应用程序设计。

这一阶段的主要任务是创建 myRIO 新项目，完成图像实时采集、调用机器视觉工具包中 Instrument Readers 相关函数节点识别图像中模拟仪表测量值读数，完成仪表读数识别程序设计。程序实现分为程序总体结构设计、图像实时采集与显示、模拟仪表读数识别及程序结束后处理等步骤。

（1）程序总体结构设计。为了简化程序设计，删除 myRIO 项目模板自动生成的三帧程序结构，仅保留 While 循环结构。另外，程序前面板添加 Image Display 控件（控件→Vision→Image Display），用以显示采集图像。添加字符串显示控件，用以显示识别结果。

（2）图像实时采集与显示。调用 Open（函数→视觉与运动→NI IMAQdx→Open）、Configure Grab（函数→视觉与运动→NI IMAQdx→Configure Grab）、Grab（函数→视觉与运动→NI IMAQdx→Grab）、Close（函数→视觉与运动→NI IMAQdx→Close）等函数节点，其中 Grab 置于 While 循环中，其输出图像连接图形显示控件 Image，完成图像实时采集与显示功能（还需要调用 IMAQ -IMAQ Create、IMAQ Dispose 实现图像采集过程总缓存空间的管理功能）。

（3）模拟仪表读数识别。基于“三点法”进行模拟仪表读数识别，调用函数节点 IMAQ Get Meter 2（函数→视觉与运动→Machine Vision→Instrument Readers→IMAQ Get Meter 2）获取三点法配置参数，调用函数节点 IMAQ Read Meter（函数→视觉与运动→Machine Vision→Instrument Readers→IMAQ Read Meter）完成读数识别。

两个函数节点调用时的有关配置如下。

① 函数节点 IMAQ Get Meter 2（建立三点法识别模拟仪表读数的参数配置），仅需执行一次，置于 While 循环之外；本案例中，设置该节点输入参数 Needle Base 取值为簇类型模拟仪表指针圆心坐标数据（128，164）；输入参数 Initial Point 取值为簇类型模拟仪表初始值坐标数据（62，85）；输入参数 Range Point 取值为簇类型模拟仪表指针圆心坐标数据（195，85）。

② 函数节点 IMAQ Read Meter（仪表读数识别）置于 While 循环内，实现对于 Grab（函

数→视觉与运动→NI IMAQdx→Grab)连续采集图片中模拟仪表读数的识别。其输入参数Needle Base连线函数节点IMAQ Get Meter输出参数Center Out；其输入参数Arc Points连线函数节点IMAQ Get Meter输出参数Circle Points；其输出参数Percentage of Scale为识别结果相对于满量程的百分比。

(4) 程序结束后处理。图像实时采集与仪表读数识别任务执行完毕后，While循环外调用“合并错误”“清除错误”(函数→编程→Dialog & User Interface)将摄像头、图像内存管理程序执行逻辑中相关节点产生的错误信息进行合并，并采取直接清除的方式处理。

最终完成的程序框图如图8-56所示。

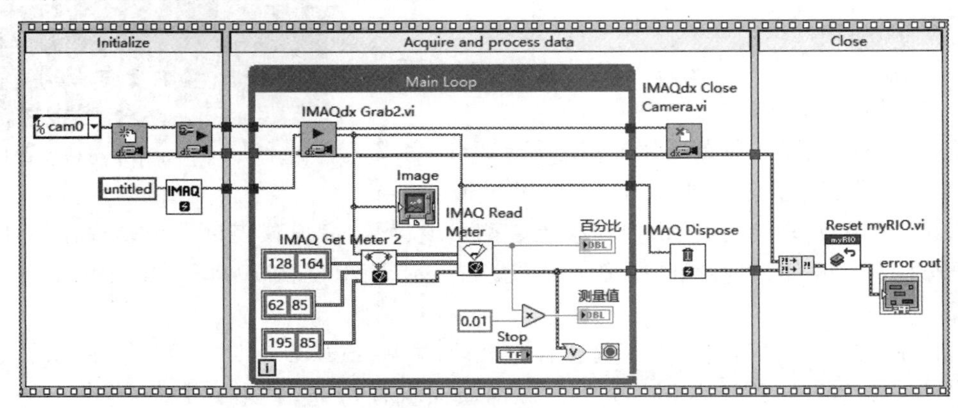

图8-56 模拟仪表读数识别程序框图

运行程序，模拟仪表读数识别程序执行结果如图8-57所示。

图8-57 模拟仪表读数识别程序执行结果

程序运行结果表明，LabVIEW 提供的机器视觉开发功能，在模拟仪表读数识别方面，具有相当高的精度，而且这一精度仅取决于最初表盘初始值、满刻度值及表盘弧度所在圆的圆心3个坐标值是否准确设定。这一技术能够以较小工程施工代价快速完成传统测试系统的升级改造。

4. 基于颜色模式匹配的胶囊药丸计数

颜色模式匹配(Color Pattern Matching)是指在待测图像中搜索、定位与模板图像颜色匹配的区域。LabVIEW 机器视觉函数工具包中“搜索与匹配”(Searching and Matching)提供了颜色模式匹配相关函数节点，可以帮助开发者快速完成颜色相关机器视觉应用系统的设计和开发，如图8-58所示。

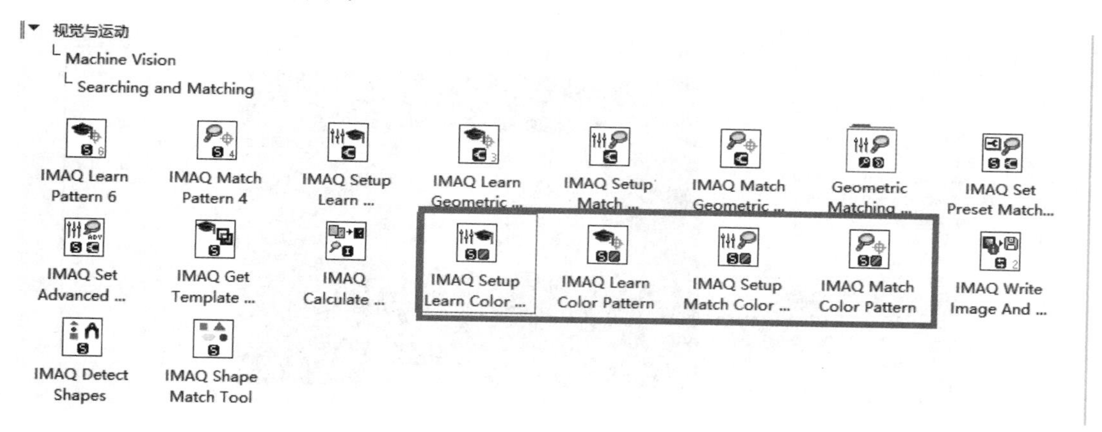

图8-58　颜色模式匹配相关函数节点

对采集图像中特定颜色的搜索的和定位，最少需要 IMAQ Setup Learn Color Pattern(配置颜色模式学习参数)、IMAQ Learn Color Pattern(针对给定模板进行颜色模式学习)、IMAQ Setup Match Color Pattern(配置颜色模式匹配参数)、IMAQ Match Color Pattern(利用颜色模式学习结果，对于采集图像进行颜色模式匹配)4个函数节点。

1）设计目标

本案例中基于颜色模式匹配技术实现铝箔包装药物中红色胶囊数量检测，对于采集图像进行颜色模式匹配操作，获取采集图像中与模板图像中胶囊颜色一致的区域及数量。本案例可直接用于生产线中药物包装是否存在缺陷的检测和判断。

2）设计思路

建立基于 While 循环的轮询式程序结构。While 循环前打开摄像头，配置采集任务，创建采集图像需要的内存空间。设置颜色模式学习参数，针对指定模板图像进行颜色模式学习，获取模式匹配有关特征参数。设置颜色模式匹配参数，完成颜色模式匹配前的准备工作；While 循环结构内，实时采集图像，捕获胶囊药物画面，调用颜色模式匹配函数，对于图像中与模板一致的区域进行搜索和定位并输出匹配结果；While 循环外关闭摄像头，销毁图像占有的内存空间。

3）程序实现

颜色模式匹配应用程序设计分为模型训练、程序设计两个阶段。

第一阶段完成颜色模型训练。

这一阶段的主要任务包括采集图像，完成图像中字符的识别训练、生成颜色匹配模板文件，并将模板文件导入 myRIO 板载硬盘 VISION 文件夹下。

（1）NI MAX 采集图像。打开 NI MAX，找到 myRIO 联机状态的摄像头。单击"Grab"启动连续图形采集，实时观测采集图像，可点击"Save Image"存储满意的胶囊药物图像，如图 8-59 所示。

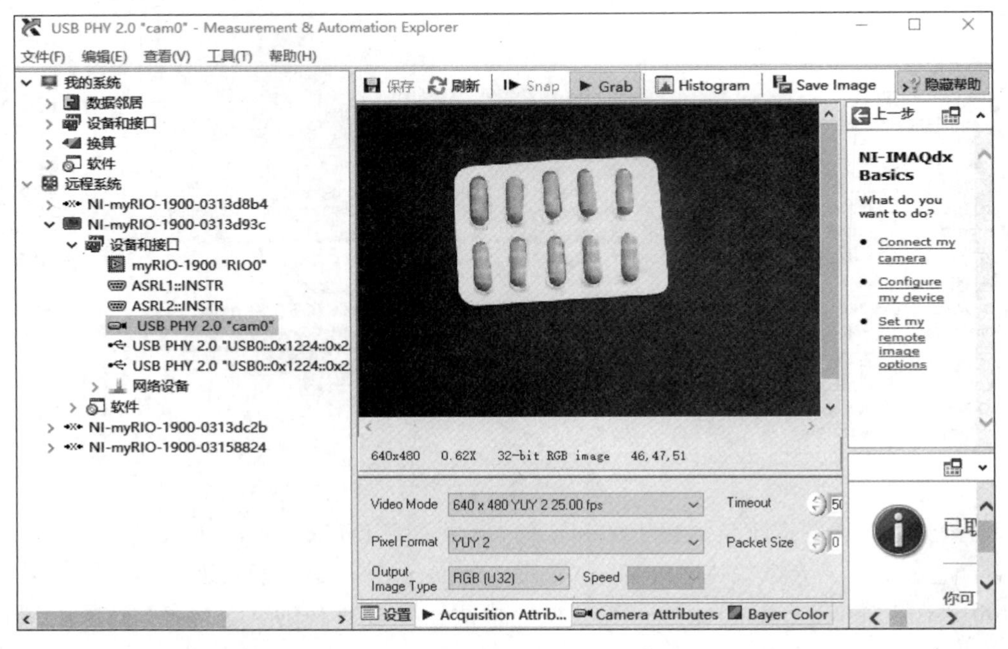

图 8-59　MAX 中采集并存储胶囊药物图像

（2）视觉助手打开图像。右击程序框图，调用 ExpressVI Vision Assistant。在随后启动的视觉助手配置程序中，打开 NI MAX 中采集并保存的胶囊药物图像，如图 8-60 所示。

（3）启动颜色模式匹配。在 Vision Assistant 左侧操作导航栏的视觉算法库中，调用 Color→Color Pattern Matching，启动颜色模式匹配训练窗口，如图 8-61 所示。

（4）启动颜色匹配模板创建。选择 Template 选项卡，单击"Create Template"，启动颜色匹配模板创建，如图 8-62 所示。

（5）颜色模板 ROI 选择。选择绘制具有良好代表性的 ROI，确定用于颜色模式匹配的图像，用以后续颜色模式匹配，如图 8-63 所示。

单击"OK"按钮，以文件名 color. png 保存模板图像，以备后用。

（6）匹配参数设置。创建完毕模板图像，即可观测到颜色模式匹配算子的颜色匹配初步结果——准确地匹配、定位出创建模板时选定区域，如图 8-64 所示。

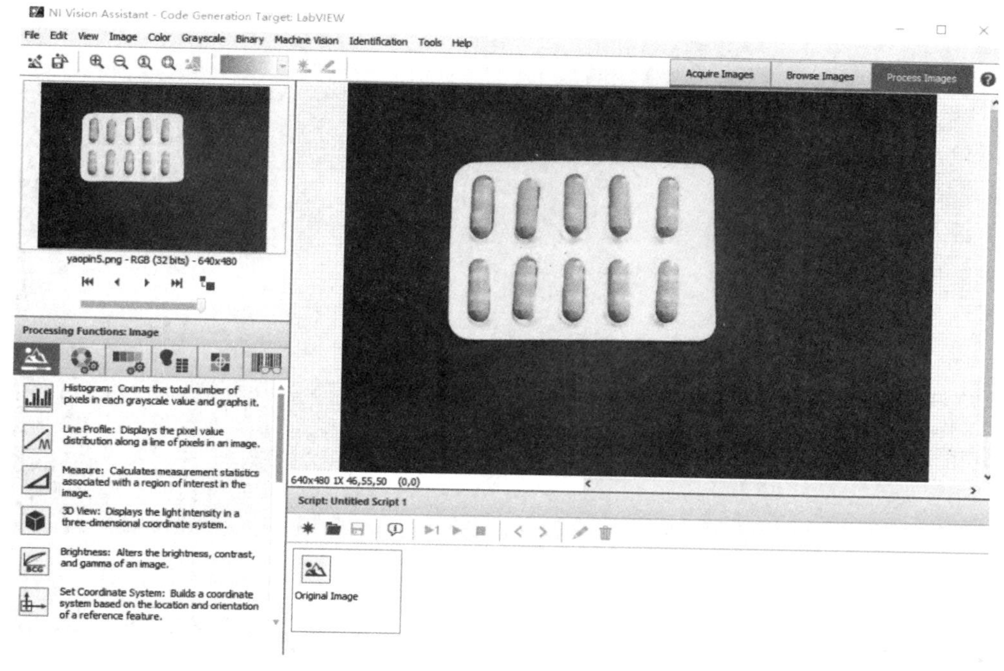

图 8-60 打开 NI MAX 中采集并保存的胶囊药物图像

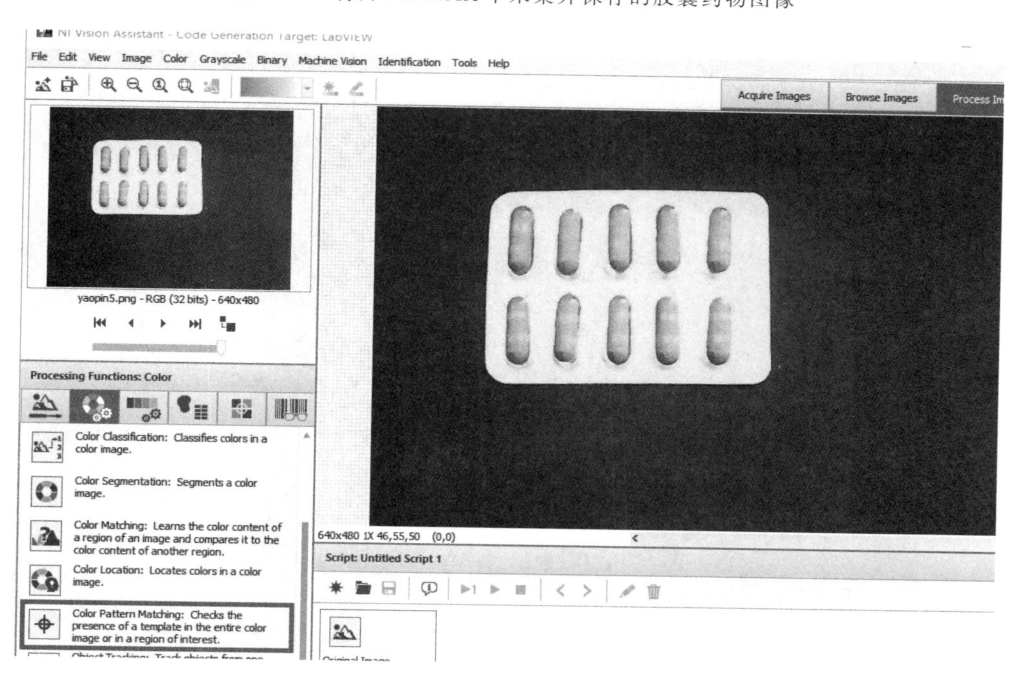

图 8-61 启动颜色模式匹配训练窗口

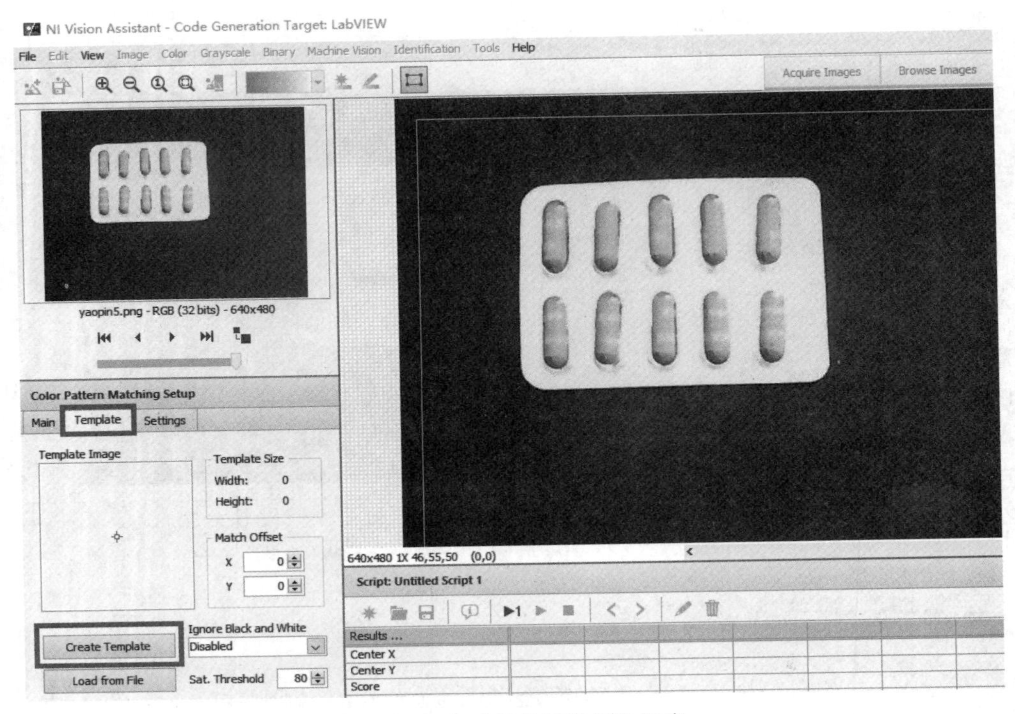

图 8-62 启动颜色匹配模板创建

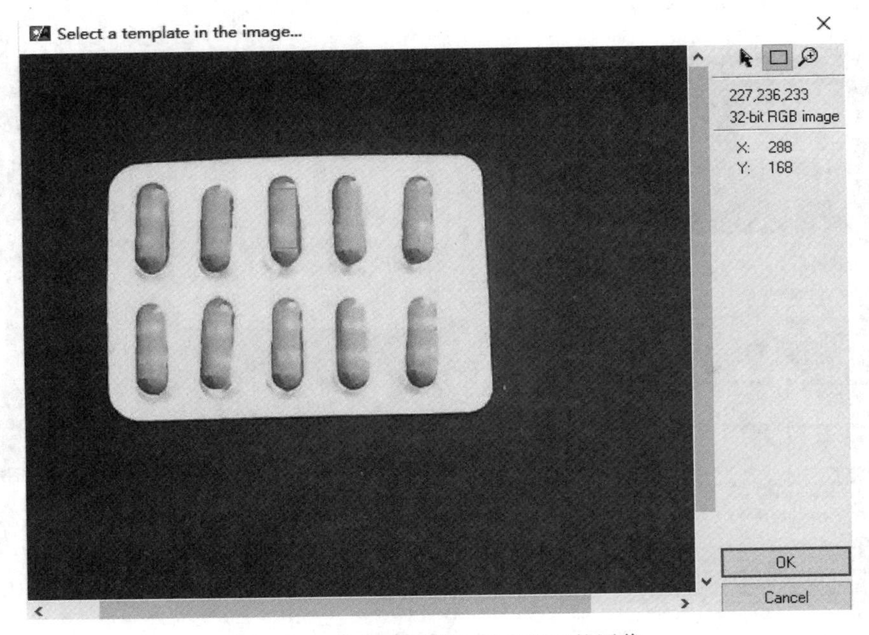

图 8-63 确定用于颜色模式匹配的图像

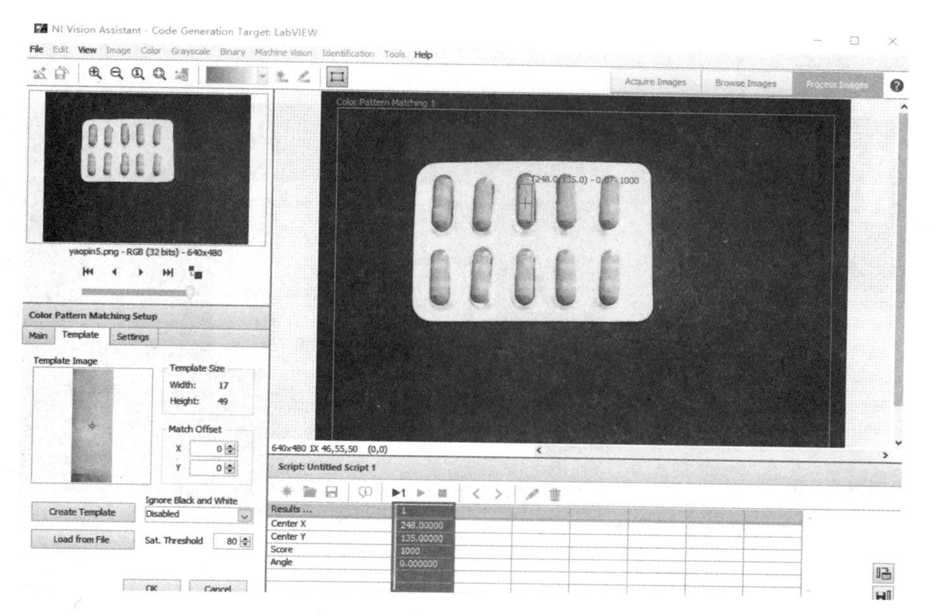

图 8-64　颜色匹配初步结果

图 8-64 中脚本区域输出结果可见匹配结果有关参数。单击当前窗口左下侧操作导航栏 Settings 选项卡，对于颜色模式匹配相关参数进行进一步设置，将期望匹配数目由默认的 1 修改为 10，如图 8-65 所示。

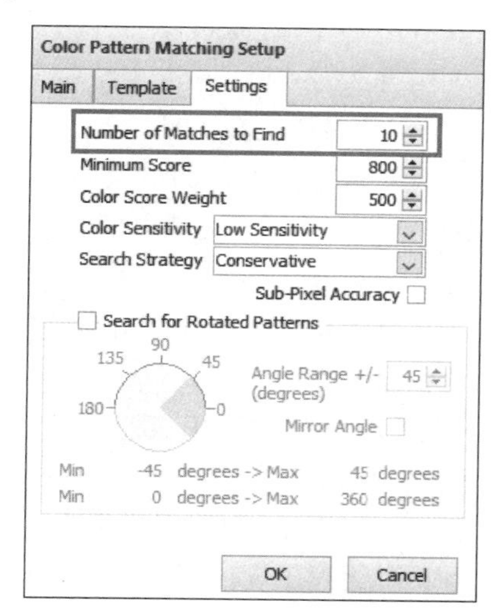

图 8-65　设置颜色匹配数目

单击 OK 按钮，颜色模式匹配最终结果如图 8-66 所示。

由匹配结果可见，即使采取默认匹配参数（未针对特定问题进行优化设置），依旧可以完美地匹配出全部胶囊位置。

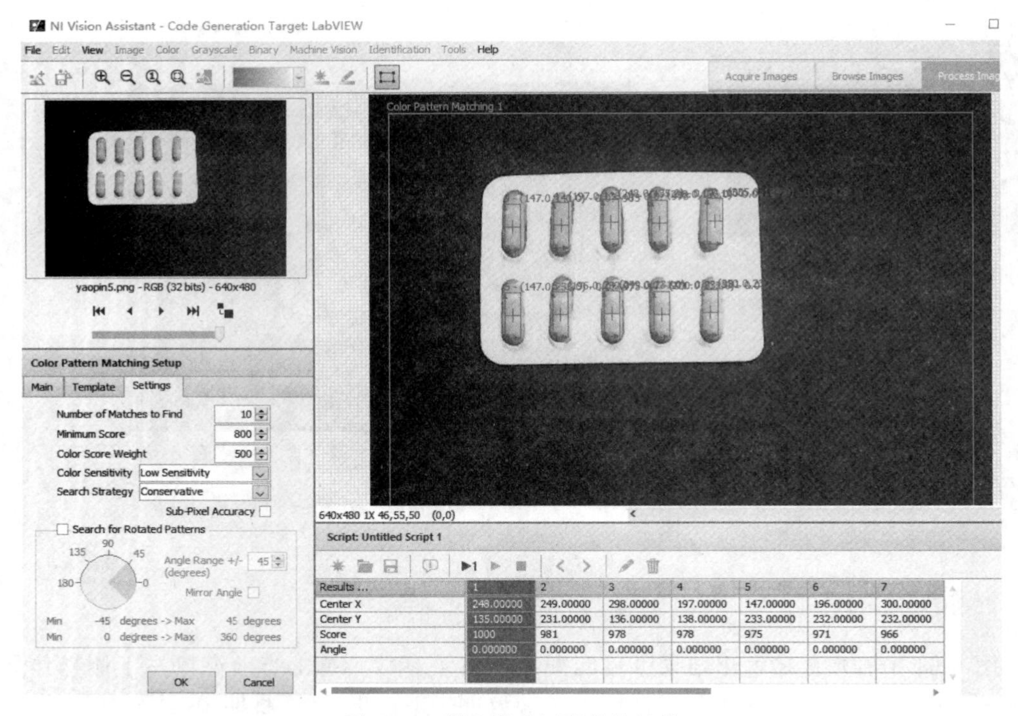

图 8-66 颜色模式匹配最终结果

（7）模板图像文件导入 myRIO。颜色模板图像文件是以 *.png 为后缀的图像文件。基于 myRIO 的颜色模式匹配应用开发必须首先将生成的以 *.png 为后缀的文件导入 myRIO 板载硬盘，以便 myRIO 应用程序脱机独立部署运行时可以访问。

NI MAX 中，右键单击联机状态的 myRIO，选择“文件传输”，将以 *.png 为后缀的颜色模板文件 color.png 导入板载硬盘“VISION”文件夹下。

至此，完成了 myRIO 应用系统开发的前期准备工作，可编写程序进行胶囊药物的实时采集和基于颜色模式匹配的胶囊数目测量功能的应用开发。

第二阶段完成胶囊药丸计数程序设计。

创建 myRIO 新项目，完成图像实时采集、调用机器视觉工具包中颜色模式匹配相关函数节点定位图像中与模板文件颜色一致的区域。程序实现分为程序总体结构设计、图像实时采集与显示、颜色模式学习、颜色模式匹配、应用程序结束后处理功能设计步骤。

（1）程序总体结构设计。为了简化程序设计，删除 myRIO 项目模板自动生成的三帧程序结构，仅保留 While 循环结构。另外，程序前面板添加 Image Display 控件（控件→Vision→Image Display），用以显示采集图像。添加数值显示控件，用以显示匹配数目。

（2）图像实时采集与显示。调用 Open（函数→视觉与运动→NI IMAQdx→Open）、Configure Grab（函数→视觉与运动→NI IMAQdx→Configure Grab）、Grab（函数→视觉与运动→NI IMAQdx→Grab）、Close（函数→视觉与运动→NI IMAQdx→Close）等函数节点，

其中Grab置于While循环中，其输出图像连接图形显示控件Image，完成图像实时采集与显示功能（还需要调用IMAQ -IMAQ Create、IMAQ Dispose实现图像采集过程中缓存空间的管理）。

（3）颜色模式学习。颜色模式学习分为如下三个步骤。

① 读取颜色模板文件。调用IMAQ -IMAQ Create（函数→视觉与运动→Vision Utilities→Image Management→IMAQ Create）创建颜色模板图像文件所需内存空间，调用IMAQ ReadFile 2（函数→视觉与运动→Vision Utilities→Files→IMAQ ReadFile 2）读取myRIO板载硬盘VISION文件夹下模板文件color.png。

② 设置颜色模式学习参数。调用IMAQ Setup Learn Color Pattern（函数→视觉与运动→Machine Vision→Searching and Matching→IMAQ Setup Learn Color Pattern）配置学习参数，设置学习参数Feature Mode取值为color；设置学习参数Learn Mode取值为Shift Information。

③ 进行颜色模式学习。调用IMAQ Learn Color Pattern（函数→视觉与运动→Machine Vision→Searching and Matching→IMAQ Learn Color Pattern）完成颜色模式学习，其输入端口Image连接打开的模板图像文件；其输入端口Learn Color Pattern Setup Data连接节点IMAQ Setup Learn Color Pattern的输出端口Learn Color Pattern Setup Data。

（4）颜色模式匹配。颜色模式匹配分为“配置匹配参数”和“颜色模式匹配”两个步骤。

① 配置匹配参数。调用IMAQ Setup Match Color Pattern（函数→视觉与运动→Machine Vision→Searching and Matching→IMAQ Setup Match Color Pattern），进行学习参数配置。设置参数Match Mode取值为Shift Invariant（位移不变性）；设置参数Match Feature Mode取值为Color；设置参数Subpixels Accuracy取值为True；设置参数Color Sensitivity取值为Low Sensitivity；设置参数Search Strategy取值为Conservative。颜色模式匹配参数设置仅需执行一次，置于While循环之外。

② 颜色模式匹配。由于拟实现实时匹配和定位，因此在While循环中调用IMAQ Match Color Pattern（函数→视觉与运动→Machine Vision→Searching and Matching→IMAQ Match Color Pattern），其输入端口Image连接实时图像采集结果，输入端口Template Image连接颜色模式学习结果，输入端口Match Color Pattern Setup Data连接颜色模式匹配参数设置结果。

IMAQ Match Color Pattern输出参数Number of Matches即为采集图像中与模板图像颜色一致的区域数量，连接此参数与数值显示控件，并对该输出参数进行判断，当输出值小于10时，调用ExpressVI LED，驱动板载LED3显示，用以警示用户当前检测胶囊药物包装存在缺陷。

（5）应用程序结束后处理功能设计。图像实时采集与颜色模式匹配任务执行完毕后，在While循环之外，调用IMAQ Dispose（函数→视觉与运动→Vision Utilities→Image Management→IMAQ Dispose）释放各类图像所占用的内存空间，再调用“合并错误”“清除错误”（函数→编程→Dialog & User Interface）将摄像头、图像内存管理、颜色匹配3条程序执行逻辑中相关节点产生的错误信息进行合并，并采取直接清除的方式进行处理。

最终完成的胶囊药物颜色模式匹配程序如图 8-67 所示。

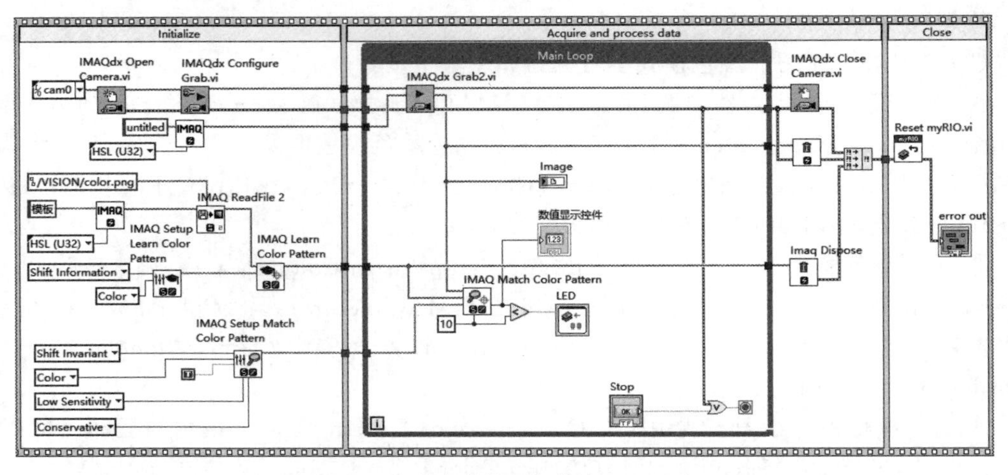

图 8-67 胶囊药物颜色模式匹配程序

在摄像头下放置完整胶囊药物，运行程序，基于颜色模式匹配的胶囊数目计量结果如图 8-68 所示。

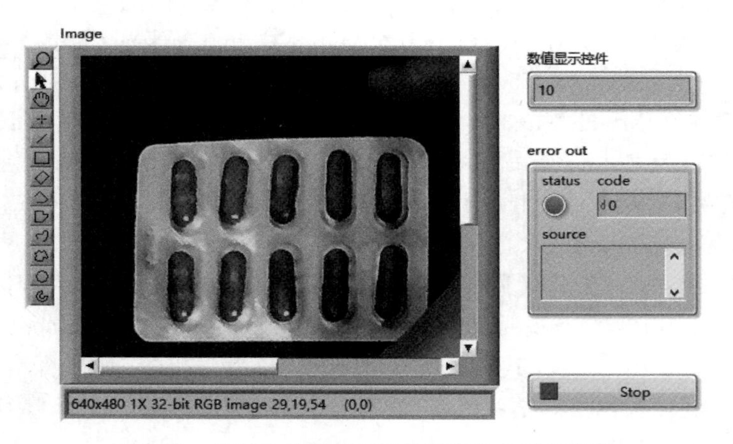

图 8-68 基于颜色模式匹配的胶囊数目计量结果

换一个残损胶囊药物，重新计量胶囊药物上红色胶囊数量，基于颜色模式匹配的残损胶囊数目计量结果如图 8-69 所示。

在很多视觉相关的应用中，颜色是一种非常有用的特征参数，可以轻而易举地实现分类目标。本案例所示程序进一步拓展功能，亦可实现基于颜色特征的分拣系统。

颜色模式匹配程序设计中基于模板的学习及基于学习结果的搜索匹配是 LabVIEW 机器视觉应用开发中一种具有共性的处理方法，读者可以模仿这一方法完成其他类似的视觉应用开发。

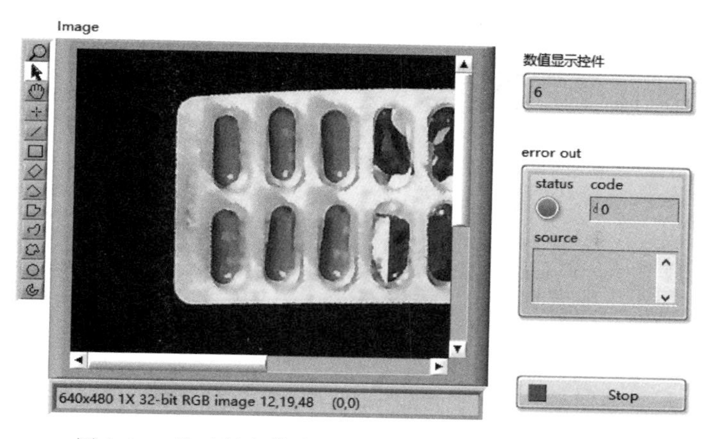

图 8-69　基于颜色模式匹配的残损胶囊数目计量结果

5. 基于颗粒分类(Particle Classification)的零件识别

分类是机器视觉中极为活跃一个研究方向，在生产生活中具有重要的作用。分类是指利用目标物体的形状、颜色、纹理等特征参数判断采集图像中未知类别物体的类别归属。这类行为常见于生产现场中对于零部件的识别和分拣。

分类应用一般分为学习、分类两个阶段。在学习阶段分类器利用收集的已知类别的样本、设定的特征参数和训练参数进行训练。分类则指的是利用训练好的分类器对未知类别的目标进行类别归属标记。

LabVIEW 机器视觉工具包中提供了分类函数子选板，可以帮助开发者快速实现分类算法应用。机器视觉工具包中的分类算法相关函数节点如图 8-70 所示。

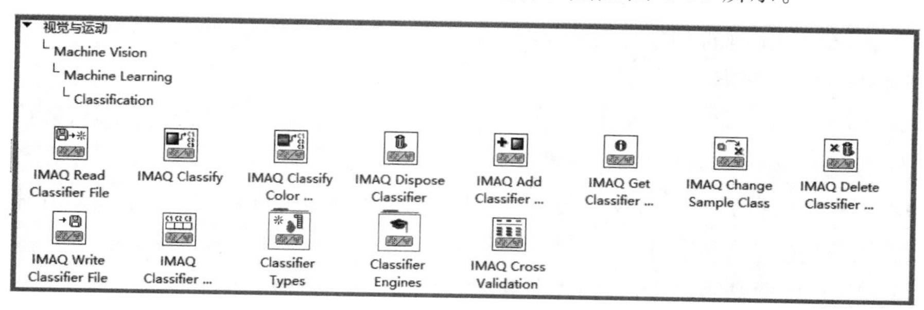

图 8-70　机器视觉工具包中的分类算法相关函数节点

针对不同特征如颗粒分析、颜色、纹理等，LabVIEW 进一步还提供了对应的不同类型分类器及其参数配置相关的函数节点，如图 8-71 所示。

初学阶段，可以借助 ExpressVI Vision Assistant 快速完成机器视觉中的分类应用开发，并通过 Vision Assistant 生成 LabVIEW 代码熟悉分类器函数选板提供的函数节点使用方法及流程。

1) 设计目标

本案例以对典型的机械零件(螺杆、螺母)分类为目标，使用 USB 接口 Web 摄像头，基

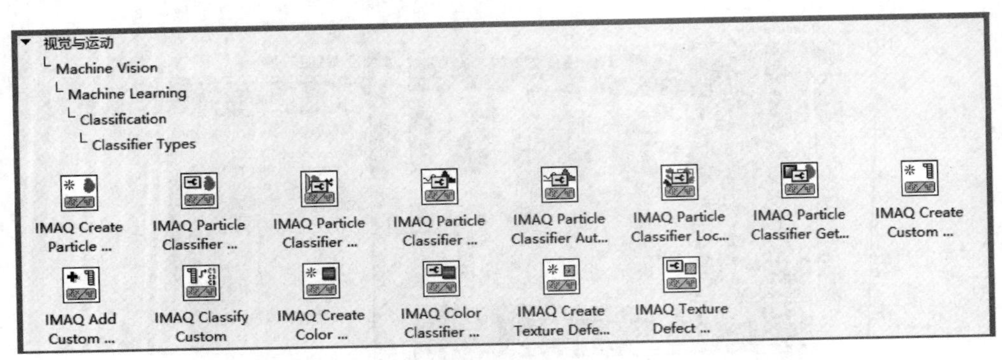

图 8-71　不同类型分类器及其参数配置相关的函数节点

于 myRIO 实时捕获机械零件图像，借助 LabVIEW 提供的视觉助手，应用颗粒分类(Particle Classification)算法快速完成图像中螺杆、螺母的分类、计数。

本案例中使用的颗粒分类程序实现过程及方法同样可以用于颜色分类、纹理分类等应用程序的设计开发。

2）设计思路

建立基于 While 循环的轮询式程序结构。While 循环前打开摄像头，配置采集任务，创建采集图像需要的内存空间；While 循环结构内，实时采集图像，调用 ExpressVI Vision Assistant，将其配置为颗粒分类模式(Particle Classification)，设置分类器为事先训练好的模型，输出分类结果。程序对分类结果进行统计，完成目标图像中螺杆、螺母数量的显示；While 循环外关闭摄像头，销毁图像占有的内存空间。

3）程序实现

如前所述，分类应用的开发分为分类模型训练、分类应用开发两个阶段。

第一阶段进行分类模型训练。

这一阶段的任务是完成分类器(分类模型)训练。主要包括完成样本采集、分类器训练、分类器文件下载至 myRIO，完成应用程序开发前准备工作。

(1) 样本采集。打开 NI MAX，找到 myRIO 联机状态的摄像头。单击“Grab”启动连续图像采集，实时观测采集若干包含目标物体的测量图像，单击“Save Image”保存满意的零件图像，NI MAX 中采集并存储机械零件图像结果如图 8-72 所示。

(2) 分类器训练。运行 Vision Assistant，打开 NI MAX 中采集的样本，首先对采集的图像进行灰度变换处理，如图 8-73 所示。

针对转换后的灰度图像，选择视觉功能中 Identification→Particle Classification，启动颗粒分类功能，弹出颗粒分类配置操作界面，如图 8-74 所示。

选择 Train 选项卡，单击选项卡中“New...”按钮，新建分类器文件，进入 Particle Classification 分类器训练界面，如图 8-75 所示。

单击图中“Add Class”按钮，键入“螺杆”，完成“螺杆”类别标签的创建，结果如图 8-76 所示。

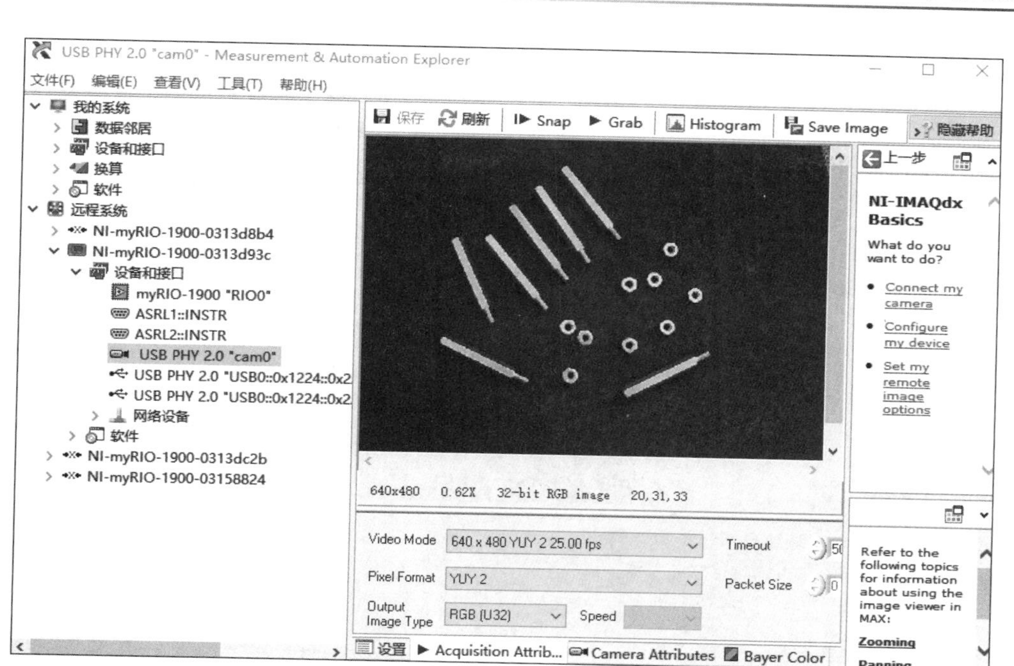

图 8-72　NI MAX 中采集并存储机械零件图像结果

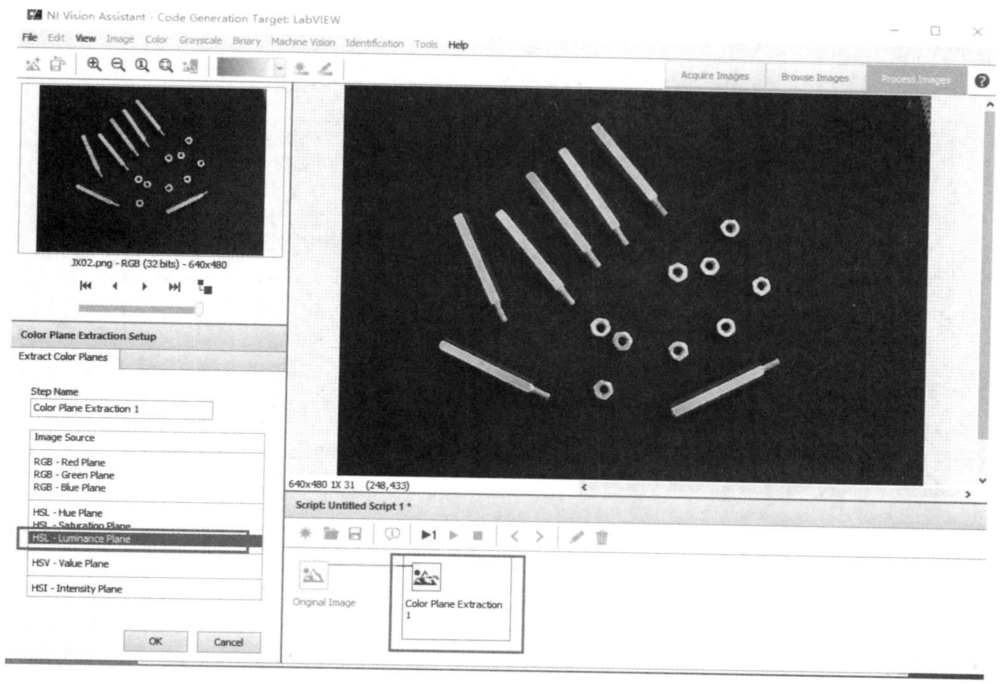

图 8-73　灰度变换处理

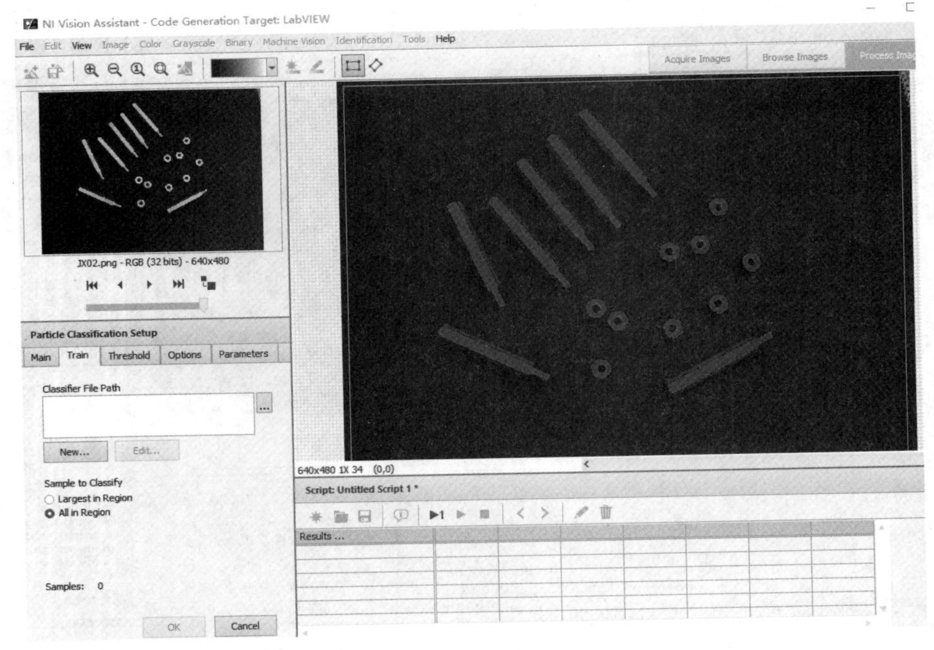

图 8-74　颗粒分类配置操作界面

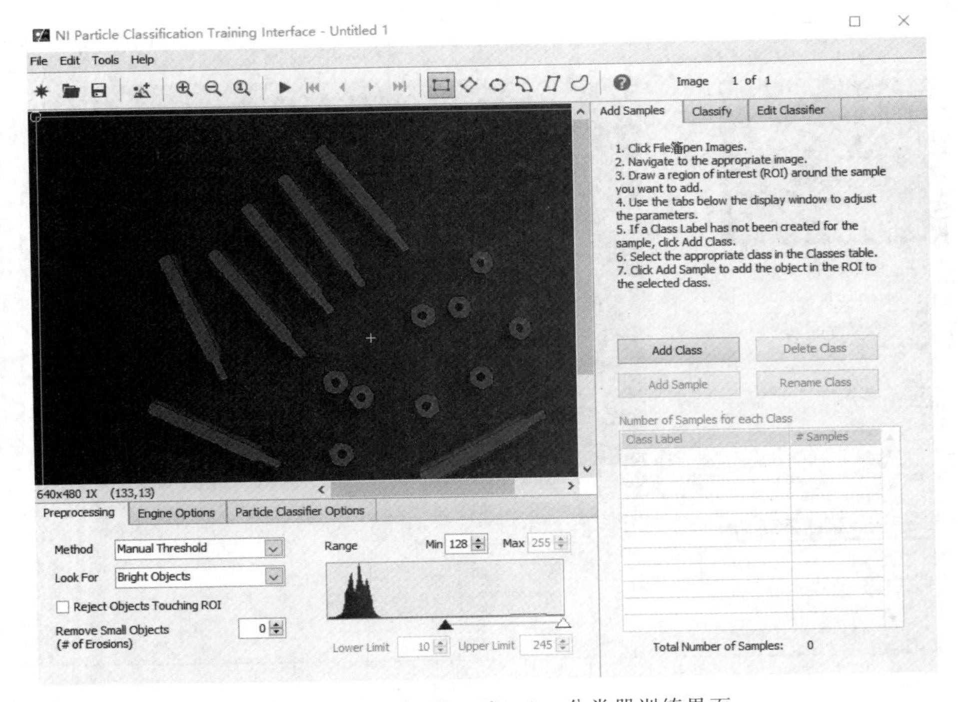

图 8-75　Particle Classification 分类器训练界面

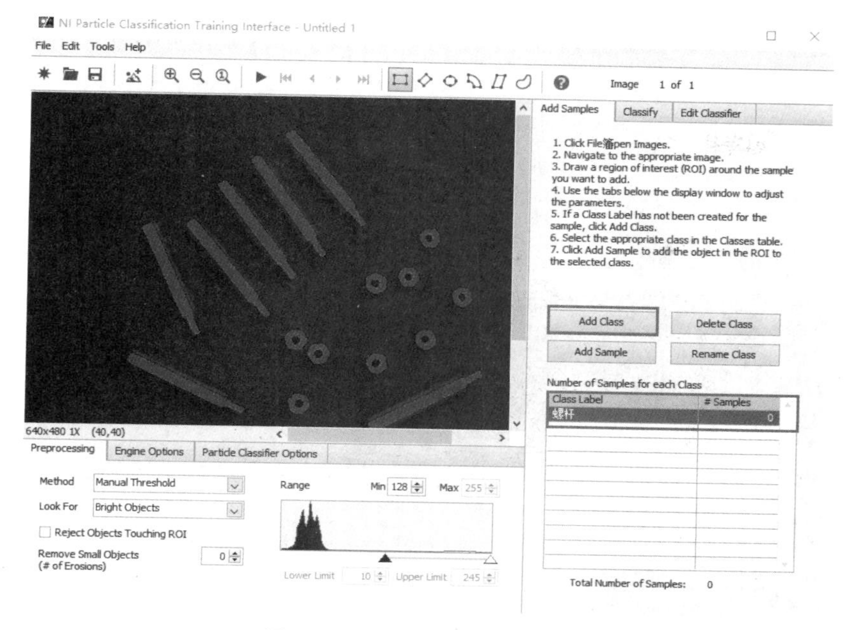

图 8-76 创建"螺杆"类别标签

工具栏中选择旋转矩形 ROI 设置工具(标号 1),选中作为螺杆的样本图像区域,调整旋转矩形大小和方向,使其完全且仅包含螺杆样本图像,单击"Add Sample"按钮,完成螺杆类别的一个训练样本添加,如图 8-77 所示。

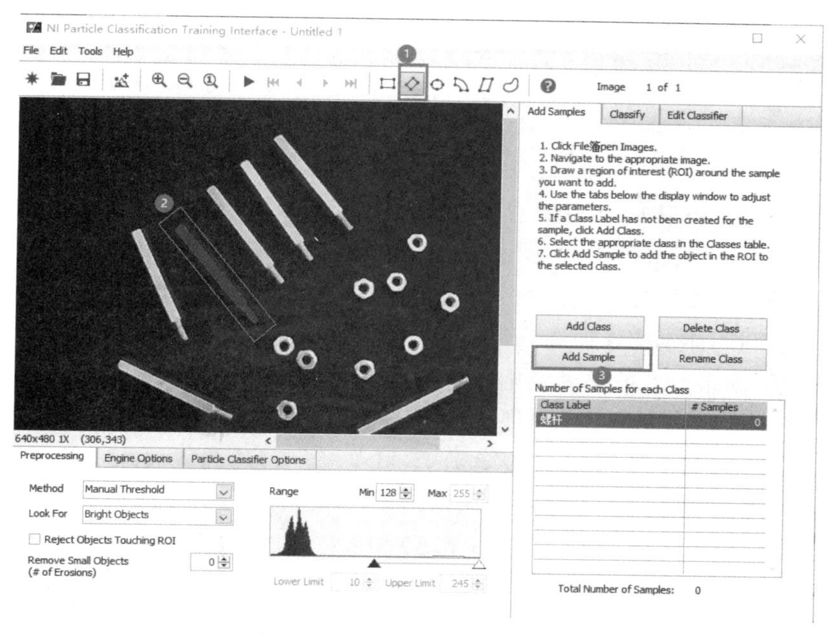

图 8-77 添加螺杆类别下的样本

机器视觉中的样本多多益善，同样方法可以反复操作，采集多个螺杆样本，以备分类器学习训练使用。

再次单击"Add Class"按钮，在弹出窗口中键入"螺母"，创建"螺母"类别标签，如图 8-78 所示。

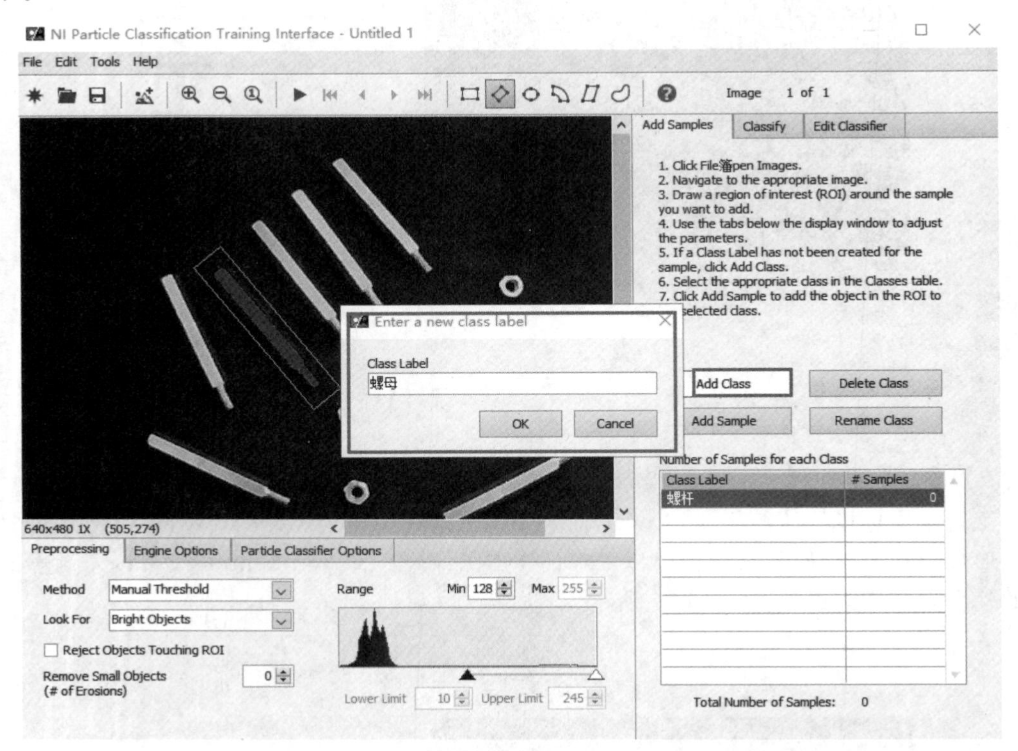

图 8-78 创建"螺母"类别标签

在工具栏中选择矩形 ROI 设置工具，选中作为螺母的样本图像区域，使其完全且仅包含螺母样本图像，单击"Add Samples"按钮，添加螺母类别下的样本，如图 8-79 所示。

不同类别样本采样完成后，选择分类器训练界面 Classify 选项卡，单击"Train Classifier"按钮，利用样本图像训练分类器，如图 8-80 所示。

训练完成后，如果分类效果满意则保存当前分类器训练结果——后缀名为 *.clf 的分类器文件，其文件内容为视觉助手经训练得到的描述不同样本特征信息和分类器工作参数。

关闭分类器训练操作界面，返回视觉助手，可见已经自动载入训练完成的分类器文件，而且给出了当前打开图像中全部零件的识别结果，如图 8-81 所示。

(3) 分类器文件下载至 myRIO。NI MAX 中，右击联机状态的 myRIO，选择"文件传输"，将以 *.clf 为后缀的分类器文件 particle.clf 导入板载硬盘 VISION 文件夹下(可以复制和粘贴)，完成零件分类程序开发前准备工作。板载硬盘载入的分类器文件如图 8-82 所示。

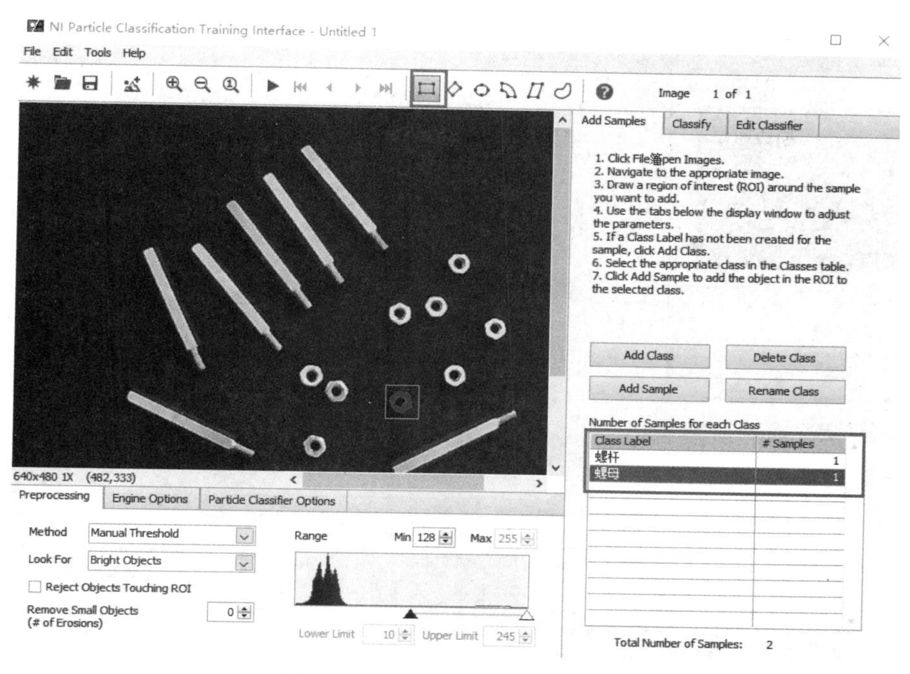

图 8-79 添加螺母类别下的样本

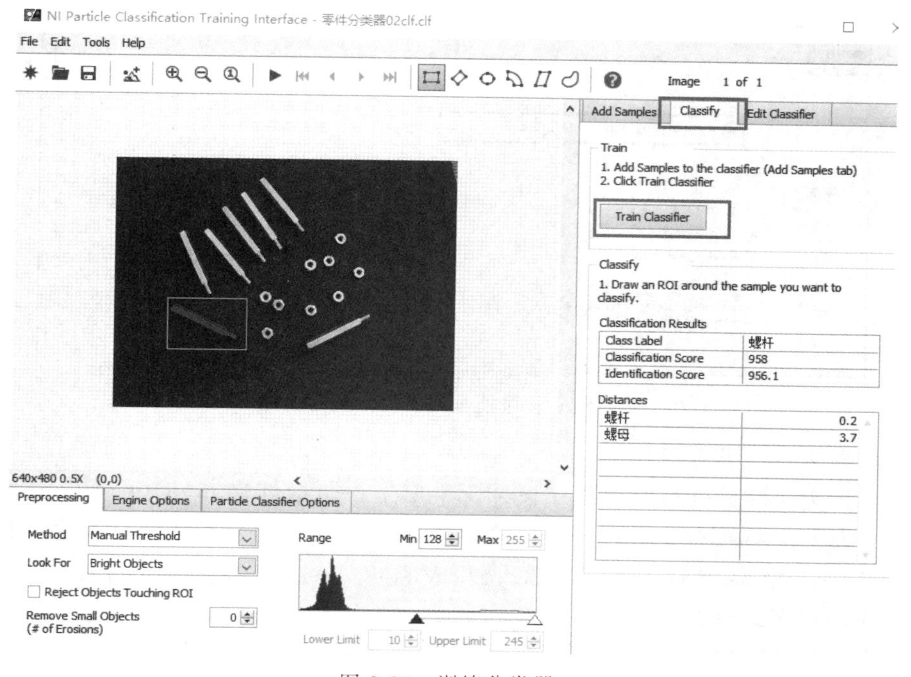

图 8-80 训练分类器

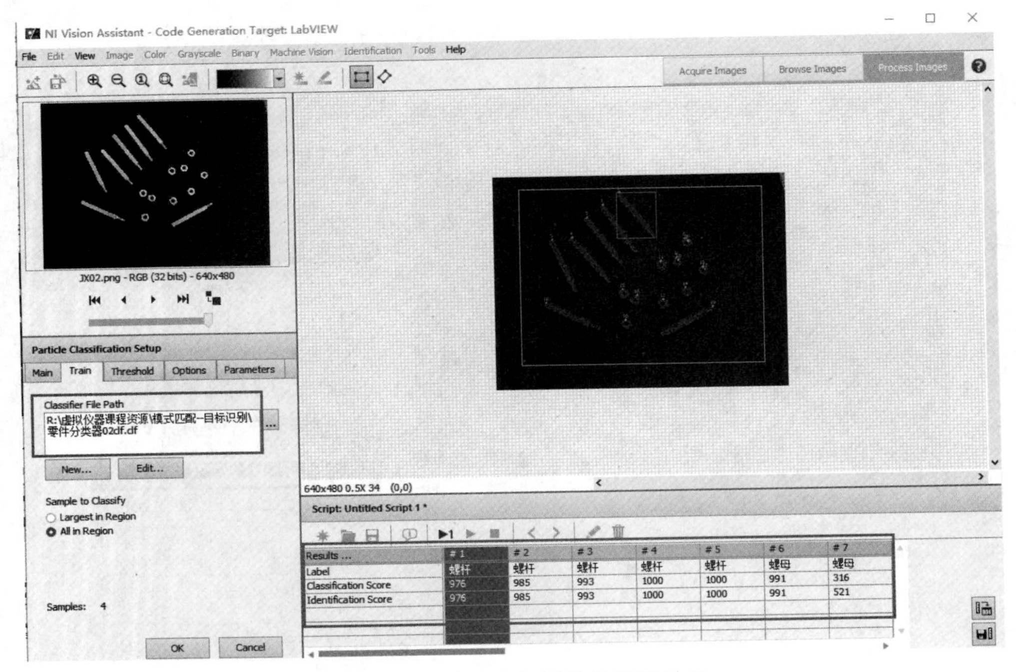

图 8-81 图像中全部零件的识别结果

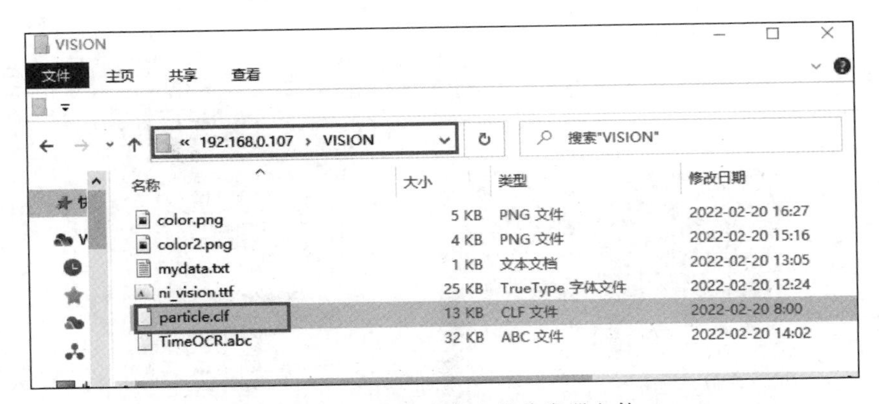

图 8-82 板载硬盘载入的分类器文件

第二阶段进行分类应用开发。

这一阶段完成零件分类应用程序设计。主要工作包括创建 myRIO 新项目、图像实时采集、调用 Vision Assistant 进行零件分类、解析分类结果并显示等工作。程序实现分为程序总体结构设计、图像实时采集与显示、调用 Vision Assistant 进行零件分类、零件分类结果解析及应用程序结束后处理等步骤。

(1) 程序总体结构设计。为了简化程序设计，删除 myRIO 项目模板自动生成的三帧程序结构，仅保留 While 循环结构。另外，程序前面板添加 Image Display 控件(控件→Vision→Image Display)，用以显示采集图像。添加 2 个数值显示控件，用以显示零件分类结果。

（2）图像实时采集与显示。调用 Open（函数→视觉与运动→NI IMAQdx→Open）、Configure Grab（函数→视觉与运动→NI IMAQdx→Configure Grab）、Grab（函数→视觉与运动→NI IMAQdx→Grab）、Close（函数→视觉与运动→NI IMAQdx→Close）等函数节点，其中 Grab 置于 While 循环中，其输出图像连接图形显示控件 Image，完成图像实时采集与显示功能（还需要调用 IMAQ -IMAQ Create、IMAQ Dispose 实现图像采集过程中缓存空间的管理功能）。

（3）调用 Vision Assistant 进行零件分类。While 循环中添加 ExpressVI Vision Assistant。ExpressVI 初始化完成后，显示视觉助手操作界面。与 Windows 操作系统中直接运行 Vision Assistant 不同的是，作为程序框图中的函数节点调用，此时的 Vision Assistant 操作界面出现了“Select Controls”“Finish”“Cancel”等按钮，程序框图中调用 Vision Assistant 时显示的操作界面如图 8-83 所示。

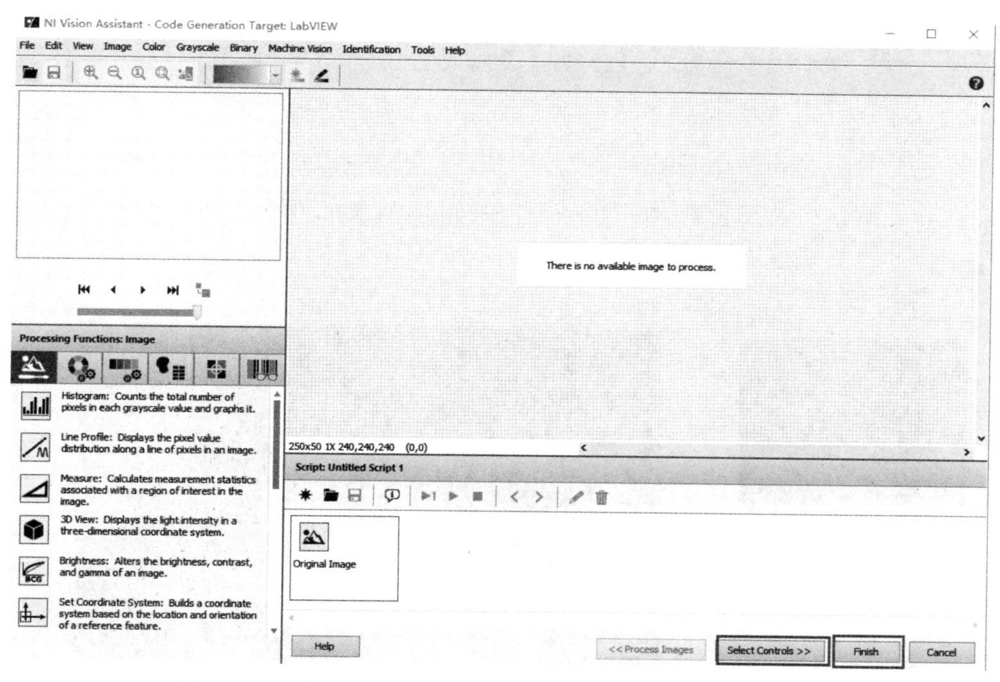

图 8-83　程序框图中调用 Vision Assistant 时显示的操作界面

Vision Assistant 中打开前期采集的训练图片，调用 Color→Color Plane Extraction 进行灰度图像转换，然后调用 Particle Classification，弹出 ParticleClassification 配置界面，如图 8-84 所示。

单击图 8-84 中“...”按钮，载入前期保存的分类器文件，设定右侧图像全区域为 ROI，即设定的 ROI 区域内图像进行目标物体的分类，ParticleClassification 分类结果如图 8-85 所示。

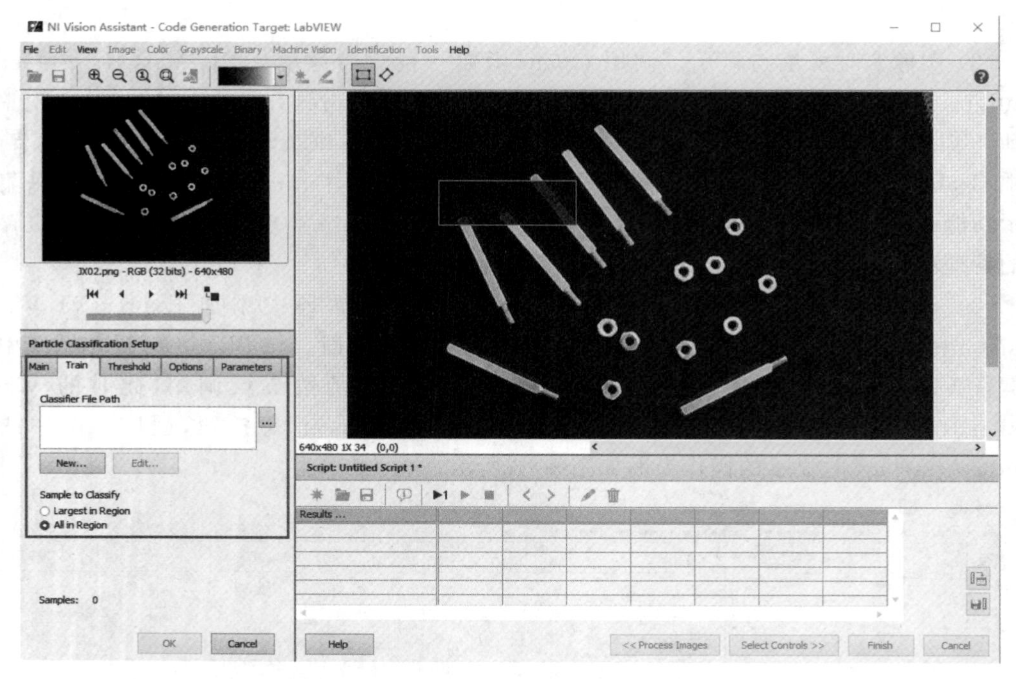

图 8-84 ParticleClassification 配置界面

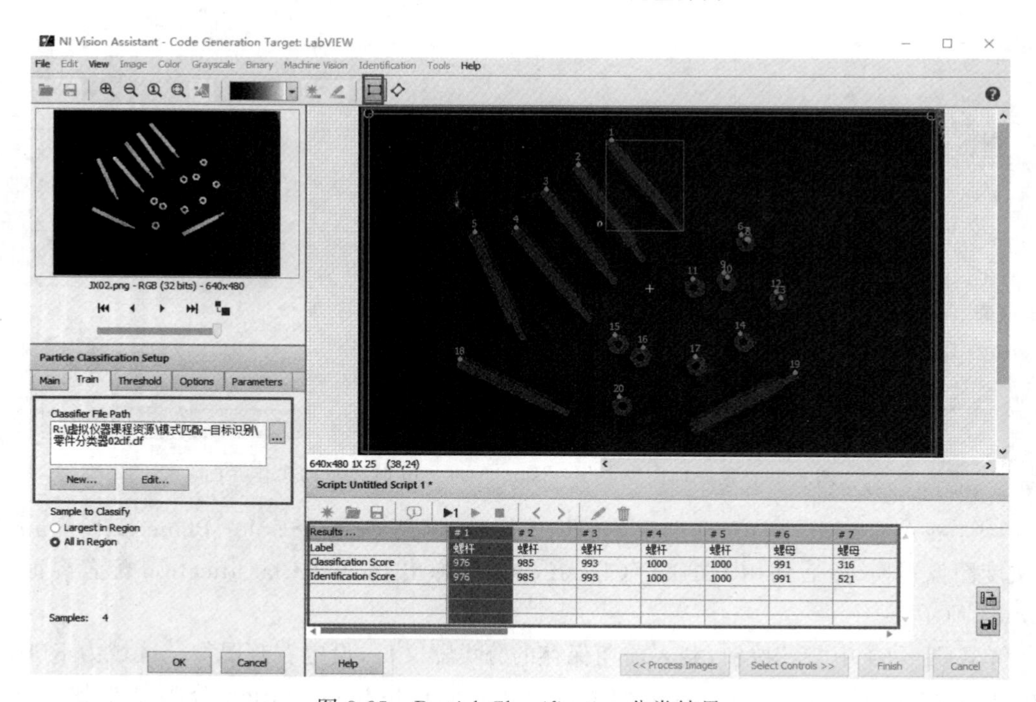

图 8-85 ParticleClassification 分类结果

由分类结果可见已经识别出全部零件。单击分类器参数配置界面左侧操作导航栏"OK"按钮，返回 Vision Assistant，操作界面中可见 Vision Assistant 输入、输出参数配置相关操作按钮，如图 8-86 所示。

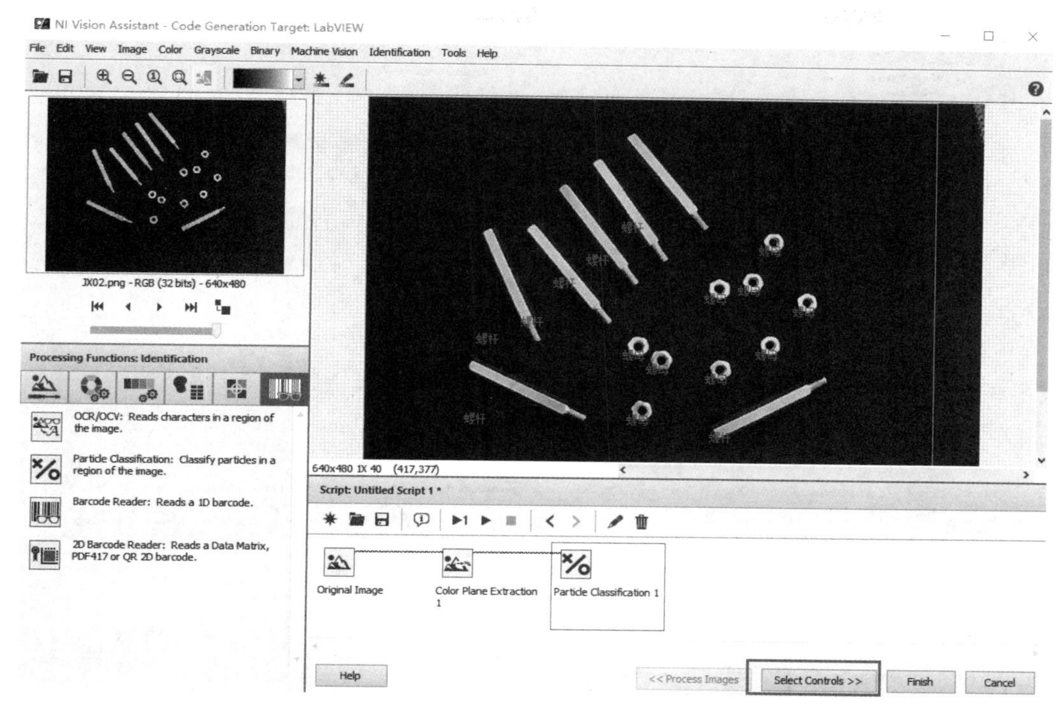

图 8-86 Vision Assistant 输入、输出参数配置相关操作按钮

单击图 8-86 中"Select Controls"按钮，进入 ExpressVI Vision Assistant 调用时输入、输出参数配置界面，如图 8-87 所示。

除默认输入输出参数，Controls 部分勾选输入参数 File Path，用以指定分类器文件对应的文件路径；Indicators 部分勾选 Classes，函数节点将以字符串数组的形式输出每个目标物体的类别标签。最后单击"Finish"按钮，完成 ExpressVI Vision Assistant 的配置。此时，程序框图中的 Vision Assistant 节点图标如图 8-88 所示。

ExpressVI Vision Assistant 输入端口 Image In 连接实时采集的图像，并指定其输入端口 File Path 为前期下载至 myRIO 板载硬盘 VISION 目录下文件 particle. clf，则其输出端口 Classes 以字符串数组的形式返回每个零件对应的标签名称。

(4) 零件分类结果解析。ExpressVI Vision Assistant 分类结果以字符串数组的形式输出每个目标物体的类别标签，不便于分类结果的识读。因此，编写子 VI，统计字符串数组中螺杆、螺母的数量。

设计子 VI 前面板设计结果如图 8-89 所示。

当数组数据元素个数为 0 时，统计结果赋值为 0，对应的程序实现如图 8-90 所示。

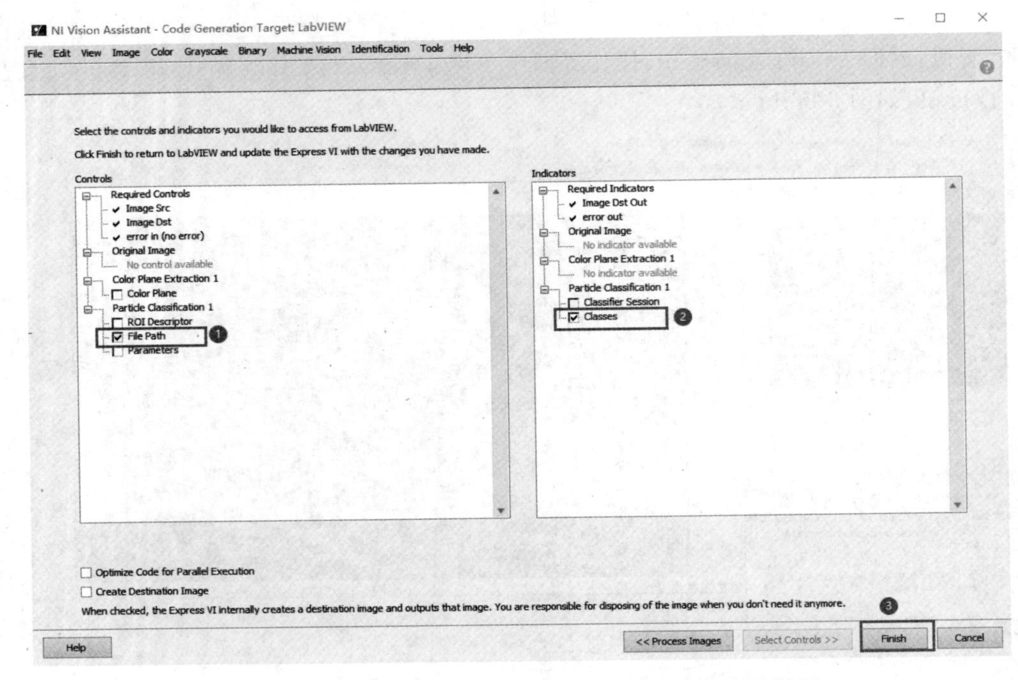

图 8-87 Vision Assistant 调用时输入、输出参数配置界面

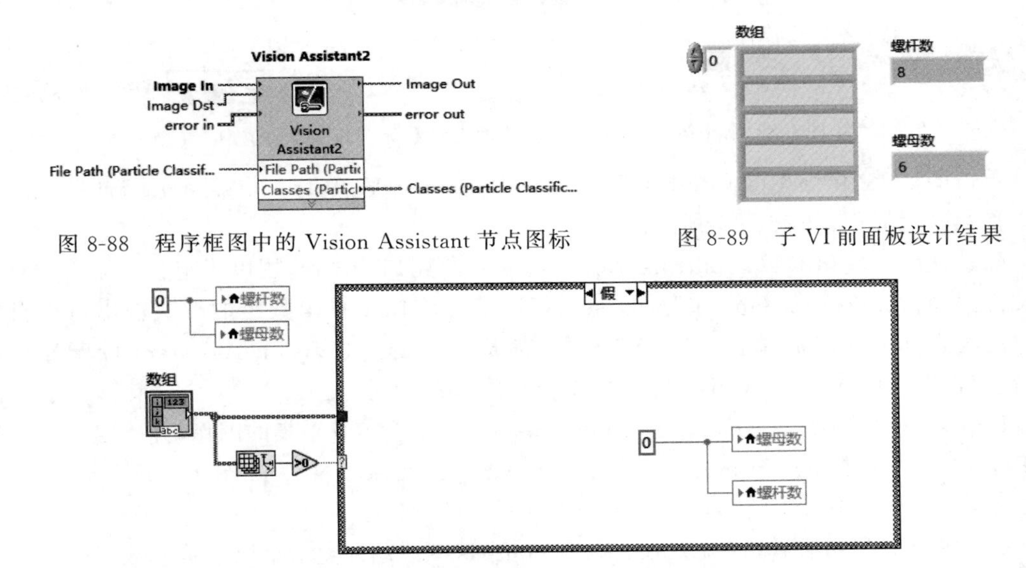

图 8-88 程序框图中的 Vision Assistant 节点图标

图 8-89 子 VI 前面板设计结果

图 8-90 Vision Assistant 未能正确识别时程序框图

当数组数据元素个数大于 0 时，借助 For 循环访问数组中每个数据元素，判断当前数据元素取值是否为“螺杆”，如果是，则螺杆数目+1，程序实现如图 8-91 所示。

如果当前数据元素取值非“螺杆”，则螺母数目+1，程序实现如图 8-92 所示。

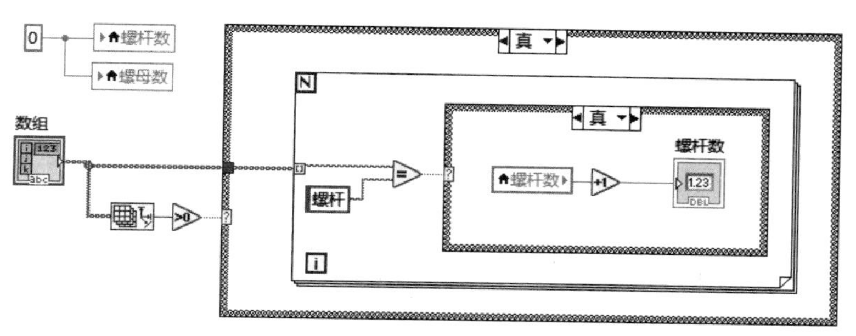

图 8-91 识别结果螺杆数量统计程序框图

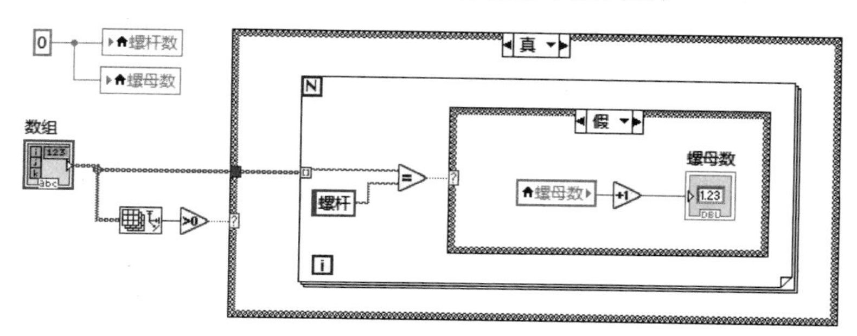

图 8-92 识别结果螺母数量统计程序框图

(5) 应用程序结束后处理。图像实时采集与零件分类任务执行完毕后，在 While 循环之外，再调用“合并错误”“清除错误”(函数→编程→Dialog & User Interface→清除错误)将摄像头、图像内存管理程序执行逻辑中相关节点产生的错误信息进行合并，并采取直接清除的方式处理。

最终完成的基于颗粒分类的零件识别程序如图 8-93 所示。

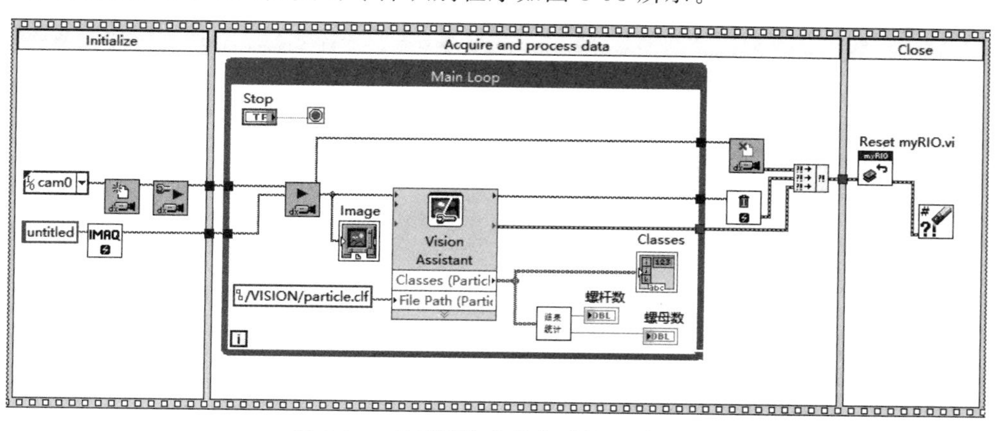

图 8-93 基于颗粒分类的零件识别程序

运行程序，基于颗粒分类的零件识别程序分类结果如图 8-94 所示。

借助 LabVIEW 机器视觉工具包的强大功能，零件分类功能开发在不追求高速性能的

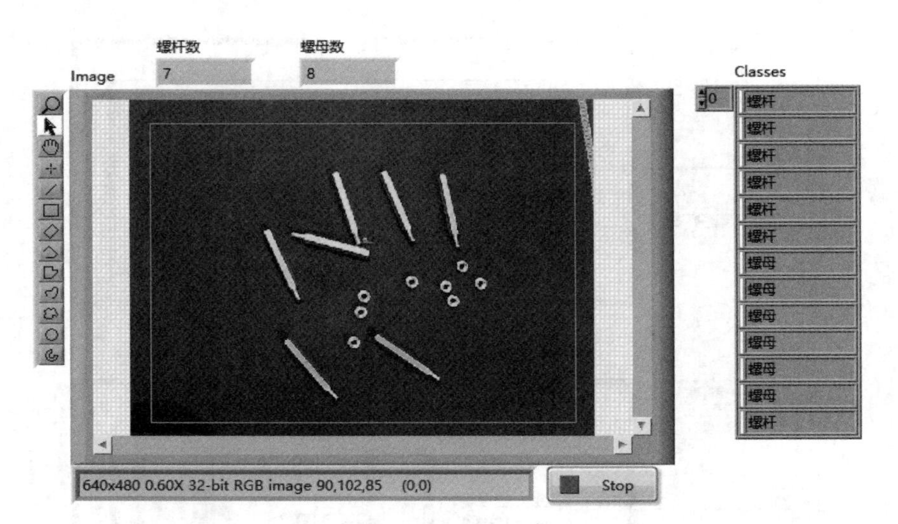

图 8-94　基于颗粒分类的零件识别程序分类结果

情况下,可以在 myRIO 开发平台上非常简单、快速地完成应用程序开发。不过需要注意的是,视觉类应用开发,与相机、环境光源等因素强相关,特别是光源对于视觉功能实现具有重要影响,光源的改变有可能会导致原本调试正常的视觉功能完全丧失。限于篇幅,本书着眼于 myRIO 应用开发的快速入门,聚焦系统性应用的基本流程和基本方法,因而所选案例也尽可能对相机并无特殊要求,一般并不强调光源设置,感兴趣的读者,可以搜集文献资料,进一步拓展相机、光源相关知识,使得机器视觉应用开发水平更上一层楼。